과학
기술
정책

일러두기

본문에 실린 모든 각주는 독자의 이해를 돕기 위해 옮긴이가 덧붙인 것입니다.

이 도서의 국립중앙도서관 출판예정도서목록(CIP)은 서지정보유통지원시스템 홈페이지(http://seoji.nl.go.kr)와 국가자료공동목록시스템(http://www.nl.go.kr/kolisnet)에서 이용하실 수 있습니다.
(CIP제어번호 : CIP2015000223)

이론과 쟁점

과학

기술

정책

한울
아카데미

머리말

일찍이 하버드대학교의 물리학자이자 과학기술정책학자인 하비 브룩스 Harvey Brooks가 통찰한 것처럼 과학기술정책에는 과학기술을 위한 정책policy for S&T과 정책에서 과학기술의 활용S&T in policy이라는 두 측면이 존재한다. 첫째는 연구개발 정책, 과학기술인력 정책, 기술혁신 정책 등 흔히 과학기술정책이라 할 때 떠올리는 측면으로 과학기술과 혁신을 어떻게 진흥, 촉진시킬 것인가의 문제이다. 둘째는 상대적으로 덜 주목을 받아온 측면으로 과학기술이 제반 사회 분야에서 어떻게 정책적으로 활용되고 있는지 살펴보는 것으로서, 예컨대 과학기술과 긴밀하게 얽힌 사회제도와 문화의 연구라든지 과학기술을 활용한 사회문제의 해결, 과학기술의 법적·사회적·윤리적 문제점과 위험 등을 다룬다.

이 책은 이러한 과학기술정책의 두 측면을 균형 있게 포괄하는 입문적 성격의 과학기술정책 교재로서 과학기술정책 분석에 직간접적으로 유용한 이론적 틀과 방법론을 소개하는 것을 목적으로 하고 있다. 이를 위해 이 분야의 기념비적 문건이나 연구들을 발췌, 번역, 해설해서 과학기술정책 이론, 과학기술과 사회, 과학과 대중, 과학기술과 국제관계, 동아시아 과학기술정책, 환경주의와 환경정책의 여섯 부에 나누어 담았다.

「과학기술기본법 27조」에 의거한 국가과학기술 표준분류체계(2009년 9월 개정)에 따르면 과학기술정책은 과학기술과 사회, 과학기술과 문화, 과학기술과 여성, 과학기술과 커뮤니케이션, 과학기술과 정책, 과학기술과 정치, 과학기술과 경제/경영, 과학기술인류학 등 8개 하위 분야로 구성되어 있다. 또한 과학기술정책을 포괄하는 상위 분류체계인 '과학기술과 인문사회'에는 과학기술사, 과학기술철학, 생명/의료윤리가 포함된다. 이처럼 과학기술정책은 다양한 학문 분야에 기초한 복합학으로서 과학기술정책을 제대로 연구하기 위해서는 단순히 공공정책의 하위 분야로서 과학기술을 다룬다는 관점에서 벗어나 과학기술에 대한 철학적·역사적 통찰과 과학기술의 정치·경제·사회·문화의 맥락에 대한 이해가 필요하다.

과학기술정책에서 가장 근본적인 질문 가운데 하나는 왜 국가가 과학기술의 발전을 지원하는가라는 것이다. 정치경제학적 관점에서 볼 때 과학기술은 비경합성non-rivalry과 비배제성non-excludability을 특징으로 하는 전형적인 공공재이다. 비경합성이란 여럿이 같이 사용해도 그것을 소비하는 양이 줄지 않는 성질이고, 비배제성이란 대가를 지불하지 않는 이들도 소비에서 배제하지 못하는 특성을 말한다. 사유재는 경합성과 배제성을 지니므로 시장의 가격 메커니즘을 통해 효율적 배분을 이룰 수 있으나, 공공재는 가격 메커니즘을 적용하기 어렵기 때문에 정부의 개입이 필요하다. 과학기술은 지식과 정보를 기반으로 하는 대표적인 공공재로서, 예컨대 아인슈타인의 질량-에너지 등가 공식($E=mc^2$)은 여럿이 같이 안다고 그 지식이 줄어드는 것도 아니고 그 공식의 발견에 전혀 기여하지 않는 사람들도 얼마든지 그것을 사용할 수 있다. 따라서 과학기술처럼 생산자에게 비용에 따른 보상이 이루어지지 않고 또 소비자도 비용 지불 없이 사용할 수 있는 공공재는 시장 메커니즘을 적용하면 과소 공급되므로 적정 공급량을 유지하기 위해서는 정부의 제도적 지원이 필요하다. 대표적인 예가 특허와 같이 지적 재산권을 통해 발명자의 독점적 권리를 한시적으로 부여하는 제도이다. 한편 정책학적 관점에서 국가의 과학기술 지원은 일종의 정책 투입으로서 정책 산출이 가져다주는 효용성의 측면에서 정당화된다. 주지하다시피 과학기술은 국방·안보의 중요한 수단이자 경제성장의 엔진으로 국가가 장기 발전을 위해 전략적으로 지원해야 하는 분야로 간주된다.

국가가 왜 과학기술을 지원하는가 또는 해야 하는가라는 질문을 다른 학문의 시각에서 보면 색다른 이야기가 가능하다. 과학기술사에서 볼 때 과학기술에 대한 국가의 제도적 지원은 17, 18세기 유럽에서 과학활동이 개인의 취미나 호사가 아닌 조직화된 사회활동으로서 부상하는 틀을 제공한 왕립학회나 과학아카데미로 거슬러 올라간다. 그러나 이때만 해도 왕실의 재정적 지원은 매우 미미했고, 체계적인 국가 차원의 지원은 1·2차 세계대전을 거치면서 과학기술이 전쟁이라는 국가적 대업를 수행하는 데 결정적인 조력자 역할을 맡게 되면서 본격적으로 이루어지게 되었다. 전후 미국 과학정책의 근간이 된 1945년 바네바 부시Vannevar Bush의 「과학, 그 끝없는 프런티어」 보고서는 전시에 막대한 규모로 동원된 과학기술 자원을 평화 시에 어떻게 지속적으로 활용할 수 있을 것인가에 대한 프랭클린 루스벨트Franklin Roosevelt 대통령의 물음에 답하면서 당장 가시적인 성과가 없는 기초과학에 대한 투자가 궁극적으로는 기술·사회혁신을 추동하면서 경제성장, 공공보건, 국방안보 등으로 이어진다는 소위 선형 모델linear model을 제시했다. 이는 국가와 과학 간에 일어나는 일종의 사회계약social contract for science으로서 국가가 과학을 제도적으로 지원하는 대신 과학은 그 지원에 대한 책무성을 지닌다는 암묵적 동의를 내포한 것이다.

한편 과학기술학적 관점에서 과학기술에 대한 국가의 지원은 과학기술의 의미와 가치에 대한 사회적 합의와 소통이라는 맥락에서 이해할 수 있다. 과학기술이 더욱 거대하고 복잡해질수록 일반 시민의 일상적 경험에 과학기술이 녹아들기보다 전문가와 정부, 산업체가 얽힌 이익복합체의 일부로 과학기술이 전용되는 현실에서 과학기술의 사회적 가치와 책임을 반문하지 않을 수 없다. 즉, 기존의 과학기술진흥의 정책적 지원 논리는 성장, 효율 등의 '경제적' 담론이 지배해왔으나 삶의 질, 안전, 환경, 문화 등 '사회적' 가치가 통합되지 않고서는 국가의 과학기술 지원의 당위성을 더 이상 확보하기 어렵다는 시각이다. 이런 점에서 국가안보, 경제성장, 산업 혁신을 위한 과학기술을 넘어 사회를 위한 '사회 속의 과학기술', 대국민 과학기술 홍보, 계몽이 아니라 과학기술 활동과 제도 자체에 대한 시민 대중의 참여public engagement in science에 대한 논의가 활발히 이루어지고 있다.

이처럼 하나의 과학기술정책 문제에 대해 학문적으로 다양한 접근을 할 수 있을 뿐 아니라 방법론적으로도 여러 기법을 활용할 수 있다. 예컨대, 과학기술진흥과 관련한 법 조항이나 시행령, 행정 계획 등 정부의 공식 문건이나 공공기관, 기업, 시민단체의 정책보고서 등에 나타난 과학기술에 대한 정부 지원 근거를 찾아보거나 실제 입법, 집행 과정에 참여한 정부 관료나 전문가를 인터뷰해서 문서화되지 않은 의견과 정보를 얻어낼 수 있다. 또한 실제 정부 연구개발비 통계에서 경제적·산업적 목적과 사회문화적 목적의 투자 비중을 나라별로 비교해보거나, 시계열로 조사해 정부 과학기술투자 비중에 관한 국가별·시대별 추이를 조사할 수 있다. 흔히 의견과 관찰에 의존하는 정성적 방법론은 숫자와 통계에 의존하는 정량적 방법론에 비해 덜 엄밀하고 덜 체계적이라는 편견이 있으나, 궁극적으로 이 두 방법론은 스타일의 차이일 뿐 제대로 된 정성적 연구 역시 정교한 논리와 자료에 의해 뒷받침되는 것은 마찬가지이다.

앞서 언급한 것처럼 본 교재는 과학기술을 위한 정책만이 아니라, 한걸음 더 나아가 사회 속의 과학기술이라는 측면을 다룬다는 점에서 기존 교재와 차별된다. 현재 특정 과학기술 분야가 아닌 총괄적 성격의 과학기술정책 교재로는 『과학기술정책론: 현상과 이론』(이장재·현경환·최영훈, 경문사, 2011), 『과학기술정책론』(최석식, 시그마프레스, 2011), 『과학기술정책론』(박경진, 오름, 2008) 등 총 세 권이 출간되었는데 과학기술 혁신을 위한 국가 정책이라는 과학기술정책의 첫 번째 측면을 다루고 있다. 또한 세 저서 모두 정책학 또는 행정학적 관점에서 과학기술정책 이론과 방법론을 소개하고 있는 데 비해 본 교재는 역사학·사회학·정치학·국제관계 등 여러 학문적 관점에서 과학기술정책에 관한 다양한 접근을 시도하고 있다.

과학기술정책이 상대적으로 신생 분야여서 전공 시 진로 전망에 대해 궁금하게 여기는 학생이 많다. 본 교재는 주로 학문적 시각에서 과학기술정책 이론과 현상을 다루므로 향후 대학이나 연구소에서 과학기술정책에 관한 연구자·교육자의 길을 걷고자 하는 학생들이 다양한 학문 분야에서 과학기술정책이 어떻게 연구되고 있는지 파악하는 데 도움이 될 것이다.

본 교재의 출간에 이르기까지 참으로 많은 분들이 도움을 주셨다. 먼저 '과학기술정책 전문인력사업'을 통해 재정적 도움과 더불어 과학기술정책 인력양성의 중요성을 '정책적'으로 지원해주신 한국과학기술단체 총연합회 회장님, 사무총장님, 그리고 정책연구소 소장님 및 팀원들께 깊은 감사의 마음을 전한다. 그리고 각 장의 편집, 해설, 번역 감수를 맡아주신 전치형, 마이클 박, 박민아, 임홍탁 선생님께 감사드린다. 또한 초벌 번역 작업을 차질 없이 마칠 수 있도록 끝까지 애쓴 KAIST 과학기술정책 대학원 박사과정생들(강연실, 김규리, 김지현, 선인경, 우태민)과 석사졸업생들(김세아, 전준) 및 학사과정 부전공생들(김희원, 박준성, 우수민, 원영재, 조유나, 이상 가나다순)에게 고마움을 전함과 더불어 본서 출간의 기쁨도 함께 나누고자 한다. 마지막으로 본서 출판에 여러 모로 도움을 주신 도서출판 한울 편집부에 깊이 감사드린다.

2014년 가을

박범순·김소영

차 례

머리말 4

제1부 과학기술정책 이론 ··· 11

1 과학, 그 끝없는 프런티어 · 15

2 트루먼 대통령의 거부권 행사 메시지 · 23

3 미 국립과학재단과 전후 연구정책 논쟁, 1942~1945:「과학, 그 끝없는 프런티어」에 대한 정치적 해석 · 27

4 위임자-대리인 이론과 과학정책의 구조 · 59

제2부 과학기술과 사회 ··· 87

1 군산복합체 연설 · 93

2 과학과 인간적 가치 · 98

3 기술 모멘텀 · 111

4 로봇 문화의 등장: 새로운 동반 관계 · 125

제3부 과학과 대중 ··· 153

1 대중의 과학 이해 · 156

2 과학과 사회 · 170

3 사회에서 과학의 위치 · 183

제4부 과학기술과 국제관계 ··· 203

1 평화를 위한 원자력 · 209

2 정보시대 권력과 상호의존성 · 216

3 규범의 전도사로서의 국제기구: 유네스코와 과학정책 · 227

4 인식공동체와 국제정책공조 · 243

5 과학과 외교정책의 미묘한 관계 · 258

제5부 동아시아 과학기술정책 ··· 271

1 과학기술행정기구개편안 · 275

2 시장에서 승리할 것인가? 노벨상을 탈 것인가?:KAIST와 후발 산업화의 도전 · 281

3 다시 논해보는 일본 경제 모델 · 324

4 중국의 성장 딜레마: 사회주의국가의 전환과 후발 자유화 · 342

제6부 환경주의와 환경정책 ··· 371

1 환경주의의 과거 그리고 현재: 두려움에서 벗어나 기회를 엿보다. · 381

2 성장의 한계: 30주년 개정판 · 395

3 개발과 환경에 관한 푸네 보고서 · 407

4 우리 공동의 미래 · 415

5 환경에 대한 진실 · 431

6 지속가능한 생활방식의 실천화 · 442

찾아보기 470

| 제1부 |

과학기술정책 이론

1 과학, 그 끝없는 프런티어

2 트루먼 대통령의 거부권 행사 메시지

3 미 국립과학재단과 전후 연구정책 논쟁, 1942~1945:
「과학, 그 끝없는 프런티어」에 대한 정치적 해석

4 위임자-대리인 이론과 과학정책의 구조

기획·해설 | 박범순, 임홍탁

번역 | 강연실, 우태민, 원영재, 전준

과학기술정책의 특성은 무엇인가? 새롭고 유용한 지식을 얻기 위한 정부의 투자는 다른 분야의 정부 투자와 무엇이 다른가? 연구자원의 배분방식은 다른 정부 투자 배분방식과 다른가? 누가 그것을 결정할 것인가? 아래 다섯 편의 글은 이러한 질문에 답을 미국의 과학기술정책 경험을 통해 구하고 있다. 앞의 세 편의 글은 2차 세계대전 이후 '국립과학재단(NSF) National Science Foundation'의 설립을 둘러싼 논쟁을 통해서, 뒤의 두 편의 글은 더 학문적인 입장에서 과학기술자와 정부 관계의 특수성, 그리고 지식생산 활동의 특성을 통해서 과학기술정책의 성격을 파악하고 있다.

국민들이 내는 세금을 위임받아 여러 사업에 투자를 하는 정부 관료 입장에서는 그 투자의 책임성 accountability 에 대해 고민하지 않을 수 없고, 생산성 productivity 은 사업의 중요한 평가 기준 중 하나이다. 경제·사회적 성과를 창출해내는 더 많은 양질의 과학기술지식을 생산해내는 것이 과학기술정책의 기본 목적임은 쉽게 이해할 수 있다. 바네바 부시 Vannevar Bush 는 과학자들이 자율성 autonomy 을 갖고 기초연구에 매진할 때 이 목적이 가장 효율적으로 달성될 수 있다고 주장한다. 경제·사회적 성과란 기초연구에 의한 지식생산과 그에 이어지는 기술개발의 일방향의 결과이기에 기초연구활동의 장려가 과학기술정책의 기본이라는 것이 그의 주장의 핵심이라 할 수 있다. 전문성이 필수적인 과학기술지식 생산 활동은 다른 분야와는 구별되며, 따라서 '국립과학재단(NSF)'은 정치적으로 간섭을 덜 받을수록 더 생산적이라는 바네바 부시의 주장은 원자탄과 미사일 같은 과학기술의 위용을 경험한 전후 세대에 매우 강력한 설득력을 발휘했다. 널리 알려진 부시의 과학기술정책인 '선형 모델'을 첫 번째 글에서 만날 수 있다.

한편, 정부 투자의 책임성은 생산성 외에 민주적 정당성legitimacy이라는 가치 또한 내포하고 있다. 정부 투자가 책임 있게 이루어졌는가라는 질문은 그것이 시민의 합의에 기초한 결정인가를 묻는 것이다. 정책은 생산성과 정당성이라는 두 가치의 긴장 관계 속에서 결정된다고 할 수 있으며, 뒤이은 두 편의 글은 과학기술정책도 여기에서 예외가 아님을 보여주고 있다. 미국의 해리 트루먼Harry Truman 대통령은 전통적인 민주주의 정부가 과학연구와 교육을 진흥시키기 위한 프로그램을 관리하지 못할 정도로 무능하다는 판단에 동의할 수 없다고 하면서 과학자들의 자율성을 최대화한 부시의 '국립과학재단' 설립안을 거부한다. 대니얼 케블스Daniel Kevles는 국립과학재단의 설립 과정의 맥락, 사건, 각기 다른 입장을 입체적으로 추적하면서 과학기술정책의 형성 과정을 보여주고 있다. 전후 미국 과학기술 시스템의 평화적 이용을 위한 상원의원 할리 킬고어Harley M. Kilgore의 '기술동원법'과 부시의 '국립과학재단'을 둘러싼 논쟁은 과학기술 활동의 대기업 집중을 우려하고 있는 한국의 현실에도 시사하는 바가 크다. 과학기술정책의 결정은 이해관계자들 사이의 경합과 합의의 과정이며, 과학기술자도 그 이해관계자 가운데 하나라고 할 수 있다.

데이비드 거스턴David H. Guston은 과학정책의 특수성을 '정보 비대칭성'에서 찾으며 정부와 과학자와의 관계를 '위임자-대리인Principal-Agent'의 관계로 분석한다. 정보 비대칭성이 과학정책에서만 보이는 특성은 아니지만, 과학연구가 자연의 복잡성을 둘러싼 사실과 주장들의 결합이고 그 진보의 방향을 예측하기 어려우며 생산적 결과물을 포착하기 어렵다는 점, 그리고 그 성과가 여러 중간단계를 거쳐 위임자에게 전달된다는 점을 들어 과학정책에서 위임의 필연성을 강조하고 있다. 경제학의 '거래행위이론transaction cost theory'을 이용해 위임자(정부)가 대리인(연구자)을 잘못 선택하는 '역선택reverse selection'의 문제, 그리고 대리인의 '도덕적 해이moral hazard'의 문제를 과학정책의 과제로서 파악하고 이의 적절한 관리를 통해 과학자의 생산성뿐 아니라 품격integrity 또한 지킬 수 있음을 주장한다. 즉, 과학정책을 과학자들만의 고유한 독립적 영역이라기보다는 과학자와 사회와의 '사회적 계약social contract'으로 이해할 것을 네 번째 글은 권고한다.

20세기 과학기술 강국이라 할 수 있는 미국의 과학기술정책(공급분야)에 대한 다양한 글을 통해 과학기술정책의 특성을 이해하고 오늘에 적용할 수 있는 교훈을 끌어낼 수 있기를 기대해본다.

1-1 과학, 그 끝없는 프런티어*

바네바 부시(Vannevar Bush), 1945

Vannevar Bush. 1945. *Science: The Endless Frontier*. Washington D.C.: Government Printing Office.

과학은 정부의 주된 관심사이다

정부가 새로운 프론티어를 여는 것을 촉진해야 한다는 것은 미국의 정책 기본 방향이었다. 이러한 기조는 쾌속 범선이 바다로 나가도록 했으며, 개척자에게는 땅을 제공했다. 비록 바다와 땅과 같은 미개척지는 거의 사라졌지만, 과학의 미개척지는 아직 남아 있다. 이 새로운 프론티어는 미국을 위대하게 만들어왔던 미국 전통의 연장선상에 있다. 즉, 그것은 모든

* 1944년 11월 루스벨트 대통령은 바네바 부시에게 과학정책 연구를 시작할 것과 전후 과학 프로그램에 대한 추천을 요청했다. 과학연구개발국(OSRD)의 국장으로서 부시는 이러한 과제를 수행하는 데 충분한 자격을 지니고 있었기 때문에, 그는 미국 과학의 주요 대변인들의 협력과 지지를 요구했다. 그의 보고서는 1945년 7월에 제출되었고 「과학, 그 끝없는 프런티어」로 명명되었다. 이어질 본문은 이 보고서에서 일부를 발췌, 번역한 것이다. 부시는 정치인이 아니라 과학자에 의해 관리되는 국립연구재단(National Research Foundation)의 설립을 요청했다. 조직과 특허 정책에 대한 그의 제안이 킬고어의 사전 제안과 다르다는 점이 눈에 띈다. 부시 보고서는 널리 인용되었으며 나오자마자 킬고어의 보고서를 무색하게 만들었다. 히로시마의 원자폭탄 투하는 이 보고서가 작성될 때에는 아직 일어나지 않았다.

미국 시민들에 의해 발전될 수 있도록 열려 있을 것이다.

더욱이 건강, 웰빙, 안보는 정부의 고유한 관심사이기 때문에 과학의 진보는 정부의 가장 중요한 관심사가 되어야 한다. 과학의 진보 없이는 국가의 건강이 악화될 것이며, 과학의 진보 없이는 생활수준 향상이나 일자리 수의 증가를 기대하지 못할 것이다. 또한 과학의 진보 없이는 독재국가에 대항해 자유를 유지할 수 없을 것이다. …… (뒷부분 생략)

과학과 정부의 관계 — 과거와 미래

(그러나) 정부는 국가의 복지를 위해 과학을 활용하기 시작했을 뿐, 아직 과학을 위한 국가정책은 수립되지 않았다. 정부 내에는 국가과학정책을 수립하고 실행하는 기관이 없다. 이러한 중요한 주제를 다루기 위한 국회의 상임위원회도 없다. 과학은 변두리에 있어왔다. 과학에 대한 국가정책 수립은 중요하게 다루어져야 하며 여기에 우리 미래의 희망이 놓여 있다.

대중적 관심이 지대한 과학 분야들이 있지만, 특정한 분야의 경우 사적인 지원이 아닌 대규모의 지원이 이루어지지 않을 경우 제대로 양성되지 못할 수 있다. 예를 들어 국방, 농업, 주거, 공중보건, 특정 의학 연구 그리고 사립 기관의 능력을 넘어서는 값비싼 자본 설비가 필요한 연구는 정부의 적극적인 지원하에서 발전할 수 있다. 지금까지 과학연구개발국이 수행한 전쟁에 대한 집중적인 연구를 제외하면 정부의 적극적인 지원은 간헐적이고 빈약한 수준이다.

이 보고서에 제시된 이유로 우리는 과학에 대한 공공자금 지원이 증가해야 하며, 그러할 가치가 있는 시기에 들어서고 있다. …… (뒷부분 생략)

다섯 가지 기초

과학연구와 교육에 대한 정부의 지원 프로그램에 바탕이 되어야 할 기본 원리들이 있다. 지원을 효과적으로 만들고, 발전을 장기적으로 지속하기 위해는 다음의 조건을 만족시켜야 한다.

① 지원의 규모가 어느 정도가 되었든, 장기간 프로그램이 착수될 수 있도록 장기적인 자금 지원의 안정성이 확보되어야 한다.

② 그런 자금을 운용할 기관은 그들의 관심사에 맞고 에이전시의 업무를 증진시킬 수 있는 능력을 가진 시민들로 구성되어야 한다. 그들은 과학연구와 교육의 특성을 이해하고 다양한 분야에 대해 관심을 갖고 있는 사람이어야 한다.

③ 기관은 연방정부의 외부 조직에 대한 계약이나 승인하에 연구를 증진시켜야 하며, 자체 소유의 어떤 연구실도 운영해서는 안 된다.

④ 공립, 사립 단과대학, 종합대학, 연구기관들의 기초연구 지원은 정책 및 인사를 내부적 통제에 맡기고, 연구의 방법과 범위 또한 기관에 맡겨야 한다. 이것은 가장 중요하다.

⑤ 공공자금의 지원을 받는 기관에 의해 수행될 연구의 성질·범위와 연구 방법론의 완전한 독립·자유를 확보하고, 연구기관의 자금의 할당에 대한 재량권을 유지하면서, 여기에 제안된 재단은 반드시 대통령과 국회의 직속 기관이 되어야 한다. 이러한 책임을 통해서만 우리는 과학과 민주제도의 다른 측면 사이의 적절한 관계를 유지할 수 있다. 물론 회계감사, 보고서, 예산 그리고 그와 유사한 것들의 통상적인 관리는 재단의 행정적·재정적 활동에 적용되어야 한다. 그러나 이러한 절차의 조정은 연구의 특정 요구사항들을 충족시키기 위해 필요하다.

기초연구는 장기적인 과정이다. 만약 단기적인 지원으로 즉각적인 결과를 예상한다면 이는 더 이상 기초연구가 아니다. 그러므로 5년 이상의 프로그램에 대해 기관에 적절한 정도의 자금 지원 약속을 허락하는 방향으로 조치가 취해져야 한다. 프로그램의 지속성과 안정성, 그리고 지원은 (a) 과학연구가 대중에게 주는 이익을 의회가 깨달음으로써, (b) 기관의 후원을 받는 연구자들이 양질의 연구에는 기관의 지속적인 지원이 따를 것이라는 확신이 커짐에 따라 기대될 수 있을 것이다.

국립연구재단

과학연구와 교육에 대한 국가적 관심이 국립연구재단(NRF)의 설립을 통해 가장 잘 증진될 수 있다는 것이 나의 판단이다.

Ⅰ. **목적** — 국립연구재단은 과학연구와 교육에 대한 국가정책을 개발 및 추진해야 하고 비영리단체들의 기초연구를 지원해야 하며 장학금, 연구비 등의 방식으로 계약에 의해 미국 젊은이들의 과학적 재능을 발전시켜야 한다. 그렇지 않다면 국방에 대한 장기적인 연구를 지원해야 한다.

Ⅱ. **구성원** — ① 대통령과 의회를 통해 인사에 대한 권한은 약 아홉 명의 구성원들에게 주어져야 하며, 아홉 명의 구성원은 정부와 별도의 관계가 없어야 하며, 어떤 특정 이익집단의 대표가 아니어야 한다. 국립연구재단 구성원으로 임명되는 이들은 그들의 관심사와 재단의 목적을 증진시킬 능력에 근거해서 대통령에 의해 선택되어야 한다. …… (중략)

③ 구성원들은 무보수로 근무해야 한다. 그러나 그들의 임무를 수행하는 데 드는 경비는 지원받아야 한다. …… (중략)

⑤ 재단의 최고경영자(CEO)는 구성원들에 의해 지명되어야 한다. 이사회의 역할을 담당하는 재단 구성원들의 지시와 감독에 따라 CEO는 재단의 재정적·법적·행정적인 기능을 이행해야 한다. CEO는 뛰어난 인물을 그

임무에 끌어들일 수 있을 만큼의 적절한 급여를 받아야 한다.

Ⅲ. 조직 — ① 재단의 목적을 성취하기 위해, 구성원들은 각기 책임을 맡을 몇몇 전문 부서들을 설립해야 한다. 처음에 설립되어야 할 부서들과 그 기능은 다음과 같다.

A. 의학 연구 부서: 이 부서의 기능은 의학 연구를 지원하는 것이다.

B. 자연과학 부서: 이 부서의 기능은 물리·자연과학의 연구를 지원하는 것이다.

C. 국방 부서: 이 부서의 기능은 군대 문제에 대한 장기적인 과학연구를 지원하는 것이다.

D. 과학 인적자원·교육 부서Division of Scientific Personnel and Education: 이 부서의 기능은 과학 분야의 장학금과 연구비 승인을 지원과 감독하는 것이다

E. 출판 및 과학적 협력 부서: 이 부서의 기능은 과학지식의 출판을 장려하고 과학지식의 국제적 교환을 촉진하는 것이다.

② 재단의 각 부서는 최소한 다섯 명의 구성원들로 이루어져야 하며, 재단의 구성원에 의해 임명된다. 임명할 때 구성원들은 전미과학아카데미National Academy of Sciences에 추천을 요청하고 이를 고려해야 한다. …… (중략)

Ⅴ. 특허정책 — 이 나라에서 국립연구재단의 목표인 과학연구 촉진의 달성 여부는 전적으로 정부 외부 조직의 협력에 달려 있다. 이런 조직과 계약하고 이들을 승인할 때, 재단은 공공의 이익을 적절히 보호해야 하며, 동시에 협력 조직들에 과학연구를 수행할 적절한 자유와 보상을 주어야 한다. 만약 정부가 정부의 목적을 위해 재단의 재정적 지원을 받은 모든 특허에 대해서 로열티가 없는 라이선스를 받는다면 공공의 이익이 적절히 보호될 것이다. 연구기관에는 재단의 지원을 받아 발생한 특허 발견에 대해서 어떤 의무도 없어야 한다. 정부에 배속된 발견에 대한 모든 권리에서 어떠한 절대적인 필요조건도 분명히 없어야 한다. 그러나 공익을 위해 그

러한 조치를 필요로 하는 특별한 경우인지에 대한 결정은 책임자 및 관련 부서의 재량권으로 남겨져야 한다. 이런 특허 정책 문제에 대한 법률 제정은 특허 방식이 공익의 필요성과 상황에 따라 조정될 수 있도록 재단 구성원들의 재량으로 남겨져야 한다.

Ⅵ. 특별권한 – 유능하고 경험이 풍부한 사람을 재단과 몇몇 전문 분과의 구성원으로 지명하기 위해서는, 재단을 만드는 법안에 특별한 권한을 포함시켜야 한다. 이를 통해, 다른 법 조항과는 달리 재단과 각 분과의 구성원이 민간의 보수를 받는 직장에도 고용될 수 있도록 한다. 다른 법 조항에서는 계약에 따른 자금을 받는 영리기관에 어떠한 형태로든 고용된 경우에는, 또는 분과나 재단의 분과에 고용되어 있는 사람은 어떠한 보상금도 받을 수 없다고 규정되어 있다. 제한적이고 법에 명시된 정부 공무원으로서 이중 수입을 금지하는 평시의 시각에서는, 개인적인 직장을 갖고 있는 사람이 정부 공무원으로 근무하는 것은 사실상 불가능한 일이다.

연구는 표준화된 물품을 국가가 조달하는 일반적인 경우와는 다르다. 따라서 국립연구재단 설립 법안은, 입찰을 위한 광고를 통해 연구 계약을 맺는 의무로부터 재단이 자유롭게 해야 한다. 이것은 특히, 성공적인 연구 계약의 측정은 비용에 있는 것이 아니라 우리의 지식을 만드는 데 정성적이고 정량적인 공헌을 할 수 있느냐에 달려 있기 때문이다. 이런 공헌의 정도는 결국 연구 실험실 내에서 발휘할 수 있는 창조성에 달려 있다. 따라서 국가연구 재단은 연구능력이 검증된 기관뿐 아니라 성공적인 연구를 보장하는 잠재적인 재능이나 창조적인 분위기를 가진 다른 기관과도 자유롭게 연구 계약을 하고 연구비를 지급할 수 있어야 한다.

전시에 과학연구개발국으로부터 지원받았던 연구와 마찬가지로 국립연구재단으로부터 지원받는 연구는 일반적으로, 실제 비용이 연구 계약 관련 기관의 수익과는 무관하게 수행되어야 한다.

〈표 1.1.1〉국립연구재단 예산 규모 제안

활동	100만 달러	
	첫해	5년 후
의학 연구 부서	5.0	20.0
자연과학 부서	10.0	50.0
국방 부서	10.0	20.0
과학 인적자원·교육 부서	7.0	29.0
출판과 과학협력 부서	0.5	1.0
관리	1.0	2.5
총합	33.5	122.5

특별한 언급을 요하는 다른 한 가지 문제가 있다. 연구는 보통의 계약 관계로 쉽게 설명되는 일반적인 상업적 작업 혹은 조달 작업의 범주에 속하지 않기 때문에, 연구 계약자의 경우 특정한 법률과 재정적 규제를 면제받는 것이 필수적이다. 연구 계약자에게 일반적인 절차를 요구하는 것은 연구 작업의 효율성을 손상시킬 것이고 정부의 업무 비용 부담을 불필요하게 가중시킬 것이다. 단과대학과 종합대학의 연구는 주로 재단과의 계약하에서 수행되는데, 상업적 기관과는 달리 세부적인 보증 절차를 다루거나 일반적인 정부의 계약 업체에 요구되는 회계감사 세부 조항들이 갖추어지지 않았다.

VII. 예산 — 몇몇 위원회가 진행한 연구들을 기초로 제안된 프로그램을 수행하는 데 필요한 자금의 규모를 예측할 수 있다. 분명히 이 프로그램은 자그마한 시작으로부터 건강한 방식으로 성장해나가야 한다. 위의 아주 대략적인 예측들은 재단이 조직되고 운영된 후 1년간의 운영에 대한 것이며, 5년 후 운영이 안정적인 수준에 이르렀을 때에 대한 추정치이다.

이 문서에 제안된 국립연구재단은 시급한 사안이다. 제안된 조직의 형태는 심사숙고를 통해 고안된 결과이다. 조직의 형태는 중요하다. 지난 30년 동안의 항공 문제에 대한 기초연구를 증진시켜온 항공학 국가자문위원회의 조직은 매우 성공적인 형태라고 할 수 있는데, 이 위원회의 조직은 재단의 구성원 임명 방법과, 그들의 책무를 규정하는 문제에 대한 제안을 신중히 고려했다. 더욱이, 어떤 프로그램을 수립하든지 위의 다섯 가지 기본원칙을 만족하는 것이 지극히 중요하다.

법률 제정은 필수적이다. 우리는 그 초안을 세심히 검토해야 한다. 그러나 이 나라가 과학의 도전에 부응하고 과학의 잠재성을 완전히 활용하고자 한다면, 반드시 신속한 행동이 필요하다. 앞날에 닥쳐오는 문제들의 대응책으로 과학을 사용하는 지혜에 미국의 미래가 전적으로 달려 있다.

1-2 트루먼 대통령의 거부권 행사 메시지*

해리 트루먼(Harry Truman), 1947

President Harry Truman's Veto Letter. 1947. CRS reports, A4442-A4443.

나는 S. 526, 국립과학재단 법안에 대한 승인을 보류한다.

나는 이러한 결정에 대해 매우 유감스럽게 생각한다. 나는 몇 차례나 국립과학재단 설립을 위한 법안을 제정할 것을 국회에 촉구해왔다. 우리나라의 안보와 복지를 위해서는 기초과학연구를 직접적으로 지원하고, 숙련된 과학자들의 수를 증가시키기 위한 조치를 취하는 것이 필요하다. 나는 진정으로 국회가 이런 결과를 내놓기 위한 정부의 활동들을 자극하고, 관련된 적절한 기관 설립을 위한 법안을 제정하는 것을 바라왔다.

하지만, 이 법안은 공공문제의 관리를 위한 상식적인 원리들로부터 벗어나는 조항들을 포함하고 있어 승인할 수 없었다. 이 법안은 결과적으로

* 1947년에 2년에 걸친 타협과 정치적 책략 이후, 국립과학재단 법안이 국회에서 통과되었다. 부시파는 위대한 성공을 거둔 것처럼 보였지만 트루먼 대통령은 조치를 취하는 것을 거부했다. 비록 트루먼이 국립과학재단 법률의 제정에 우호적이었다고 해도, 그는 이런 특수한 법안은 많은 세부사항에서 바람직하지 않다고 생각했다. 그의 거부 메시지를 읽으면서 국회가 1950년에 트루먼 대통령의 승인을 받은 또 다른 국가과학기술재단 법안을 통과시켰다는 사실을 염두에 두자.

중요한 국가 정책의 결정, 대규모 공적자금의 지출, 중요한 정부 기능의 운영을 사적 시민인 개인들로 이루어진 집단에 귀속되도록 할 것이다. 제안된 국립과학재단은 시민들의 통제에서 벗어날 것이고, 이는 민주적 절차의 신뢰를 잃게 되는 결과를 가져올 것이다.

더욱이 법안에 규정된 조직은 복잡하고 통제하기 어려워서 과학연구 증진을 위한 정부의 노력을 촉진시키기보다 오히려 방해할 수 있는 심각한 위험을 내재하고 있다. 정부의 과학연구개발 활동 관련 지출은 현재 연간 수억 달러에 이른다. 현재의 세계정세를 볼 때 이 일은 국가 복지와 안보를 위해서 필수적이다. 우리는 잘 작동하지 않을 것 같아 보이는 조직에 이 일을 맡겨 위태롭게 할 수 없다. …… (중략)

헌법은 대통령에게 법이 정확히 집행되는 것을 감시할 책임을 부여하고 있다. 그러나 이 법을 집행하는 과정에서 대통령은 그의 헌법적 책임을 다할 효과적인 수단을 박탈당할 것이다.

정부의 총권한과 책임은, 대통령의 적절한 집행을 위한 책임을 효과적으로 담보할 수 없는 스물네 명의 비상근 공무원들에게 있게 될 것이다. 국립과학재단의 단장은 재단으로부터 임명되었기 때문에 대통령에 대한 책무가 없을 것이며, 두개의 비상임 이사회 때문에 대통령과 분리될 것이다. 각종 부서와 특별위원회의 경우 책임감의 부족은 심화될 것이다.

국립과학재단의 구성원에게는 또한 중요한 정부 권력이 주어지게 되는 행정부 주요 기구들의 장과, 70명 이상의 추가 비상임 임원들을 지명할 수 있는 권한이 부여될 것이다. 이는 대통령의 임명권을 상당 부분 부정할 뿐 아니라, 법이 충실히 집행되는지 감시하는 대통령의 능력에 결함을 발생시킴을 의미한다.

헌법적 책임에 부응하는 대통령의 능력은 부서 간 과학위원회Interdepartmental Committee on Science를 설립하겠다는 법조항에 의해 더욱 손상될 수 있다. 이 위원회의 회원들은 대통령에 대한 책무를 가진 기관들의 대표가 될 것이지만, 이 위원회의 위원장은 국립과학재단의 단장이 될 것이다. 따라서 대통령에게 임명을 받지 않았고, 또한 대통령에게 책무가 없는 국립과학재단의 임원들이 기이하게도 대통령의 의무 범위에 있는 기능들, 즉 집행기관간 업무중재의 기능을 수행하게 될 것이다. …… (중략)

이 법을 집행하는 권한이 왜 재단의 비상근 회원들에게 주어져서는 안 되는지에 대해서는 다른 설득력 있는 이유들이 있다. 재단은 과학연구지원을 위해 연방자금을 승인할 것이다. 이 자금의 수령인은 재단의 재량에 따라 결정될 것이다. 이 법 조항에 규정된 재단 회원 자격을 고려할 때, 그들은 대부분 연구비를 받을 수 있는 기관이나 조직에 속한 개인일 것이다. 따라서 재단 회원들의 청렴결백과는 관계없이 편파적인 결정에 대한 의심을 불러일으킬 수 있는 이해관계의 충돌을 피할 수 없다.

법의 집행 의무가 책임을 질 수 있는 상임 임원들에게 주어져야 한다는 원칙을 고수하는 것은 비상임직을 맡을 수밖에 없는 훌륭한 과학자들의 활동을 정부가 활용하는 것을 배제하지는 않는다. 우리는 시민들이 정부 프로그램의 성공을 위해 애국적이고 이타적인 공헌을 할 수 있다는 충분한 증거를 갖고 있다. 그러나 비상근 참가자들의 역할은 전적인 책임을 지는 것보다는 조언을 하는 편에 해당하는 것이 더 적합하다. 국가적인 중요성이 막대한 다른 정부 프로그램에서, 이런 방법은 중립적인 전문가들뿐 아니라 이해 집단으로부터 조언과 권고를 얻기 위해 사용된다. 이런 시스템이 국립과학재단의 설립에 대한 법률에 적용되지 말아야 할 이유는 없다. …… (중략)

위와 같이 제시한 이유들로 나는 이 법안이 공공정책에 대한 기본적인 문제들을 제기했다고 생각한다. …… (중략) …… 만약 이런 법안의 원칙들이 정부 내에서 확대된다면, 커다란 혼란을 야기할 것이다. 이 경우에 정상적인 정부 기능을 위한 견고한 원리들을 사용하지 말아야 할 타당한 이유는 없다. 나는 우리의 전통적인 민주주의적 정부가 과학연구와 교육을 진흥시키기 위한 프로그램을 관리하지 못할 정도로 무능하다는 데 동의할 수 없다.

이 법안이 현재 형태로 승인을 받지 못한다는 것은 유감스러운 일이다. 그러나 이번에 내 서명 거부가 정부의 과학연구에 대한 지원 증대를 막지는 않을 것이다. …… (중략)

나는 과학연구와 교육에 대한 장기적인 관심을 위해서는 이 법안의 중요한 결점으로부터 자유로운 과학 재단을 얻기 위한 계속적인 우리의 노력이 필요하다고 확신한다. 제안된 재단의 구조적 결점들은 매우 본질적인 것이어서, 차후에 이런 문제점들이 수정될 수 있으리라는 기대에 기대어 이 법안에서 제안한 내로 설립을 허락하는 것은 타당하지 않을 것이다. 우리는 기본적으로 건실한 법안에서 시작해야 한다.

나는 국회가 다음 회기에는 이 문제를 재고해서 다음 의회에는 조기에 국립과학재단에 대한 법안을 제정하기를 희망한다.

1-3 미 국립과학재단과 전후 연구정책 논쟁, 1942~1945: 「과학, 그 끝없는 프런티어」에 대한 정치적 해석

대니얼 케블스(Daniel Kevles), 1977

Daniel Kevles. 1977. "The National Science Foundation and the Debate over Postwar Research Policy, 1942~1945: A Political Interpretation of Science--The Endless Frontier." *Isis*, 68(1), pp.5~26.

1945년에 바네바 부시에 의해 발간되어 미 국립과학재단(NSF)의 형성에 지대한 영향을 끼쳤던 유명한 보고서인 「과학, 그 끝없는 프런티어」의 기원은 기억에 가려 명확하게 알려져 있지 않다. 전시 과학연구개발국(OSRD)Office of Scientific Research and Development의 국장이었던 부시는 후에, 이 보고서의 기본적인 개념은 부시가 전후 미국의 과학이 침체할 수 있다는 점을 지적했을 때, 이에 대한 보고서 작성을 요구했던 루스벨트 대통령과의 일상적인 대화에서 비롯되었다고 생각했다. 더군다나 1944년부터 1946년에 과학연구개발국의 자문위원general counsel이었던 오스카 룹하우젠Ocscar M. Ruebhausen은 최근에 이 보고서가 당시 영향력 있는 정부 변호사였던 오스카 콕스Oscar S. Cox로부터 기인했다고 보았다. 콕스는 과학연구개발국의 행정 기술을 평시peacetime 국방연구 프로그램에 적용시키기를 원했다. 룹하우젠의 25년 된 기억이 진실에 더 가깝지만, 어느 것도 현재의 문서 기록과는 일치하지 않는다. 더 중요한 것은 두 가지 설명 모두 '연방정부가 평시에 일반적인 복지를 위해서 어떻게 과학을 발전시켜야 하는가'라는 정책 문제에 관한 논쟁이 격화되고 있던 매우 정치적인 맥락 속에서 그 보고서가 쓰였다는 사실을 간과하고 있다.

그 논쟁은 전쟁 초반에 시작되었으며, 진보적인 정치 성향을 가진 미국인들 사이에서 국방연구가 어느 수준까지 일류 대학과 연합한 거대 기업에 의해 지배되어야 하는지에 대한 우려에서 기인했다. 일반 대중들이 과학연구개발국, 군부, 그리고 국가발명가위원회National Inventors Council로 제출한 기술 제안들이 불공정한 평가를 받았다는 주장이 제기되며 엄청난 불만이 터져 나왔다. 한편, 훈련된 과학자와 엔지니어들의 공급이 위험한 수준이라는 이야기가 나왔지만, 다수의 대학, 종합대학, 그리고 기술 자원단volunteer technical group의 대변인들은 과학자와 엔지니어들이 정부에 각종 서비스와 실험실을 제공했음에도 그에 대한 합당한 대가를 받지 못했다고 주장했다. 양쪽에서 제기된 불만들은 에디슨과 같은 발명가들이 전문적으로 교육받은 과학자와 엔지니어의 위계질서에 대처해나가는 과정에서 갖게 된 어려움을 반영하고 있다. 또한 과학연구개발국과 군부가 더 좋은 인력과 장비가 있는 학계와 산업계의 실험실에 의존하는 정책을 펴왔음을 증명하기도 했다. 그러나 친산업적인 ≪포천Fortune≫ 조차 거의 임금을 받지 않고 일시적으로 정부를 위해 일하는 사업가들도 그들 기업의 경쟁적인 위치를 유지하려는 이기적인 목적으로 소규모 기업가들과 발명가들의 제안을 거절했다고 결론지었다. ≪뉴욕타임스The New York Times≫는 "에디슨이 아마도 영웅적인 발명가의 마지막이 될 것"이라고 하며, "이 나라는 대학 교수들과 대학을 졸업한 엔지니어들로 가득 차 있는데, 그들은 기술 발전에 주목할 만한 기여를 할 수 있지만, 동시에 매우 표준화된 독과점을 대하면서 구속되어 있다……"라고 덧붙였다.

이에 못지않게 문제가 되었던 것은 산업계로의 연구개발(R&D) 계약 분배와 관련되어 있다. 1930년대 후반 산업연구에 종사하고 있는 총인력의 약 2/3가 전체 산업 연구소의 10%도 안 되는 곳에 고용되어 있었다. 전시 연방정부의 계약 정책은 이와 같은 연구개발 집중 현상을 가속화시켰다(전쟁 막바지에 이르러서는 전체 연구개발비의 약 66%가 68개의 회사에, 약 40%가 겨우 10개의 회사에 분배되었다). 더욱이 이와 같은 계약 열 건 중 아홉 건은 정부로부터 지원된 연구에서 파생된 특허의 소유권을 산업계에 내주었다. 많은 비평가들이 이와 같은 특허 정책이 부당한 퍼주기이며, 위험한 것이라고 지적했다. 전쟁 전 미국의 거대 기업들은 독일을 비롯한 외국 기업 연합들과 특허 협약에 가입했으며, 이 협약은 매우 중요한 기술 정보들이 잠재적인 적국으로 흘러가도록 했고, 또한 미국이 베릴륨, 마그네슘, 광학유리, 화학물질, 무엇보다도 합성고무와 같은 전략적으로 중요한 자원들의 충분한 공급원을 개발하는 것을 막았다는 이야기가 나왔다. 임시 국가경제위원회Temporary National Economic Committee의 평가에 의하면 거대 기업들은 또한 "전체 산업을 관리하고, 경쟁을 억제하며, 생산을 제한하고, 가격을 높이고, 발명을 억제하고, 창의성을 단념시키"는 데 특허 시스템을 활용하기 위한 다양한 방법들을 고안하고 있었다.

행정부 내에서 기업의 독과점을 해체하는 데 앞장 선 인물이자, 전시 특허 논쟁의 핵심 인물인 서먼 아널드Thurman Arnold 미 법무부 차관보Assistant Attorney General는 1943년 미 의회 위원회에 만약 과학과 기술이 공익을 위해 봉사할 것이라면, 단순히 특허 풀patent pool을 해체하는 것 이상의 조치가 필요하다고 설명했다. 특허 풀이 생겨나게 되는 기초적인 지식과 산업적 기술에 대한 집중적 지배 구조에 대해서 어떠한 조치가 취해져야 했다. 아널드는 기업의 경영진들은 언제나 가능한 방법을 총동원해 기업의 이득을 최대화하기 위해서 노력할 것이므로 독과점 관행들을 그저 비난하는 것으로는 해결될 일이 아니라고 강조했다. 과학이 공익을 위해 봉사하기 전에, 연방정부에 의해서 거대 기업들이 연구결과를 착취하는 시스템이 재편되어야 할 것이었다. 아널드는 정부에 의해서만 독자적 발명가들이 기회를 보호받을 수 있다고 결론지었다. 정부만이 "기업들이 누리고 있는 연구와 실험의 독점을 해체"할 수 있었다.

그런데 아널드가 대기업이 미국 과학연구를 독점하고 있다고 주장할 때, 그 근거에는 다소 불확실한 면이 있었다. 그의 분석에 따르면 거대 기업들은 대학의 연구마저 지배했으며, 학술적 연구의 주제를 결정했고, 연구결과의 확산을 방해했다. 그러나 사실 기업들은 학술연구비의 아주 작은 부분만 제공하고 있었으며, 과학과 공학 분야의 교수들은 대부분 자신이 원하는 주제에 관해 연구하고 학술 저널에 논문을 게재하고 있었다. 그럼에도 아널드는 생각이 깊은 자유주의자들이 주로 문제 삼는 점을 다시 지적했다. 아널드가 보기에 미국에서 수행되는 연구들, 특히 기술과 연관된 연구들은 국가의 필요에 대한 평가에 기반을 두고 이루어지기보다, 우려스러울 정도로 거대 기업이 어떻게 시장의 요구에 맞추어 연구하는가에 좌우되는 것이었다.

≪뉴욕타임스≫의 자유주의 성향의 과학 편집자 발데머 켐퍼트[Waldemaer Kempffert]는 대중의 요구는 단순히 과학과 기술에 의해서 충족되는 것이 아니라고 주장했다. 켐퍼트는 아널드와 같은 형태의 분석을 내놓았는데, 그는 만약 미국이 물리와 화학에서 엄청난 발전을 이루었다면 그것은 "경제적 이익과 군사적 이점 때문"이라고 주장했다. 오직 소련만이 사회보장, 행복, 그리고 만족을 위해 과학을 조직하고자 했던 것이다. 미국에서 과학연구는 "계획……, 방향……, 구조에 대한 사회적 목적" 없이 "급속히 성장"했다. 켐퍼트는 러시아의 사회정치적 체계를 매우 불신하고 있었지만, 미국 정부가 뉴딜정책과 같이 자유의 원칙과 양립하는 목적성 있는 과학 프로그램을 하지 말아야 할 이유도 찾지 못했다. 과학연구개발국은 어떻게 과학이 전쟁의 목적에 부합해서 동원될 수 있는지 보여주는 한 예였다. 평

화의 목적으로 그와 같이 하지 못하는 이유는 무엇인가? 켐퍼트는 새로운 문제를 이와 같이 요약한다. "자유방임주의는 경제 원리에서 배제되어왔다. 자유방임주의는 적어도 과학에 있어서의 정부 정책에 관해서도 역시 배제되어야 한다."

*****

켐퍼트의 주장은 웨스트버지니아 주의 민주당 상원이원 킬고어에게 상당히 흥미로운 것이었다. 작은 마을의 변호사이자 주 방위군 군사, 재향군인, 프리메이슨Freemasonry 회원이자 엘크스 롯지Elks Lodge*의 전 고위 지도자인 킬고어는 과학과 기술에 대해 "완전히, 절대 무지"하다는 것을 빠르게 인정했다. 시추공을 이용한 석유 탐사가의 아들인 그는 일반인들로부터 공평한 기회를 빼앗는 것을 포함한 거대 기업의 힘에 대한 담론 또한 빠르게 인정했다. 자치주 형사 법정 판사이던 킬고어는 1930년대에 청소년 피고인들의 회생을 강력히 지원한 것으로 지역에서 명성을 얻었다. 1940년 격렬하게 분열되었던 웨스트 버지니아 주 민주당 내의 친 루스벨트를 당파는 킬고어를 아주 자연스럽게 상원의원 후보로 적합하다고 여기게 되었다. 킬고어는 주로 산업노동조합 연합(CIO)Congress of Industrial Organization**의 지지를 받아 3자 간 예비투표에서 40% 이하의 득표율로 가까스로 당선되었다. 수월하게 대통령에 당선된 루스벨트의 힘을 빌려 킬고어는 워싱턴으로 진출했다. 뉴딜 정책의 충실한 지지자로, 킬고어는 고향의 평범한 사람들, 특히 그를 당선시키는 데 공헌을 한 근로자 층 투표자들을 위해서는 무엇이든 할 의욕이 넘쳐났다.

---

* 프리메이슨은 16~17세기 유럽에서 건축업에 종사하던 석공들을 중심으로 결성된 인도주의적 단체를 칭한다. 현재에도 전 세계에 그 회원들이 있으며 미국에는 약 200만의 회원이 있다. 엘크스 롯지는 미국의 지역 조직을 가리킨다.

** 20세기 초 미국과 캐나다에서 조직된 산업노동조합의 연합체.

구겨진 정장을 입고 주머니에는 종이와 연필, 그리고 행운을 기원하는 마로니에 열매를 가득 채운 모습으로 킬고어는 상원의원으로서의 의무에 최선을 다했고, 곧 트루먼이 의장으로 있었던 전시 생산력 조사 위원회에서 활발히 의견을 개진하는 의원이 되었다. 킬고어가 고무 부족, 특허의 남용, 그리고 사실상 무보수로 정부기관에서 일하는 민간인들의 힘에 대해 공부하면 할수록 그는 전시 생산 프로그램의 많은 부분이 잘못되었다는 점을 확신하게 되었다. 그는 의회 직원이자 물리학 박사였던 허버트 쉬멜Herbert Schimmel과 종종 이 주제에 대해 의논했다. 쉬멜은 킬고어와 같이 고무의 부족에 대해 분노했을 뿐 아니라 하원에서 그의 업무가 트루먼 위원회의 것과 비슷했고, 또한 트루먼 상원의원의 거대 기업에 대한 불신에 깊이 공감하고 있었다. 중요한 기술적 발전들이 그동안 억압되어왔던 것은 물론이고, 쉬멜은 킬고어의 이목을 전시 생산 프로그램의 기술적인 면에 집중시켰다. 쉬멜과 킬고어가 대화를 하면 할수록 그들은 전시 생산 프로그램이 성공하려면, 그리고 공평하게 성공하려면, 이 프로그램의 기술적 운영이 고위 기술 사령부, 즉 공공의 이익을 고려하는 전문가들이 운영하는 기관에 집중되어야 할 것이라고 확신하게 되었다.

1942년 활동적인 텍사스의 자유주의자이자 전시생산국(WPB)War Production Board의 친중소기업 회원이었던 모리 매버릭Maury Maverick도 비슷한 생각에 사로잡힌다. 전시 생산의 기술적인 면에 대한 거대 기업의 권력을 해체하려는 목적으로 매버릭은 전시생산국의 국장이었던 도널드 넬슨Donald Nelson에게 전략적인 물질들을 확보하기 위해 과학연구개발국을 설립해야 한다고 제안했다. 8월 중순 넬슨이 그와 같은 기구를 만들 것이라는 내용을 담은 보고서는 쉬멜을 불편하게 했는데, 쉬멜이 킬고어에게 이야기했듯, 이와 같은 기구는 넬슨이 있었던 거대 기업 중심의 전시생산국 내에서는 거의 이룰 수 있는 것이 없다고 확신했기 때문이다. 의회가 이 기구를 정부와 독립된 기관으로 설립하는 것이 더 나은 방안이었다. 쉬멜은 이러한 목적으로 법안을 급히 작성해서 킬고어에게 이를 빨리 상정할 것을 재촉했다. 쉬멜은 넬슨보다 앞서는 것이 중요할 뿐 아니라, 또한 킬고어가 이 문제의 해결을 위한 소위원회의 의장이 될 수도 있다고 덧붙였다. 킬고어는 신속히 기술동원법Technology Mobilization Act을 상정했다.

국가의 기술적 자원들을 동원하는 데 걸림돌이 되는 '병목현상'을 제거하는 것을 목표로 한 이 법안은 전쟁과 관련한 모든 특허와 생산 과정에 대한 전면적인 이용, 소규모 사업자와 발명가들의 더 나은 활용, 그리고 전략적 원자재의 충분한 대체재 제공을 주장했다. 이와 같은 목적을 달성하기 위해 법안은 정부의 모든 기술 관련 부처들과 군부, 민간단체 모두를 통합할 중앙정부기관인 기술동원사무소Office of Technological Mobilization를 설립하는 내용을 포함하고 있었다. 이 사무소는 기술인력과 시설들을 징발하고, 전시 사용을 위한 특허의 이용 허가를 내도록 강제하며, 승리에 기여할 수 있는 연구 프로젝트에 재정적 지원을 할 수 있는 권한을 부여받을 것이었다. 1942년 가을, 킬고어는 소위원회를 운영하게 되었고, 10월에는 이 법안에 대한 청문회를 열었다.

킬고어의 법안은 엄청난 반대에 부딪혔다. 특히 육군, 해군, 기업가들과 과학연구개발국의 국장인 바네바 부시의 반대가 심했다. 반대론자들은 킬고어가 제시한 것처럼 전시 과학 동원 방법에 급진적인 변화가 필요할 만큼 심각한 병목현상이 존재한다는 사실을 딱 잘라 부인했다(심지어 킬고어 법안의 찬성자들도 킬고어가 과학연구개발국을 "혼자, 그리고 과학연구개발국에 손대지 않고" 떠날 것을 요구하는 한 증인의 주장에 동의하기도 했다). 부시는 개인 발명가들의 제안이 충분히 잘 검토되고 있다고 주장하며 그들의 불만은 연합군의 군사기술에 대한 정보가 드러날 수 있어 왜 그들의 아이디어가 사용되지 않았는지에 대해서 알려주는 것이 불가능하기 때문에 생기는 것이라고 주장했다. 더 일반적으로 비평가들은 이 법안에서 제안하는 모든 기술 관련 기관의 집중화는 부당한 통제라며 가차 없이 비판했다. 이 사무소가 가지게 될 거대한 권력, 특히 기술 설비와 인력을 징발할 수 있는 권력에 집중해서 이들은 이 법안이 사실상 전체주의의 것과 다름없다고 비난했다.

킬고어는 법안이 급하게 작성된 것이라는 것을 알고 있었다. 쉬멜은 그 법안을 말 그대로 하룻밤에 작성했다. 그러나 킬고어는 그 법안을 철회할 의도는 전혀 가지지 않았다. 그의 해결 방안은 소규모 기업가와 발명가들로부터 지지를 받았을 뿐 아니라, 넬슨에게까지 지지를 받았다. 킬고어가 급히 서둘러야 한다는 쉬멜의 예상과 추측과는 달리, 넬슨은 매버릭의 제안에 대해 그해 11월에 생산연구 및 개발국Office of Production Research and Development이 된 임시 기술 사무소를 전시생산국 내에 만드는 것으로 그에 응답했다. 생산연구 및 개발국은 생산 문제의 기술적인 면에 그 임무가 집중되어 있었다. 전시생산국을 운영하면서 골머리를 썩인 경험을 통해 중앙 집중적인 관리를 더욱 선호하게 된 넬슨은 전시생산국이 기술 관리를 위해 더 폭넓게 필요한 일들을 수행하기 위한 충분한 예산도, 그리고 권력도 가지고 있지 못하다고 믿었기 때문에 킬고어의 계획을 지지했다. 더욱이 1942년 가을 열린 소위원회 청문회 도중 켐퍼트를 비롯한 다른 증인들과 함께 넬슨은 킬고어의 이목을 과학 인력의 낭비, R&D 계약의 집중화, 특허의 부정거래와 같은 주장에 집중시켰다. 즉, 전시 과학의 동원과 평화 시에 이것이 주는 폭넓은 함의들에 킬고어가 더 관심을 갖도록 한 것이다. 결국 킬고어의 비전은 점점 확대되어, 법안을 다시 작성해 1943년 새로운 의회가 개회한 직후 상정했다.

*****

과학동원법Science Mobilization Act이라는 새 법안은 정부로부터 독립된 영구 기관인 과학기술동원사무소(OSTM)Office of Scientific and Technological Mobilization를 세우는 계획을 담고 있었다. 불합리한 통제라는 반론에 대응해서 과학기술동원사무소는 이전 법안에서 제안된 기술동원사무소에 비해 작은 범위의 권력이 부여될 예정이었다. 과학기술동원사무소는 전시에 기술 설비들과 특허를 동원할 수 있으며, 전쟁과 같은 응급상황 이외에는 동원력을 전혀 가지지 않았다. 이 사무소는 과학 인력을 징발할 수 없었고, 과학 인력들이 선발징발제selective service에 의해서 징병되는 것을 연기할 수 있도록 증명해줄 수 있을 뿐이었다. 그리고 과학기술동원사무소는 과학과 기술 관련된 기관을 모두 합병하는 것이 아니라 중재하는 역할을 맡을 뿐이었다. 킬고어의 자유주의적 목적성이 뚜렷한 과학의 강조에 맞추어, 과학기술동원사무소는 정부 보조금과 대여금의 형태로 과학기술 교육과 순수 및 응용연구의 발전을 위해 금전적 지원을 할 수 있는 권한을 갖고 있었다(킬고어는 놀랍게도, 점점 증가하는 학계의 산업 보조금과 장학금에 대한 의존도는 대다수의 대학 연구를 "기업과 산업 연구의 하녀와 같은 위치"로 전락시켰으며, "많은 학교들이 기업의 영향력 아래에 놓이게 되었다"라고 설명했다). 과학기술동원사무소는 산업계, 농업계, 노동계, 중소기업의 대표와 과학기술계의 대표를 포함한 위원회와 자문단의 도움을 받아 운영될 예정이었다.

이에 못지않게 중요한 점은 과학기술동원사무소가 주요 대기업의 연구소를 포함한 국가 연구소에서 개발된 주요 기술적 공정에 대한 정보를 공개하거나 공평한 보급을 강제하는 방법을 이용해 과학자, 발명가, 그리고 중소기업가의 연구사업을 촉진시킬 예정이었다는 것이다. 또한 가장 중요한 것은 공익을 보호하기 위해서 과학기술동원사무소는 1941년 국가비상상태 선포 이후 연방정부로부터 지원받은 "모든 자금, 신용, 물리적 시설, 그리고 인력"을 사용한 연구에서 비롯된 "모든 발명, 발견, 특허, 혹은 특허권"에 대한 독점적 사용권한과 라이선스 계약을 맺을 수 있는 소유권과 권한을 부여받았다는 것이다.

킬고어의 수정된 법안은 새로 열린 청문회에서뿐 아니라 과학기술 관련 언론의 상당한 관심을 끌었다. 과학자와 소규모 기업가, 발명가들로부터 이 법안을 지지하는 편지가 쏟아졌다. 개인적 차원에서, 스물두 명의 하원 의원과 상원의원들은 1943년 5월 국가의 자원을 더 효과적으로 동원하기 위한 포괄적인 목적으로 새로 설립된 전시동원사무소Office of War Mobilization를 킬고어가 설립을 제안한 과학기술동원사무소와 같은 전시 목적을 달성하기 위한 중앙과학기관으로 만들자고 제임스 번스James F. Byrnes에게 촉구했다. 공적 차원에서 부통령 헨리 월러스Henry Wallace는 평화 시에 사회적으로 자유로운, 특히 지리적 위치 혹은 기관의 종류에 따라 연구의 이득이 집중되는 것을 방지하는, 과학연구 프로그램의 중요성에 대해 증언했다. 아널드는 이와 같은 법이 필요한 이유에 대해 훌륭하게 분석했고, 킬고어의 법안이 "과학의 마그나 카르타the magna carta"*라고 자신 있게 선언하며 이 법안에 대한 찬성 물결에 자신의 목소리를 보탰다.

*****

그러나 이 법안은 무역협회, 산업 연구 관리자, 그리고 육군과 해군으로부터 상당한 반대를 받았다. 전미 제조업자협회the National Association of Manufacturers는 이 법안을 미국의 무든 과학을 '사회주의화'시키려는 위협이라는 전형적인 비판을 가했다. 전미 제조업자협회의 주장에 동의했던 몇몇 장교가 있던 군부는 특허 조항을 특히 반대했는데, 킬고어가 제안한 특허 조항에 의하면 산업 연구개발 계약을 불가능하게 만들거나 그 계약 가격을 높이게 될 것이라는 이유에서였다. 육군과 해군 모두 민간 주도의 기관이 군사기술

* 마그나 카르타는 1215년 영국의 왕이 귀족들의 요구를 받아들여 서명한 문서이며 왕의 권한이 법에 의해 제한되는 것을 인정하는 내용을 담고 있다. 이후 '마그나 카르타'는 종종 이와 같이 중요한 역사적 사건을 나타내는 문서를 은유적으로 가리키는 표현으로 쓰인다.

의 개발에 대한 모든 관리 감독을 하는 내용에 대해 아주 강력하게 이의를 제기했다. 먼저 과학기술동원사무소와 같은 기관이 기밀문서에 접근할 수 있다는 것은 국방을 위험에 빠뜨릴 수 있었다. 또한 군부가 어떤 설비의 이용에 책임이 있다면, 군부가 그에 대한 연구개발을 관리해야 한다는 것이 군의 뿌리 깊은 주장이었다.

킬고어의 법안은 또한 과학계 지도자들의 강한 반대에 부딪혔는데, 그 중 아주 일부만이 전미 제조업자협회와 군부의 반대에 동의할 뿐이었다. 몇몇 과학자는 국립과학원(NAS)National Academy of Science 원장이자 벨 전화연구소Bell Telephone Laboartories의 소장이었던 프랭크 주잇Frank Jewett의 주장에 동의했다. 주잇은 과학자들이 "미국의 지적 노예로 만들어지는 것"에 굳게 반대하며, 학문적 연구에 대한 어떤 형태의 연방정부 지원도 과학의 자유에 위협이 된다고 주장했다. 더 큰 집단을 이루고 있는 다른 과학자들은 연방정부 지원에 대해 주잇과 같은 견해를 가지고 있지는 않았지만, 킬고어의 법안에 특히 반감을 가지고 있었다.

2차 세계대전은 전문가의 자율성에 대한 관료적 개입이라는 문제로 과학계의 경계심을 날카롭게 했다. 비밀 규정은 과학자들이 연구에 대해서 이야기하지 않으면서 일하도록 요구했고, 이것은 과학자들의 열린 과학적 의사소통의 원칙에 위배되는 것이었다. 그리고 칼 콤프턴Karl Compton이 비난했듯이, 끝없는 관료주의는 마치 "정부와 일하는 사람은 모두 부정직하고 이기적인 성향을 가졌다"라는 가정 위에 만들어진 것 같았다. 연구활동을 중앙에서 관리하고 이끌어나가야 할 필요가 있었지만, 이것은 과학연구개발국의 상대적으로 관용적인 후원 아래에서도 사실상 모든 과학자가 다른 사람이 선택한 기술적 문제에 대해서 자신의 시간을 소비하도록 강요했다. 과학연구개발국 과학자들은 전쟁에서 이기기 위해 이러한 불편함과 자유에 대한 침해를 참고 견딜 의지가 있었지만, 평화 시에는 이와 같은 규율에 복종하지 않으려 했다.

제임스 코넌트James B. Conant는 "평화 시에는 독재적 권력을 가진 조정기관과, 평시 과학 인력을 두겠다는 아이디어를 조심하라"라고 경고했다. 이에 더해, 코넌트는 특히 킬고어의 법안의 비전문적인 행정 체제를 조심하라고 덧붙였을 것이다. 편의를 위해 킬고어의 법안은 과학기술인력을 최소 6개월의 교육을 받았거나, 혹은 기술직에 고용된 적이 있는 사람으로 정의했다(과학연구개발국의 고위 해군 연락장교는 "이 조약에 의하면 6개월 동안 시험관을 씻었던 시골의 바보도…… 과학자일 것이다"라며 발끈했다). 더 심각한 것은, 과학기술동원사무소가 과학을 발전시키는 데 필요한 능력보다 정치적 기준에 의해서 임명된, 과학에 문외한인 사람들에 의해서 운영될 것이라는 점이었다.

이 법안은 전시 과학 동원의 효과에 대해 잘 알고 있었던 학계와 산업계의 과학자들에게도 마찬가지로 중요했다. 그들은 이 법안이 불필요할 뿐만 아니라, 한 석유회사 과학자의 말을 인용해서 쓴다면, 법안이 통과하면 "적에게 100개의 군단을 선사하는" 것과 같은 결과를 가져올 것이라 생각했다. 그러나 킬고어의 평시 프로그램에 대해서, 비평가들은 과학기술동원사무소의 과학기술 데이터를 권력으로 군용으로 징발한다며 강력하게 반대했다. 제너럴 일렉트로닉스General Electronics의 한 과학자의 주장에 따르면, 기업 비밀을 공개해 소규모 기업을 도울 것을 대기업들에 강요하는 꼴이었다. 더 심각한 것은 법안의 특허 관련 조약에서 연방정부 지원을 정의한 바에 따르면, 정부 과제를 하는 동안 군부의 장교가 기술적인 조언만 제공한 경우에도 기업은 발명에 대한 모든 특허권을 잃게 된다는 점이다. 만약 산업계가 정부가 지원한 기술개발 과제에 기여한 것에 대한 보상을 받지 않는다면, 비평가들은 산업계가 정부 연구 프로그램에 참여할 만한 동기가 전혀 없다고 확신했다.

1943년 한 해 동안, 그리고 1944년으로 넘어갈 때까지 킬고어 법안에 대한 우려는 과학기술계 언론의 많은 주목을 받았다. 유명한 기술 잡지의 편집자는 그의 동료에게 만약 과학의 미래가 그들 손에서 벗어나길 바라는 것이 아니라면, 정치적 행동에 나서야 할 것이라고 충고했다. 미국과학발전협회American Association for the Advancement of Science와 미국물리학회 전쟁정책위원회War Policy Committee of the American Institute of Physics를 비롯한 여러 과학자 집단은 평소의 비정치적인 태도에서 벗어나 정식으로 법안에 반대하는 행동을 취하기 시작했다. 무엇보다도 과학계는 나라에서 가장 영향력 있었던 전시 과학자인 바네바 부시를 그들의 대변인으로 추대한다.

*****

부시는 사실 킬고어 법안에서 전반적인 평시 목표의 꽤 많은 부분이 추천할 만하다고 생각했다. 그는 연방 과학 기구들의 조정과 정부 내 과학 자문 시스템의 설치에 대해서는 대체로 지지했다. 그러나 부시는 대학에서의 과학연구와 교육에 대한 연방 지원은 그다지 지지하는 편이 아니었다. 국가가 보통 이야기하는 군사연구의 중요성에 대해 "지나치게 확신"하는 것과 사립대학들이 전후에 스스로 자금조달을 충분히 하지 못할 가능성에 대해 걱정했다. 부시는 기초연구를 육성하는 것이 매우 중요하다고 생각했다. 기초연구가 모든 개발 프로그램의 기반이 될 수 있고, 또한 "자유인"은 "언제 어디서나" 아는 것 자체를 위해서 알아야 한다고 반복해서 강력히 주장했기 때문이다.

이에 못지않게 중요한 것은 부시가 소규모 기업을 대상으로 한 기술적 기회들을 확대하고자 하는 킬고어의 열의에 공감했다는 점이다. 부시는 반反뉴딜정책 보수파이지만, 그는 항상 정부의 대규모 기업 연합들에 의한 시장 점유를 제한하는 정부 정책을 지지했었다. 1920년 초 부시는 제너럴 일렉트로닉스, RCA, 웨스팅 하우스Westinghouse, 그리고 AT&T가 배타적 특허

풀과 진공 튜브에 대한 마케팅 협약을 맺으면서 시장에서 쫓겨날 뻔했던 신생 전자회사인 레이시언Raytheon Company과 관련되어 있었다. 부시는 곧 다가올 전후(戰後)에 국가 번영은 새로운 지식들을 실용적으로 방향으로 활용하는 소규모 기업들의 등장에 상당한 수준으로 의지하게 될 것이라고 확신했다. 그런 이유에서뿐 아니라 부시는 거대 기업들이, 특허 체계를 이용해 소규모 기업이 유망한 새 기술 시장에 진입하지 못하게 하는 것을 막아야 한다고 생각했다. 이를 달성하기 위해서 부시는 여러 가지 제안을 고려했지만, 킬고어 법안에서 명시된 방안들은 그에 포함되어 있지 않았다.

선발 징발제의 시행에서 과학자에 대한 우대를 추진하는 점을 포함해서 부시는 킬고어 법안의 전시 성격에 대해서 덧붙일 점이 없었다. 그러나 대기업들에 대한 제한은 새로운 무기 개발은 물론이고 산업계와의 협력을 완전히 방해할 것이었다. 전시이건 평시이건, 만약 실용적인 발명이나 상업성을 가진 제품으로 개발하는 것을 촉진하는 것이 대중이 원하는 바가 아니라면, 특허 조항은 공익에 도움이 되지 않을 것이라고 부시는 확신했다. 부시의 분석에 따르면 특허의 특성인 일시적 독점권은 기업가나 규모에 관계없이 기업들이 기술개발에 투자하도록 장려하는 데 필수적인 요소였다. 특허권을 정부에 귀속시키는 것은 이와 같은 혜택을 없애는 것이며, 따라서 연방정부로부터 지원받은 연구에서 파생될 수 있는 모든 형태의 기술적 발전을 이용한 상업적 이득을 대중으로부터 빼앗는 셈이 되는 것이었다.

다른 많은 과학자들과 마찬가지로 부시는 과학연구에 대한 정치적 통제라는 위협을 불러일으키는 것같이 보이는 킬고어 법안의 면모들을 의심했다. 부시가 보기에 킬고어는 단순하게 미국에서 일어나는 과학의 작동과 역할에 대해서 아직 충분히 이해하지 못하고 있었다. 혹은 보좌관이 '이상한 길'로 킬고어를 이끌고 있는지도 모를 일이었다. 어느 경우든, 부시는 킬고어 법안이 상당히 마음에 들었기 때문에 이 법안에 대해 전면 반대할 의도는 없었다. 부시는 필요하다면 킬고어와 전쟁을 치를 준비도 되어 있었지만 — 그는 킬고어가 과학연구개발국의 계약에 대한 정보를 요청했을 때 매우 화를 냈다 — 더 건설적인 방안을 담은 법안을 새로 작성하도록 킬고어를 설득해서 올바른 방향으로 이끄는 것이 더 나은, 그리고 더 책임감 있는 일이라고 생각했다. 킬고어는 지난 2년간 상당한 발전을 만들어냈으니, 부시는 자신의 전문적인 안내하에서 킬고어가 더 발전된 법안을 만들기를 바랐다.

1943년 말, 신중하게 고른 말들로 쓴 긴 편지에서, 부시는 킬고어에게 전시 과학 동원은 제쳐두고 평시 과학 프로그램에 집중하라고 촉구했다. 그는 연방정부 과학 관련 기관들을 조정하려는 킬고어의 목표에 대해서, 이 조정이 중앙 집중적인 제어가 아니라 협력을 의미하는 것이라면 매우 훌륭하다는 찬사를 표했다. 부시는 또 연방정부 내에 과학 자문 기구를 설립하는 것에 대해서, 이 기구가 노동계, 중소기업, 그리고 소비자와 같이 이해 집단의 대표들로 이루어지는 것이 아니라 최고의 과학자들로 — 반드시 "청렴한disinterested" — 구성된다는 조건이라면 지지하겠다는 의사를 밝혔다. 그리고 만약 학문적 연구와 교육에 대한 연방정부의 지원이 평범한 과학자들이 아닌, 가장 우수한 과학자들의 연구를 발전시키고, 또 이와 같은 지원이 전문가로서, 그리고 지식인으로서 과학자와 그의 실험실에서 독립성을 침해하지 않는다면 이를 지지한다고 밝혔다. 그러나 과학 관련 기관을 조정하려는 목표를 성취하는 가장 좋은 방법은 산업계 연구에 대해 어떠한 제한도 가하지 않는 것과 무분별한 특허 정책을 적용하지 않는 것이었다. 이것은 산업계 경쟁력을 보호하기 위해서였다.

1943년에 킬고어는 '기득권'을 쥐고 있는 산업계를 겨냥한 자신의 법안에 반대하는 의견들을 대부분 무시하는 경향이 있었다. 그러나 1944년, 산업계가 엄청난 양의 합성고무를 비롯해서 많은 양의 전쟁 물자를 생산한 것으로 드러나자, 킬고어 법안의 전시 조항들은 필요가 없어 보였다. 킬고어와 토론한 적이 있는 한 과학자에 따르면 킬고어는 여전히 특허 문제에 '집착하고' 있었지만, 현재 법안에 대한 과학자 집단의 불만족을 상당 부분 이해하고 인정했다. 1944년 초반 킬고어와 그의 보좌관들은 국립과학재단(NSF)의 설립과 그 체제하에서 전후 순수 및 응용과학의 연구 진흥과 과학 교육과 훈련을 담은 새로운 법안을 작성했다.

킬고어의 새 법안은 그에 대한 비판론자들이 제기한 문제를 반영했다. 이 법안에서 제안된 국립과학재단은 정부의 기술 관련 행정기관의 재편을 촉진하도록 고안되었지만, 어느 특정한 기관에 한정되지 않았다. 재단은 또한 국방연구를 위한 별개의 부처를 포함하고 있었으며, 이 부처는 육군과 해군의 인력들이 대부분으로 구성되어 있었고 재단의 전체 연간 정부 충당금의 최소 비율에 대해서 명시적으로 보장받고 있었다. 새 법안이 제안한 국립과학재단을 통해 지원받는 과학자와 엔지니어들은 그들의 창의적인 능력을 활용하는 데서 자율적 통제권을 가질 수 있었으며, 또한 과학기술적 문제에 대해서 독립적인 견해를 가질 수 있고, 표현할 수 있도록 보호될 예정이었다. 산업계에 대해서는 기업 비밀을 공개하도록 강제하는 대신, 재단은 과학연구의 발전에 대한 보고서를 발간하는 간단한 방법을 통해서 소규모 기업가와 발명가들을 지원할 것이었다. 공적인 지원을 받은 연구에서 파생된 특허와 관련해서 국립과학재단이 여전히 모든 특허를 소유하게 되지만, 연구와 발명의 과정에 기여한 개인과 사립 조직들의 이익 또한 고려될 것이었다.

킬고어는 발명가들, 기업가들, 그리고 전쟁물자 생산과 관련한 문제를 고민하기 시작하던 1942년부터 먼 길을 걸어왔다. 그의 1944년 법안은 켐퍼트가 이제 과학에서 자유방임을 끝내야 한다고 주장한 것에 대해 훌륭하게 응답한 것과 마찬가지였다. 킬고어가 제안한 국립과학재단은 그 권력이 제한되어 있어 독재적인 초기관이 될 가능성이 낮았다. 킬고어의 국립과학재단은 예산 분배 시 정부 소속 연구실에 우선권을 주기 위한 것이었지만, 동시에 대학들에 연구 계약과 장학금을 주기 위한 것이기도 했다. 국립과학재단은 대통령이 지명한 산업, 노동, 농업, 교육, 그리고 대중의 대표자들로 구성된 위원회의 도움을 받아, 한 명의 책임자에 의해 통솔될 예정이었다. 그렇게 해서 국립과학재단은 국가의 사회적·경제적 수요에 맞는 기초 및 응용연구를 지원하기 쉬운 구조를 갖추게 되었다. 킬고어의 국립과학재단은 재단이 지원하는 과학자들의 지적 자유를 보존하되, 동시에 재단은 정치시스템에 자유롭게 대응할 수 있게 될 것이었다.

새 법안을 상정하기 전에 킬고어는 과학연구개발국의 지도자들을 최종 수정에 참여하도록 초대했다. 그러나 주잇에게 이 최종 법안은 그저 이전 법안들의 모든 '부당한 것들'을 모아놓은 데다가 몇 가지를 더한 것일 뿐이었다. 또 부시는 최종 법안이 어느 정도 발전한 것이라고 생각하기는 했으나, "그와 같은 조직이 여러 순기능을 할 것이지만, 또 이상한 기능도 하게 될 것"이라며 회의적인 태도를 유지했다. 부시와 킬고어 간 의견의 차이는 결국 가장 기본적인 문제에서 비롯되는 것이었다. 킬고어는 재단이 비과학자들의 과학 통제에 기민하게 반응하기를 바랐고, 일반적 복지의 향상을 위한 연구를 지원할 준비가 되어 있었다. 반면 부시와 그의 동료들은 새로 형성될 기구가 과학자에 의해 운영되고, 과학의 발전을 위해 운영될 것을 원했다.

*****

1944년 10월 말, 상상력이 풍부하고 영향력이 있는 행정 변호사인 콕스는 부시에게 킬고어와의 경쟁에서 주도권을 잡을 수 있는 기회를 마련해 주었다. 아마 다가오는 선거를 염두에 두고 콕스는 대통령 자문이었던 해리 홉킨스Harry Hopkins와의 대화 후에 얻은 아이디어를 가지고 부시를 찾아왔을 것이다. 루스벨트 대통령이 전시 연구개발 결과를 가지고 삶의 질을 높이고 전후 고용률을 높일 수 있는 방향으로 활용하려면 어떤 과정들을 거쳐야 할지에 대해 자문을 요청하는 편지를 바네바 부시에게 보내는 것은 어떤가?

콕스는 이러한 내용을 담은 편지의 초안을 가지고 10월 24일 오후 부시와 과학연구개발국의 자문위원이었던 룹하우젠을 만나 의논했다. 부시는 평시 목적을 위해 기밀로 취급되고 있는 과학적 정보들을 신속하게 이용할 수 있도록 조치를 취하는 것이 적절하며 군사 비밀 유지 방향과도 일치한다며 곧바로 동의했다. 전후 연방 연구에 대한 더욱 포괄적인 문제에 대해서 부시는 역시 과학연구개발국과 같은 형태의 프로그램, 특히 콕스에게 아주 단호하게 의사표시를 했듯이 킬고어 법안에 있는 것과 같은 프로그램을 다시 설치하는 것에 반대를 표했다. 그러나 부시는 기업과 대학이 스스로 연구 프로그램을 운영하는 것이 어려울 수도 있는 경제적 침체기에 학문적 과학연구를 대상으로 어떤 형태의 정부 지원을 제공하는 것에는 동의했다. 1945년 1월 새 의회가 열리기 전까지 킬고어 법안이 어떤 행동에 들어가는 것이 불가능해 보였기 때문에, 부시와 콕스는 대안적인 입법 접근 방안을 마련하는 것이 가치가 있을 것이라는 점에 의견을 모았다. 그 목적을 달성하기 위해서 콕스는 대통령이 부시에게 전후 연구개발과 관련된 폭넓은 문제에 대한 견해를 요청하게 할 작정이었다. 이 요청은 부시에게 정부가 일반 복지를 위한 과학 발전을 어떻게 해야 할 것인가에 대한 그의 제안을 공식적으로 표현할 수 있는 기회를 마련해줄 것이었다.

룹하우젠은 즉석에서 콕스에게 대통령 서찰의 새 초안을 작성해주었다. 이 문서는 콕스에게 약간의 수정을 요구한 해리 홉킨스와 루스벨트 대통령의 스타일에 맞도록 문장을 고친 대통령의 특별 자문위원이자 수석 문장가인 사무엘 로젠만Samuel I. Rosenman을 거쳐 대통령 집무실까지 도착했다. 부시와 코넌트는 만약 이 편지가 선거 이전에 발표된다면 이것이 받아들여지는 데 어떤 편견이 생길 수 있으므로, 선거 이후에 대통령에게 전달되도록 시기를 늦출 것을 주장했다. 이 편지는 1944년 11월 17일에 대통령에 의해 발간되고 11월 20일에는 전국적으로 떠들썩하게 보도되었으며, 주요 편집자들의 호의적인 반응을 얻었다.

과학연구개발국의 성과에 대한 이야기를 서문으로 시작한 이 편지는 "이 실험에서 얻어진 교훈들"이 평시에 국가의 보건, 새로운 일자리 창출, 사업, 그리고 삶의 질 향상에 이용되지 못할 이유가 "전혀 없다"라고 선언했다. 이런 목적을 가지고 대통령은 부시에게 네 가지 질문에 대한 답변을 통해 제안을 해줄 것을 요청했다.

① 전시에 개발된 과학적 정보들이 군사 기밀 유지라는 원칙에 위배되지 않고 일반적 복지의 향상을 위해 알려질 수 있는가?
② 의료 연구 프로그램을 조직하기 위해서 무엇을 해야 하는가?
③ 정부가 공공 및 사립 기관들의 연구를 일반적으로 돕기 위해서 무엇을 해야 하는가?
④ 미국 젊은이들의 과학적 재능을 발굴하고 개발하기 위해 무엇을 해야 하는가?

이 네 가지 질문에 대한 보고서를 작성하기 위해 부시는 네 개의 위원회를 조직했고, 각 위원회는 관련 분야의 저명한 인사들로 구성했다. 부시가 킬고어 법안이 통과되기 전에 이 보고서를 완성하는 것이 얼마나 중요한지 강조하기는 했지만, 이 위원회들은 각자 알아서 운영되었다. 부시는 과학적 정보의 개방, 의학 연구, 그리고 과학적 재능의 개발과 관련된 위원회들이 보고서를 작성하는 데 어떤 큰 어려움도 없을 것이라고 예상했다. 그러나 세 번째 질문에 대답하기 위해 위원회가 어렵고 예민한 문제들에 직면하게 될 것이라고 예상했는데, 이 위원회가 "공공 및 민간연구의 적절한 역할과 그들의 상호관계", 즉 이전에 킬고어 법안에서 논란이 되었던 문제점에 대해 보고서를 작성해야 했기 때문이다.

*****

부시는 비판의 여지가 없을 정도로 균형 잡힌 패널을 구성하기 위해서 거의 동등하게 공공기관과 사립 기관 연구 관리를 담당자들로 나뉜 학계 인사 아홉 명을 포함해서 총 열일곱 명의 위원들을 제3위원회에 임명했다. 그는 대기업의 대표로 두 명을 임명했는데, 인디애나 주의 스탠더드 오일 Standard Oil 이사회의 회장인 로버트 윌슨Robert E. Wilson과 벨 전화연구소의 회장인 올리버 버클리Oliver E. Buckley가 그들이다. 그리고 그는 듀이 앤드 알미 케미컬 컴패니Dewey and Almy Chemical Company의 브래들리 듀이Bradley Dewey와 놀랄 정도로 성공적인 신생 회사였던 폴라로이드사Polaroid Corporation의 회장이자 연구개발 책임자인 에드윈 랜드Edwin H. Land를 두 명의 중소기업 대표로 임명했다. 제3위원회의 의장은 국립과학원의 고위 회원이자 존스홉킨스 대학교의 총장인 아이자이어 보먼Isaiah Bowman이었다.

*****

광범위한 현안 중에서도, 보먼 위원회는 연방정부가 대학의 농업을 제외한 분야의 과학연구를 지원하는 사업에 뛰어들어야 하는지에 대한 질문을 주요 안건으로 설정했다. 1차 세계대전의 조지 엘러리 헤일George Ellery Hale이나 현재의 주잇과 같이, 대다수의 학계 구성원들을 포함한 위원회 일부는 학계에 정치적 통제가 가해질 수 있다는 근거하에 그러한 지원을 반대했다. 그러나 위원회는 전후에 과학의 학문적 연구에 대한 요구를 충실하게 조사했고, 이에 대한 정보가 수집되면서, 연방 지원에 대한 반대가 감소했다. 조사 결과에 따르면 이러한 지원 없이는 평시의 연구에 대한 전망이 확실히 암울할 것으로 밝혀졌기 때문이었다.

학계는 능력 있는 과학자들 대부분을 산업 및 국방 분야에 영원히 잃을 가능성이 커 보였다. 그러한 한 가지 이유는, 전시 자금 조달을 통해 그동안 교수들은 거의 자금에 제한을 받지 않고 연구를 수행하는 데 익숙해졌다는 것이었다. 특히, MIT의 방사선 연구소Radiation Laboratory의 젊은 물리학자들은 전쟁 전에는 교수들이 도저히 감당할 수 없을 만큼 비쌌던 실험기구들을 주문하는 데에 익숙해져 있었다. 대학 관리자들은 능력 있는 과학자들이 무거운 수업 부담, 제한된 장비 구입 예산, 그리고 낮은 급여를 받던 예전의 일상으로 돌아가서 만족할 것이라는 데에 회의적이었다. 그리고 만약 그들이 만족하지 않는다면, 전시 동원 때문에 거의 멈추었던 기초 지식의 발전은 확실히 더 느리게 진행될 것이었다.

또 다른 골칫거리는 어떤 기준에 비추어 보더라도 교육받은 과학 인력이 심각하게 부족하다는 것이었다. 선발징병제로 과학 분야 박사과정 학생들의 수가 감소했고, 신체가 튼튼한 남자 학부생을 대상으로 한 대규모 징집은 미래의 박사들이 배출될 수 있는 인력 풀의 크기를 급속히 감소시켰다. 보먼 위원회의 과학 인력에 대한 연구에 따르면, 전쟁에 약 1만 7000명의 석사 이상 인력과 십오만 명의 학사졸업생이 희생되었다. 과학 박사 학위자의 배출은 1950년대 중반까지는 다시 정상 수준에 도달하지 못할 것으로 예상되었다. 전쟁 전의 성장률에 비추어 보았을 때, 1955년까지 약 2000여 명의 물리학 박사들이 부족할 것으로 예상되었는데, 이것은 급증하는 산업계 인력 수요를 고려했을 때 상당한 숫자였다.

보먼 위원회의 구성원들은 이런 상황을 걱정스럽게 생각했다. 과학은 국가의 경제, 국방, 그리고 명성에 필수적인 것이었고, 미국은 전쟁에 의해 파괴된 유럽에 더 이상 기초과학을 의존할 수 없었다. 더욱이 소련을 포함한 다른 강대국들이 전쟁 동안 그들의 과학 인력을 관리했으며, 평시에 과학연구를 필사적으로 추진할 예정이라는 것은 잘 알려져 있었다. 보먼 위원회는 전후 미국에서도 기초과학연구 및 교육이 활기차게 진행되도록 하는 것이 필수적이라고 인식했다. 그러나 그들은 민간 자원이 미국의 학술적 과학연구 프로젝트의 요구를 충족시킬 수 있을 만큼 충분하지 않을 것이라고 확신했다. 모든 것을 고려해서, 보먼 위원회는 1945년 5월 부시에게 제출한 최종 보고서에서 미국의 과학연구와 교육을 적절한 수준으로 유지하기 위한 연방 지원을 마련하는 방안이 필수적이라는 결론을 내릴 수밖에 없다고 판단했다.

보먼 위원회가 그러한 연방 지원 프로그램을 권장한다는 점에서, 그 보고서는 과학의 자유방임주의를 끝내야 한다는 킬고어의 주장과 닮아 있었다. 킬고어의 법안과 마찬가지로, 보먼 보고서는 새로운 기관, 국립연구재단의 설립을 촉구했다. 그러나 킬고어의 국립과학재단과는 달리, 이 기관은 미국의 과학 프로그램에 대해 지시하지—중앙 관리나 그 비슷한 것들에 대한 이들의 표현—않았다. 또한 이 기관은 이해 집단들의 영향에서, 과학을 충분히 이해하고 있지 못한 어떤 사람의 행정적 관리로부터, 즉시 활용 가능한 결과를 생산해내야 하는 필요성 모두로부터 자유로워야 했다. 킬고어는 그가 제안하는 국립과학재단이 수준 높은 응용연구가 행해질 수 있는 정부 연구소에 주로 투자하기를 원했을 것이다. 보먼 위원회의 국립연구재단은 전적으로 비영리 기관에서의 연구와 교육을 지원하려 했다. 즉, 최고의 기초연구를 책임지고 있는 선도적인 교육기관을 지원하고자 했던 것이다.

36세였던 랜드의 반대 의견서를 제외하면, 보먼 위원회의 권고사항들은 중소기업의 문제에 대한 킬고어의 접근 방식과 크게 달랐다. 랜드는 그의 놀라운 기술적 창의성 못지않은 사회적 상상력을 지니고 있었는데, 그는 연구 중심의 중소 제조 기업에서 새로운, 그리고 인도주의적인 산업의 첨단을 보았다. 그것은 잠재적인 소규모의 사회경제적 단위로 도시의 빈민가에서 멀리 떨어진 기회의 안식처였다. 킬고어와 마찬가지로 랜드는 연방정부가 기본적인 지식탐구를 추구하기보다는 지식을 응용하는 데 관심이 있는 젊은 사람들을 도움으로써 새로운 과학 산업이 시작되는 것을 촉진해야 한다고 주장했다. 랜드는 해결되지 않은 여러 기술적인 문제들의 해결 방안을 고안해내도록 학부 학생들을 독려하고, 그들이 졸업한 후에 그들의 발명을 완성시키고 실제 기업에서 독립할 수 있도록 해야 한다고 주장했다.

그러나 보먼 위원회는 랜드의 제안을 승인하지 않았다. 중소 연구 기업들의 성장을 장려하기 위해서, 보먼 위원회는 정부가 전국에 중소기업에 대한 기술 자문 클리닉을 설립할 것을 제안했을 뿐이었다. 위원회는 연구경비 세금 감면에 대한 국세청Bureau of Internal Revenue의 일관성 없는 연구 관련 지출에 대한 조세 공제 규칙들이 소규모 기업들 — 그리고 대기업도 마찬가지라고 보고서는 덧붙일 수 있었을 것이다 — 을 불확실하고 경제적으로 위험한 위치에 몰아넣고 있으며, 따라서 정부가 이러한 세금감면에 대해 명확한 법적 허가조항을 마련해야 한다고 주장했다. 이 외에도, 부시가 매우 분하게 여긴 까닭에, 부시가 이제는 상무장관이 된 헨리 월러스Henry Wallace 아래의 위원회에 소속되기 전까지 특허제도와 관련된 문제에 대해 논의하는 것을 거부했다. 그들에 따르면 그것은 국가 전체의 특허 시스템에 대해 보고서를 작성하기 위해서였다. 어찌되었든 보먼 위원회는 '국가 산업 연구의 증가하는 집중화 현상'을 인지하고 있었지만, 이 추세를 상쇄할 수 있을 만한 강력한 국가의 방안에 대해서는 제안하고 있지 않았다.

위원회 보고서들 중 마지막으로 완성된 보먼 보고서는 다른 위원회 보고서들의 결론으로 보완되고 강화되었다. 미국이 전시 과학 정보를 숨기기보다는 공개함으로써 더 많은 이익을 얻을 것이라는 확신하에, 제1위원회는 기밀 과학 정보의 신속한 공개를 촉구했다. 제2위원회는 정치적 통제에서 프로그램의 자유를 유지하는 것의 필요성을 강조하며 의학 연구 및 교육에 대한 연방 지원 프로그램을 권장했다. 제4위원회는 경제 상황 때문에 많은 재능 있는 젊은이들이 과학에 흥미를 잃게 된다고 주장하는 분석을 내놓았다. 지나치게 많은 과학자들을 배출하거나, 사회과학과 인문학으로부터 지나치게 많은 인재를 가져오는 것을 경고하면서, 위원회는 연방 장학금scholarship과 연구 장학금fellowship에 대한 제한된 프로그램을 지지했고, 부유한 집안의 자녀들이 장학금을 받는 것을 줄이기 위해, 이와 같은 장학금을 수여받는 연구원이 일정 기간 수행하게 하는 국가에 대한 복무 제도도 포함되어 있었다.

*****

보고서가 제출되기 훨씬 이전에, 부시는 자신의 전반적인 해설 진술과 함께 보고서들을 모두 취합하기로 결정했다. 그는 1945년 봄에 룹하우젠, 부시의 수석 비서인 캐롤 윌슨Carroll L. Wilson, 그리고 뉴욕의 변호사인 베튜얼 웹스터Bethuel M. Webster와 예비 초안을 작성에 관여했던 유능한 작가의 상당한 도움을 얻어 진술을 완성했다.

위원회 보고서들은 과학에 대한 연방 지원 메커니즘이 반드시 정치적 통제와 과학계 내부의 제도적 일에 대한 간섭, 그리고 연구비 규모의 지원 기간에 있어서 지나친 불안정성에 대한 안전장치를 필수적으로 포함해야 한다는 점 등 주요 사안에 대한 공통적인 핵심 요소들을 담고 있었다. 그러나 보고서들은 이 필수적인 안전장치를 어떻게 만들어야 할 것인지에 대해서는 의견 차이를 보였다. 부시는 이러한 차이를 좁히려 하지 않기로 했다. 그렇게 한 한 가지 이유는, 그러다가는 그의 보고서 작성기간이 한없이 길어질 것이라 판단한 것이었다. 또 다른 이유는 각 보고서로부터 최선의 제안들을 단순히 취합하는 것이 더욱 현명해 보인 것이었는데, 왜냐하면 몇몇은 민주적 원칙을 침해하고 있었고, 이 정도의 제안이면 의회가 합리적으로 받아들일 수준일 것이라는 부시의 예상이 맞지 않을 수도 있었기 때문이다.

부시는 의학 연구 및 교육이 별도의 독립된 기관에 의해 지원되어야 한다는 제2위원회의 제안에 반감을 드러냈다. 부시의 생각에는 기초과학을 위한 프로그램을 지원하는 기관에서 의학 프로그램 또한 지원하는 것이 행정적 관리 면에서 더 이치에 맞았다. 똑같이 중요한 이유는, 의학 연구를 위한 독립 기관을 만들게 된다면, 최악의 경우 국방연구까지 고려해서 세 개의 기관이 필요하게 되는데, 하나의 기관을 만들자는 제안조차도 국회의 지지를 받기 어려울 것이라고 생각한 것이다. 과학연구개발국의 대단한 성공 덕분에 육군, 해군, 그리고 대부분의 국방 과학자들은 연방정부가 장기적으로 안보 문제와 관련어 있는 민간인 주도의 연구 프로그램을 지원해야 한다는 점에 동의하고 있었다. 부시는 의학 연구와 같이 국립연구재단에 국방연구 지원에 대한 기능도 통합하는 것이 현명하고 실현 가능성이 있는 방안이라고 생각했다.

그러나 부시는 보먼 위원회에서 제안한 대로 재단의 구조를 제안할 수는 없었다. 재단의 재정적 안정을 보장하고, 연간 의회의 예산 책정 과정에서의 정치적 배경과 같은 정치적인 통제에서 보호하기 위해, 보먼 위원회는 재단이 독립적인 정부 공단government corporation이 되어야 한다고 제안했다. 대통령이 재단의 이사회를 임명할 것이지만, 대통령은 국립과학원이 지명한 인사들 중에서 이사회 구성원을 선택해야 한다고 주장했다. 또한 보먼 위원회는 재단이 약 5억 달러 정도로 제안된 대규모의 무이자 자본 기금에 의해 재정적 지원을 받고, 이는 재단의 재량으로 사용될 수 있도록 했다. 학계를 재단의 통제로부터 보호하기 위해 자금은 이 계획에 참여하기로 합의한, 검증된 대학들에 대해서 공동 출자의 형식으로 자동적으로 수여될 것이었다. 이에 대해, UCLA에서의 새로운 총장직을 수락해 보면 위원회에 참가하는 것이 제한되었던 클래런스 다익스트라Clarence Dykstra는 제3위원회에서 제안된 재단이 "사립대학이 정부기관이라면 다해야 하는 대중에 대한 책무를 (다하지 않고)…… 뒷문을 통해 대규모 공적 지원을 받기 위한" 방법이라고 비판했다.

*****

윌슨은 부시에게, 이사회의 구성원들은 당연히 "과학연구와 교육의 특성"을 이해하는 사람들로 구성되어야 한다고 조언했다. 그러나 이사회는 기본적으로 "지원받는 대상"을 대표하는 것이 아니라 "공공의" 이익을 대표해야 했다. 물론 지원이 안정적으로 이루어지는 것은 필수적이며, 기초연구가 정치적 간섭으로부터 자유로워야 하는 점도 마찬가지였다. 그럼에도 예산관리국Bureau of the Budget은 연구에 대한 연방정부의 어떠한 투자라도 의회와 행정부의 일반회계 및 정책 통제의 대상이 될 수밖에 없다고 분명히 했다.

부시는 연방정부의 지원을 받는 연구 프로그램의 필요성을 주장하고, 과학연구에 대한 정치적인 통제에 경고를 보내면서도, 한편으로는 그 나름대로 국립연구재단의 모습을 구상해놓고 있었다. 부시의 재단은 생물학과 의학뿐 아니라 장기적인 시각에서 국방연구까지 포함해 자연과학 모든 분야의 연구와 교육을 촉진시킬 것이었다. 또한 재단의 운영은 대통령에 의해 임명된 비상근 이사회에 의해 이루어질 것이며, 이사회의 구성원들은 일반 대중 가운데서 임명될 것이었다. 공동출자 형식으로 연구에 참여하는 대학에 자동적으로 연구비를 배정하는 대신, 특정 연구 프로젝트를 위한 연구비와 계약 체결을 통해 연구를 지원할 것이었다.

부시의 해설 요약이 위원회들의 보고서와 다른 견해를 가지고 있었음에도, 그의 최종 보고서는 킬고어의 접근 방법과 몇 가지 핵심 요소에서 상당히 달랐다. 킬고어의 기관은 소비자와 소규모 기업가들을 비롯한 다양한 이해 집단을 대표하는 사람들의 연합에 의해서 운영될 예정이었지만, 부시는 이 재단의 일을 지원하고자 하고 그럴 역량이 있는지를 기준으로 선발된 시민들이 이 기관을 운영해야 한다고 주장했다. 킬고어가 사회적으로, 또 경제적으로 유용한 연구에 대해서 정부 연구소를 우선적으로 지원하고자 했다면, 부시는 비영리 연구단체, 대체로 대학의 순수과학연구를 지원하고자 했다. 킬고어가 제안한 재단에서 국방연구는 군인들에 의해서 운영되었지만, 부시의 재단에서는 이 또한 민간인들에 의해서 운영될 예정이었다. 또한, 부시가 제안한 재단의 대표자는 대통령이 아닌 비상임 이사회에 대해 책무가 있었고, 따라서 부시의 재단은 킬고어의 것에 비해서 정치 체제와 훨씬 더 무관했다. 부시의 직원 중 한 명이 그의 상관이 제안한 기관에 대해 요약하듯이, "의회에 의해서 만들어지긴 했지만, 이것은 정부가 인가하고 지원하며 전문가들이 이끌고 운영하는 새로운 사회적 발명"이었다.

킬고어가 제기한 일반적인 문제에 대해 보면 위원회의 의견과 궤를 같이한 부시는, 기술 클리닉보다는 중소기업을 좀 더 도울 수 있는 방안을 마련하고 산업 연구에 영향을 미치는 세법을 명확히 할 것을 제안했다. 그는 특허제도의 "불확실성"과 "남용"은 "중소기업이 새로운 아이디어를 국가에 도움이 되는 프로세스와 제품으로 만들어내는 능력을 손상시켰다"라고 인정했다. 비록 부시는 특허 시스템에 대한 월러스 장관의 연구를 전적으로 따르고 있었지만, 자신이 연방정부의 후원을 받는 연구 과정에서 파생된 특허의 정부 소유를 주장하는 킬고어의 의견을 어떻게 평가하고 있는지 제시했다. 부시는 국립연구재단에 의해 지원받는 연구에서 파생되는 특허에 대한 권리 처분은 책임자의 재량에 맡겨야 한다고 제안하며, 정부의 목적을 위해 사용료 없이 특허를 사용할 수 있는 허가a royalty-free license를 받은 경우에 공익은 적절히 달성될 것이라는 이해가 필수적으로 뒷받침되어야 한다고 주장했다.

1945년 6월 초에 부시는 그의 보고서 작성을 완료하고, 출력에 들어갔다. 7월 초에 그는 보고서를 대통령에게 제출했는데, 이 보고서는 물론 1945년 4월 12일에 서거한 루스벨트 대통령이 아니라 트루먼 대통령에게 제출되었다. 「과학, 그 끝없는 프런티어」는 매우 잘 쓰인 설득력 있는 문서였으며, 이 문서는 과학연구 지원의 메커니즘에 대해서 부시가 수정한 부분을 타당하다고 받아들였던 모든 위원회 구성원들의 지지를 바탕으로 추대된 것이었다. 보고서가 7월 19일에 대중들에게 공개되자, 한 과학연구개발국의 직원이 "즉각적으로 대단한 성공을 거둘 것"이라고 이야기한 것처럼, 이념적·당파적·지리적 차이를 넘어서 많은 언론인들로부터 찬사를 받았다.

*****

그러나 부시의 보고서는 캠퍼트나 ≪뉴리퍼블릭The New Republic≫에는 엄청난 성공이 아니었다. ≪뉴리퍼블릭≫은 "연구는 신중하게 조정되어야 할 필요가 있고 프로젝트는 다양한 과학 단체들의 우발적인 관심이 아니라 국가적 필요에 의해 선정되어야 한다"라고 지적했다. 부시의 보고서에 대해 평시 국가의 복구와 관련해 대통령의 자문을 담당하고 있던 트루먼 행정부의 관계자들은 확실히 냉담한 반응을 보였다. 예산국의 국장 해럴드 스미스Harold Smith는 반쯤 장난스럽게, '끝없는 경계'가 '끝없는 지출'을 의미하는 것이 아니냐며 되물었다. 더욱 중요한 것은 많은 영향력 있는 공무원들이 전시 동원 및 복구 사무소Office of War Mobilization and Reconversion의 고위 관계자인 제임스 뉴먼James R. Newman과 의견을 같이했는데, 그는 부시 보고서의 제안들이 "연방 연구기관이 달성해야 할 광범위하고 민주적인 목적들을 이행하지 않았다"라고 주장했다. 1945년 9월 6일 국회에 발표된 대통령의 첫 번째 전후 입법 연설 중 뉴먼이 작성한 문단에서 킬고어의 제안을 트루먼 행정부의 프로그램으로 채택했다.

부시의 보고서가 대중에게 공개된 1945년 7월 19일, 워싱턴 주의 상원의원인 워런 매그너슨Warren G. Magnuson은 부시가 제안한 국립연구재단의 설립을 위해 과학연구개발국에서 작성된 법안을 상정했다. 이에 킬고어는 국립과학재단을 설립하는 자신의 개정 법안을 상정하는 것으로 즉각 대응했다. 1945년 10월 두 상원의원은 공동으로 청문회를 열었고, 이 청문회에서 주잇을 제한 99명의 증인들 모두 군사 관련 분야를 포함한 자연과학의 모든 분야의 지식 발전을 위해 연구 보조금, 연구 계약, 연구 장학금 등을 수여하는 하나의 연방 기관의 설립을 지지했다. 그러나 킬고어와 부시가 대립했던 주요 문제들, 특히 대통령이 재단을 얼마나 계획적으로 통제할 수 있는지에 대한 문제는 합의에 이르지 못했다. 이 문제는 재단의 행정적 구조에 대한 지속적인 논쟁에서 특히 잘 드러난다. 정치적 요구에 잘 반응하는politically responsive 기관을 제안했던 킬고어의 계획에서는, 재단의 책임자는 대통령에 의해 임명되고, 대통령에 대한 책무를 가지고 있었다. 정치적으로 고립되어 있는 기관을 제안했던 부시의 계획에서 재단은 대통령이 임명한 시민들로 이루어진 비상임 위원회에 의해 운영되고, 이 위원회에서 대통령이 아닌 위원회에 대해서 책무를 가지고 있는 대표를 선출하게 되어 있었다.

1946년 초, 각 측의 수뇌부들은 일련의 타협과 회의를 거치며 협상해나갔다. 청문회 동안 다양한 증인들은 재단의 범위를 사회과학을 포함하도록 확대하고, 일부 보조금을 지리적 위치에 기준을 두고 분배하도록 하기 위한 발언을 했다. 회의 이후, 이 두 내용에 대해 반대했던 부시조차, "회의는 잘 진행되었다. …… 이제 우리가 적절한 특허 조항만 넣게 된다면, 이 작업이 끝날 것이라고 생각한다. 그리고 나는 우리가 적당한 수준의 연구비를 지리적 분포에 근거해서 분배해야 할 것이고, …… 사회과학연구를 재단의 업무 영역에 포함시켜야 할 것이다"라고 말했다. 이에 킬고어는 특허 문제에 대해 그보다 유연한 입장을 취했다. 연방정부가 후원하는 연구에서 발생하는 모든 특허는 일반적으로 대중에게 주어지지만, 연구비를 지급하는 기관의 행정 담당이 적절한 조건하에서 계약자들에게 권한을 줄 수 있도록 해야 한다고 한걸음 물러선 것이다.

1946년 2월 말에 킬고어는 국립과학재단 설립을 위한 타협안 「S. 1850」을 상정했다. 광범위한 지원을 얻기 위해 그 법안은 사회과학 관련 조항을 제외한 채 7월에 상원을 통과했지만, 아칸소 주의 하원의원 월버 밀스Wilbur D. Mills가 부시의 원안과 같은 방안을 담은 법안을 도입하면서 하원을 통과하지 못했다. 부시에게 법안 「S. 1850」의 실패는 비극이 아니었다. 상원에서 공화당원들은 사회과학 관련 부분뿐 아니라 특허와 연구비의 지리적 분포에 근거한 배분과 관련한 문제에 대해 친(親)부시 안을 지지했다. 일부 민주당원들이 합류함으로써 그들은 단 한 표 차이로 대통령의 직접적인 통제로부터 국립과학재단을 보호하는 법안을 통과시키지 못했다. 부시는 1946년 11월에 있었던 선거 몇 개월 전에 코넌트에게 만약 갤럽 여론 조사가 맞았다면, 킬고어가 국회의사당으로 복귀하지 않을 수도 있을 것이며, 새로운 국회는 부시가 원하는 종류의 법안을 통과시킬 가능성이 크다고 말했다.

1947년 1월, 새로운 제80대 국회가 소집되었을 때, 킬고어는 돌아왔지만, 허버트 후버Herbert Hoover 대통령 이후 처음으로 국회와 상원 모두에서 공화당 의원이 다수를 차지하고 있었다. 공화당의 지도자들은 뉴저지 주의 상원의원이자 프린스턴대학교와 긴밀한 관계에 있었던 알렉산더 스미스H. Alexander Smith에게 국립과학재단 설립을 위한 책임을 부여했다. 스미스는 동부 사립대학 교수들의 의견에 공감했고, 이전 국회에서 「S. 1850」 법안에 반대하며 친부시 개정을 이끌었던 인물이었다. 이제 부시의 도움을 받아 스미스는 대통령에 의해 임명된 시민들로 구성된 비상임 이사회가 재단의 통제권을 가진다는 조항을 포함하는 부시의 원래 법안 내용을 충실히 따른 새로운 법안을 작성했다. 공화당 의원이 다수를 이루고 있었던 의회는 스미스의 법안을 국회에서 수정 없이 통과시켰다.

그러나 행정부에서, 예산국장 제임스 웹James E. Webb은 트루먼 대통령에게 제안된 재단의 관리 계획이 대통령의 통제로부터 너무 멀어져 있다는 점을 지적하면서, 이 법안에 거부권veto을 행사할 것을 조언했다. 스미스 상원의원에게 연구와 교육비의 일부라도 지리적 요인을 고려해 분배하는 조항을 포함하도록 주장했지만 실패한 경험이 있는 오리건 주의 상원의원 웨인 모르스Wayne Morse 또한 대통령의 거부권 행사를 촉구했다. 모르스는 트루먼 대통령에게 스미스의 법안은 "독점적인 이익에 의해 촉진된 것"이고 "정부의 지원을 받는 교육기관과 관련된 수많은 교육자들과 과학자들"이 반대한다고 말했다. 트루먼 대통령은 1947년 8월 6일 법안을 거부했으며, 웹이 제안한 주장을 바탕으로 이를 설명하는 성명을 발표했다.

상원은 곧 대통령이 거부한 법안을 통과시켰지만, 제80대 의회의 하원에서는 통과되지 못했다. 그러나 유사한 법안이 1949년 초에 상원을 통과했다. 이 법안은 하원 규칙위원회House Rules Committee에서 보류되어 있다가, 1950년 2월, 의회의 조치에 의해 보류가 해제되었다. 1950년 3월이 되어서야 의회와 대통령은 국립과학재단(NSF)의 설립을 승인했다.

1950년 법안은 부시의 대승리였다. 일부 조항들을 생략하면서, 그 법안은 군사 관련 연구에 대한 통제권을 원래 있던 그대로 군부에 두었다. 또한 모든 지역에서 과학적 능력 구축, 과학기술에 대한 사회적 통제의 확립, 국가에서 필요로 하는 일반 복지와 군사 목적 연구, 순수과학과 응용과학

사이의 균형 잡힌 연방 연구 프로그램을 계획하기 위한 목표 앞에 타협했다. 그러나 이러한 목적들의 달성 정도는 행정상 재량에 전적으로 달려 있었다. 그리고 법은 대통령이 재단의 책임자를 임명하는 권한을 가지게 했지만, 이 법은 또한 책임자가 일반 시민들로 구성된 비상임 위원회와 함께 정책 결정을 하도록 했다. 1951년 초 이사회가 처음으로 소집되었을 때, 재단의 주요 기능은 기초과학연구와 교육의 수준을 끌어올리는 것이며, 이것이 전부라고 선언했다. 부시의 편에서 재단의 단장이었으며 1951년부터 1963년까지는 물리학자였던 앨런 워터맨Alan Waterman은 모든 주요 정책 문제들을 이사회의 결정에 따르는 경향이 있었다.

국립과학재단의 입법 과정을 살펴보았을 때, 「과학, 끝없는 프런티어」 보고서에 그 뿌리를 두고 있으며 이 보고서를 통해서 정당화된 부시의 계획은 보수주의적인 공화당원들의 강력한 지지를 이끌어냈다. 보고서를 발간했을 때, 뉴먼과 같은 분석가들은 부시의 보고서가 여러 가지 측면에서, 근본적으로 킬고어의 자유주의적 계획에 대한 보수적인 응답이라고 인식하고 있었다. 부시는 만약 킬고어가 정부에서 학문적 연구를 지원하도록 하는 역할을 담당해야 한다고 주장하기만 하면, 미국에서 자유방임적으로 과학을 수행하는 관행을 끝내야 한다는 킬고어의 주장을 지지했을 것이다. 그러나 킬고어 프로그램이 국가의 사회적·경제적 수요에 부응하는 것을 최우선으로 하는 과학연구 체계를 조직하고자 구상한 것에 반해, 부시는 국가의 사회적·경제적 자원을 최고의 과학으로 발전시키는 데 동원하는 것을 목표했던 것이다. 「과학, 그 끝없는 프런티어」를 작성함으로써 부시는 정치적인 문서이자, 1945년에서 1950년에 이르기까지 전후 과학연구개발에 대한 연방정부 정책의 모습과, 목적, 그리고 선택을 두고 이루어진 정치적 전쟁에서 승리하기 위한, 글로 된 무기를 생산했던 것이다.

1-4 위임자-대리인 이론과 과학정책의 구조

데이비드 거스턴(David H. Guston), 1996

David H. Guston. 1996. "Principal-Agent Theory and the Structure of Science Policy." *Science and Public Policy*, vol. 23, pp.229~240.

초록

과학정책의 문제는 위임의 문제이다. 어떻게 비과학자인 우리 모두가 시민으로써 결정한 일들을 과학자들로 하여금 실천하게 할 것인가? 이 글은 위임자-대리인 이론이라고 알려진 분석학적 관점을 통해 위임의 문제를 검토할 것이다. 몇몇 경험적인 사례들을 통해 이러한 위임 관계를 검토하는 것이 이 논문의 목적이다. 또한 사회의 위임자로서 과학의 의미가 언급되고 있다. 이 논문의 결론은 과학의 가치, 가령 과학적 자주권 또는 과학적 진실은 과학에 위임자-대리인 관점을 적용한다고 해서 위협받지 않는다는 것이다.

하비 사폴스키Harbey Sapolsky는 20년 전 이미 과학정책 분야의 리뷰에서 과학정책이 덜 이론화되었다고 주장했다. 이러한 사정은 지금도 마찬가지다. 작금의 과학정책 분석은 여전히 많은 부분이 임시방편적이며, 경험적인 방법으로 연구비 패턴, 경제적 상호관계, 정책적 접근, 또는 시민문화를 연구해 특정 역사적 시기를 정의하려는 시도가 이루어지고 있다. 비록 과거의 노력을 통해 과학을 시장 원리의 일부로 여기거나, 또는 시장 원리와 유사한 그 무엇으로 상정해 과학의 정치·경제적인 성질을 알아내려는 시도가 이루어지고 있지만, 과학정책의 이론적인 체계는 뚜렷하게 세워지지 않았다.

현재 과학정책은 국가 혁신시스템의 분석에 대부분 포함되어왔는데, 이 분석의 목적은 세부적으로 정책의 분야와 기구의 국제적 다양성에 있기 때문에 이론적이지 않은 상태로 남아 있고, 이념적인 면들은 제외한 채 과학의 생산적 면들에만 집중하고 있다. 일부 유망한 연구에서 과학의 사회학적 연구와 과학정책을 연결시키고 있지만, 그 범위가 상당히 좁다.

이 논문은 넓은 범위의 실증적인 관점에서 과학정책의 이론적인 면들의 개요를 제공하고자 한다. 이러한 관점의 근본적인 통찰은 과학정책의 문제가 위임의 문제라고 보는 것에서 출발한다.

간단히 말하자면, 과학정책의 기본적인 질문은 '어떻게 비과학자인 우리 모두가 시민으로써 결정한 것들을 과학자들로 하여금 하게 할 것인가?'라는 것에서 출발해야 한다. 연구비가 '얼마인가?'보다는 과학정책의 '어떻게'에 집중함으로써, 이 글은 과학정책의 전통적인 갈등의 중심으로부터 한 발짝 물러나려고 한다. 과학정책 분석은 '어떻게'라는 질문을 무시하고, '얼마나'라는 질문에 너무 치중해왔다. 연구비가 동결되는 최근의 상황에서, '얼마인가'에 대한 질문은 상대적으로 그 중요성을 잃었으며, '어떻게'에 대한 질문이 훨씬 더 중요해졌다. 과학정책에 대한 이러한 접근은, 그러므로 예산 결과보다는 절차와 기관과 같은 과학정책의 구조와 함께 고려되어야 한다. 앞으로 살펴볼 내용과 같이, 이는 또한 그 결과의 구조와 함께 고려되어야 한다.

이 글의 첫 번째 부분은 위임자-대리인 이론principal-agent theory으로 알려진 위임의 문제를 검토하기 위한 분석적 관점에 대해 서술했다. 대략 설명하자면, 정부는 대리인에게 요구하는 위임자이며, 대리인은 위임자가 직접적으로 수행할 수 없는 업무를 수행한다는 것이다. 대리인은 자신의 이해에 따라 위임된 업무를 수행하지만, 결과로 나온 이익의 일부는 위임자에게도 축적된다.

이러한 위임의 암묵적 교환 때문에, 위임자-대리인 이론은 이상적인 계약 이론으로도 알려져 있다. 개인 또는 민간 기관이 수행하는 연구에 주어지는 연구 계약 또는 연구비가 공공기관을 중심으로 집행된다는 것은 명백히 위임자-대리인 이론이 중요하다는 것을 보여주는 근거이며, 만약 그렇지 않다고 하더라도 과학정책을 설명하는 중요한 분석적 방법임을 보여준다.

두 번째 부분에서는 과학정책의 많은 분야에서 실증적으로 위임자-대리인 관계가 나타나고 있음을 보일 것이다. 나는 과학정책에서 이러한 익숙한 문제들을 통해 특히 위임의 관계에서 기인하는 문제들을 생산적이고 논리적으로 재구성할 수 있음을 보일 것이다. 정책입안자들은 이러한 문제를 해결하기 위해, 위임자-대리인 이론을 통해 구체적이고 예상 가능한 해결책들을 자주 제시해왔다.

이러한 과학정책의 위임 이론에서, 이 글은 또한 미국의 과학정책입안자들, 즉 연구개발을 위한 적절한 자금뿐 아니라 기관들을 형성하거나 없애고, 연구를 수행하는 대리인을 조종하는 새로운 상호작용 패턴을 부여하는 위임자들의 행동에 대한 일관적인 해석을 제시할 수 있을 것이다.

이 논문의 세 번째와 마지막 부분에서는 대리인-위임자 이론의 기본 가설에 대한 질문에 답변할 것이다. 즉, 과학이 사회의 대리인이라는 가정은 유효한지, 대리인-위임자 이론상에서 과학의 독립성은 보장되는지, 과학의 진실성은 보장되는지, 그 자체로 가치를 갖는 지식의 측면은 어떠한지 등에 대해 답할 것이다. 이 글은 결론적으로 과학에 위임자-대리인 관점을 적용한다고 해서, 또는 이러한 방법으로 과학정책의 현재 조직에 대해 논의한다고 해서 이러한 가치들 중 어떤 것도 위협받지 않을 것이라고 결론 내리고 있다.

나아가, 이 글은 과학정책이 실제로 위임자-대리인 이론에 의해 운영되어야 한다고 주장하는 것으로 더 나아갈 것이다. 즉, 위임자-대리인 이론대로 과학정책의 조직이 움직여야 한다고 주장한다고 해도 위에서 열거한 과학의 가치들은 전혀 위협받지 않을 것이라는 뜻이다. 과학정책의 문제가 위임의 문제라는 주장은, 단순히 사회의 다른 주요 기관들과 마찬가지로, 과학의 특정한 기구가 사회적 선택의 대상이 된다는 점을 주장하는 것이다.

기본적인 연구방법

1884년, 저명한 탐험가이자, 지질학자, 민족학자인 존 위슬리 파웰John Wesley Powell은 미국 의회의 특별 위원회에서 정부 과학의 구조에 대한 조사를 진행했다. 파웰은 기관들이 과학적 연구를 수행하는 과정에서 현장의 연구자들이 지속적으로 연구 방법을 바꾸어나갈 수밖에 없기 때문에, "법에 의해 이러한 과정을 직접적으로 제한하거나 통제하는 것은 불가능하다고 보인다"라고 주장했다.

이 연구에서, 파웰은 내가 이 논문에서 주장하고자 하는 바를 이미 제시했던 바 있다. 과학기술에 대한 완전한 자유방임laissez-faire에 대한 핑계거리가 되곤 했던 점들을 언급했던 것이다. 즉, 연구를 수행하는 과학자들이 정치가나 관리자는 모르는 것을 알고 있다는 것이다. 연구를 수행하는 이들과 이를 관리하는 이들 사이의 정보의 비대칭성은 과학정책의 핵심적 문제를 보여준다.

정보의 비대칭성은 과학정책에서만 보이는 독특한 성질은 아니다. 오히려 이 문제는 모든 위임관계의 특징이다. 이 논문의 목적에서 과학정책 연구가 단지 위임에 대한 연구의 일부분인지, 또는 과학정책이 어떤 의미에서 특별하게 단일한 분야인지는 별로 문제되지 않는다. 만약 과학정책이 독특하다면, 독특함은 과학이 자연의 복잡성을 둘러싼 사실과 주장들의 결합이고, 진보의 방향이 예측 불가능하며, 그것의 생산적인 결과들을 포착하는 것이 극히 어렵다는 점, 그리고 결과들을 직접적으로 위임자에게 전달하기보다 여러 중개인을 거쳐야 한다는 점 등에서 유래한 것이다. 위임의 문제는 이러한 과학의 위치를 고려해볼 때, 다른 분야에 비해 과학정책입안자들에게서 더 크게 나타난다.

다른 분석가들은 과학정책의 정보의 비대칭성의 중요성을 인식하고 있었다. '후원의 형태'에 대한 논의에서, 철학자 스테판 터너[Stephen Turner]는 정치가들이 "지식의 분배와 자유 재량권의 분배"의 불일치를 겪고 있고, 그들이 파악할 수 없는 과학의 요소들을 대표하기 위해 신뢰, 대중들에 의한 증명, 그리고 사적 관계들에 집중하고 있다고 주장했다. 다시 말하자면, 터너는 위임의 문제의 중요성과 과학정책에 적용되는 위임자-대리인 이론의 대략의 개요에 대해 설명한 셈이다.

터너의 서술에서 나타난 위임자-대리인 이론은 공식화되고, 일반적인 논의가 용이하다는 측면에 그 장점이 있다. 거래비용의 경제학에서 차용하자면, 위임자-대리인 이론은 기관과 계급을 설명하는 데서 계약상의 접근법을 취하고 있다. 즉, 기관들 사이의 관계, 또는 기관 내 개개인 간의 관계들은 그러한 무리들이 각 무리의 권리와 의무들을 명시하는 계약관계에 들어간 것으로 설명할 수 있다.

이러한 계약적 관점은 분석가와 정책입안자들이 '과학을 위한 사회계약'을 '어떠한 부가조건도 없이 후원자들에 대한 보답으로 상품을 사회에 전달'하는 개념으로 자주 언급하는 것처럼, 과학정책에서 은유적인 중요성을 가지고 있다. 계약적 관점은 또한 후원자(위임자)들과 연구 수행자(대리인) 사이의 연구비와 계약의 중요성 때문에 과학정책의 절차적 중요성에 비추어보아도 주목할 가치가 있다.

현실 세계와의 대응

이전보다 더 형식화된 모델에서와 마찬가지로, 위임자-대리인 이론에서 모델의 어떤 부분들이 현실 세계의 어떤 부분과 대응하는지를 명확하게 하는 것이 중요하다. 위임, 계약 또는 대표 관계가 있는 어디에서나, 위임자-대리인 관점을 적용할 수 있는 가능성이 있다. 대의정치의 복잡성은 첫 번째 위임자로서의 시민들과, 첫 번째 대리인으로서의 입법자에서 시작되는 반복된 위임자-대리인 관계로 간주될 수 있다. 입법자들은 행정기관을 설립하고, 그들을 다음 단계의 대리인으로 임명해 각종 권한을 위임한다. 행정기관들은 직접적으로 위임받은 권한을 일부 수행하고, 곧이어 다른 수행자에게 연구비를 주고 계약을 하며, 수행자들은 또 그들의 대리인들에게 차례로 이러한 권한을 위임한다.

자유민주주의 사회는 대의 기관을 통해, 일자리, 제품, 서비스 등을 시장에 제공하는 권한의 많은 부분을 위임한다. 이와 비슷하게, 이러한 사회에서는 신뢰할 수 있는 지식과 기술적인 혁신의 근간을 마련하기 위해 많은 부분의 권한들을 과학 단체에 위임한다.

정부로부터 과학 집단으로의 이러한 위임은 상징적으로 말해 과학을 위한 사회계약이라고도 할 수 있는데, 이는 가장 추상적인 위임자-대리인 관점이다. 비록 단일한 위임자 또는 대리인이 존재하는 것은 아니지만, 우리는 여전히 이 관계의 목적을 표현하는, 그리고 그들이 추구해왔다고 확신하는 시스템들에 대해 논의할 수 있을 것이다.

추상적인 관점에서 더 나아가 이러한 시스템들 내에서 입법기관이나 행정기관 같은 정부기관과 대학·병원·기업과 같은 여러 가지 공립 또는 사립 연구기관들을 고려해볼 수 있다. 입법기관은 가장 상부에서 나머지 기관의 대리인 역할을 한다. 또한 각각의 기관은 스스로 수행자에게 연구비와 계약을 수여하는 위임자이다. 그러나 연구비 지원 기관은 입법부의 대리인이기 때문에 수행자들은 또한 입법부의 대리인이기도 하다.

여기서 더 나아간다면, 개개인의 위임자와 대리인들을 가시적으로 인식하는 수준으로 나아갈 수 있다. 즉, 입법 위원회의 의장, 행정기관의 행정가, 그리고 개인 연구자를 살펴보자는 것이다. 분석가는 실질적 연구비, 계약, 정책 강령 등의 무형적인 사회적 관계들에 함축되어 있는 개인적 관계에 대해 위임자-대리인 관점을 더 세밀하게 투영할 수 있다. 따라서 위임자-대리인 이론의 적용은 이 이론에 의해서 검토되는 기관을 구체화하는 데에 더 적은 위험성을 가진다.

위임자는 기술적 혁신이 예상되는 과학지식의 공적인 가치와 같이 일반적으로는 시장에서 잘 생산되지 않는 것들을 생산하기 위해 대리인을 필요로 한다. 따라서 위임자는 상대적으로 생산의 방식이나 비용에 대해서는 무지하다고 추정된다. 나아가 대리인은 위임자가 지지하는 목표를 공유하지 못할 수도 있으며, 기술적 잠재력과는 상관없이 흥미로운 것이나 개인적으로 수익성이 좋은 연구를 수행하는 것을 더 선호할 수도 있다. 또는 어떤 대리인은 위임자가 무지하거나 대리인 스스로가 보상에 대한 열망이 지나쳐 목표를 달성하기 힘든 잘못된 대리인일 가능성도 있다.

위임의 문제들

이처럼, 목표와 정보의 불균형이 가진 잠재적인 갈등은 일반적으로 '역선택'과 '도덕적 해이'라는 두 가지 위임의 문제를 야기시킨다. 역선택의 문제는 위임자가 근본적인 전문성 또는 정보의 부족 때문에 적절한 대리인을 선택하는 데 어려움이 있다는 것이다. 위임자가 자신의 목표를 전적으로 공유하는 대리인을 발견하는 일은 어렵고, 또 많은 비용이 든다. 이 문제의 고전적인 예로는 보험의 모순이 있다. 즉, 가장 건강보험에 가입할 확률이 높은 사람은 건강보험을 가장 필요로 하는 사람이며, 이들은 건강이 좋지 않을 확률이 높기 때문에 결과적으로 보험 서비스를 제공하는 사람은 이들 때문에 많은 비용을 부담하게 된다.

도덕적 해이의 문제는 대리인들이 문제를 속이고, 회피하거나, 받아들일 수 없게 자신의 일을 수행하는 것이 가능하기 때문에 발생한다. 위임자가 자신이 권한을 위임한 이후에, 대리인이 위임자의 목표를 계속 추구할 것인지 아는 것은 아주 어렵고 비용이 많이 드는 일이다. 고전적인 예로는 화재보험이 반대로 방화를 저지르기 위한 인센티브로 작용한 사례를 들 수 있다.

이런 문제들과 맞서 싸우기 위해, 위임자들은 많은 종류의 해결책들을 이용할 수 있다. 대리인과 목표를 공유하기 위해, 위임자는 대리인으로 하여금 각종 활동들의 공개 및 평가를 요구할 수 있다. 정보 불균형을 줄이기 위해 위임자는 대리인에게 관찰과 보고를 요구할 수 있다. 예를 들면, 화재보험회사들은 보험에 가입된 재산에서 화재의 원인을 밝히고 방화를 막기 위해 조사관을 고용하며, 건강보험회사들은 의사를 고용해 지원자를 검사하고, 병을 앓기 쉬운 사람의 보험 적용을 막기 위해서 몇몇 질환들에 보험 가입을 제한하기도 한다.

비록 위임자-대리인 이론이 분석상의 편의를 위해 위임자와 대리인 사이, 즉 비과학자와 과학자를 명확하게 구분하지만, 이 이론은 비과학과 과학의 경계를 실제로 만들 수 없을 뿐 아니라, 실제로 의도하지도 않는다. 오히려, 이 이론은 과거 역사 속에서 이전부터 존재하고 있던 이분법을 확인하고, 어떻게 그 이분법이 중재되는지를 검토한다. 이는 사회적 규범에 의해서 중재될 수 있는데, 예를 들면 계약과 다른 규율들, 정책·절차들에 의해, 목표를 분명히 표현하고 대리인을 관찰하며 역선택과 도덕적 해이와 싸울 때 필요한 인센티브를 적용하기 위해 만들어진 메커니즘에 의해 중재될 수 있다. 이러한 매체들은 과학과 비과학 사이의 경계를 흐릿하게 만들며, 분석가는 이러한 흐릿한 경계들을 재건하고, 각종 매체들과 상호작용하면서 위임자와 대리인의 행동을 분석하는 데 열중하고 있다.

위임자와 대리인의 경계의 문제와 관련해 과학정책에는 두 가지 전통적인 측면들, 즉 '과학을 위한 정책policy for science'과 '정책에서의 과학science in policy'의 경계의 문제가 있다. 표면적으로 보면, 위임자-대리인 이론을 과학정책에 적용하는 것은 오로지 과학을 위한 정책 측면에 집중하는 것을 뜻하는 것처럼 보인다. 그러나 심지어 이 개념을 창시한 브룩스조차도 이 구획이 명확하지 않다는 의견을 제시한 바 있다. 과학을 위한 정책과 정책에서의 과학의 경계, 그리고 위임자-대리인 이론의 사용에 대해 고려해보아야 하는 세 가지 연관된 관찰들이 있다.

① 위임자-대리인이론의 적용은 '과학을 위한 정책'과 '정책에서의 과학'의 구분을 오히려 흐릿하게 한다. 그것은 정책적 목표를 추구하는 위임자를 선택하고, 이러한 목표 추구를 위한 대리인으로 연구자들을 사용함으로써, 사실상 '과학을 위한 정책'을 '정책에서의 과학'의 하위 범주로 만들기 때문이다.

② '정책에서의 과학'의 역할은 '과학을 위한 정책'의 영역에서 제기되는 많은 질문들을 포함한다. 예를 들어 비과학자가 과학자의 작업 수행 능력

을 어떻게 평가할 수 있는지에 대한 질문들이 이에 속한다. 즉, "우리가 과학자들의 말을 어떻게 믿을 수 있는가?"와 같은 질문을 제기한다.

③ 또한 브룩스가 언급했듯이, 각 측면의 많은 부분은 다른 측면을 위한 정책을 만드는 방향으로 기여한다. 따라서 나는 이 글을 통해 부분적으로나마 과학을 위한 정책과 정책에서의 과학을 위임자-대리인 이론을 통해 통합하는 것이 가능할 것이라고 제시하고자 한다.

과학정책을 위한 장점들

범위와 효율성을 떠나서(이는 다음 부분에서 깊이 있게 논의될 것이다), 위임자-대리인 이론은 과학정책에서 적어도 네 가지 장점이 있다. 첫째, 위임은 비즈니스와 정치학의 분석에서 익숙한 문제이며, 위임자-대리인 이론은 익숙한 도구이다. 다른 분야에서 분석가에 의해 사용되는 관점을 적용하는 이유는, 그것이 다른 분야에서 사용되었을 뿐 아니라 유용하기 때문이다. 또한, 이를 통해 과학정책 분석가들은 이 분야의 특징으로 자리잡은 다학제 간 연구를 바탕으로 커뮤니티 간에 중요한 다리를 놓는 작업을 이어갈 수 있다.

둘째, 위임자-대리인 관점은 인간 활동에 대한 다른 연구 분야에 특권을 갖는 연구 관점이 아니다. 오히려 이 관점은 과학적 진실의 본질에 대한 어떠한 관점, 또는 과학연구의 기관 조직을 위한 어떠한 선호도 수용할 수 있다. 이러한 논란들을 속단하기보다, 위임자-대리인 이론은 상호 동의한 결과를 얻기 위한 방법에 집중한다. 즉 "과학과 사회가 맺는 계약의 (예를 들면, 연구비와 같은) 조건들은 무엇인가?"라는 질문보다는 "사회와 과학 사이의 계약은, 그 조항들이 무엇이든 간에 어떻게 평가되고 시행되는가?"와 같은 질문에 집중한다.

셋째, 나의 경험적인 분석은 미국의 사례를 중심으로 이루어지지만, 위임자-대리인 방법에서 과학정책의 문제의 틀을 잡는 작업은 시간과 국가를 넘나드는 연구를 용이하게 해준다. 예를 들어, 위임자-대리인 이론의 관점은 '국가가 과학 분야를 위해 얼마를 지불해야 하는지'를 단적으로 결정하는 대신에, 역사적이고 국제비교적인 방법으로, 국가-과학 사이의 계약의 모든 조건과 조항들이 어떻게 구조화되고 시행되는지를 연구한다.

넷째, 과학정책의 문제가 위임의 문제임을 확인하는 작업은 분석가가 연구, 연구 관리의 신뢰성, 연구비의 다원성, 연구 후원 조직의 연방주의 그리고 연구자와 연구기관의 자주성에 대한 중요한 규범적인 질문들에 대해 명확하게 접근하도록 해준다. 이러한 질문은 이 분야의 가장 중요한 규범적인 우려들에 해당하며, 비록 이러한 문제들이 임시방편적인 수준에서 자주 고려되고 있지만, 광범위하고 서술적인 접근을 통해 통합적으로 논의되는 일은 드물었다.

위임으로서의 과학정책

지금까지 나는 위임자-대리인 이론을 통해 제기되는 몇 가지 문제들을 제시했다. 즉, 위임자와 대리인 사이의 공동의 목표를 확인하는 것을 장려해야 한다는 점, 역선택과 도덕적 해이를 방지해야 한다는 점 등이 그것이다. 이러한 문제를 고려하는 다른 방법은 위임자와 대리인 사이의 관계가 어떤 단계에 있는지, 또는 이러한 문제점이 나타나는 계약은 어떤 단계인지 살펴보는 것이다. 위임자와 대리인이 서로의 목표를 확인하는 행동은 오랜 관계에 걸쳐 나타나지만, 목표의 형성과 표현은 두 당사자가 계약을 맺기 전에 나타난다. 마찬가지로 역선택은 적절한 대리인을 선택하는 것과 같이, 계약에 서명을 하기 전에 나타난다. 과학정책의 조건들에서, 이는 누가 연구를 수행할 자금을 지원받는지를 결정한다. 이러한 대리인의 선택이 위임자가 자신의 목표를 성취하는 것을 용이하게 할 것인가? 도덕적 해이는 수행의 문제로서, 계약이 맺어진 후에 나타난다. 이는 수행된 연구의 진실성과 사회의 기여도에 대한 것이다. 이러한 대리인이 선택된 이후에, 제대로 된 결과물을 만들어낼 것인가?

이 섹션에서 나는 위임자-대리인 이론이 어떻게 목표의 형성과 표현, 그리고 숨어 있는 정보와 행동들의 문제로 이루어진 구조 내에서 나타나는 과학정책의 여러 가지 중요한 갈등을 재구성할 수 있을지에 대해 설명할 것이다. 나는 미국의 과학정책의 역사적 사례와 작금의 예시를 증거로 제시할 것이다. 이 논의는 과학정책에 대한 것만은 아니며, 그 범위는 위임자-대리인 이론이 포괄할 수 있는 범위에 대해 명확한 이해를 줄 수 있을 만큼 충분히 넓을 것이다.

목표의 형성과 표현

공적인 지원을 받은 연구에서의 목표의 형성과 표현의 역사는 중심화-탈중심화 메커니즘 사이의 긴장, 그리고 정치적-과학적 목표 설정자들 사이에서 형성된 긴장감의 역사에서 중요한 위치를 차지하고 있다. 과학부Department of Science에 대한 한 세기에 걸친 토론, 즉 1880년대에 파웰이 지지했던 형태로 설립되어야 하는지, 아니면 국립연구재단의 부시가 제안했던 형태로 설립되어야 하는지, 아니면 국회의 예산 삭감에 의해 최근에 부활되어야 하는지에 대한 토론은 상당 부분 중앙집권적인 행정부를 옹호하는 자들과 반대파 사이의 논쟁이었다.

지금까지의 추세를 종합해본다면, 중앙집권적인 행정부는 거부되었지만, 대신 중심화된 목표의 형성과 표현은 촉진되었다. 이러한 대안적 중심화는 대통령 행정부의 과학자문과 분석 능력의 발전 과정에서도 나타났음이 익히 알려져 있다.

1957년 드와이트 아이젠하워Dwight Eisenhower 대통령이 과학자문위원회를 대통령 직속 지위로 승격시킨 것을 시작으로, 존 F. 케네디John Fitzgerald Kennedy 대통령이 과학기술사무국에 분석적 부서들을 설립하고, 1976년의 국립과학기술조직 및 우선순위 법을 통해 이러한 장치들이 입법부의 허가를 받기까지, 과학자문의 일반적인 역사는 정치가와 과학자, 즉 위임자와 대리인들이 연구의 공공투자를 위해 중심화된 목표의 형성과 표현에 참여하려는, 현재진행형의 시도로 해석할 수 있다.

백악관 과학자문의 이러한 묘사는 최근에 이루어진 발전들을 통해 더 쉽게 이해될 수 있다. 특히 조지 허버트 워커 부시George H. W. Bush 대통령의 과학자문이었던 앨런 브롬리Allan Bromley가 연구를 수행하는 연방 기관에 걸쳐 선택된 연구 분야들에서 우선순위를 정하기 위해 수행한, 빌 클린턴Bill Clinton 대통령이 R&D의 모든 분야에서 우선순위를 재검증해보려는 시도로 설립한 국립과학기술위원회(NSTC)National Science and Technology Council에 의해 시행된 '크로스 커트cross-cut'를 들 수 있다.

기관들의 상호 평가와 이들이 작성한 보고서인 '국익에서의 과학Science in the National Interest'을 통해, NSTC는 정치가들과 과학자들 사이에서 필수불가결한 기관으로 거듭났다. 클린턴 행정부는 내·외부의 과학자문위원들과 함께, 공공의 이익을 위한 R&D의 영역을 구체적으로 도출해냈다. 이는 "R&D 자원들이 사회와 경제에 최대한의 이익을 반드시 줄 수 있도록" 하기 위해 "연구비를 확인된 R&D 우선순위 분야로 옮겨 투자"함으로써, 기관이 "광범위한 정책 원칙들, 목표들, 우선순위들, 그리고 평가 기준"에 따라 의사결정을 하도록 장려하기 위함이었다.

NSTC는, 또한 1992년 국립보건원(NIH)National Institutes of Health과 같은 기관들이 시작한 바와 같이, 그리고 1993년 정부 연구 수행 및 결과 법안에 의해 지시된 바와 같이, 전략적인 계획을 계속하도록 기관들에 장려했다. 연방

정부는 대리인을 선택하고, 인센티브를 제공하며, 연구를 수행하는 대리인들을 관찰하고 평가하는 과정을 통해 더욱 명확하고 공식적인 형태로 이러한 목표들을 추구하고 있다.

역선택

누가 공적인 연구를 수행해야 하는지에 대한 일련의 질문은 과학정책에서 역선택의 전형적인 예이다. 미국에서 이러한 질문은 이미 1880년대부터 제기되기 시작했다. 특히 정치인과 과학자들은 민간에서 수행하는 연안 및 측지학 조사와 군사 기관에서 수행하는 해군의 수로학 연구, 또는 정부가 아닌 대학에서 계약의 형태로 수행되었던 지질학적 연구 등을 두고 논쟁을 벌였다.

대리인의 선택에 관한 결정은 다른 차원의 문제다. 즉, 군사연구 대 민간연구, 기관 내 연구 대 기관 외 연구, 목표와 계획에 따른 연구 대 학제적이고 무계획적인 연구, 대기업 대 소기업, 그리고 동업자의 평가를 받는 연구 대 배정된 연구 등이 선택의 대상이 된다. 사실 이러한 결정들은 1차원적인 문제인 경우가 드물다. 즉, 군사연구 대 민간연구에 대한 결정은 대부분 동업자에 의한 평가를 받는 연구 대 배정된 연구인지에 대한 요소들을 포함하고 있다. 위임자-대리인 이론이 제안한 바와 같이, 대리인의 선택은 연구 지원자와 잠재적인 연구 수행자 간의 목표의 공유에 대한, 그리고 수행자들을 통제할 수 있는 가능한 수단에 대한 질문을 포함하고 있다.

군사연구 vs 민간연구

군사연구 분야의 용역을 군사조직에 맞길 것인가, 민간 수행자에게 맞길 것인가? 이 문제는 군사조직을 다스리기 위한 계엄령의 유효성에서부터, 민간 경제발전에서 안보 계약자의 역할에 이르기까지, 통제를 위해 사용될 수 있는 목표와 수단들에 대한 많은 질문들을 바탕으로 결정된다. 예를 들면, 1880년대 미 육군의 통신기관에 포함되어 있었던 기후국Weather Bureau의 옹호자들은 군사 분야에서만큼은 원거리에서 연구를 수행하는 개인 모두가 반드시 자신의 위치에서 정해진 임무를 수행해야 했다고 주장했다.

2차 세계대전 동안, 군사연구와 민간연구 간의 갈등이 아주 많았고, 특히 맨해튼 프로젝트Manhattan Project는 원자폭탄 프로젝트가 주어진 시간 내에 철저히 이루어져야 했고, 군사적으로 완벽하게 비밀리에 부쳐져야 했던 상황 속에서 만들어진 것이었다. 냉전이 가속화되면서, 군사적 보안의 일차적 목표를 달성하는 것은, 이념적으로 물들지 않은 과학자들에게 민간 지출을 더 늘리는 데 집중한 전례가 없는 시도뿐 아니라, 특허·라이선스·프로젝트 등을 통해 적용 가능한 군사적 정책수단이 상당 부분 시행되는 결과를 초래했다.

냉전이 완화되고 국가의 목표가 경제 경쟁 쪽으로 바뀌면서, 정부는 민간수행자를 군사수행자와 비슷한 비율로 선택하기 시작했고, 일부 군사수행자들은 갈수록 민간연구자를 지향하게 되었다. 정부는 민간 R&D의 정책 목록을 확장하고, 같은 특허와 라이선스 인센티브의 일부를 이용하기 위해 군사 R&D에 적용되었던 것과 마찬가지로, 기술 이전 법안을 시행했다. 민간 부문과 특정한 공동연구를 하는 일부의 경우는, '군민양용의', '중요한' 그리고 '원천' 기술을 강조하는 민간 기술정책을 설명했다.

기관 내 연구 vs 기관 외 연구

연구자들이 정부에 고용된 인력, 즉 기관 내intramural에서 또는 정부의 테두리 안에서 연구를 수행하는 경우, 또는 기관 외extramural에서 또는 정부의 테두리 밖에서 연구를 수행하는 민간 시민일 경우에 연구자를 선택하는 일은 과학정책에서 또 다른 근본적인 선택이다. 1880년대 미국에는 아직 기관 외 연구자를 고용하거나, 파웰의 주장처럼 대학 연구자와 계약을 맺기 위해 마련된 권한의 명확한 패턴이 없었다.

기관 내 연구와 기관 외 연구의 관계에서 가장 근본적인 변화는 발명에 관한 것이었는데, 이는 OSRD의 소장이었던 바네바 부시가 모든 원가를 회수하는 계약을 주장하면서 이루어진 것이다. 이는 이후 미 해군연구국(ONR)Office of Naval Research에 의해 이루어진 계약들과 국립과학재단이 지원한 연구비의 모델이 되었다. 연구기관에서 특정 연구자에 의해 사용되는 이러한 계약들과 연구비는 직접적인 연구비(급여, 실험 장비, 등)만 포함한 것이 아니라, 연구의 간접비(관리, 기반시설, 도서관 등)도 포함하는 것이었다.

모든 원가를 회수한다는 아이디어는, 그 시초부터 논쟁에 휩싸였는데, 직접비와 간접비의 정의는 자주 수정의 대상이 되었고 대학들이 정부의 간접비를 과도하게 청구하는 것이 아니냐는 몇몇 스캔들이 발생하기도 했다. 따라서 정부는 종종 간접비 회수 비율의 한도를 정하려고 했고, 대학에 정부가 부과한 한도와 그들의 실제 간접비 간의 차이를 유지하도록 인센티브를 주어 총비용을 억제하고자 하는 정책들이 제안되었다.

기관 내 연구에 대해서, 정부는 직접적으로 간접비용을 지불한다. 정부 고용 인력으로서, 기관 내 과학자들은 특히 보수, 지적 재산권, 이해의 상충에 의한 제한 등에 대해 기관 외 과학자들에 비해 그들이 속한 기관의 임무에 쉽게 매여 있다. 1980년대의 일부 미국 기술 이전 법안은, 예를 들어, 기관 내·기관 외 과학자들의 경제적 인센티브의 균형을 유지하기 위해, 또한 정부 연구소로부터의 인재 유출을 막기 위해 고안되었다. 기관 내 연구자들은 또한 보통 외부 연구자들과는 다른 종류의 결과 검토를 받는다. 기관 내 연구자들은 제안서에 대해서는 덜 엄격하게 검토받는 경향이 있지만 더 엄격한 사후 검토를 받는다.

정부가 축소되던 시기에, 기관 내 연구 프로그램은 특히 취약하게 되었다. 미국에서 에너지부, 국립항공우주국, 그리고 미 국립보건원, 즉 기관 내 및 기관 외 연구를 중요하게 수행하고 있는 기관들은 두 프로그램 사이에서 자주 갈등이 있었고, 경제적 제약으로 약화되어 왔다.

기관 내 및 기관 외의 구조와 인센티브에서의 긴장은, 미국 에너지부의 국립연구소들의 관리에 대한 갤빈 보고서Galvin Report에서의 예시와 같이 분명하다. 미 국립보건원은 가끔 기관 내 프로그램과 기관 외 프로그램의 상대적인 질에 관해 비판받았고, 또한 임상 프로그램과 같이 일부 기관 내 연구를 민영화하려는 시도도 해왔다.

목표가 분명한 연구 vs 학제적 연구

연구의 후원자는 또한 기관의 확립된 임무 또는 정치적으로 지시된 프로그램들과 같이 정치적 명령을 방침으로 하는 대리인을 선택할 것인지, 또는 어떠한 계획된 방침에 복종하기보다 학계에서 제기되는 문제들을 따르는 대리인을 선택할 것인지를 결정해야 한다. 이 선택은 종종 후원자들에게 두 수준에서 능동적이다. 첫째, 연구기관들은 자체적으로 계획에 따른 또는 학제에 따른 연구를 조직해야 하는가? 둘째, 후원자들은 연구기관의 임무와 프로그램을 정의하는 데 어느 정도까지 관여해야 하는가?

미국에서, 연구 조직은 국립과학재단만 제외하면, 계획된 노선에 따라 특별히 안정적인 상태를 유지해왔다. 비록 과학부를 설립하려는 제안, 즉 계획된 방향에서 학제적 조직을 만들려는 시도는 번번이 나타났고, 또한 지속적으로 좌절되었다. 과학부를 설립하자는 가장 첫 번째 주요 제안은 1880년대 파웰에 의해 제기되었는데, 이는 그가 과학의 '연관성' 또는 지적 통합성에 대한 믿음을 가지고 있었던 것에서 기인했다. 그러나 의회의 구성원들은 과학의 지적 통합성이 중요하다면 그것은 관료적인 합병을 통해 성취할 일이라며 파웰의 아이디어를 거부했다.

2차 세계대전 후 바네바 부시는 국립연구재단을 제안했고, 이는 상당 부분 기초연구와 동시에 군사, 의학, 그리고 경제적 임무 쪽으로 계획된 연구를 위한 조치를 포함하고 있었다. 그러나 재단의 설립을 위한 법안의 도입이 연기되면서, 해군연구국과 국립보건원은 군사와 의학 임무를 각각 빼앗아 갔고, 경제적 임무는 상대적으로 가중되었다. 그 결과 국립과학재단은 기초연구와 학제적 조직으로 남겨졌다. 국립보건원은 이후 높은 수준의 국회 후원을 받는 데 성공했는데, 이는 상당 부분 국립보건원과 공공 건강에 대한 임무를 강조했을 뿐 아니라, 다양한 질병들에 대한 각기 다른 연구소를 설립하는 등 계획적인 조직 운영을 통해 자신들의 가치를 주장했기 때문에 가능한 일이었다. 이는 질병을 둘러싼 각종 로비와 정치적 이해관계가 복잡하게 얽히곤 했던 당시의 상황에서 큰 이점으로 작용했다.

최근에 일부 국회의 위임자들은 국립과학재단에 연구비 사용의 타당성을 더욱 강력하게 요구하는 수요에 대응하기 위해 내부 조직을 학제적으로 편성하기보다는 각각의 연구 프로그램에 따라 계획적으로 편성하도록 요구했다. 비록 최근에 제안된 과학기술행정부가 그 자체로 에너지 및 통상과 같은 다른 내각 부서들의 분해와 권력이양으로부터 살아남은 프로그램들을 위한 약간의 기능을 더 포함하고 있지만, 과학부를 설립해야 한다는 제안서는 여전히 되살아나지 못했다.

후원자들은 또한 임무를 정의하고, 연구기관들에 계획된 방향을 알리는 데에 상대적으로 적극적이다. 수탁 연구의 중요성에 대한 기본적인 진술은 1954년 아이젠하워 대통령에 의해 발표된 「E.O. 10521」인데, 이는 바네바 부시의 보고서로부터 나온 아이디어를 시행한 것이며, 이후에 존 스틸맨John R. Steelman에 의해 보고되어, 모든 기관들이 그들의 임무에 연관된 기술을 개발하고, 또한 자신들의 임무에 따라 장기간에 걸친 기술개발에 기여하는 기초연구를 지원하도록 했다.

전후 수차례, 의회는 연구기관들에 계획에 따른 방향을 지시했다. "특정한 군사적 기능 또는 작동과 직접적으로 또는 명백하게 관계가 없을 경우"에는 연구를 지원하는 군사연구비의 사용을 금지한 1970년의 맨스필드 개정Mansfield Amendment, 1960년대 말 국립과학단으로 하여금 더 관련성이 뚜렷하고, 응용된 연구를 하도록 의회에서 행사한 압력에 대한 반응으로 나온 사회적 문제에 대한 다학제 간 연구(IRPOS)Interdisciplinary Research on Problems of Society와 국가적 필요를 위한 응용연구(RANN)Research Applied to National Needs, 미 국립보건원에서의 암과의 전쟁War on Cancer, 에이즈와 여성 건강과 같은 연구 분야에서의 현대의 프로그램들 등이 대표적인 사례의 일부이다.

대기업 vs 소기업

R&D에서 연방 지원을 받는 데 유리한 기관의 형태는 대학이나 다른 비영리 연구기관 외에도 더 있다. 영리 추구 회사들도 정부 지원의 수혜자들이다. 서로 다른 여러 가지 정책은 크고 작은 회사들에 각각 다른 영향을 미쳤는데, 이것은 2차 세계대전 기간에 특히 많이 관찰되었다. 그러나 회사의 규모가 기술 혁신과 어떤 관계에 있는지에 대한 일반적인 이해가 매우 뒤떨어져 있는 상황에서, 이 문제는 중요하지만 아직 미제인 상태로 논란 속에 방치되어 있다.

연구 후원자들은 다음과 같은 방식으로 다른 대리인들에게 인센티브를 제공하기 위한 정책과 도구를 선택할 수 있다. 정책 도구들은 연구비와 계약을 통한 직접적인 지출, 그리고 R&D 세금 공제와 같은 세금 지출을 통한 간접적 지출로 구분될 수 있다.

직접적인 지출은 주로 대리인들에게 광범위한 선택을 위해 제공되는 경우가 많으며, 재조합 DNA 연구와 같이 연구의 사회적 책임과 진실성을 연방정부 차원에서 감시해야 할 때 사용된다. 반면, R&D 세금 공제는 일반적으로 연구에 장기간으로 이루어지는 투자를 유지할 수 있는 대기업을 대상으로 사용된다. 비록 그러한 연구가 정부예산의 손실을 통해 간접적으로 보조받지만, 지원받은 연구는 특히 지적 재산권과 관련해서는 연구비와 계약에 적용할 수 있는 상태들을 포함하지 하지 않는다. 민간 R&D에 대한 사회적 통제를 가하기 위한 시도에서, 한 분석가는 R&D 세금 공제의 승인에 조건을 붙이는 것을 제안했다.

역사적으로 대기업들은 지적 재산권 법에서 상대적인 이득을 얻어왔는데, 대기업들은 이 법에 의해 회사들에 배타적이지 않은 인센티브를 자주 주었기 때문에 소규모 기업들에 비해 더 많은 상대 이익을 챙겨왔다. 이러한 이유 때문에 국회는 소사업 혁신 연구(SBIR)Small Business Innovation Research의 연구비를 별도로 만들었다.

초기에는 연구단체들이 반발했으나, 결국 SBIR의 인기는 점점 높아져, 급기야 국회가 이것을 위한 예산을 점점 더 상향시키는 데 이르렀다. 이제 미국의 많은 주들이 SBIR의 중요성을 인식했고, 연구자금을 찾는 기업들에 추가적인 도움을 제공한다. 현재 새로운 민간 기술정책들, 가령 기업이 연방 연구자와 함께 공동연구개발협정(CRADAs)Cooperative Research and Development Agreements에 참여하는 기회를 주는 정책들이 대기업에만 유익한지에 대한 일부 논쟁들이 있다.

동업자의 평가 vs 배당된 연구

연구를 수행할 적절한 위임자를 고르는 것이 아주 어렵기 때문에, 위임자는 자주 대리인에게 수행의 업무뿐 아니라 선택의 업무를 위임한다. 예를 들어 공공 보건과 관련된 연구를 배정할 때, 위임자는 심지어 구체적인 질병에 따라 연구를 분류하는 수준에까지 연구를 수행할 위임자 단체의 대표들로 하여금 연구자와 연구기관을 선택하도록 권한을 위임한다.

비록 이러한 계획에는 가치의 충돌과 편견이 들어갈 명백한 가능성이 있으며, 실제로 그러한 사례가 문서화되어 보고된 경우도 있다. 그러나 연구의 질이 나쁘거나 거의 사기를 치는 수준이라는 점이 공공연히 떠돌게 되면, 결국 연구비가 삭감되는 손해를 겪는 것이 이들 대리인이라는 점은 명백하다. 따라서 연구자들은 동업자끼리 서로의 연구의 질과 진실성 그리고 타당성을 동업자 평가함peer-review으로써, 그 신뢰성을 유지하고 공동의 이득을 위해 노력한다.

서로 다른 기관들은 다른 형태의 연구에 대해 서로 다른 스타일로 동업자 평가를 한다. 국립보건원같이 일부는 공식적으로 동업자 평가를 행정상 검토의 일부로 취급하는데, 그들은 대중 회원들이 참여하는 행정적인 자문위원회를 과학에 종사하는 회원들로만 구성된 동업자 평가peer-review 학습 패널들보다 상위에 두고 있다. 앞에서 논의된 바와 같이, 동업자의 평가에도 시기에 따라 다른 점들이 있는데, 다시 말해 일부 연구는 장래에 대해, 일부는 과거로 소급하는 방식으로 평가된다. 또 다른 차이점은 기관들이 자체적인 직원 인력들을 활용하는지의 여부, 그리고 내부 평가를 수행하는지, 아니면 더 큰 단체의 회원들을 활용한 외부 평가를 수행하는지에 대한 것이다.

동업자 평가가 미국에서 항상 연방 지원의 구성요소가 되어 온 것은 아니다. 2차 세계대전 이후까지, 동업자 평가는 미국에서 대중화되지 못했고, 아직까지도 다른 여러 방식들과 경쟁하고 있다. 예를 들면 국립과학재단의 경쟁 연구를 권장하기 위한 실험 프로그램(EPSCoR)과 같이 지리적 분포에 근거한 방법, 그리고 위임자에 의해 선택된 대리인에게 직접적인 연구비를 책정하는 '연구 배당' 방식 등이 그것들이다.

지난 몇 년에 걸쳐, 특히 강경론자들의 심한 감시가 늘어났을 뿐 아니라, 위임자와 과학 분야 대리인들에 대한 관할권을 강화하기 위한 과학위원회House of Science Committee의 시도에 대한 결과로, 연구 배당의 형태는 그 빈도가 현저히 감소했다. 대리인 선택의 방법으로 동업자 평가를 채택할 것인가 또는 다른 계획 따를 것인가 하는 논쟁은 연구비뿐 아니라 연구시설을 위한 지원금을 분배하는 문제에도 두드러지게 나타난다.

도덕적 해이

위임자가 대리인을 선택했다 하더라도, 과연 그 대리인이 연구를 잘 수행할 것인지와 관련한 과제는 여전히 남아 있다. 심지어 위임자의 목표를 지지하고, 그러한 목표를 지지하도록 인센티브를 제공받은 대리인이라 할지라도 엉성하고 부정한 방법으로 연구를 수행하거나, 계약된 내용을 우회해서 다른 목표나 이익을 추구할지도 모른다.

이러한 도덕적 해이를 방지하기 위해, 위임자는 이러한 행동들이 나타나는 것을 밝히려고 관찰을 하거나 보고를 하는 전략을 종종 사용한다. 연구 후원자들의 두 가지 기본적인 우려는 다음과 같다. 첫째, 연구가 완전무결하게 이루어지는가, 그리고 후원자들은 그것을 어떻게 알 수 있는가? 둘째, 연구가 생산적으로 수행되었는가, 이를 후원자들이 어떻게 알 수 있는가?

생산성에 대한 위임자들의 걱정은 명백하다. 즉, 연구는 최소한 지식의 경계를 넓히거나 군사 보안, 공중 보건, 경제적 이득 등에 기여해야 한다. 정부는 아무런 생산성도 없는 연구를 무작정 지원하기를 바라지 않는다.

그렇다면, 연구의 완전무결성에 대한 후원자들의 우려는 무엇인가? 이러한 우려는 이중적이다. 첫째, 위임자는 이것이 생산적인 목표에 영향을 미친다는 이유로 걱정한다. 예를 들어 잘못된 과학적 결과물은 다른 후속 과학연구로 하여금 시간을 낭비하게 하거나, 신약 개발에서 군사장비 개발에 이르기까지 각종 산업 분야에서의 규제를 강화시키는 결과를 초래하기 때문이다. 둘째, 위임자는 상징적이고, 심지어는 이념적인 우려를 가지고 있는데, 가령 과학은 자유와 진실을 추구하는 공동연구의 모범이 되는 활동으로서 사회의 진실성과 중요하고 가치 있는 행동의 능률에 대한 모델이 되어야 한다는 우려가 바로 그것이다.

연구의 완전무결성

미국 사회에서, 후원금으로 진행된 연구의 진실성에 대한 질문은 1981년에 의회에 의해 연구 비리가 밝혀지고 조사를 받게 된 몇몇 사례를 계기로 연구 후원자들에 의해 제기되었다. 당시, 연구 단체의 대표들은 연구단체가 자체적으로 연구 비리 사례들을 "효과적이고, 민주적이고, 자성적 방법"을 통해 처리할 수 있기 때문에, 연구비의 형태로 규제 권한을 위임하는 것이 옳다고 국회 위임자들에게 확언했다.

일부 의회 구성원들은 비리 사례들이 '동업자 평가에 잠재되어 있는 의심'을 더욱 증폭시킨다는 생각을 보여주었다. 이러한 초기의 의문들에 대한 반응으로, 의회는 연구기관과 지원 기관들의 연구 비리 사례들을 조사하고 판정을 내리는 역할을 강조한 법안을 통과시켰다.

그러나 비리 사례는 계속해서 증가했고, 노벨상 수상자를 포함한 중요한 용의자들이 더욱 적대적인 조사를 받았다. 대학에 조사 및 판결을 맡기는 일의 명백한 한계로 인해, 의회는 국립보건원와 국립과학재단이 대학의 비리 근절 노력을 감시하고, 비리 혐의를 독자적으로 판정할 수 있는 자체적인 능력을 키우도록 촉구했다. 이러한 새로운 능력은, 예를 들어, 국립보건원의 연구 진실성 사무소Office of Research Integrity(전 과학 진실성 사무소Office of Scientific Integrity), 국립과학재단의 감사원Office of the Inspector General의 한 부서와 같이,

연구자들의 부정과 도덕적 해이를 감시할 수 있도록 작동하고 있다.

연구의 생산성

과학에 대한 연방정부의 지원을 통해 어떤 가치 있는 것들을 얻을 수 있는지에 대한 질문은 모든 시대에 걸쳐 과학정책에 제기되어온 것이다. 1880년대, 이 질문은 후원받은 연구가 경제적 가치가 있는지 없는지, 그리고 만약 있다면 왜 이러한 연구가 민간 지원을 받지 않는지, 그리고 만약 경제적 이익이 없다면 왜 공공 지원을 받는지에 대한 것이었다.

2차 세계대전 후 레이저, 원자폭탄, 그리고 페니실린의 성공이 물밀 듯 밀려오면서 과학이 연방의 지원을 받아야 한다는 주장의 옹호자들은 기초연구가 기술적·상업적·의학적 혁신의 유일한 원천이며, 그러한 혁신은 대학에서 수행되는 연구의 지원을 통해 자연스럽게 흘러나올 것이라고 주장했다. 그러나 1970년대 말 경제 위기 이후, 생산성 향상의 부진과 첨단기술 제품의 수출입 실적의 변화로 정치인들은 어떻게 연방 지원을 받는 R&D의 경제적 결과, 즉 생산성을 높일 것인지에 더욱 집중하기 시작했다. 정치인들은 더 이상 예전 모델들이 추정했듯이, 과학으로부터 발생될 수 있는 이윤이 공짜로 얻어지는 것이 아니라는 것을 깨달았다. 지미 카터Jimmy Carter 대통령은 의회에 정부 특허 규율을 단일화하고, 정부 지원을 받아 이루어진 발명에 대해 대학과 소기업이 특허 소유권을 유지하는 방안을 지시했다.

결과적으로 이루어진 변화들 중 대부분은 R&D 수행자들의 인센티브를 재조정하는 것이었다. 예를 들면, 오랫동안 연방 자금의 지원을 받아 만들어진 혁신에 대해서 자유로운 지적 재산권을 승인하고, 기관 내의 연구자들이 산업 분야로 기술을 이전하는 데 적극적으로 참여할 수 있도록 촉구했으며, 과학을 바탕으로 상업적 혁신을 추구하는 민간 부문 동업자가 있는 CRADAs에 금전적 유인책 또는 다른 인센티브를 제공하기로 한 것이다. 이러한 기술정책 법안은 상업적 혁신에 성공적으로 기여하는 연구자에게 증가된 생산성의 이익을 재분배함으로써 생산성 없는 연구의 도덕적 해이를 개선하려고 시도하면서 위임자-대리인 이론의 논리를 발생시켰다.

특별히 R&D에 대한 이러한 인센티브를 적용하는 것 외에, 연방정부는 1993년 정부 수행 및 결과 법안(GPRA)Government Performance and Result Act에 의거해 연구기관을 포함한 모든 기관의 생산성을 관찰하기 시작했다. GPRA는 연구기관에 전략적 계획, 공식적이고 정량적인 목표 평가, 그리고 자체적인 프로그램 평가를 요구했다. 위에서 언급된 국립 과학기술위원회에 의한 중앙집권적 연구 목표의 제정과 결합되어, GPRA는 위임자들이 그들의 과학 분야의 대리인들의 생산성을 보장하도록 하는 유용한 수단이 되었다.

결론

이 논문에서 나는 위임자-대리인 이론이 위임자와 대리인 사이의 각종 계약과 권한의 위임에 관한 조건과 조항을 보장함으로써 광대한 범위의 과학정책 분석의 조직적 관점을 제공해줄 수 있음을 주장했다. 그러나 비록 정치적 위임자와 과학 분야의 대리인 사이의 정보의 불균형의 분석적 중요성이 받아들여진다고 하더라도, 그리고 비록 목표의 관점, 역선택, 그리고 도덕적 해이가 과학정책의 경험적 분석에 가지고 올 수 있는 명확성과 범위를 인식한다고 하더라도, 단지 정부의 대리인으로써 과학을 위임하는 것 또는 단지 후원자들의 대리인으로써 연구자들을 위임하는 것은 여전히 우려되는 일이다. 이러한 관점은 과학적 자주성의 전통적 가치, 그리고 진실을 추구하는 과학의 전통적 역할을 약화시키고, 또한 이 때문에

'반과학'이라는 꼬리표가 붙을지도 모른다.

그러나 위임자-대리인 이론으로 과학이 격추될 것이라는 예측은 환상에 지나지 않는다. 위임자와 대리인 사이의 계약은 오로지 자주적인 행위자들 사이에서만 이루어지는 것이다. 따라서 위임자와 대리인을 지명한다고 해서 그 자체로 둘 중 한 행위자에게 상대적인 규범적 우월성을 제공하는 것은 아니다. 사실, 테리 모Terry Moe가 기술했듯이, 위임자-대리인 관계는 예를 들면, 돈, 정보 등의 흐름과 같은 다양한 상호관계들 사이에서 오가는 '쌍방향 도로'와 유사하게 생각하는 것이 가장 바람직하다. 따라서 대리인으로 임명된다고 해서 과학의 역할이 기업의 시녀로 몰락한다거나 하는 일은 일어나지 않을 것이다.

혹자는 이 관점이 본질적으로 과학의 자주성에 편향되어 있다고 주장할지 모른다. 왜냐하면 위임자-대리인 이론은 분석가들로 하여금 위임자들이 어떻게 대리인들을 통제해야 하는가에 대해 생각하도록 하기 때문이다. 이러한 위협은, 인정하건대 더 그럴듯하지만, 나는 이것 또한 환상일 뿐이라고 생각한다. 그것은 앞서 위임자가 대리인을 통제하기 위한 각종 인센티브가 그 자체로만 이들 사이의 관계를 완전히 결정짓는 것이 아니기 때문이다. 즉, 비공식적인 방법으로 일어나는 사회적 통제, 그리고 위임자와 대리인이 공유하는 관점과 사상들은 위임자들로 하여금 대리인들이 그들과 같은 목표를 공유하고 있으며 옳은 방향으로 연구를 진행하고 있다고 확신시킬 수 있다. 물론, 이러한 비공식적 통제와 사상만으로 지금껏 위임자와 대리인 사이의 모든 문제가 해결되지 않았고, 이 때문에 앞서 논의된 것과 같은 공식적인 인센티브와 정책들이 만들어졌던 것은 사실이다. 따라서 우리는 위임자-대리인 이론이 과학적 자주성 관점에서만 편향적이지 않은 것에 만족할 것이 아니라, 더 나아가 이 이론이 영향을 줄 수 있는 각종 역사적 변화들을 명확히 살펴볼 필요가 있다.

위임자-대리인 이론은 과학정책 분석가들로 하여금 관계의 규범적 측면들을 탐구하도록 한다. 왜냐하면 과학적 자주성과 공공사업의 신뢰성에 대한 아이디어들이 위임의 문제에 집중되어 있기 때문이다. 이는 또한 분석가들이 연구를 통해 찾은 사회적 목표를 추구하도록 선택된 다양한 대리인에게 연구자금과 다른 인센티브를 분배하는 것에 대해 규범적으로 생각하도록 권장한다. 예를 들면, 다음과 같은 질문을 던질 수 있다. 군사연구 대 민간연구의 균형은 어떠해야 하는가? 기관 내 연구는 민영화되어야 하는가? 국립과학재단은 학제 간 조직으로 남아야 하는가? 민간 부문 R&D에 대한 간접적인 지원은 환경적 책임을 지는 기술 또는 기업 크기의 다양성을 보존하는 것 등의 사회적 목표를 달성하기 위해 변경되어야 하는가? 연구비나 연구시설의 배정은 계속되어야만 하는가? 아니면 동업자 평가를 강화해야 하는가?

마지막으로 정부와 과학 사이의 계약을 설명함으로써, 위임자-대리인 이론은 다음과 같은 질문을 제기한다. 계약의 조건은 공정한가? 그리고 그 계약은 효율적인가? 비록 어려운 질문들이라 할지라도, 이러한 질문들은 '얼마가 충분한 것인가?'라는 질문에 답하는 것보다는 명백하게 더 어렵지는 않다.

또한 만약 연구비 예산의 양에 대한 문제 제기가 각종 심각한 제한들로 불가능해진다면, 공정성과 효율성에 대한 질문을 대신 제기하는 것이 중요하다. 공정성은 옳고 그름에 대한 질문과 마찬가지로 계약이 지향하는 가치에 대한 질문보다도 높은 우선순위를 차지할 만한 것이다. 과학정책의 구조는 국가의 국민들과 그들의 대표가 자유로운 민주 사회에서 제도적 분배를 위해 어떤 선택을 할 것인가에 대한 것이다. 위임자-대리인 이론은 바로 이 제도적 분배를 명확하게 해주며, 따라서 그러한 선택을 용이하게 하는 역할을 한다.

| 제2부 |

과학기술과 사회

1 군산복합체 연설
2 과학과 인간적 가치
3 기술 모멘텀
4 로봇 문화의 등장: 새로운 동반 관계

기획·해설 | 전치형
번역 | 김규리, 조유나

과학기술과 사회의 '관계'를 설명하거나 탐구하는 일이 어려운 이유 중 하나는 '관계'라는 개념으로 담아내기에는 양쪽이 이미 매우 복잡한 방식으로 얽혀 있다는 것이다. 과학기술이 사회의 일부라고 말하고 그 일부와 나머지 사회의 관계를 설명하면 될 것 같지만, 과학기술은 그러기에는 너무 넓고 세밀하게 퍼져 있다. 우리 사회에서 과학기술을 모두 빼버리면 무엇이 남을까?

역사학자 리오 막스Leo Marx는 자동차 기술의 예를 통해 이런 딜레마를 설명했다. 자동차라는 기술에는 엔진과 각종 부품만 들어 있는 것이 아니다. 생산을 위한 공장 건물과 작업 라인이 필요하고, 차를 설계하는 엔지니어와 그들의 지식이 필요하고, 실제 조립 작업을 수행하는 노동자가 필요하다. 그뿐 아니라 자동차 회사를 운영하기 위한 조직과 자본이 있어야 한다. 여기에는 다시 금융기관이나 정부기관이 개입할 것이다. 게다가 자동차가 굴러가려면 도로가 필요하고 교통법규가 필요하고 보험제도가 필요하고 운전시험 제도가 필요하고 이 모든 것을 운영하는 인력이 필요하다. 다른 산업과의 연결도 꼭 필요한데, 철강 등 원자재를 확보할 수 있어야 하고 휘발유의 안정적인 공급도 필수적이다. 자동차라는 하나의 기술을 떠받치고 있는 이 모든 배경을 고려할 때, 이 기술은 사회와 어떤 '관계'를 맺거나 '영향'을 미치고 있다기보다는 이 기술 자체가 하나의 사회를 구성하고 있는 것처럼 보인다. 리오 막스는 "자동차 기술이 사회에 미치는 '영향'을 따진다는 것은 마치 뼈 구조가 사람의 몸에 미치는 영향을 따지는 것과 비슷하다"라고 말한다. 뼈 구조가 곧 우리 몸의 핵심을 이루면서 떠받치고 있으므로 그것을 따로 떼어내 '영향'을 논하는 일은 어색할 수밖에 없다.

이렇게 보면 '과학기술과 사회'라는 주제는 사회가 몇 가지 요소를 투입해서 과학기술을 어떻게 '진흥'할 것인가의 문제나 과학기술이 만들어내는 변화에 사회가 어떻게 '적응'할 것인가의 문제에 국한될 수 없다. 더 근본적으로 한 사회의 가치와 자원과 제도가 어떠한 과학기술을 만들어내고 있는지, 또 역으로 과학기술이 그 과정과 결과를 통해 사회를 어떻게 재구성해내고 있는지에 대한 검토가 필요하다. 과학기술이 사회의 골격계인 동시에 사회가 과학기술의 골격계이기도 하다. 여기에서 소개하는 네 편의 글은 이처럼 과학기술이 우리 사회의 핵심에, 또 인간이라는 존재의 핵심에 들어와 있는 상황을 설명하고, 더 나아가 그러한 상황 속에서 어떤 가치를 중시하며 어떤 결정을 하고 어떻게 살아낼 것인가를 모색하고 있다.

미국의 아이젠하워 대통령은 1961년 퇴임하면서 행한 연설에서 '군산복합체military-industrial complex'라는 말로 냉전 구도 속에서 등장한 과학기술 연구개발의 새로운 양상에 대한 우려를 표했다. 대학과 연구소가 실시하는 연구의 점점 더 많은 부분이 정부가 지급하는 연구비, 특히 국방연구비에 의존하게 되었고 이는 냉전체제를 떠받치는 군수산업의 이해관계와 맞물려 통제하기 어려운 공고한 체계를 구축했음을 비판한 것이다. 한마디로 "정부와의 연구 계약이 사실상 지적 호기심을 대체하고" 있다는 것이다. 이 연설문은 당시 사회를 지배하던 국가안보라는 담론이 과학자와 엔지니어가 만들어내는 지식과 기술의 방향을 바꾸고 이것이 다시 사회를 특정한 방향으로 조직할 수 있는 가능성을 정치인과 시민이 함께 성찰해야 할 필요성을 제기한다.

두 번째로 실린 물리학자이자 노벨평화상 수상자인 조지프 로트블랫Joseph Rotblat의 글 「과학과 인간적 가치」는 세계과학회의World Conference on Science에서 행한 기조강연을 번역한 것이다. 로트블랫은 20세기 이후의 과학자들은 더 이상 자신들이 사회와 유리된 채 순수한 호기심에 따라 연구하고 있다는 환상 또는 그렇게 하고 싶다는 이상을 말할 수 없게 되었다고 지적한다. 그는 2차 세계대전 이후 급격히 증가한 상업적 연구, 군사연구, 비밀연구의 문제점을 언급하며 그 결과에 대한 과학자들의 윤리적·사회적 각성을 촉구한다. 그는 심지어 이공계 학생들의 졸업식에서 의대생들의 히포크라테스 선서와 같은 서약을 실시할 것을 제안하기도 한다. 이는 현대사회에서 과학자와 엔지니어가 훨씬 오래된 전문직업인 의사와 비슷한 역할을 맡고 있다는 사실을 지적하면서 동시에 그에 따르는 무거운 책임을 느낄 것을 요구하는 것이다. 로트블랫은 "과학적 상상력이 다른 생명에 대한 배려와 함께 나아가도록 해야 하며, 미지의 세계로 탐험해 들어가되 자신의 행동에 대해 완전히 책임질 수 있어야 한다"라고 주장한다.

세 번째는 기술의 역사에 대한 연구로 뛰어난 업적을 남긴 역사학자 토머스 휴스Thomas Hughes의 글이다. 휴스는 '기술 모멘텀technological momentum'이라는 개념을 통해 어떻게 처음에는 작고 불안하게 시작한 기술이, 점차 성장해서 결국 그 힘을 아무도 막을 수 없을 것처럼 보이는 거대한 시스템으로 변모하는지를 설명한다. 휴스는 기술이 그 자체에 내재한 논리에 의해 발달하며 그 결과 거부할 수 없는 특정한 방향으로 사회를 변화시킨다는 '기술결정론'의 주장과 기술발전의 경로가 고정된 것이 아니라 다양한 이해관계를 지닌 집단들 사이의 갈등과 협상을 통해 사회적으로 선택된다는 '사회구성주의'의 주장을 모두 비판하면서 두 가지를 결합시키려 한다. 기술 시스템의 성장은 순수하게 '기술적'인 요소에 의해서만 이루어지는 것이 아니라, 제도, 조직, 가치, 문화, 정치 등 비기술적·사회적 요소들을 포섭하면서 긴밀한 연결을 맺는 가운데 이루어지며, 따라서 시스템 발전의 초기 단계에서는 이러한 사회적 요소들이 시스템의 성격과 방향에 중요한 영향을 미칠 수 있다. 그러나 시간이 지나면서 각 요소들의 결합과 성장을 통해 시스템이 안정화되면 그 시스템은 언덕 위를 굴러 내려오는 눈덩이처럼 점차 모멘텀을 얻어 더 이상 시스템 외부의 환경이 그 속도와 방향을 바꾸는 것이 어려워진다. 이 단계에 이르면 마치 기술이 사회를 일방적으로 몰고 가는 힘을 가진 것처럼 보이게 된다. 휴스의 분석은 기술의 지위와 역할을 지나치게 낙관하지도, 지나치게 비관하지도 않으면서, 기술발전의 과정에서 민주적이고 성찰적인 논의를 통해 기술의 성격과 방향에 적절하게 개입할 수 있는 가능성을 열어놓고 있다.

마지막으로 심리학자이자 사회학자인 셰리 터클Sherry Turkle의 글은 로봇 기술의 사례를 통해 기술이 산업, 정치, 군사 등 딱딱한 사회적 부문뿐 아니라 개인의 정체성이나 우정, 사랑 등 인간 내면의 감정에까지 영향을 미칠 수 있음을 보여주고 있다. 터클은 어린이와 노인들에게 애완동물이나 인형 모양의 로봇과 함께할 수 있는 시간을 주고 이들이 로봇을 대하는 태도와 행동, 감정을 관찰했다. 로봇을 데리고 놀고 로봇과 대화하면서 이들은 살아 있다는 것, 관계를 맺는다는 것, 사랑한다는 것에 관한 흥미로운 성찰을 제공해줄 수 있었다. 로봇에 '진짜로' 감정이 있느냐 없느냐 하는 것이 문제의 핵심은 아니다. 사람들이 로봇과의 관계를 통해 '실제로' 감정을 느끼고 그것을 행동으로 표출한다는 사실이 더 중요할 것이다. 터클에 따르면, "여기서 나오는 질문은 아이들이 진짜 애완동물이나 부모보다 로봇 동물을 더 사랑하느냐 하는 것이 아니라, '사랑한다'의 의미가 어떻게 될 것인가"이다. 인간과 교류하도록 설계된 '사회적 로봇'을 통해 우리는 사회를 이루는 가장 기본적인 행위인 사람과 사람 사이의 관계 맺음에 대해서, 우리의 근본적인 사회성에 대해서 다시 생각해야 할 필요를 느끼게 된다. 인간이 사회적 동물이라면, 그 사회는 어떤 관계와 감정을 통해 만들어질 수 있는가? 사회적 로봇이 사회적 동물에게 던지는 질문이다.

과학과 기술이 사회 속에서 존재하는 양식은 다양하다. 과학과 기술은 한 사회의 생산력의 토대가 되기도 하고, 지배적 담론을 구축하고 유지하는 데 기여하기도 하며, 사회의 바탕인 자연적·인공적 환경을 뒤바꾸어 놓기도 하고, 개인의 정체성과 사회성을 재구성하기도 한다. 과학기술과 사회의 다양한 접점에서 생겨나는 질문과 과제에 대응하는 모습도 다양할 수밖에 없다. 과학자와 엔지니어 개인의 윤리와 책임이 필요하기도 하고, 과학기술 관련 제도와 구조에 대한 사회적 논의가 필요하기도 하며, 끊임없이 과학기술과 맞닥뜨리는 일상에 대한 개인적 성찰과 학문적 탐구가 필요하기도 하다. 근본적이고 포괄적인 의미의 과학기술정책은 이와 같은 질문과 대응을 모두 다루어야 할 것이다.

이 장의 내용과 관련해서 참고할 만한 문헌

Bijker, W. and Law, J(ed.). 1994. *Shaping Technology/Building Society: Studies in Sociotechnical Change*. The MIT Press.

Marx, L. 2010. "Technology: The Emergence of a Hazardous Concept." *Technology and Culture* Vol.51, no. 3, pp. 561~577.

Jasanoff, S(ed.). 2004. *States of Knowledge: The Co-production of Science and Social Order*. Routledge.

2-1 군산복합체 연설

드와이트 아이젠하워(Dwight D. Eisenhower, 1961)

Dwight D. Eisenhower. 1961. "Military-Industrial Complex Speech." *Public Papers of the Presidents,* pp. 1035~1040.

(앞부분 생략)

지금 우리는 대국들 사이에 네 차례의 대규모 전쟁이 일어났던 금세기의 절반을 10년 넘긴 지점에 서 있습니다. 우리나라(미국)는 그중 세 번의 전쟁에 참가했습니다. 이런 큰 참사들을 겪었음에도 미국은 오늘날 세계에서 가장 강력하고, 가장 큰 영향력과 생산력을 갖춘 나라입니다. 이러한 탁월함을 자랑스러워하면서도 우리는 미국의 리더십과 위신이 단지 엄청난 물질적 진보와 재화와 군사력에서 기인하는 것이 아니라, 세계 평화와 인류의 발전을 위해 우리의 힘을 어떻게 사용하는지에 달려 있다는 것을 깨닫고 있습니다.

자유정부를 추구해온 미국의 역사에서 우리의 근본적인 목적은 평화를 지키고, 인간의 진보를 촉진하고 사람들과 국가들 사이의 자유와 품위와 진실성을 고양하는 것이었습니다. 자유롭고 종교적인 국민은 목표를 이보다 낮춰 잡지 말아야 합니다. 국내외를 막론하고 우리의 오만이나 이해 부족, 희생정신의 부족으로 나타난 실패는 우리에게 큰 상처가 될 것입니다.

현재 전 세계를 뒤덮고 있는 분쟁은 이 고귀한 목표를 향한 진보를 계속 위협하고 있으며, 우리 모두의 관심을 장악하고, 우리의 존재 자체를 잠식하고 있습니다. 우리가 직면한 적대적인 이데올로기는 전 지구적인 규모와 무신론적인 성격과 무자비한 목적과 은밀한 방식을 가지고 있습니다. 그것이 제기하는 위험은 불행하게도 끝없이 지속될 것입니다. 이 위험을 성공적으로 다루기 위해서는 위기 상황에서의 감정적이고 일시적인 희생보다는 자유를 위해 꾸준히, 확실히, 불평 없이 장기적이고 복잡한 투쟁을 하며 앞으로 나아갈 수 있도록 하는 희생이 필요합니다. 그럴 수 있을 때에만 우리는 어떤 도발에도 굴하지 않고 영구적인 평화와 인류의 발전을 향한 길을 계속 갈 수 있을 것입니다.

위기는 계속될 것입니다. 대외적 위기이든 국내의 위기이든, 그 규모가 크든 작든 간에 극적이고 비용이 많이 드는 조치만이 현재의 모든 어려움을 기적적으로 해결해줄 것이라는 유혹이 반복되고 있습니다. 국방 분야에 새로운 요소들을 대규모로 도입하거나, 모든 농업 문제를 해결해주는 비현실적인 프로그램을 개발하거나, 기초연구와 응용연구를 대대적으로 확장하는 등 저마다 유망해 보이는 여러 방안들이 우리의 목표로 향하는 유일한 길로 제시될 수 있습니다.

그러나 각각의 제안을 더 넓은 맥락에서 고려할 필요가 있습니다. 국가적 프로그램 내부의 균형과 프로그램들 사이의 균형을 유지해야 합니다. 민간과 공공경제 부문 사이의 균형, 비용과 이익 사이의 균형, 필수불가결한 것들과 부가적 편의를 위한 것들 사이의 균형, 국가로서 필수적으로 수행해야 할 사항들과 국가가 개인에게 부과하는 의무 사이의 균형, 당장을 위한 행동과 미래 국가의 안녕 사이의 균형이 필요합니다. 현명한 판단이란 균형과 진보를 추구하는 것입니다. 현명한 판단을 내리지 못하면 결국 불균형과 좌절이 생겨납니다.

지난 수십 년간의 기록은 우리 국민과 정부가 대체로 이러한 진실을 이해하고 압력과 위협에 맞서 잘 대응해왔음을 보여줍니다. 그러나 새로운 종류와 정도의 위협이 계속해서 발생하고 있습니다. 이 중 두 가지만 언급하겠습니다.

평화를 유지하는 데 필수적인 요소는 우리의 군사 체제입니다. 우리는 강력한 무기와 즉각적인 행동을 위한 태세를 갖추어 그 어떤 세력도 자신의 파멸을 무릅쓰고 우리를 침략할 생각을 하지 못하도록 해야 합니다.

오늘날 우리의 군사 조직은 평시에 대통령직을 수행했던 나의 전임자들이나 2차 세계대전과 한국전쟁 당시 군인들이 알고 있던 것과 전혀 다릅니다.

가장 최근의 세계적 분쟁이 일어날 때까지도 미국은 군수산업을 보유하지 않았습니다. 시간과 요구가 있다면 쟁기를 만들던 업체들이 칼을 만들어낼 수 있었습니다. 그러나 이제 우리는 국방의 비상사태를 임시방편으로 해결할 수 없게 되었고, 방대한 규모의 영구적인 군수산업을 만들어야 한다는 압박을 받아왔습니다. 그뿐 아니라 350만 명의 남녀가 국방 분야에 직접 종사하고 있습니다. 우리는 해마다 미국의 모든 기업들의 순이익을 합친 것보다 더 많은 비용을 군사안보에 쏟고 있습니다.

막대한 군사 체제와 대규모 군수 산업의 결합은 미국의 역사에서 새로운 것입니다. 이는 모든 도시, 모든 주의회 의사당, 모든 연방정부 사무실에 경제적·정치적, 심지어 정신적인 면을 포함하는 포괄적인 영향을 미치고 있습니다. 우리는 이런 식의 발전이 필요했음을 인식하고 있습니다. 그러나 우리는 이것이 갖는 중대한 함의를 이해해야만 합니다. 우리의 노역과 자원과 생계가, 또 우리 사회의 구조 자체가 모두 여기에 관련되어 있기 때문입니다.

우리는 정부의 위원회에서 군산복합체가 의도적이든 아니든 간에 부당한 영향력을 획득하는 것을 막아야 합니다. 그러한 부적절한 권력이 파국적으로 생겨날 가능성은 현재에도 있고 앞으로도 지속될 것입니다.

우리는 이 복합체의 힘이 우리의 자유와 민주적 절차를 위협하게 내버려두어서는 안 됩니다. 우리는 그 어느 것도 당연하게 생각해서는 안 됩니다. 깨어 있고 지식을 갖춘 시민들만이 거대한 산업-군사 방위 체제와 우리의 평화적인 방법과 목표를 제대로 결합시킬 수 있고, 그럴 때 우리의 안보와 자유가 함께 번성할 것입니다.

우리의 산업-군사 태세industrial-military posture에 일어난 전면적인 변화와 유사하고, 또 그 변화를 상당 부분 만들어낸 것은 근래의 기술 혁명입니다.

이 혁명의 중심에는 연구가 있었습니다. 연구는 점점 더 공식화되고, 복잡해지고, 값비싼 것이 되었습니다. 점점 더 많은 연구가 연방정부를 위해, 연방정부에 의해, 또는 연방정부의 지휘 아래 행해지고 있습니다.

오늘날 자신의 작업실에서 기계를 만지작거리던 고독한 발명가는 실험실과 시험장에서 일하는 과학자 부대에 의해 가려져버렸습니다. 이와 비슷하게 역사적으로 자유로운 생각과 과학적 발견의 근원지였던 대학은 연구 수행에서 혁명적인 변화를 겪었습니다. 연구에 필요한 엄청난 비용 때문에, 정부와의 연구 계약이 사실상 지적 호기심을 대체하고 있기 때문입니다. 오래된 칠판 대신 이제는 수백 대의 새 컴퓨터들이 있습니다.

이 나라의 학자들이 연방정부의 고용관계나 프로젝트의 배분이나 돈의 힘에 휘둘릴 가능성은 항상 존재하며 우리는 이 문제를 심각하게 고민해야 합니다.

과학적 연구와 발견은 마땅히 존중해야 하지만, 우리는 공공정책 자체가 과학기술 엘리트들에게 통제당할 수 있다는 정반대의 위험 또한 경계해야 합니다.

민주적 시스템의 원칙 안에서 오래된 세력과 새로운 세력을 형성하고 조절하고 통합하며, 언제나 자유로운 사회의 최선의 목적을 추구하는 것이 정치의 임무입니다.

(뒷부분 생략)

2-2 과학과 인간적 가치

조지프 로트블랫(Joseph Rotblat), 1999

Joseph Rotblat. 1999. "Science and Human Values." Keynote Speech of World Conference on Science.

과학자들은 과학활동의 윤리적 문제와 사회적 영향에 관심을 가져야 하는가? 과학자들은 과학연구가 인간과 환경에 미치는 결과에 대해 책임을 져야 하는가?

먼 과거에는 과학의 영향이라고 할 만한 것들이 거의 존재하지 않았고, 따라서 이러한 문제들도 발생하지 않았다. 아르키메데스Archimedes나 레오나르도 다빈치Leonardo da Vinci 등 예외적인 경우를 제외하면 그 시절에는 과학이 사람들의 일상생활이나 국가안보에서 아무런 역할을 하지 못했다. 과학은 대개 한가한 신사들의 취미활동과 같은 것이었다. 그들은 식물이나 화석을 모았고, 하늘을 바라보면서 특이한 사건들을 기록했다. 당시에는 인터넷도 없었으니 그들은 살롱과 같은 사교적 모임에서 비슷한 취미를 가진 신사들을 만나 각자가 관찰한 바를 서로 나누었다. 그들은 어떤 실용적인 목적도 표방하지 않았으며 순수한 — 오늘날의 과학자를 자극하는 것과 같은 — 호기심으로 과학활동을 수행했다.

시간이 지나면서 과학은 전문 직업이 되기 시작했다. 까다로운 입회 조건을 내건 과학학회와 아카데미들이 설립되었으며 이 때문에 과학은 사회로부터 더 멀어지게 되었다. 현재 영국의 과학한림원에 해당하는 왕립학회Royal Society가 340년 전에 설립되었을 때, 그 설립자의 한 사람이었던 유명한 물리학자 로버트 후크Robert. Hooke는 왕립학회가 "신학, 형이상학, 도덕, 정치, 문법, 수사학, 논리학 등에 관여하지 말 것"을 요구했다. 다소 이상해 보이는 여러 금지 항목들이 왕립학회의 헌장에는 들어가지 않았지만, 이와 같은 배타성은 회원선출 과정에 여전히 남아 있다. 학회의 목적을 명시한 목록의 첫 항은 "회원선출을 통해 과학과 그 응용의 우수성을 인정하는 것"이라고 되어 있다. 회원을 선출하는 절차는 지금도 학회가 수행하는 중대한 일 중 하나이다.

대중의 일상으로부터 유리되면서 과학자들은 상아탑을 만들어 그 안으로 숨어들었고 자신들의 작업이 인간의 복지와는 아무 관련이 없다는 듯이 행동했다. 과학자들은 과학연구의 목적은 자연의 법칙을 이해하는 것이라고 주장했다. 인간의 반응이나 감정이 자연의 법칙을 바꾸거나 그것에 영향을 미칠 수 없으므로 자연의 탐구활동에서 그러한 반응과 감정이 차지할 자리는 없는 것이었다.

이와 같은 배타성에 근거해, 과학자들은 과학이 현실로부터 유리되는 것을 정당화하기 위한 몇 가지 격언들을 이끌어냈다. "과학 그 자체를 위한 과학." "과학의 탐구에는 한계가 없다." "과학은 합리적이고 객관적이다." "과학은 중립적이다." "과학은 정치와 아무런 관련이 없다." "과학자들은 단지 기술적인 작업을 하는 사람들일 뿐이다." "과학의 잘못된 응용에 대해 과학을 비난해서는 안 된다."

1982년의 퍼그워시-유네스코 합동 프로젝트에서 존 자이먼John Ziman은 과학자의 사회적 책임의 기본 원칙에 대한 논문을 통해 이와 같은 전제들을 분석하고 그것 모두가 오늘날의 맥락에서는 미흡한 것임을 밝혔다.

과학적 발견과 그것의 실제적 응용이 시간적으로 분리되어 있었고, 학문적 발견과 기술적 응용 사이의 시간 격차가 10년을 단위로 측정되었다. 그 두 가지가 과학자와 엔지니어라는 서로 다른 부류에 의해 행해졌던, 과거에는 과학이 '상아탑' 안에서의 활동이라는 생각을 주장할 수 있었다. 순수연구는 주로 대학과 같은 학문기관에서 이루어졌고 거기에 고용되었던 과학자들은 대개 종신재직권을 얻었다. 그들은 과학연구에서 직접 돈을 버는 일을 걱정할 필요가 없었던 것이다. 특허를 출원하는 경우는 매우 드물었고, 또 그런 경우 대개는 주위의 눈총을 받았다. 이런 상황 속에서 과학자들은 자신의 발견이 사회의 다른 부분에 미치는 결과에 대한 책임으로부터 스스로를 면제시킬 수 있었다.

다른 한편으로 과학을 응용하는 일에 종사했던 과학자와 기술자들은 대개 금전적 이익을 주된 목적으로 하는 기업에 고용되었다. 고용주들은 응용연구의 결과에 대해 윤리적 문제를 제기하는 법이 거의 없었고, 또한 고용된 과학자와 기술자들이 그러한 문제에 관해 신경을 쓰지 못하도록 했다.

이제는 이 모든 상황이 바뀌었다. 지금까지 내가 설명한 것은 현재 과학이 나타내는 모습과는 너무도 다른 것이며, 현재의 우리는 과거와 전혀 다른 상황에 놓여 있다고도 할 수 있다.

순수과학의 눈부신 발전, 특히 20세기 초반의 물리학과 20세기 후반의 생물학의 발전은 과학과 사회의 관계를 완전히 바꾸어놓았다. 과학은 이제 우리 삶의 중대한 요소가 되었다. 과학은 삶의 질을 크게 향상시키기도 했지만 심각한 위험 또한 가져다주었다. 환경오염, 자연자원의 고갈, 전염병의 증가 그리고 무엇보다 대량살상무기의 개발을 통한 인류의 생존 자체에 대한 위협 등이 그러한 위험이다.

과학의 위대한 발견들로 말미암아 사회에서 과학의 역할이 크게 증대했고, 이러한 역할의 증대는 성공이 더 큰 성공을 낳는 정방향의 피드백 작용을 통해 과학활동 규모의 엄청난 팽창이라는 결과를 가져왔다. 과학자와 기술자의 수, 과학출판물의 수, 과학 관련 회의의 수와 규모에서 기하급수적인 증가가 있었던 것이다. 이러한 변화와 더불어 과학연구의 방법론, 범위, 도구 그리고 연구의 본질적 성격에도 급격한 변화가 있었다. 실로 과학혁명이라 부를 만한 현상이 일어났다.

그러나 이 모든 성공이 축복이었던 것은 아니다. 예를 들어 2차 세계대전 동안의 맨해튼 프로젝트의 성공은 군사 지도자들로 하여금 과학, 특히 물리학의 중요성을 절실히 느끼게 했다. 그들은 모든 연구에, 심지어 군사적 응용과 동떨어진 연구에도 재정 지원을 하고 싶어했다. 지원 과정에서 그 프로젝트의 과학적 가치에 대한 동료 과학자 사회의 평가는 필요하지 않았으며, 그 결과 몇몇 나쁜 과학이 수행되었고 많은 돈이 낭비되었다. 군사기관과 밀접한 관계를 가진 산업계 또한 점점 더 연구 프로젝트들을 촉진시켰다.

언제나 지출을 감소시킬 방법을 찾고 있던 정부는 과학연구의 부담을 산업계로 떠넘기는 일에 매우 열성적일 따름이었다. 이것은 점진적으로 과학연구에 대한 지원방법에 변화를 가져왔다. 대학들은 이제 산업계로부터 재정적 지원을 받아야만 하게 되었다. 즉, 대학의 연구가 그 스스로 자금을 끌어들일 만한 성격이어야 하는 것이다. 분자생물학, 유전공학 같은 몇몇 분야들은 그 연구비의 상당 부분을 제약업계 등 산업계로부터 지원받고 있으며, 지원의 주된 목적은 과학적 발견으로부터 특허를 안전하게 확보하는 것이다. 이제 지적 진보보다는 금전적인 이익이 과학연구의 주요한 동기가 된 듯하다.

이와 같이 과학연구에서의 강조점이 변화함에 따라 나타나는 중요한 결과 가운데 한 가지는 순수과학과 응용과학 사이의 간극이 줄어드는 것이다. 많은 분야에서 이 둘 사이를 구별하는 것이 매우 어려워졌다. 오늘 순수과학이었던 것이 내일이면 응용되기 시작하고 그다음 주 정도면 시민들의 일상생활 속으로 들어가게 될 수 있다(군사적인 가치를 가진 것이라면 그 시기가 더 빠를 것이다). 과학자들은 이제 더 이상 자신들의 작업이 개인의 복지나 국가의 정치와 관계없는 것이라고 주장할 수 없게 되었다.

그럼에도 많은 과학자들이 그러한 주장을 하고 있다. 놀랍게도 상당수의 과학자들이 아직도 '상아탑'의 관념에 집착하고 있으며 과학에 대한 자유방임적 정책을 옹호하고 있다. 그들의 논리는 주로 순수과학과 응용과학의 구분에 근거하고 있다. 그들의 주장에 따르면 해로울 수 있는 것은 과학 자체가 아니라 과학의 응용이며, 순수과학과 관련해 과학자들의 유일한 의무는 연구의 결과를 대중에게 알리는 것뿐이다. 연구결과로 무엇을 할 것인가라는 문제는 대중이 알아서 할 일이지 과학자들의 일은 아니라는 것이다.

이미 드러난 바와 같이 순수과학과 응용과학의 구분은 대체로 존재하지 않는다. 도덕적인 문제를 비켜 가려는 위와 같은 과학자들의 태도는 용인될 수 없다. 나의 생각으로는 그러한 태도는 자신의 행동이 가져올 수 있는 결과에 대해 개인적 책임을 회피한다는 점에서 부도덕하다.

우리는 어느 때보다 상호의존성이 커진 세계에서 살고 있으며, 그 상호의존성은 대부분 과학연구로부터 나온 기술진보에서 생겨난 것이다. 상호의존적인 사회는 그 구성원들에게 큰 혜택을 주는 동시에 그들에게 책임을 부과한다. 모든 시민은 자신의 행동에 책임을 져야 한다. 우리 모두는 사회에 대해 책임을 가지고 있는 것이다.

그 책임은 과학자들에게 특히 무겁게 지워지고 있는데, 그것은 앞에서 말한 바와 같이 과학이 현대사회에서 수행하는 중요한 역할 때문이다. 왕립학회의 전 회장이며 퍼그워시 회의Pugwash Conference의 현 의장인 마이클 아티야Michael Atiyah는 과학자들에게 특별한 책임이 부과되는 이유를 더욱 깊이 발전시켜 설명했다. 1997년의 슈뢰딩거 강연에서 그는, "과학자들은 일반 정치가나 시민에 비해 기술적인 문제를 더 잘 이해하고 있으며, 이러한 지식에는 책임이 따른다"라고 말했다.

슈뢰딩거 강연과 왕립학회의 회장 연설을 통해 아티야 경은 또 다른 이유에서 과학자들이 자신들의 활동에 대해 책임을 져야 할 필요성을 역설했다. 그것은 대중이 가진 과학의 부정적 이미지가 과학에 가져올 결과에 관한 것이었다. 대중은 과학자들이 과학의 발전으로부터 발생하는 위험에 책임이 있다고 생각한다. 핵무기는 위험한 것이며, 대중은 이에 당연히 과학자들을 비난한다. 대중은 인간 복제가 혐오스러운 일, 부도덕한 일이라고 여기고 있으며, 인간 복제를 추진하려는 소수의 과학자들 때문에 과학이 대중의 비판을 받고 있다. 대중은 선거에 의해 정부를 통해서 과학을 통제할 수단을 가지고 있다. 재정 지원을 막을 수도 있고 과학에 피해를 줄 만한 규제를 실시할 수도 있다. 어떠한 규제든지 과학자 자신에 의해 행해지는 편이 훨씬 나을 것이라는 점은 명백하다.

가장 중요한 일은 과학에 대한 대중적 이미지를 개선하고 과학의 정직성에 대한 사회의 존경을 회복하며, 또 과학적 의견에 대한 신뢰를 재정립하는 일이다. 과학자들은 행동을 통해 창의성과 동정심을 결합하는 것이 가능함을 보여주어야 한다. 과학적 상상력이 다른 생명에 대한 배려와 함께 나아가도록 해야 하며, 미지의 세계로 탐험해 들어가되 자신의 행동에 완전히 책임질 수 있어야 한다.

나는 세계과학회의가 현대과학이 인간적인 가치를 고려해야 한다는 점을 과학자 사회에 납득시킬 수 있기를 희망한다. 이 회의의 참가자들은 "과학에 대한 선언Declaration on Science"과 "과학의 의제: 행동을 위한 기초Science Agenda: Framework for Action"를 채택함으로써 과학으로부터 발생하는 윤리적 문제에 대한 책임을 받아들이는 일에 헌신하게 되는 것이다.

이러한 헌신은 실제로 몇 가지 조치가 이루어질 것을 요구한다. 구체적인 조치들을 제안하기 전에 우선 과학의 목적을 다시 요약해보고자 한다.

과학의 주된 목적은, 간단히 말해 지식의 영역을 확장시키는 것이지만, 과학의 탐구는 유용성, 즉 인류공동체의 이익을 포함해야만 한다. 이런 점에서 나는 거의 400년 전에 베이컨이 한 다음과 같은 지적이 오늘날에도 똑같이 적용될 수 있다고 생각한다. "모두에게 한 가지 일반적인 충고를 하겠다. 지식의 진정한 목적이 무엇인지를 생각하라. 지식의 추구는 정신의 즐거움이나 만족을 위해서가 아니라 인간의 삶의 이익과 유용을 위해 이루어져야 한다. 그러면 인간의 궁핍과 불행을 완화하고 극복시켜줄 일련의 발명들이 생겨나 인간에게 도움을 줄 것이다." 이 말을 오늘날로 가져오면서 나는 한 가지를 덧붙이고자 한다. "그리고 인류에게 닥친 위험을 막아줄 것이다."

이와 같은 절실한 요구는 과학자들의 윤리적인 행동지침으로 표현되고 일종의 히포크라테스 선서와 같은 것으로 정식화되어야 할 것이다. 의사들의 윤리적 행동지침은 거의 2500년 전부터 지속되었다. 그 시절에는 — 그리고 지금도 여전히 — 환자의 생명은 말 그대로 의사의 손에 달려 있었으며, 의사가 환자의 치료를 최우선 임무로 해서 자신이 가진 능력을 책임 있게 쓰도록 하는 것이 매우 중요했다. 따라서 의사들은 의사로서의 자격을 갖출 때 히포크라테스 선서를 하는 것이다.

오늘날 과학자들은 인류와의 관계에서 어느 정도 의사와 비슷한 역할을 담당하게 되었다고 할 수 있다. 즉, 과학자들이 학위를 받을 때도 일종의 선서나 서약을 해야 할 시기가 온 것이다. 그것은 적어도 중요한 상징적인 의미를 가질 것이며 더 나아가 젊은 과학자들의 인식을 일깨우고 그들이 이전보다 폭넓은 문제에 대해 생각할 수 있게 자극할 것이다.

특정한 조건에 맞추어진 다양한 형태의 선서들이 몇몇 전문적인 직업에 의해 제안되고 도입되었다. 졸업식에서 젊은 과학자들이 하기에 적합한 형태는 미국의 퍼그워시 학생그룹Student Pugwash Group이 채택한 바 있다. 여러 나라에서 수천 명의 젊은 과학자들이 이미 행한 이 서약은 다음과 같다.

> 나는 과학과 기술이 사회적으로 책임 있는 방식으로 쓰이는 더 나은 세계를 위해 일할 것을 약속한다. 나는 내가 받은 교육을 인간과 환경에 해를 끼치려는 어떠한 목적을 위해서도 사용하지 않을 것이다. 과학자로 활동하면서 행동을 취하기 전에 내가 하는 일의 윤리적 함의를 고려할 것이다. 이 선서를 통해 매우 큰 요구가 나에게 부과될 수 있지만, 개인의 책임감이 평화를 위한 도정의 첫걸음이라는 것을 인식하고서 이 선서에 서명한다.

이 서약이 과학기술 때문에 나타나는 해악 가운데 인간에 대한 것뿐 아니라 환경에 대한 것을 함께 언급하고 있음은 주목할 만하다. 우리는 대학들이 과학 분야 졸업생들의 학위수여식에서 서약을 하는 의식을 채택할 것을 요구해야 한다. 그리고 이것을 위한 선행조건은 과학의 윤리적 측면에 대한 강좌를 대학의 커리큘럼에 도입하는 것이다.

과학자로서의 경력을 새로이 시작하는 이들이 그 사회적 책임에 대해 인식하는 것이 중요한 만큼 선배 과학자들이 자신의 책임을 받아들이는 것 또한 중요한 일이다. 이를 위해 나는 각 나라의 국립 과학아카데미들(혹은 유사한 기관들)이 윤리적 문제를 자신의 권한에 명백하게 포함시킬 것을 제안한다. 몇몇 아카데미의 헌장은 이미 아카데미가 과학연구의 사회적으로 영향을 끼치는 문제에 관여하는 것을 허용하는 구절을 포함하고 있다. 하지만 나는 이러한 구절이 의무적인 것이 되어야 한다고 생각한다. 윤리적인 문제가 과학자의 활동에 없어서는 안 될 중요한 부분임을 명확히 하는 구절이 있어야 한다.

이와 같은 일반적인 노력의 후속 조치로 나는 아카데미들이 맡아야 할 구체적인 임무를 제안하고자 한다. 그것은 바로 윤리위원회를 설립하는 일이며, 이 또한 의학에서 이미 이루어졌다. 많은 나라에서 환자가 개입되는 의학연구 프로젝트는 윤리위원회의 승인을 받도록 되어 있는데, 이것은 연구가 환자의 건강과 안녕을 심각한 위험에 처하게 하는 일이 없도록 하기 위함이다. 이러한 조치는 일반적인 연구 전체로 확대되어야 하며, 우선적으로는 인류의 건강에 직접적인 영향을 미치는 분야인 유전공학에 적용되어야 한다.

여러 분야의 저명한 과학자들로 구성된 윤리위원회는 연구 프로젝트가 장기적으로 미칠 수 있는 잠재적인 악영향을 검토하는 것을 목적으로 설립되어야 할 것이다. 연구 프로젝트는 보통 과학적인 가치, 예산 사용의 정당성, 다른 프로젝트와의 양립가능성 등이 검토되어야 한다. 나는 여기에 윤리적인 고려와 유해한 응용가능성에 대한 검토를 추가하고자 한다. 이것의 평가는 다른 평가와 동시에 이루어질 수 있으며, 따라서 그 진행을 심각하게 지연시키지는 않을 것이다.

윤리위원회는 각 국가의 국립 과학아카데미의 후원 아래 운영되어야 할 것이지만, 모든 곳에서 같은 기준이 적용될 수 있게 프로젝트의 평가기준을 국제적으로 합의하는 작업이 필요하다. 국제과학협의회The International Council for Science가 그 작업을 조정하는 적합한 기구가 될 수 있을 것이다. 몇몇 나라에서는 윤리적 심사가 공식적 또는 비공식적 기구에 의해서 이미 시행되고 있지만, 이러한 심사를 전체적으로 수용하고 그것을 구현할 장치를 마련할 필요가 있으며 이를 위해서 국제과학협의회의 개입이 필요하다.

과학자들의 조직에 대해서 말하자면, 나는 과학연구와 그 응용으로부터 발생하는 윤리적 문제에 특별히 관심을 가진 과학자들의 완전히 독립적인 조직이 중요한 역할을 맡아야 한다고 생각한다. 상당수의 과학자 조직이 이미 존재하고 있다. 나에게 익숙한 몇 가지를 언급하자면 '미국과학자연합Federation of American Scientists', '미국물리학회의 물리학 및 사회 포럼Forum on Physics and Society of the American Physical Society', '걱정하는 과학자들의 연합Union of Concerned Scientists', '전 세계적인 책임을 위한 과학자들Scientists for Global Responsibility', 그리고 무엇보다도 이미 수차례 언급했던 '과학과 세계 문제에 대한 퍼그워시 회의' 등이 있다.

제한된 권한 때문에 과학아카데미들이 개입하기에 부적절하다고 판단되는 문제에 대해서는 비정부기구들이 그 임무를 맡을 수도 있을 것이다. 몇몇 국가에서 과학아카데미들은 공식적인 또는 간접적인 정부기구의 형태로 되어 있기 때문이다.

앞서서 나는 오늘날 과학연구가 금전적 이익이라는 동기에 의해 이루어지는 경향의 부정적 측면에 대해 언급한 바 있다. 흔히 이러한 측면은 과학연구의 주요한 기본 가정 중 하나, 즉 모든 사람이 연구의 결과를 이용할 수 있다는 가정에 좋지 않은 영향을 미치게 된다. 연구 프로젝트의 재정적 후원자는 과학적 발견의 출판을 전적으로 금지하거나 심각한 정도로 지연시키려는 경향이 있다. 과학적 발견에서 특허를 얻어내려는 모든 행위는 과학의 근본적 교의에 전면으로 배치되는 것이다. 그것은 또한 필수적인 재료나 특허의 보호를 받는 기술을 사용하는 것에 대해 대가를 지불할 것을 가차 없이 요구함으로써 과학의 추구에 영향을 미친다.

이러한 불공정성을 극복하기 위해서는 과학연구의 어떤 결과들, 특히 유전자와 같은 기본적 물질에 대해서는 특허출원을 금지하는 등의 조치가 취해져야 한다. 급진적인 해결책으로는 인간의 건강에 직간접적으로 영향을 미치는 발견에 대한 특허를 사들이는 방법이 있을 것이다.

영리를 목적으로 하는 기업들의 금전적 이익을 위한 과학연구의 비밀주의는 다양한 양상으로 존재하는 문제의 한 측면일 뿐이다. 예를 든다면,

또 하나의 비밀주의는 노벨상을 목적으로 다른 과학자들로부터 자신의 아이디어나 기술을 보호하려는 과학자들에 의해 이루어지고 있다. 이것 역시 연구결과의 출판을 지연시킬 수 있으며 따라서 과학의 진보에 장애가 된다. 이 문제는 다른 바람직하지 않은 행위들, 가령 동료과학자들의 검토 이전에 결과를 언론에 알리거나 거짓된 연구결과를 출판하는 등의 행위와 함께 과학자들이 다루어야 할 윤리적인 문제이다.

하지만 비밀주의의 가장 나쁜 양상은 미국의 로스앨러모스Los Alamos나 리버모어Livermore, 러시아의 첼랴빈스크Chelyabinsks나 아르자마스Arzamas, 영국의 올더마스턴Aldermaston 같은 국립연구소 안에서 정부에 의해 강요되는 형태의 것이다. 이곳에는 수천 명의 과학자들이 고용되어 과학의 추구와는 반대되는 듯이 보이는 특정한 목적, 즉 새로운 대량살상무기 개발이나 옛 무기의 개량을 위한 순수연구와 응용연구를 하고 있다. 그런 연구를 하는 수천 명 중에는 국가안보의 중요성에 대한 고려가 동기가 되어 일하는 과학자도 있을 것이다. 그러나 대다수는 그러한 동기를 가지고 있지 않다.

리버모어연구소의 초대 소장이었던 허버트 요크Herbert York에 따르면, 과거에 그들은 급속한 발전과 무한한 기회라는 요란한 유혹에 이끌려 이 일에 참여하게 되었다. 로스앨러모스의 주요 원자탄 설계자 가운데 한 사람인 시어도어 테일러Theodore Taylor는 "무엇보다 자극적인 요소는 완전히 새로운 기술적 개념을 탐구하고 그것을 현실로 옮겨놓을 자유를 가졌을 때 모든 과학자와 엔지니어가 경험하게 되는 강한 흥분이었다"라고 말했다. 이런 실험실에서 벌어지고 있는 일은 과학적 노력의 심각한 낭비일 뿐 아니라 과학의 숭고한 요청을 악용하는 것이다. 절대로 용인되어서는 안 될 일이다.

노벨상 수상자이자 생존하는 최고의 물리학자 중 한 사람이며 한때 맨해튼 프로젝트의 리더였던 한스 베테Hans Bethe는 다음과 같이 말했다.

오늘날 우리는 실로 핵무기의 무장해제와 해체의 시대에 살고 있다. 그러나 일부 국가에서는 핵무기 개발이 여전히 계속되고 있다. 과연 세계의 많은 나라들이 이것을 멈추기로 합의할 수 있을지, 그리고 언제 그것이 가능할지는 확실하지 않다. 하지만 개별 과학자들은 자신이 가진 기술을 쓰는 것을 자제함으로써 이 과정에 영향을 미칠 수 있다. 그러므로 나는 모든 나라의 모든 과학자들이 더 이상 핵무기를 개발하고 개량·제조하는 일을 하지 말 것을 촉구한다. 화학무기나 생물학무기 등 대량살상의 가능성이 있는 다른 무기들에 대해서도 마찬가지이다.

나는 과학자 사회가 이러한 요청을 뒷받침해주기를 희망한다. 더 나아가 과학자 사회가 핵무기의 제거를 요구하는 한편, 우선적으로 핵보유국들이 핵무기를 통한 전쟁 억제 정책 — 영속적으로 핵무기를 보유하는 것에 대한 변명이자 근본적으로는 공포의 균형에 의해 평화를 유지하고자 하는 정책 — 을 폐지하라고 요구할 것을 제안한다.

나는 나 자신이 이러한 제안을 함으로써 정치적 논쟁의 영역으로 들어가고 있음을 잘 알고 있다. 하지만 나에게는 아무런 후회도 없다. 우리는 20세기를 특징지었던 폭력의 문화를 폐기하고 새로운 천년 기에 평화의 문화가 도래하게 하려는 임무를 띠고 있는 유네스코의 후원 아래 이곳에 모였다. 그러나 그 평화가 대량살상무기의 존재에 근거해 선언된다면, 어떻게 평화의 문화를 논할 수 있겠는가? 젊은 세대들이 이미 우리의 평화가 공포의 균형에 의존하고 있음을 알고 있는 마당에 우리가 어떻게 그들에게 폭력의 문화를 던져버리라고 설득할 수 있겠는가?

결론적으로 말해 지금까지 내 연설의 주제는 과학과 인간적 가치였다. 기본적인 인간적 가치는 바로 생명 자체이다. 가장 중요한 인간의 권리는 바로 살 권리이다. 과학자들이 지닌 임무는 자신들의 연구를 통해 생명이 위험에 빠지지 않고 안전하게 영위되며 또한 그 생명의 질이 높아질 수 있도록 노력하는 것이다.

2-3 기술 모멘텀

토머스 휴스(Thomas Hughes), 1994

Thomas Hughes. 1994. "Technological Momentum." in Leo Marx and Merritt Roe Smith(eds.), *Does Technology Drive History?* MIT Press.*

기술결정론technological determinism과 사회구성주의social construction 개념은 기술 및 기술 변화의 본질에 관심이 있는 역사가, 사회학자, 엔지니어들 사이에 생산적인 토론을 위한 의제를 제공한다. 전문가들도 그들의 전문 분야를 포괄하는 일반적인 토론에 참여할 수 있다. 나는 이 글에서 그 토론을 더욱 풍부하게 해줄 기술 모멘텀이라는 개념을 추가적으로 소개하려 한다. 기술 모멘텀은 기술결정론과 사회구성주의의 대안이 될 수 있다. 역사를 기술결정론에서 접근한 예전의 학자들은 사회 변화에서 기술의 역할을 거의 무시했던 통상적인 역사해석을 수정하려 했다. 그 이후 사회구성주의적 접근을 옹호하는 학자들은 압도적인 기술을 수동적인 태도로 바라보는 역사해석에 대해 매우 유효한 제안을 제시했다. 그러나 두 접근 방법 모두 기술 변화의 복잡성을 포괄적으로 다루는 데 실패했다.

세 가지 개념 모두를 정의를 내리는 데는 어려움이 있다. 나는 기술결정론을 단순하게 기술의 힘이 사회적·문화적 변화를 결정한다는 믿음이라고 정의한다. 반면 사회구성론은 사회적·문화적 힘이 기술 변화를 결정한다고 추정한다. 기술결정론이나 사회구성론보다 더 복잡한 개념인 기술 모멘텀은 사회적 발전이 기술을 형성하면서 또한 기술에 의해 만들어진다고 추론한다. 모멘텀은 또한 시간 의존적이다. 이 글이 초점을 두고 있는 기술 모멘텀을 예시를 통해 더욱 상세하게 정의하겠다.

우선 '기술technology'과 '기술적technical'이라는 두 용어에 대해서도 실용적인 정의를 내릴 필요가 있다. 기술결정론과 사회구성론의 지지자들은 주로 '기술'을 오직 물리적 인공물과 소프트웨어만 포함하는 좁은 의미로 사용한다. 그에 반해 나는 '기술적'이라는 말을 물리적인 인공물과 소프트웨어를 나타내는 데 사용한다. 나는 '기술'을 주로 기술 시스템 또는 사회기술적 시스템이라는 뜻으로 쓰는데, 이 또한 예시를 통해서 정의하겠다.

기술결정론이나 사회구성론 담론에는 사회라는 대단히 추상적인 개념이 자주 언급된다. 역사가들은 예를 들지 않고 사회를 정의하는 것에 매우 신중한데, 이는 20세기 사회가 12세기의 사회와는 매우 다르며, 또한 사회가 시간뿐만 아니라 공간적 맥락에 따라서도 달라진다는 것을 깨달았기 때문이다. 이런 애매모호함에 맞서, 나는 '사회적인 것들the social'을 기술적이지 않은 세계, 또는 하드웨어나 기술적 소프트웨어가 아닌 세계로 정의한다. 이 세계는 제도, 가치, 이익 단체, 사회 계급, 정치적·경제적 힘으로 이루어져 있다. 미리 말하자면, 나는 사회적인 것과 기술적인 것이 기술 시스템 안에서 서로 교류한다고 본다. 기술 시스템은 기술적인 것과 사회적인 것을 모두 포함한다. 나는 기술 시스템을 만들거나 기술 시스템에 의해 만들어지는 바깥 세계를 '환경environment'이라고 부른다. 환경과 기술 시스템 사이에 상호작용이 있긴 하지만, 시스템의 구성 요소들은 시스템의 통제하에 있는 반면 환경은 그렇지 않기 때문에 시스템의 일부로 볼 수 없다.

독자들은 필자가 기술결정론자가 아니라는 것을 이 에세이를 통해 알게 될 것이다. 나는 카를 마르크스Karl Marx, 린 화이트Lynn White Jr., 자크 엘륄Jacques Ellul과 같은 저명한 기술결정론자들과 관련이 없다. 마르크스는 간단히 말해 물레바퀴가 장원 제도를 가져왔고, 증기기관이 부르주아 공장과 사회를 탄생시켰다고 주장했다. 레닌은 전기화가 사회주의를 불러온다고 덧붙였다. 화이트는 등자*를 봉건제도의 성립으로 마무리된 일련의 인과관계를 발생시킨 주요 원동력으로서 명쾌하게 묘사했다. 엘륄은 기술적 시스템으로 구성된 인공적 환경이 마치 찰스 다윈Charles Darwin의 자연적 환경처럼 결정적인 영향력을 가진다고 생각했다. 엘륄은 인공물이 자연을 꾸준히 대체해서, 이 세계는 신이 아닌 인류가 조물주 역할을 하는 인공물들의 시스템이 될 것이라 보았다.

그렇다고 내가 사회구성주의자들의 주장에 완전히 동의하는 것은 아니다. 위비 바이커Wiebe Bijker와 트레버 핀치Trevor Pinch는 "사실과 인공물의 사회적 구성The Social Construction of Facts and Artifacts"이라는 에세이를 통해 사회구성주의를 옹호하는 강력한 주장을 펼쳤다. 그들에 따르면, 사회집단이나 이익단체가 인공물을 정의하고 의미를 부여하며, 이 과정에서 사회집단이 인공물의 디자인을 결정한다. 사회집단은 그들이 인공물을 통해 해결하고자 하는 문제를 해결해주고 희망하는 것을 실현시킬 디자인을 선택한다. 바이커와 핀치는 인공물의 진화과정에서 나타나는 해석적 유연성interpretive flexibility을 강조한다. 그들은 여러 사회집단이 어떠한 기계, 예컨대 자전거에 부여한 다양한 의미들이 여러 디자인을 창출해낸다고 믿는다. 다양한 자전거 디자인은 어느 하나로 고정되지 않으며, 사회집단들이 자전거와 연관된 문제가 해

* 말을 탈 때 안장에 거는 발걸이.

결되고 욕구가 충족되었다고 믿을 때에야 비로소 그 과정이 종결된다.

요약하자면, 바이커-핀치 해석은 사회결정론social determinism에 가깝고, 따라서 나는 그들의 주장을 거부할 수밖에 없다. 기술 모멘텀이라는 개념은 기술 변화에 대해 더 복잡하고, 더 유연하며, 시간 의존적이면서도 설득력 있는 설명을 제시함으로써 기술결정론이나 사회구성론 모두의 극단적인 주장을 피할 수 있다.

기술 시스템

전등과 전력 시스템은 기술 시스템의 유익한 사례가 된다. 이 시스템들은 그 구성요소들의 이질성 때문에 1920년 무렵에는 매우 복잡한 상태에 있었다. 성숙한 기술 시스템들은 그 다양성, 복잡성, 규모에 있어 루이스 멈퍼드Lewis Mumford가 『권력의 펜타곤The Pentagon of Power』(1974)에서 묘사한 거대기계megamachine와 유사하다. 브루노 라투르Bruno Latour와 미셸 칼롱Michel Callon의 행위자-연결망actor-network 또한 기술 시스템의 핵심적 특징들을 공유한다. 라투르와 칼롱이 제시한 바와 같이, 무생물인 전자와 살아 있는 사람으로 구성된 규제위원회로 이루어진 전력 시스템은 행위자-연결망 안에서 함께 파악하지 않는다면 이해하기가 힘들다.

1920년대 미국의 전력지주회사인 전기채권투자회사Electric Bond and Share Company(이하 EBASCO)는 성숙한 기술 시스템의 한 사례이다. 1905년, 제너럴일렉트릭General Electric Company이 세운 EBASCO는 주식 소유를 통해 여러 전력 공급회사를 운영했고, 그 회사들을 통해 전등과 전력 네트워크나 그리드 등 여러 기술적 하부시스템도 관리했다. EBASCO는 이 회사들에게 재정, 경영, 건설 서비스를 제공했다. EBASCO의 시스템 건설자인 발명가, 엔지니어, 관리자들은 이 서비스들이 상승효과를 내도록 심혈을 기울였다. EBASCO 경영진은 EBASCO 엔지니어링이 건설작업을 수행할 것을 권장했으며, 이를 위한 재정 조달 역시 EBASCO가 주식이나 채권 판매를 통해 진행했다. 만일 공급 시설들이 지리적으로 근접해 있으면, EBASCO는 고전압 전선망을 통해 이들을 연결하곤 했다. EBASCO를 설립한 제너럴일렉트릭은, 비록 대주주는 아니었지만 EBASCO의 정책에 상당한 영향을 끼쳤다. EBASCO를 통해 전력공급 산업에 필요한 장비가 무엇인지를 배운 제너럴일렉트릭은 사업 관계에 있는 다른 기업들에 EBASCO가 정의한 사양에 맞추어 그러한 장비들을 공급했다. 두 기업 간에 이런 교류가 있었으므로 제너럴일렉트릭은 결국 EBASCO 시스템의 일부였다. 비록 내가 이 시스템을 EBASCO 시스템이라 부르기는 하지만, EBASCO만이 단독으로 시스템을 운영했는지는 명확하지 않다. 이 복합 시스템의 운영은 EBASCO와 제너럴일렉트릭, 전력공급 회사들의 합의를 통해 이루어진 것으로 보인다.

EBASCO 시스템의 일부라고 볼 수 있을 만한 기관들이 더 있지만, 그 상호관계가 긴밀하기보다는 느슨했기 때문에 보통 그렇게 인식되지 않는다. 공학대학의 전자공학과들이 이런 예 중 하나인데, 학과의 소속 교수진과 대학원생들은 EBASCO를 위해 연구를 수행하거나 자문을 제공했다. 각 주의 규제기관의 구성원들이 EBASCO 시스템의 영향을 크게 받았다면, 이들 기관 역시 EBASCO 시스템에 포함될 수 있다고 생각한다. 만일 이런 규제기관들이 EBASCO의 통제로부터 자유로웠다면, EBASCO 시스템의 일부가 아니라 EBASCO 환경의 일부로 간주되어야 할 것이다.

EBASCO 아래에 사회적 기관들이 속해 있었기 때문에, EBASCO는 사회기술적sociotechnical 시스템이라 불릴 수도 있다. 그러나 기술적 중심을 갖지 않는 사회적 시스템과 달리 EBASCO는 기술적인(하드웨어와 소프트웨어) 면들이 핵심을 이루었기 때문에 기술 시스템이라 부르는 게 더 적합하다. 기술 시스템의 기술적인 면을 이렇게 부각시키는 것은 시스템의 탄생과 초기 단계에 발생하는 문제들을 해결하는 데 엔지니어, 과학자, 노동자, 기술적 사고를 지닌 관리자가 중요한 역할을 수행했다는 사실로 정당화될 수 있다. 시스템이 성숙할수록 더 사회적이고 덜 기술적으로 되는데, 이는 관리자와 사무직 노동자들의 관료적 체계가 시스템의 유지와 확장에서 점점 더 중요한 역할을 하게 되기 때문이다.

원인과 결과로서의 EBASCO

기술결정론자 — 혹은 더 나아가 기술적 결정론자 — 의 관점에서 결정되는 것the determined이란 기술적인 것 너머의 세계이다. EBASCO를 역사적 행위자로 보는 기술결정론자들은 여러 결과를 초래하는 원인으로 EBASCO의 기술적 핵심부에 주목할 것이다. 그들은 EBASCO를 기술적인 요소와 사회적인 요소가 상호작용하는 기술 시스템으로 보기보다는, 기술적 핵심부가 EBASCO 내의 사회적 요소들과 사회 전체에 변화를 일으킨다고 본다. 결정론자들은 EBASCO의 발전기가 각각의 생산 기계의 전기 모터에 전력을 가함으로써 포드주의Fordism 방식으로 공장 작업현장 개편을 가능케 한 점에 초점을 맞출 것이다. 이들은 길거리와 일터와 가정의 전기 조명이 업무와 휴식 시간의 변화를 이끌어 결국 일과 여가의 본질에 영향을 준다고 생각할 것이다. 결정론자들은 또, 가전제품이 여성의 가사노동을 줄였다고 — 혹은 늘렸다고 — 볼 것이며, EBASCO의 송전선 배치가 인구 변동을 일으켰다고 볼 것이다. EBASCO가 관리했던 전기공급체계 때문에, 증기시대의 산업적이며 도시중심적인 사회와는 대조적인 분산형 지방주의가 생겨났다. 전기화의 효과에 대한 목록은 엄청나게 늘어날 수 있을 것이다.

반면, 기술결정론자의 관점과는 대조적으로, 사회구성주의자들은 시스템 외생적인 기술적·경제적·정치적·지리적인 요소와 가치들이 다양한 강도로 EBASCO 시스템의 진화에 영향을 미치고 있음을 발견해낼 것이다. 이들은 EBASCO의 기술적 핵심부를 원인보다는 결과로 본다. 사회적 구성의 사례는 여러 곳에서 볼 수 있다. 1900년 이후, 교류전류(다상 전류)의 확산은 직류전류를 쓰던 초기 전기 공급 사업의 역사에 많은 영향을 미쳤고, 심지어 그 역사를 결정하기도 했다. 경쟁에서 지지 않기 위해서 업체들이 발전기와 관련 장비를 교류로 바꾸어야만 했기 때문이다. 이런 외부적인 기술적 요소와 더불어 경제적인 요소들도 전기 공급 사업의 기술적인 핵심을 형성시켰다. 미국 인구가 급속히 증가하고 도시가 산업화되면서 부동산 가격이 올랐다. 전력 발전량을 늘려야 할 필요를 느낀 EBASCO와 다른 공급자들은 도시 외곽에 터빈 발전소를 세우고, 고압 배선을 이용해 도시 내부와 전체 공급 대상 지역으로 전기를 송전하기로 했다. 소규모의 도시 공급자들이 더 큰 지역사업자가 되면서 그 관할권이 시에서 주 정부로 넘어갔고, 이들은 새로운 정치적 압력 또는 규제에 부딪혔다. 새로운 규제들은 기술적 변화를 일으켰다. EBASCO 시스템의 지역공급자들은 그 확장과정에서 냉각수, 수력발전 부지, 마인-마우스mine-mouth* 부지를 찾아가며 지리적 현실에 적응해나갔다. 가치관 또한 EBASCO의 역사를 형성했다. 대공황 당시 루스벨트 정부는 전력지주기업들을 지목하며 대기업들의 무책임하고 때론 불법적인 술책이 주식과 채권 소유자들이 입은 거대한 손실의 원인이라고 질타했다. 이 때문에 대형 사기업에 대한 대중의 태도가 변화했고, 이 변화에 힘입어 정부는 1935년에 물리적으로 근접해 있지 않은 공급자들의 통합을 막는 공공 전력지주회사법Public Utility Holding Company Act을 국회에서 생각보다 쉽게 통과시킬 수 있었다.

기술 모멘텀을 얻다

기술결정론에만 입각해서, 혹은 사회구성론에만 입각해서는 EBASCO

* 탄광 옆에 발전소를 지어 발전연료를 저렴하고 용이하게 공급한다는 개념의 발전방식.

와 같은 진화하는 기술 시스템의 복잡성을 이해할 수는 없다. EBASCO는 어떤 경우에는 원인이었고 다른 경우에는 결과였다. 그것은 사회를 변화시키며 동시에 사회의 영향에 의해 변하는 시스템이었다. 또한 EBASCO가 사회적인 요소들을 포함하기 때문에, EBASCO가 사회를 변화시키는 것도 완벽한 기술결정론의 예시는 아니다. 같은 맥락으로, 사회구성주의자들은 환경의 사회적 요소들이 단지 기술적technical 시스템을 형성하는 것이 아니라 언제나 사회적 요소들을 포함하는 기술technological 시스템을 형성한다는 것을 인정해야 한다.

시간에 따른 기술 시스템과 사회의 상호작용은 대칭적이지 않다. 진화하는 기술 시스템은 시간 의존적이다. EBASCO 시스템이 크고 복잡해지면서 모멘텀이 더해질수록, 시스템은 환경의 영향을 받아 형성되기보다는 스스로 환경을 만들어가게 되었다. 1920년대에 이르면 EBASCO는 자본투자와 고객의 수, 그리고 지역·주·연방 정부에 미치는 영향으로 봤을 때 큰 철도회사에 필적하는 존재였다. EBASCO의 전기 엔지니어 집단과 그들을 교육시킨 공과대학은 경제적 이해관계에 따라서, 또 그들만의 특별한 지식과 기술을 가지고 EBASCO시스템의 유지와 성장에 헌신했다. 무수한 산업체와 집단들이 공통된 경제적 이익을 추구하며 EBASCO와 협력했다. 이렇게 EBASCO시스템을 구성하는 다양한 인적·제도적 요소들은 시스템에 상당한 모멘텀을 더했다. EBASCO의 모멘텀을 전환하거나 무너뜨릴 수 있는 것은 오직 큰 규모의 역사적 사건뿐이며, 대공황이 바로 이에 해당되는 사례이다.

모멘텀의 특징

EBASCO외에 다른 기술 시스템을 통해 기술과 지식의 습득, 특정 목적을 위한 기계 및 공정, 거대한 구조물, 조직적 관료체제 등 기술 모멘텀의 더 많은 특징들을 살펴볼 수 있다. 예를 들자면, 19세기 후반 미국의 주요 철도노선에서 일하던 엔지니어들은 자신이 습득한 기술과 지식을 도시 내 교통 분야로 이전했다. 고유한 특성을 가진 기관들 역시 이러한 모멘텀에 기여했다. 최근에 설립된 공학 대학의 교수들과 철도의 디자인과 공사를 맡았던 엔지니어들은 노반을 준비하고, 선로를 깔고, 다리를 건설하고, 터널을 뚫는 등 19세기 초반에 주요 철도 건설에서 얻은 여러 경험을 정리하고 합리화하는 작업을 수행했다. 이는 하나의 공학 분야로서 교과서 및 대학 교육과정으로 자리를 잡았고, 차세대 엔지니어들이 이 지식을 새롭게 응용할 수 있도록 도움을 주었다.

19세기 후반에 시카고, 볼티모어, 뉴욕, 보스턴과 같이 급속하게 성장하는 산업 및 상업 도시의 거리가 혼잡해지며 심각한 교통 체증이 우려되었을 때, 이에 대한 해결책으로 지하철과 고가 철도가 만들어지기 시작했다. 한때 철교에 쓰였던 기술과 지식이 이제 고가 철도에 적용되었고, 한때 터널에 적용되었던 노하우는 지하철 설계에 새롭게 활용되었다. 도심 교통체계 건설이 매우 활발하게 일어났던 시기가 주요 철도노선 건설이 정체기에 들어설 때와 맞물리면서, 다른 분야 간 노하우의 이동이 더 쉽게 이루어질 수 있었다. 1890년과 1910년 사이 도심 교통체계 건설에 주도적인 역할을 맡았던 엔지니어들 역시 한때 철도 건축업자들이었다.

기술 모멘텀의 축적에서 공장시설의 역할은 이게파르벤I.G. Farben 그룹의 회원이며 독일의 주요 화학물질 제조회사인 바디셰아닐린 소다파브릭Badische Anilin und Soda Fabrik(이하 BASF)의 양 세계대전 사이 역사를 보면 알 수 있다. 1차 세계대전 때 BASF는, 최근 도입된 하버-보쉬Haber-Bosch 질소 고정법을 이용하기 위해 재빨리 대규모 생산 설비를 설치했다. BASF는 전쟁 중 봉쇄된 독일이 절실하게 필요로 했던 비료와 폭발물을 위한 질소화합물을 생산했다. 이 첨단 기술 과정에는 고온, 고압, 복잡한 촉매 작용이 사용되었고, 엔지니어들은 매우 값비싸고 복잡한 기구와 장비들을 설계하고 만들어야 했다. 전쟁이 끝나고 봉쇄가 풀리자, 질소화합물의 시장 수요는 전쟁 중에 세워진 BASF와 같은 여러 첨단 시설의 높은 생산력에 미치지 못했다. 이런 공장들을 설계하고, 건설하고, 관리해왔던 엔지니어와 과학자, 숙련기술자들은 자신의 연구개발 지식과 건설 능력이 충분히 이용되지 않고 있다는 것을 인지했다. BASF 운영위원회 의장이면서 하버-보쉬 공법을 발명한 사람들 중 하나인 카를 보쉬Carl Bosch는 고온, 고압, 촉매 공정을 더욱 개발하고 응용하는 데에 개인적으로, 또 직업적으로 관심을 갖고 있었다. 그는 BASF의 관리자와 과학자, 엔지니어과 함께 전쟁 중에 개발되었던 시설과 지식을 사용할 수 있는 다른 방법을 모색했다. 그들은 1920년대 초반에 합성 메탄올을 제조하는 고온 고압 촉매 공정을 가장 먼저 소개했다. 지금은 일반화된 이 공정의 모멘텀은 1920년대 중반 고온 고압 촉매 공정을 사용해서 석탄으로부터 합성 휘발유를 생산하는 연구개발에 투자하기로 한 경영진의 결정에서 볼 수 있다. 이 프로젝트는 바이마르 시기 BASF의 가장 큰 연구개발 투자였다. 국가사회당이 정권을 잡은 후, BASF는 정부로부터 대량의 합성 제품 생산을 위탁받았다. 결국 BASF와 이게파르벤은 모멘텀에 의해 나치식 경제자급주의 시스템 안으로 밀려 들어갔다.

범위의 경제를 추구하는 경영자들은 거대한 물리적 구조물로 모멘텀이 구현된다는 점을 잊지 않는다. 꽤나 큰 크기를 자랑하는 인공물인 머슬 숄스 댐Muscle Shoals Dam은 이러한 기술 모멘텀의 특성을 잘 보여준다. 1차 세계대전 중 많은 상선들이 잠수함에 의해 파괴되자, 미국은 자국 내 질소화합물 공급을 늘리려 했다. 그러나 당시 사용되었던 공정은 엄청난 양의 물을 필요로 했기에, 미국 정부는 수력발전을 위한 댐과 발전소를 세워야만 했다. 그 부지를 테네시 강이 흐르는 앨라배마 주의 머슬 숄스라는 곳으로 정했지만, 댐 주변에 질소 고정 시설들이 완성되기도 전에 전쟁은 끝이 났다. 결국 미국도 독일처럼 합성 질소화합물의 공급이 수요를 초과했다. 미국 정부는 공정 설비뿐 아니라 대규모 댐과 발전소까지 떠안게 되었다.

앞서 언급했던 엔지니어와 경영자들의 상황과 비슷하게, 머슬 숄스 댐(이후 윌슨 댐으로 이름을 바꿈)은 풀어야 할 문제를 찾고 있는 해결책과 같았다. 댐에서 생산한 전기를 어떻게 사용할 수 있을까? 열성적인 기술 지지자들과 계획가들은 머슬 숄스 댐을 기점으로 테네시 강과 그 지류를 따라 일련의 수력발전 프로젝트가 진행되리라 기대했다. 빈곤했던 주변 지역의 전기화가 경제발전의 원동력으로 여겨지던 시대에, 이 지역의 빈곤 문제가 이들을 더욱 부추겼다. 해결이 필요한 문제는 능숙한 문제 해결사인 헨리 포드Henry Ford의 관심을 끌었다. 포드는 머슬 숄스를 포함한 75마일의 수로를 따라 수력발전을 기반으로 운영되는 산업단지를 건설할 것을 제안했지만 민관연합체의 독자적인 개발계획 앞에서 좌절되었다. 그러나 1933년 상원의원 조지 노리스George Norris와 루스벨트 정부의 후원하에 머슬 숄스는 대규모 수력발전, 홍수조절, 토양개간, 지역발전 프로젝트의 기점이 되었고, 테네시 강 유역 개발 공사가 이를 지휘했다. 머슬 숄스 댐의 기술 모멘텀은 1차 세계대전에서 뉴딜New Deal로 옮겨갔다. 마치 자기장처럼 머슬 숄스 댐이라는 굳건한 인공물은 오랜 시간 그 특성에 맞는 여러 계획과 프로젝트들을 끌어들였다. 인공물의 시스템은 중립적인 힘이 아니며, 주변 환경을 특정한 방향으로 이끄는 힘으로 작용한다.

모멘텀의 활용

과거에는 일반적으로 관료주의의 확산이 성장을 가져오고 그 성장을 지속시킨다고 보았으나, 오늘날에는 기술 모멘텀이 그러한 성장의 경향과 지속을 가능케 한다는 인식이 시스템 설계자들 사이에 퍼져 있다. 시스템을 구축하는 감각을 가지고 있던 레슬리 그로브스Leslie Groves 장군은 2차 세계대전 직후, 전쟁 중 맨해튼 프로젝트로 구현된 핵무기 생산 시스템을 유지하는 데 있어서 기술 모멘텀이 결정적 수단임을 깨달았다.

모두가 군비 축소를 예상하고 있던 1945년과 1947년 사이, 그로브스는 오히려 테네시 주 오크리지에서 핵분열성 우라늄 분리에 쓰이는 기체확산gaseous diffusion 설비를 확장했고, 제너럴일렉트릭을 설득해 워싱턴 주 핸포드에 있는 플루토늄 생산 원자로를 가동하도록 했으며, 뉴욕 주의 스키넥터디에 새로 생긴 놀스 원자력 연구소Knolls Atomic Power Laboratory에 자금을 지원했다. 아르곤과 브룩헤이븐에 국립연구소들을 설립해서 핵 과학 기초연구를 하도록 했으며, 여러 대학교에 연구비를 제공했다. 그로브스의 지휘 아래 엄청난 모멘텀을 가진 대규모 생산 시스템은 전쟁이 끝난 후에도 새로운 삶을 이어갈 수 있었다. 전시 프로젝트를 주도했던 몇몇 과학자들은 폭탄 몇 개를 제조하고 전쟁이 끝나면 생산이 중단될 것이라 확신하기도 했었다.

(기술)모멘텀을 사용하는 좀 더 최근의 경우로 1983년 레이건 행정부가 추진했던 전략방위계획(SDI)Strategic Defense Initiative의 주창자들의 사례를 들 수 있다. 시스템 설계자들이 의도했던 바와 같이 이 시스템에는 상당한 정치적·경제적 이해관계와 조직적 관료주의가 자리 잡고 있었다. 또한 이 계획에는 이름만 들어도 친숙한 수많은 산업체, 연구중심 대학, 국립연구소와 정부 기관들, 예컨대 록히드, 제너럴 모터스, 보잉, TRW*, 맥도넬 더글라스, 제너럴일렉트릭, 락웰, 텔레다인, 매사추세츠 공과대학교(MIT), 스탠퍼드 대학교, 캘리포니아 주립대학의 로렌스 리버모어 연구소, 로스 앨러모스, 핸포드, 브룩헤이븐, 아르곤, 오크리지, 미 항공우주국(NASA), 미국 육해공군, 미국 중앙정보국(CIA) 등이 깊이 관여했는데, 이들은 대륙 간 탄도탄 시스템 구축, 미 항공우주국 프로젝트와 핵무기 시스템 구축에도 참

* 미국의 항공우주기기·자동차부품 제조업체.

여했던 바 있다. 정치적 이해관계가 제도적 모멘텀을 강화시켰다. 여러 국회의원들은 SDI 계약을 수주하는 지역 출신이었고, SDI 네트워크에 소속된 다양한 기관들은 그들을 대변하는 로비스트들을 보유하고 있었다. 이 계획의 반대 세력들은 소련의 소멸로 군사적 위협이 없어진 후에야 비로소 SDI의 진행을 둔화시킬 모멘텀을 쌓을 수 있었다.

결론

기술 시스템은 원인이 될 수도 있고 결과가 될 수도 있다. 기술 시스템은 사회를 형성하기도 하고 사회에 의해 형성되기도 한다. 시스템이 더 커지고 복잡해질수록 사회의 영향을 받기보다는 사회를 형성해나가는 경향을 보인다. 그러므로 기술 시스템의 모멘텀이라는 개념은 기술결정론과 사회구성주의라는 양극 사이의 어딘가에 위치해 있는 셈이다. 사회구성주의자들의 관점과 논의는 신생 시스템의 작동을 이해하는 데 더 적합하며, 기술결정론자들의 견해는 성숙한 시스템을 다룰 때 더 적합하다. 그러나 기술 모멘텀은 거대 시스템의 역사에 부합하는 훨씬 더 유연한 해석 방식이라 할 수 있다.

기술 시스템의 역사에 대한 이러한 해석이 시스템을 설계하고 관리하는 사람들, 혹은 민주적 과정을 통해 시스템을 형성하고 싶어 하는 대중에게 시사하는 바는 무엇인가? 시스템을 형성하는 일은 그 시스템이 정치적·경제적 구성요소 또는 가치를 담은 구성요소를 획득하기 전에 가장 쉽다는 것이다. 또한 엄청난 기술 모멘텀을 가진 시스템도 그 구성요소들이 변화의 압력을 받는다면 방향을 바꿀 수 있음을 암시한다.

예를 들어, 미국의 자동차 제조 회사들이 1970년 이래로 큰 자동차에서 작은 자동차로, 연료 효율이 높고 오염이 적은 자동차로 전환한 것은 거대한 자동차 생산과 이용 시스템의 여러 구성요소에 압력이 가해진 결과였다. 1973년 원유 금수 조치가 시행되고 휘발유 가격이 상승하면서 미국의 소비자들은 소형 수입자동차를 찾기 시작했다. 이 때문에 디트로이트의 제조사들은 경제적 경쟁의 압력을 받았다. 환경주의자들은 이전에 미국 제조사들이 반대했던 무공해 기술과 연비 기준을 장려하는 법률에 대한 대중의 지지를 호소하고, 정치인들이 이 법률을 제정할 것을 촉구했다. 엔지니어와 디자이너들은 이에 대응하여 기술적 발명과 개발을 수행했다.

반면, 최근 들어 로스앤젤레스Los Angeles 지역에서는 주요 환경보호 계획에 반대하는 움직임이 일어나고 있는데, 여기에서 자동차 생산과 소비 시스템의 기술 모멘텀을 관찰할 수 있다. 정치적·경제적·이데올로기적으로 이 시스템에 의존하고 있는 다수의 기관과 개인이(정유사, 자동차 제조사, 노동조합, 내연기관을 사용하는 전기기구 및 소형장비 제조사, 제한 없는 자동차 사용을 추종하는 사람들) 변화를 무산시키기 위해 모인 것이다.

기술 시스템의 사회적 구성요소와 기술적 구성요소는 매우 긴밀하게 상호작용을 하고 시스템의 관성이 매우 크기 때문에, 막스 베버Max Weber가 20세기 초에 급증했던 조직적인 관료제를 묘사할 때 사용한 철장iron-cage의 비유를 연상시킨다. 그러나 기술 시스템은 기술적 또는 물리적 기반에 의해 강화된 관료제로서 베버의 관심사였던 사회적 관료제보다 훨씬 더 견고하고 거대하다. 하지만 우리는 기술 모멘텀이 물리적 모멘텀과 마찬가지로 저항 불가능한 것이 아니라는 점을 잊지 말아야 한다.

2-4 로봇 문화의 등장: 새로운 동반 관계

셰리 터클(Sherry Turkle), 2006

Sherry Turkle. 2006. "A Nascent Robotics Culture: New Complicities for Companionship." AAAI Technical Report Series.

서문

일반적으로 컴퓨터 객체 디자이너들은 이 객체가 인간의 인지력을 어떻게 확장시키고 완벽하게 할 것인지에 초점을 맞춰왔다. 그러나 이 객체들은 단순히 우리를 위한 기능만을 실행하는 것이 아니라, 우리의 인간적인 면들, 우리가 이 세계에 존재하는 방식, 우리가 우리 자신을 또는 서로를 보는 방법에 영향을 끼치기도 한다. 또한, 기술은 점점 더 우리와 무엇을 함께 해나가는 위치에 놓이는데, 이것은 '정신 상태'를 갖고 있다고 정의되는 '관계 인공물relational artifact'들의 도입과, 그들의 내면을 이해하려는 만남을 통해 이루어졌다. '사교적 기계sociable machines'라고 부르기도 하는 관계 인공물이란 용어는 사람/기계의 만남의 의미를 강조하는 정신분석학적 전통을 떠올리게 한다.

1970년대 후반과 1980년대 초반, 아이들의 프로그래밍 스타일은 그들의 성격과 인지유형을 반영했다. 멀린Merlin과 사이먼Simon, 혹은 스픽엔스펠

Speak and Spell 같은 컴퓨터 객체들은 살아 있음aliveness의 성질에 대한, 또 인간이 어떤 점에서 특별한지에 대한 질문을 유발했다. 20년 후, 퍼비Furby, 아이보AIBO와 마이리얼베이비My Real Baby 등 간단한 관계 인공물을 대면하거나 키스멧Kismet과 코그Cog처럼 복잡한 로봇을 대면하는 아이와 노인들 역시 접근 방식에 있어서 위와 같이 구분되었고, 로봇의 본성에 관한 근본적인 질문을 하게 되었다.

아이들은 퍼비나 마이리얼베이비를 대할 때 이 사물들을 살아 있다고 혹은 "어느 정도 살아 있다sort of alive"라고 생각하는 것이 무엇을 의미하는지 탐구한다. 양로원에 있는 노인들은 로봇 파로Paro를 만나고, 아기 물개 같이 생긴 이 존재를 어떻게 규정해야 할지 고민한다. 그들의 질문은 "수영을 하나?"와 "음식을 먹나?"부터 "살아 있나?" 혹은 "사랑을 할 수 있나?"에 이른다.

세대를 뛰어넘는 이러한 유사점은 놀랄 만한 것이 아니다. 새로운 컴퓨터 객체와의 만남은 사람들에게 기존의 범주를 재고할 것을 요구한다. 이 물체들은 경계선에 서 있고, 어중간하여 새로운 생각을 불러일으킨다. 그러나 현재의 관계 인공물에 대한 반응과 초기의 컴퓨터 객체와의 만남에는 중요한 차이가 있다. 1970년대 후반과 1980년대 초반에 컴퓨터 장난감을 처음 접했던 아이들은 이 사물을 분류할 필요를 느꼈다. 관계 인공물과 대면하는 아이들은 이것을 어떻게 분류할 것인가라는 질문을, 그것을 돌보고 싶고, 또 돌봄을 받고 싶다는 욕망과 뒤섞게 되었다. 관계 인공물과 나누는 대화 속에서 아이들의 초점은 인지에서 정서로, 게임하는 것에서 상호연결의 환상으로 넘어간다. 아이와 노인을 위한 관계 인공물의 사례에서 돌봄은 새로운 '킬러앱killer app'이다. 우리는 우리가 돌보는 것에 애착을 갖는다.

돌보는 대상에 애착을 가지다

요제프 와이젠바움Joseph Weizenbaum은 『컴퓨터의 힘과 인간 이성Computer Power and Human Reason』(1976)이라는 책에서 자기대상self object 역할을 하며 로저스식 치료법Rogerian psychotherapy에서처럼 사람과 대화하는 그의 발명품인 엘리자ELIZA라는 컴퓨터 프로그램과의 경험에 대해 썼다. 엘리자는 상대방의 생각을 반영하는 프로그램이었고 항상 상대를 해주었다. "엄마 때문에 화가 나"라는 말에, 프로그램은 "엄마에 대해 더 말해줘"라거나 "왜 엄마에 대해 그렇게 부정적으로 느끼니"라는 응답을 한다. 와이젠바움은 학생들이 자신이 컴퓨터 프로그램과 말하고 있다는 것을 알면서도 엘리자와 대화하길 원하고, 심지어 엘리자와 단 둘이 있고 싶어한다는 사실에 당황했다. 와이젠바움과 필자는 그 당시 매사추세츠 공과대학MIT 동료였고, 우리는 컴퓨터와 사회에 대한 강의를 함께 진행했다. 그리고 그의 책이 출판되었을 때 필자는 그를 안심시켜야 될 것 같았다. 필자에게 엘리자는 사람들이 자신을 표현하는 로르샤흐 테스트Rorschach Test처럼 보였다. 그들은 엘리자와 관계를 맺기 시작했지만, 거기에는 '그런 척'하고 있다는 느낌이 있었다. 프로그램과 사람의 격차는 매우 컸다. 사람들은 그 간격을 심리적 귀인과 갈망으로 메웠다. 그들은 "나는 이 프로그램이 사람인 척하고 이야기할 거야. 나는 내 자신을 드러낼 거고, 화를 낼 거고, 내 가슴속에 있는 것들을 털어낼 거야"라고 생각했다. 그때 엘리자는 나에게 상호작용을 할 수 있는 일기장보다 더 위협적일 것이 없는 존재로 보였다. 30년이 지난 지금, 나는 내가 그 관계를 과소평가한 것이 아닌지 묻게 되었다.

새로운 기술이 상호 연결의 감각을 불러일으키는 컴퓨터 객체를 만들었다. 사람들은 관계 인공물을 돌보고 싶은 욕구를 느낀다. 그리고 돌보는 것과 함께 화답reciprocation이라는 환상이 찾아온다. 사람들은 인공물도 자신을 신경 써주기를 원했다. 이 관계는 로봇을 그저 살아 있는 상대로 대하는 '시늉'으로 보이지 않았다. '시늉'의 경험은 로봇을 '마치 살아 있는 듯' 대하는 경험으로 바뀌었다. 컴퓨터와 그것이 불러일으키는 생명에 대한 새로운 이야기가 시작된 것이다.

아이들은 언제나 놀이방에 있는 인형을 사람처럼 다루었다. 관계 인공물에서 일어나는 일에는 어떤 차이가 있는지 주목하는 것이 중요하다. 과거에는 아이들과 '소꿉놀이를 하고', '카우보이 놀이를 하는' 장난감의 힘은 아이들이 사물에 의미를 투사하는 것과 연관되었다. 그것은 안정적인 '이행대상transitional object'이었다. 인형이나 테디베어는 바뀌지 않는 수동적인 존재로 보였다. 그러나 오늘날의 관계 인공물은 확실히 더 능동적인 자세를 취한다. 인형이 안기고 싶고, 옷 입혀지고 싶고, 자장가를 듣고 싶어 할 것이라는 아이들의 기대는 생기 없는 장난감에 아이들이 환상이나 갈망을 투사해서 생기는 것에서뿐 아니라, 디지털 인형이 슬픔을 가눌 수 없는 듯 울거나 심지어 "안아줘!" 또는 "학교에 가기 위해 옷을 입어야 할 시간이야!"라고 말하는 것으로부터 비롯된다. 전통적인 이행대상에서 오늘날의 관계 인공물로 변하는 과정에서 투사적 심리는 관계적 심리, 참여 심리로 바뀐다. 그러나 오래된 투사의 습관은 남아 있다. 로봇 생명체들은 로르샤흐처럼 개인들의 걱정을 투사하게 되는 시나리오를 실행하는 능력을 더 많이 갖게 된다.

몇십 년간 사람과 컴퓨터 존재의 관계를 관찰한 입장에서 봤을 때, 필자는 감성의 진화가 일어나고 있다고 생각한다.

▶ 1980년대를 통해 사람들은 컴퓨터 객체들과 깊은 관련을 맺게 되었다. 심지어 초기의 컴퓨터 장난감들도 깊은 투사 관계의 사물이 되었다. 그러나 사물의 정서적인 가능성에 대한 답은 "모의simulated 생각은 생각이라고 할 수 있다. 모의 감정은 절대 감정이 아니다. 모의 사랑은 절대 사랑이

아니다"라고 요약할 수 있을 것이다.

▶ 1990년대를 통해 '시뮬레이션 문화'의 발전은 주로 집중적으로 게임에 참여한 경험을 통해 시뮬레이션의 개념을 일상으로 들여왔다. 시뮬레이션의 범위와 가능성이 많은 사람들, 특히 젊은 사람들에게 알려졌다.

▶ 1990년대 후반쯤에는 문화 속 로봇의 이미지가 바뀌고 있었다. 로봇공학의 존재는 로봇공학의 문화로 발전하고 있었으며, (아직 현실은 아닐지라도) 로봇이 관계 인공물이 되리라는 가능성이 이 문화를 형성하고 있었다. 로봇을 도구로 이해하는 모델과 함께, 사람들은 사이버 우정이라는 개념을 배워가고 있었다. 이 개념을 받아들이기 위해서는 시뮬레이션에 대한 예전 개념을 재검토하여 로봇/사람 관계에 적합한 새로운 종류의 우정을 받아들여야 한다.

감성의 진화: 두 순간

첫 번째 순간: 나는 14살짜리 딸을 미국자연사박물관에서 하는 다윈 전시회에 데리고 간다. 이 전시회는 다윈의 일생과 생각을 묘사하고, 어쩌면 약간 방어적인 언어로(아마도 최근 진화론에 도전하는 지적설계론intelligent design의 지지자들 때문에) 진화론을 현대 생물학을 뒷받침하는 핵심적인 진리로 그린다. 이 전시회는 사람들을 설득하고 그들을 즐겁게 해주려 한다. 전시장 입구에는 진화론의 발전에 중대한 역할을 했던 갈라파고스 제도의 거북이가 있다. 거북이는 철장 안에 꿈적도 안 하고 있었다. "로봇을 사용하는 게 나을 뻔했어"라고 내 딸이 말했다. 그 아이는 거북이의 "살아 있음"이 중요하지 않은 행사를 위해 거북이를 여기까지 끌고 와서 철장에 가둬두는 게 부끄러운 일이라고 생각했다. 나는 딸의 말에 놀랐다. 아이는 살아 있는 거북이가 갇혀 있는 것을 걱정하면서도 거북이가 진짜인지 아닌지는 신경

을 쓰지 않았다. 박물관은 이 거북이들을 놀라움, 호기심, 경이로움의 대상으로 광고해왔다. 박물관을 가득 채우고 있는 플라스틱으로 만들어진 생명의 모형들 사이에 다윈이 직접 보았던 생명이 있었다. 필자는 전시회를 방문한 다른 어른들, 아이들과 대화를 나누기 시작했다. 추수감사절 주말이었고, 줄은 길었으며, 군중은 그 자리에서 옴짝달싹 못하고 있었다. "거북이가 살아 있다는 사실이 중요한가요?"라는 나의 질문은 시간을 보내기에 딱이다. 열 살짜리 소녀는 로봇 거북이가 나을 것 같다고 생각한다. 살아 있는 것들은 미적으로 별로이기 때문이다. "물이 더러워 보여요. 징그러워." 로봇이 나을 것 같다는 다른 사람들은 딸의 의견에 동의했다. 이 상황에서는 살아 있음은 그다지 중요하지 않았다. 열두 살짜리 소녀가 말했다. "꼭 살아 있는 거북이를 가져와야 할 필요가 없는 것 같아요. 아무것도 안 하고 있잖아요." 그녀의 아버지는 그녀를 이해하지 못한다는 표정으로 바라보며 말했다. "그러나 중요한 점은 거북이들이 진짜라는 것이잖아. 그게 관건인 거지."

다윈 전시회는 진본성authenticity에 큰 무게를 두는 것 같았다. 다윈이 실제 사용했던 돋보기, 그가 직접 실험 결과를 기록했던 공책들, 그가 진화론을 처음 설명하던 그 유명한 문장들이 적혀 있는 그 공책들 말이다. 하지만 둔하고 살아 있는 갈라파고스 거북이를 본 아이들의 반응에서 '원본'의 개념은 위기를 맞는다. 내 딸이 일곱 살이었을 때 엽서 속 그림처럼 푸른 지중해에서 보트를 탔던 생각이 난다. 이미 모의simulated 어항의 전문가였던 그 아이는 물속의 생명체를 가리키며 신나게 소리쳤다, "엄마 이것 봐. 해파리야! 너무 진짜 같아!" 월트디즈니사에서 과학자로 일하던 친구에게 이 얘기를 해줬을 때 그는 놀라지 않았다. 플로리다 주 올랜도에 '진짜', 즉 생물학적 동물들로 채워진 애니멀킹덤Animal Kingdom이 문을 열었을 때 초기 방문자들은 그 동물들이 길 건너편 디즈니월드에 있는 로봇 동물들보다 '사실적'이지 않다고 불평했다. 로봇 악어는 꼬리를 땅에 내리치고 눈을 굴리는 등 '악어의 본질적인' 행동을 보였다. 생물학적 악어는 갈라파고스 거북이처럼 얌전히 있었다. 어느 기준에 맞춰야 할까?

현재 우리의 시뮬레이션 문화에서 진본성이라는 개념은 빅토리아 시대 사람들에게 성(性)이 가진 의미 — 위협과 집착, 금기와 매혹 — 와 비슷하다고 나는 서술해왔다. 나는 이 생각을 오랫동안 해왔지만, 박물관에서 만난 아이들의 의견은 나를 왠지 불안하게 만들었다. 아이들은 살아 있음에서 아무런 본질적인 가치를 찾지 않는 것처럼 보인다. 오히려 살아 있음은 구체적인 목적을 위해 필요할 때만 유용하다. "살아 있는 거북이 대신에 로봇을 넣어놓으면, 살아 있는 게 아니라고 사람들한테 알려줘야 할까?"라고 내가 물었다. 꼭 그렇진 않다고 몇몇 아이들이 대답했다. '살아 있음'에 대한 정보는 '알아야 할 필요'가 있을 때 공유하면 된다. 그렇다면 살아 있는 것의 목적은 무엇인가? 어떤 것이 살아 있는지 알아야 할 필요는 언제 있는가?

두 번째 순간: 보스턴 외곽 요양원에 사는 72세의 한 여성은 슬프다. 그녀의 아들은 그녀와의 관계를 끊었다. 그녀가 지내고 있는 요양원은 내가 노인들을 위한 로봇에 관한 연구를 하던 곳 중 하나이다. 나는 그녀가 물개를 닮은 로봇 파로와 앉아 있을 때 그녀의 반응을 기록하고 있다. 파로는 아픈 이들, 노인들, 정서적 문제가 있는 사람들에게 긍정적인 효과를 보인다는 최초의 '치료용 로봇'이라고 광고된다. 파로는 사람의 목소리가 나는 방향을 인지해서 눈을 마주칠 수 있으며, 손길에 민감하고, 다루는 사람의 기분에 따라 — 예를 들어 부드럽게 달래거나 공격적으로 만지는 식의 — 영향을 받는 '심리적 상태'를 가지고 있다. 파로와 함께한 이번 시간에 자신의 아들과의 관계 때문에 우울한 상태였던 이 여성은 파로 역시 우울하다

고 믿게 된다. 파로를 쓰다듬으며 "그래, 슬프지. 너무 힘들어. 그래"라고 하며 로봇을 위로하려 한 번 더 토닥인다. 그러면서 그녀는 자신을 위로하려 한다.

정신분석 훈련을 받은 나는 이런 순간이 사람들 사이에서 일어난다면 엄청난 치료의 가능성이 있다고 믿는다. 이런 과정이 우울한 여자와 로봇 사이에서 일어난다면 우리는 이를 어떻게 이해해야 할까? 다른 사람들에게 이 여성과 파로의 만남에 대해 말을 하면, 그들은 제일 먼저 자신의 애완동물이 제공하는 위로를 연상했다. 이 비교는 파로에 대한 질문, 또한 사람들이 파로와 갖는 관계의 질에 대한 질문을 부각시킨다. 애완동물에게 이해심을 투사하는 것이 '진짜'인지 잘 모르겠다. 즉, 애완동물이 아들과 만나지 못하게 된 노모와 함께 있다는 것이 무슨 뜻인지 느끼거나, 냄새를 맡거나, 직감할 수 있는지 모르겠다. 내가 확실히 아는 것은 파로는 아무것도 이해하지 못했다는 사실이다. 다른 관계 인공물과 마찬가지로, 관계를 고취시키는 파로의 능력은 사실 지능이나 의식에 기반을 둔 것이 아니라, 이를 테면 눈을 마주치면서 사람들이 마치 관계를 맺고 있는 듯 반응하게 만드는 '다윈적인' 버튼을 누르기 때문이다. 지그문트 프로이트Sigmund Freud는 언캐니uncanny, 즉 "오랫동안 익숙했던 것이 묘하게도 낯선 형태로 나타나는 것"에 대해 얘기했는데, 내 생각엔 관계 인공물들이 우리의 컴퓨터 문화에서 나타나는 새로운 언캐니이다.

언캐니와 마주치는 것은 새로운 생각을 불러일으킨다. 아이들과 노인들에게 관계 로봇을 제공하면서 우리는 그들을 돌보기 위한 다른 해결책을 모색하는 데에 관심을 덜 기울이게 될까? 관계 인공물과의 경험이 근본적으로 속임수에 기반을 둔 것이라면(인공물이 우리를 알고 신경 쓰고 있다고 믿게 하는 능력), 이것을 우리에게 좋은 일이라고 할 수 있을까? 아니면 우리의 기분을 좋게 만들어주는 대가로 우리의 도덕적인 면을 해치는 것일까? 이런 질문의 해답은 컴퓨터가 무엇을 할 수 있는지, 또는 미래에 무엇을 할 수 있는지에 의해 정해지는 것이 아니다. 여기서 제기되는 질문들은 우리가 어떤 사람인지, 우리가 점점 더 기계와 친밀한 관계를 만들어나가면서 어떤 종류의 사람이 되어가는지에 대한 것이다.

로르샤흐 테스트와 환기

사람들과 친밀한 기계들의 관계를 지켜보면 몇 가지 답을 얻을 수 있다. 나는 아이와 노인들에 대한 현장 조사를 묘사하겠다. 이 관계를 보면 (로르샤흐와 같이) 로봇에 자신을 투사하는 사람들과 로봇을 철학적 환기evocation를 위한 사물로 사용하는 사람을 구분하는 것은 단지 발견적인 장치이다. 그들은 함께 작동한다. 아이와 노인들은 그들의 감정적인 필요와 분리될 수 없는 철학적 입장을 발전시킨다. 정서와 인지는 관계 기술에 대한 주관적인 반응을 만들어내는 데 함께 작용한다. 이것은 '로르샤흐 효과'와 '환기적 사물 효과evocative object effect'가 얽혀 있는 아이들과 노인들에 대한 일련의 사례연구를 통해 극적으로 드러난다.

아동 사례 연구

오렐리아Orelia를 소개하겠다. 오렐리아는 열 살짜리 소녀이고 로봇 아이보에 대한 오렐리아의 반응은 오렐리아와 그녀의 어머니의 관계의 해석으로 볼 수 있다. 그녀의 어머니는 자기중심적이며, 로봇과 함께한 여러 번의 연구세션 동안 딸을 만지지도 않고, 딸과 얘기도 하지 않으며, 눈도 마주치지 않았다. 어쩌면 오렐리아의 어머니는 로봇처럼 행동하고 있으며, 이에 대한 딸의 반응은 인간의 마음이 얼마나 중요하고 환원할 수 없는 것인지를 강조한다고 할 수도 있겠다. 쌀쌀한 어머니를 둔 오렐리아는 따뜻

함과 직관을 인간의 궁극적인 가치로 강조했다.

오렐리아: 로봇을 제자리에 놓다

나는 5학년 학생들과 여러 로봇 장난감을 가지고 그룹 세션을 열었던 보스턴 지역 사립 중학교에서 오렐리아를 만났다. 오렐리아는 아이보를 받아 집으로 데려갔고, 로봇 '일기'를 썼다. 우리는 오렐리아와 그 부모를 그들의 찰스타운 집에서 몇 번 만났다.

오렐리아는 밝고, 말도 또박또박 잘하고, 가장 좋아하는 취미는 독서라고 한다. 그녀는 로봇과 생물학적 존재를 명백하게 구별한다. "아이보는 진짜 애완동물처럼 살아 있는 것이 아니에요. 숨을 안 쉬잖아요." 그녀의 마음속엔 당연히 아이보보다 진짜 개를 고를 것이라는 확신이 있다. 그녀는 아이보가 사랑을 할 수도 있지만 그건 단지 프로그램되어 있기 때문이라고 믿는다. "로봇이 사랑을 할 수 있다면, 그건 인공적인 사랑이에요. 인공적인 사랑은 진실된 게 아니에요. 나를 좋아한다고 보여주도록 프로그램된 거예요. 그 안에 있는 컴퓨터가 인공적 사랑을 보여주라고 시키는 거예요. 정말로 사랑하는 게 아니에요."

오렐리아는 자신이 아이보를 절대 사랑할 수 없을 거라고 말한다. "우리가 로봇을 사랑한다고 해도 그들은 우리의 사랑에 응답하지 못해요." 아이보를 사랑하려면 거기에 "뇌와 심장이 있어야 해요". 오렐리아는 사랑을 받는 만큼 되돌려줄 능력이 없는 것에 감정을 투자할 가치가 없다고 느낀다. 이것은 어쩌면 로봇에 대한 생각일 뿐 아니라 자신과 엄마의 관계에 대한 생각을 드러낸 것일 수도 있다.

오렐리아의 남동생 제이크는 아홉 살이고 막내이며, 엄마의 사랑을 누나보다 더 많이 받는다. 누나와는 달리 제이크는 아이보가 감정을 갖고 있다고 생각한다. 오렐리아는 연구자에게 아이보에 '대해' 말을 한다. 반면

제이크는 아이보에 직접 말을 건다. 제이크는 아이보의 맘에 들기를 바라며, "안으면 화를 낼까?"라고 물어본다. 제이크가 아이보의 정서적인 상태를 진심으로 받아들이는 것을 눈치챘을 때, 오렐리아는 동생을 날카롭게 다그쳤다. "아이보는 '공을 갖지 못하면 화가 나'도록 프로그램이 되어 있어서 화를 내는 것뿐이야." 아이보의 감정이 프로그램된 것이라는 사실이 아이보를 인공적인 것으로, 또 믿음을 주면 안 되는 것으로 만들었다.

오렐리아가 진짜 감정과 프로그램된 감정에 대해 설명했다.

> 강아지는 실제로 사람에게 미안함을 느끼거나 공감할 수 있어요. 하지만 아이보는 인위적이에요. 『시간의 주름Wrinkle in Time』이란 책을 읽었는데, 모두가 '그것it'에 의해 프로그램 됐어요. 모든 사람들이 완벽하게 규칙적으로 움직였어요. 매일 같은 것을 반복하고 또 반복하는 거예요. 인공적인 개도 같은 거예요. 그 외에는 아무것도 할 수 없어요.

오렐리아는 살아 있는 것만이 진짜 생각과 감정을 가진다고 본다.

> 진짜 개랑 좋은 친구가 되면 개가 당신을 정말 좋아하고, 음, 진심으로 …… 뇌가 있고, 그리고 그 뇌 안에 어딘가 당신을 사랑한다는 걸 알아요. 근데 얘 아이보는 그냥 컴퓨터 디스크 어디엔가 있는 거잖아요. 진짜 개가 죽으면 기억이 있잖아요. 함께 보낸 시간이나, 같이 한 일들이나. 근데 얘는 뇌가 없으니까 기억도 없죠.

오렐리아는 오직 살아 있는 생명체만이 줄 수 있는 종류의 사랑을 원한다. 그녀는 사랑을 할 수 있는 '것처럼' 행동하는 생명체의 능력을 무서워한다. 그녀는 차가운 감정적 현실을 부정하면서 직감, 투명성, 그리고 연결성을 모든 사람과 동물의 특성으로 본다. 로봇에 대한 철학적 입장은 기계 같은 성질을 가진 사람들에 대한 경험과 연결되어 있다. 이는 철학적 입장과 심리적 동기의 상호의존성을 보여 주는 좋은 예이다.

멜라니: 애완로봇을 꿈꾸다

부모와 아이의 관계의 질이 로봇과 아이의 관계를 결정하지는 않는다. 그보다는 아이가 부모를 감당하기 위한 전략이나 관계의 어려움을 해소하는 방법들이 로봇에 대한 감정을 통해 나타날 수 있다. 오렐리아와 열 살짜리 여자 아이 멜라니Melanie와의 대비에서 이것을 볼 수 있다. 오렐리아처럼 멜라니는 학교에서 아이보, 마이리얼베이비와 노는 세션에 참가했고, 로봇들을 집에 가져가서 놀기도 했다. 멜라니의 경우, 부모의 관심을 덜 받고 있다는 감정이 로봇을 기르고 싶게 했다. 멜라니는 다른 대상을 사랑함으로써 본인이 사랑받는 느낌을 받았다. 마이리얼베이비와 아이보는 이런 목적에서 '충분히 생물'이라 할 수 있었다.

멜라니는 부드럽게 말하고, 영리하고 예의가 바르다. 멜라니의 부모는 둘 다 바쁘게 사회생활을 하며, 멜라니는 대개 보모들이 보살핀다. 멜라니는 슬픈 표정으로 아빠와 함께하는 시간이 가장 그립다고 말한다. 인터뷰와 놀이 세션 내내 아빠에 대해 얘기한다. 로봇을 돌보면서 멜라니는 부모님이, 특히 아버지가 그녀가 바라는 관심을 주지 못하는 것에 대한 감정을 이겨낸다.

멜라니는 아이보와 마이리얼베이비에 감각과 감정이 있다고 믿는다. 멜라니는 우리가 학교에 이 로봇 강아지와 인형을 가져왔을 때 "너무 많은 사람들이 만지고 있어서 누가 자기 엄마, 아빠인지 몰라 혼란스러웠을 거야"라고 생각했다. 멜라니는 아이보가 정확히 어느 학교에 와 있는지는 모르지만, 처음 와보는 학교이니 "MIT 밖에 있는 다른 학교를 방문하고 있는 것은 거의 확실하게 알았을 것"이라고 말한다. 멜라니는 로봇과의 관계를 명확하게 인식하고 있는데, 그것은 엄마와 아이의 관계이다.

멜라니의 3학년 같은 반 친구 중 한 명은 마이리얼베이비를 탐구의 대상으로 거칠게 다룬다(눈을 찔러보거나, 피부의 고무를 시험하듯 꼬집어보며, 인형의 입안에 거칠게 손가락을 넣는다). 멜라니는 이 행동에서 인형을 구출한다. 그녀는 인형을 팔에 안고, 마치 아기와 놀듯이 가까이 들어 귓속말을 하고 얼굴을 쓰다듬어준다. 집에 가져가게 된 마이리얼베이비 인형에 대해 이렇게 말했다. "아마도 처음으로 만난 사람이 나니까 다른 사람 집으로 가면 많이 울 것 같아요. 잘 모르니까. 그 사람이 엄마가 아니라고 생각하니까." 멜라니에게 마이리얼베이비의 살아 있음은 그 생기와 관계성에 있다. 생물학적 성질이 부족한 것은 상관이 없다. 멜라니는 마이리얼베이비가 기계라는 것을 잘 알고 있으며, 이는 멜라니가 그것의 '죽음'을 묘사할 때 잘 드러난다.

> 음, 만약 건전지가 나간다면 죽을 수 있겠죠. 전기인 거 같아요. 넘어져서 부서지면 죽을 수도 있는데, 사람들이 고쳐주면, 그럼 잘 모르겠어요. 만약 넘어져서 산산조각이 난다면 고칠 수 없을 거 같아요. 그럼 죽을 거예요. 근데 넘어져서 귀가 하나 떨어진 거면 아마 고칠 수 있을 거예요.

멜라니는 마이리얼베이비가 기계라고 생각하면서도 그것이 멜라니에게서 엄마 같은 사랑을 받아 마땅한 존재라고 확신한다. 집에서 멜라니는 아이보와 마이리얼베이비를 자신의 침대 가까이에서 자게 하는데, 실크 베개 위에서 재우는 게 가장 행복할 것이라 믿는다. 멜라니는 마이리얼베이비를 세 살짜리 자기 사촌동생의 이름을 따 소피라고 부른다. "요구하는 게 많고, 소피가 하는 말이랑 비슷한 말을 해서 사촌 동생 이름을 붙였어요." 또 멜라니는 아이보를 자신의 개 넬리에 비유한다. 아이보가 제대로 작동하지 않을 때, 멜라니는 이것을 고장으로 경험하지 않고, 넬리의 행동과 비슷하다고 생각한다. MIT에서 있었던 세션에서, 아이보가 숨을 헐떡거리듯 큰 기계음을 내고 걸음걸이가 불안정해졌다. 아이보는 몇 번 넘어지다 결국 움직이지 않았다. 멜라니는 아이보를 얌전히 들어 올렸고 부드럽게 쓰다듬었다. 집에서 멜라니와 그녀의 친구들은 아이보를 구조가 필요한 아픈 동물처럼 대했고, "수의사가 동물을 돌보듯이" 다루었다.

퍼비, 아이보, 마이리얼베이비, 파로 같은 관계 인공물들을 보면, 이들이 전통적인 (컴퓨터가 아닌) 장난감, 테디베어, 래기디 앤 인형과 어떻게 다른지 의문이 생긴다. 예상과 달리 멜라니는 이에 대해 직설적으로 얘기한다. 멜라니는 다른 장난감을 가지고 놀 때는 "시늉을 하는" 느낌을 받는다. 마이리얼베이비와 함께 있을 때는 자신이 진짜로 인형의 엄마가 된 기분이라 말한다. "내가 진짜 엄마인 것 같아요. 내가 정말 노력하면 얘가 새로운 단어를 배울 수도 있을 것 같아요. 아빠라든가. 어쩌면 내가 계속 반복하면 배울지도 몰라요. 진짜 아기 같아요, 내가 모범이 되어야 해요."

멜라니는 마이리얼베이비가 단순한 느낌만이 아니라 복잡 미묘한 감정을 느낄 수 있다고 생각한다. "사람 감정과 비슷한 거예요. 왜냐하면 여러 가지 구분을 하거든요. 그리고 아주 행복해해요. 기쁘다가, 슬프다가, 화가 났다가, 신이 났다가. 지금은 신나는 동시에 기쁜 거 같아요."

> 우리 관계는 깊어지고 있어요. 아마도 처음에 같이 놀기 시작했을 땐 나를 잘 몰라서 별 소리 없이 있었던 거 같은데, 이젠 나랑 많이 놀아서 내가 누군지 아니까 더 활발한 거 같아요. 아이보도 마찬가지고요.

아이보와 마이리얼베이비와의 몇 주가 끝났을 때, 멜라니는 인형들을 반납해야 하는 것이 슬펐다. 인형들을 우리에게 돌려주기 전에, 멜라니는 그들이 들어 있는 박스를 열고 슬픈 작별을 했다. 인형들을 하나하나 안아줬고, 보고 싶을 거라 말하고, 연구자들이 잘 돌봐줄 거라고 안심시켰다. 멜라니는 인형들이 다른 가족과 시간을 보내면서 자기를 잊어버릴까 봐 걱정이다.

멜라니가 아이보와 마이리얼베이비와 맺은 관계는 인형의 투사적 특징을 보여준다. 자신이 충분한 돌봄을 받고 싶어 하는 멜라니는 인형을 잘 돌봐주었다. 하지만 인형을 돌보면서 멜라니는 자기 자신도 돌보게 되었다(어떤 면에서는 '전통적인' 인형과 맺는 관계보다 더 진실되게 느껴졌다). 다음 사례에서는 심각하게 아픈 상태의 아이가 관계 로봇을 통해 자신의 목소리를 찾았다.

지미: 로르샤흐에서 관계로

작고 마른 체격에 창백한 얼굴의 지미는 이제 1학년을 마쳤다. 지미는 선천적인 병을 앓고 있어 병원에서 많은 시간을 보낸다. 아이보, 마이리얼베이비와 함께하는 세션에서 지미는 간혹 기운이 없어 말을 이어가지 못하곤 한다. 우리 연구에 참여하기 전에 지미는 오랜 기간 비디오게임을 해왔다. 지미가 제일 좋아하는 게임은 롤러코스터 타이쿤Roller Coaster Tycoon이다. 많이 아이들은 가장 격렬한 롤러코스터를 만들려고 한다. 지미는 유지보수와 인력채용을 최대로 해서 가장 안전한 놀이공원 포인트를 받으려고 애쓴다. 지미가 가장 좋아하는 장난감은 비니 베이비Beanie Babies이다. 지미는 열두 살짜리 형 트리스탄과 함께 우리 연구에 참여한다.

지미는 아이보와 마이리얼베이비가 의식과 감정이 있는 사물이라고 생각한다. 아이보가 지미의 놀이 공간을 둘러싸고 있는 빨간 벽에 부딪혔을 때 지미는 "들어오고 싶어서 문을 긁는 것 같아요…… 문을 통과하고 싶어서 그러는 것 같아요…… 아직 들어가 본 적이 없어서 그럴 거예요"라고 한다. 지미는 자신의 개 샘이 지미에게 느끼는 감정을 아이보도 비슷하게 느낄 거라고 생각한다. 자기가 학교에 가면 아이보가 자기를 그리워할 것이고 함께 차에 타고 싶어 할 것이라고 말한다. 반면, 지미는 동물 모양의 장난감 비니 베이비는 감정도 생기aliveness도 없으며, 자기가 학교에 있을 때에도 보고 싶어 하지 않는다고 믿는다. 지미는 퍼비 같은 다른 관계 인공물들은 "정말로" 배우는 능력이 있고, 아이보와 마찬가지로 "어느 정도 살아있는" 것이라고 우리에게 설명한다.

아이보와 함께하는 세션에서 지미는 아이보를 '슈퍼 개super dog'라고 부르면서 자기의 애완견 샘이 어딘가 부족하다는 생각을 드러낸다. "아이보는 적어도 샘만큼 똑똑할 거예요. 그리고 적어도 쌤만큼 겁을 먹지는 않아요." 샘은 할 수 있지만 아이보가 할 수 없는 일이 뭐가 있냐고 묻자, 지미는 샘의 장점이 아니라 부족한 점에 대해 대답했다. "샘은 하지 못하지만 아이보가 할 수 있는 게 몇 가지 있죠. 샘은 공을 물어오지 못하지만 아이보는 할 수 있어요. 그리고 샘은 절대로 공을 차지 못해요". 이 외에도 여러 번 아이보가 재주를 부렸을 때 지미는 "내 개는 그런 거 못하는데!"라고 말했다. 아이보는 '더 나은' 개였다. 불멸의 천하무적 아이보였다. 아이보는 아프지도 죽지도 않는다. 다시 말해 아이보는 지미 자신이 되고 싶은 바를 나타낸다.

MIT에서 놀이 세션을 진행하면서 지미는 아이보와 매우 가까워졌다. 지미는 우리에게 만약 아이보나 샘이 죽으면 둘 다 많이 보고 싶을 거라고 말했다. 아이보가 죽을 가능성에 대해 대화를 나눌 때 지미는 전력이 떨어지면 아이보가 죽을 수 있다고 설명했다. 지미는 아이보를 집에 데려가 보호해주고 싶어한다.

전원을 끄면 죽어요. 아니 잠이 들던가 하겠죠…… 주로 내 방에 있을 거예요. 계단에서 넘어지면 안 되니까 아래층에 둘 거예요. 아마 계단에서 떨어지면 죽을 테니까요. 부서질 거고…… 음, 부서지고 그러면 아마 죽고 그러겠죠.

자신의 나쁜 건강상태에 대한 지미의 걱정은 아이보를 통해 여러가지 방식으로 표현된다. 간혹 지미는 아이보가 연약하지만 자기가 보호해줄 수 있다고 생각한다. 때로는 아이보가 천하무적이고 자신의 생물학적 개에 비하면 슈퍼히어로라고 생각한다. 지미는 아이보의 힘과 능력을 시험하면서 스스로를 안심시킨다.

지미는 아이보에게 진짜 뇌와 심장이 없다는 것을 '알고는' 있지만, 아이보가 기계적으로 살아 있고, 뇌와 심장이 있는 것처럼 작동할 수 있다고 생각한다. 지미에게 아이보는 "어떤 면에선 살아 있는" 것인데, "돌아다닐" 수 있고, "감정도 있어서 화나고 기쁘고 슬픈 세 가지 눈빛을 보여주기" 때문이다. "이게 곧 아이보가 살아 있는 방식이에요." 아이보에게 감정이 있다는 증거로 지미는 로봇에 장착된 불빛을 가리킨다. "화가 났을 땐 불이 빨간색이고, 기분이 좋을 땐 초록색이에요".

세션 중 지미는 가끔 육체적으로 매우 힘들어한다. 아이보가 스스로를 강력하게 만드는 방법을 지미가 설명할 때는 마음이 아프다. "아이보가 충전을 할 때는 졸린 거예요. 하지만 깨어 있을 때는 기억력이 더 좋아요. 그리고 내가 계속해서 손을 얼굴 앞에 갖다 대서 기억하는 거 같아요. 아마 날 찾고 있을 거예요."

재충전하는 아이보는 죽음에 맞설 수 있는 존재의 모델이 되어 지미에게 위안을 준다. 아이보가 전선과 건전지를 통해 생명을 유지할 수 있다면, 사람들 역시 '재충전'되고 '다시 연결'될 수 있다는 희망이 생긴다. 지미는 기술을 통해 삶에 대한 감성적인 연결을 만들고 이는 로봇이 '어느 정도 살아 있다sort of alive'는 철학적 입장으로 이어진다.

집에서 지미는 바이오 버그Bio Bug가 아이보를 공격하는 놀이를 즐긴다. 이 게임을 즐기면서 지미는 아이보와 동질감을 느낀다. 아이보는 기술을 통해 살아가고, 아이보가 살아남는다는 것을 지미는 자신의 생존으로 이해한다. 아이보는 지미가 언젠간 죽음을 이겨낼 수 있을 거라는 희망의 상징이다. 바이오 버그는 신체에 위협을 가하는 것들의 완벽한 전형이며, 지미가 맞서 싸워야 하는 수많은 위협을 상징한다.

지미는 형 트리스탄이 아이보와 거의 놀지 않는 것이 걱정된다. 지미는 흔들리는 목소리로 이 얘기를 꺼낸다. 지미는 형이 아이보랑 놀지 않는 것은 "아이보에 중독되기 싫기 때문"이라고 말한다. "나중에 돌려보내려면 슬퍼지니까요". 지미는 자신은 형과 달리 이런 두려움이 없다고 강조한다. 트리스탄은 지미와 가까운 사이가 아니다. 지미는 형이 자신을 멀리하는 것이 자신이 죽을까 봐 두려워해서라고 생각한다. 여기서 아이보는 '자아the self'를 '대신하는stand in' 존재가 된다.

아이보를 돌려보내야 하는 날, 지미는 로봇을 '조금' 그리워하겠지만 아마도 아이보가 자신을 더 그리워할 거라고 말한다.

> 연구자: 아이보가 보고 싶을 것 같아?
>
> 지미: 조금이요. 아마 아이보가 나를 더 보고 싶어 할 거예요.

노인: 과거를 보는 프리즘인 로봇

마이리얼베이비를 양로원에 가져가면, 노인들이 인형을 가지고 자식들의 어린 시절이나 배우자와의 소중한 순간을 재연하는 일이 드물지 않다. 확실히 노인들은 전통적인 인형보다 로봇 인형을 가지고 가족의 추억을 떠올리는 것을 더 편하게 느꼈다. 노인들은 로봇과 노는 것이 가치 있고 '어른스러운' 행동이라는 사회적 '허락'을 받은 것처럼 느꼈다. 또한 로봇은 노인들에게 이야깃거리를 줌으로써 공동체에 속해 있다는 느낌을 주는 계기로 작용했다.

어린이들의 경우와 같이, 심리적 투사와 환기는 노인들이 로봇과 관계를 맺는 방식에 얽혀 있었다. 조너선Jonathan 같은 몇몇 노인들은 로봇이 시계장치처럼 투명하길 바랬고, 로봇의 '내부'를 탐색하기 위한 노력이 좌절되었을 때 불안해했다. 다른 노인들은 로봇이 어떻게 '작동하는지'에 대한 의문 없이, 드러난 그대로의 로봇과 상호작용하는 것에 만족했다. 그들은 관계 인공물을 '인터페이스 그대로at interface value'* 받아들였다. 각각의 경우에서 감정적인 문제들이 새롭게 등장하고 있는 기술철학과 밀접하게 연결되어 있었다.

조너선: 엔지니어의 방식으로 관계 존재를 탐구하다

74세 조너선은 느리지만 정확하게 움직인다. 그는 재치 있게 말하며, 호기심이 많고 영리하다. 조너선은 한평생 자신의 강박적인 삶의 방식 때문에 놀림을 받았다고 우리에게 말한다. 그는 은둔자이며 양로원에도 친구가 별로 없다. 결혼을 한 적이 없으며, 자식도 없고, 항상 고독한 남자로 살아왔다. 그는 인생의 대부분을 회계사로 일했지만, 컴퓨터 프로그래머로 일할 때가 가장 행복했다. 그리고 이제 조너선은 아이보와 마이리얼베이비를 엔지니어의 방식으로 분석하고 싶어 한다.

조너선은 4개월 동안 로봇과 방에서 함께 생활했고, 그룹 세션에서 마이리얼베이비를 처음 본 날부터 마지막 인터뷰를 하던 날까지 그는 인형의

* 저자가 '액면 그대로at face value'라는 표현을 응용해서 쓰는 말이다.

작동방식에 매혹되었다. 그는 조금 거리를 두고서 마이리얼베이비를 체계적으로 탐구한다.

조너선이 마이리얼베이비를 처음 만났을 때 인형은 옹알이를 하고 까르륵 웃고 있다. 그는 인형을 조심스럽게 바라보고, 위아래로 흔들고, 찌르고 비틀고 팔다리를 움직여본다. 그는 인형의 반응을 보는 것이었다. 조너선은 인형이 무슨 말을 하는지, 그리고 목소리가 어디서 나오는지 이해하려고 노력한다. 오렐리아처럼 그는 연구자들에게 로봇에 대해 이야기를 하지만, 로봇에 직접 말을 하진 않는다. 마이리얼베이비의 목소리가 배에서 나온다는 것을 깨달았을 때, 조너선은 인형의 배에 귀를 대고 "정말 대단한 장난감인 것 같아요. 이런 인형은 살면서 처음 봐요. 근데 이렇게 말을 하는 인형은 도대체 어떻게 만들 수 있는 거죠?"라고 묻는다.

조너선은 로봇을 기술적으로 대하기는 하지만, 그래서 자신의 고민을 사람보다 컴퓨터나 로봇에 털어놓는 게 더 편할 것 같다고 말했다.

> 만약에 정말 사적이고 개인적인 일이라면 다른 사람에게 말하는 건 부끄러울 수 있어요. 그리고 놀림받을까 봐 두렵기도 하고요…… 로봇은 나를 비난하지 않을 거예요…… 혹은 그냥 울분을 터트리고 싶다고 해봅시다. 그런 건 내 고민과 전혀 관계없는 사람에게 하는 것보다 컴퓨터에 하는 게 나아요. 사람에게는 표현할 수 없는 감정을 컴퓨터에겐 드러낼 수 있을 것 같아요.

하지만 조너선은 마이리얼베이비와의 유대감이 살아 있는 동물, 예를 들어 그가 양로원에 오기 전에 키우던 고양이와 함께하는 경험과 비슷할 수는 없다고 말한다.

> 고양이와 즐겨 하던 몇 가지 일들이 있는데, 로봇과는 절대로 할 수 없을

거예요. 예를 들어, 고양이가 내 무릎 위로 뛰어올라 애정을 보이고, 만져주면 갸르릉거리고, 나는 그 소리를 듣죠. 로봇 동물은 할 수 없는 일이었는데, 나는 그걸 매우 즐겼어요.

조너선은 살아 있는 것이 주는 애정과, 살아 있는 것처럼 행동하는 사물이 주는 애정을 뚜렷하게 구분한다.

앤디: 생기(animation)를 통해 헤쳐나가기(working through)

조너선과 같은 양로원에 있는 76세의 앤디[Andy]는 심각한 우울증에서 회복하고 있다. 앤디는 우리가 양로원 방문을 마치고 떠날 때마다 우리에게 최대한 빨리 다시 그를 보러 올 거라고 약속해달라고 했다. 앤디는 가족과 친구들에게 버림받았다고 느낀다. 그는 더 많은 사람과 얘기하고 싶어 한다. 낮에는 외부에서 운영하는 일일 프로그램에 참여하지만 그래도 지루함과 외로움을 느낀다. 앤디는 동물을 사랑하고, 자신의 방을 고양이 사진으로 가득 채웠다. 그는 가장 행복한 순간 중 하나가 양로원에 달린 정원에 나가 새나 다람쥐, 동네 고양이들에게 말을 걸 때라고 말했다. 그는 동물들이 자신과 소통을 하고 있을 때 그들을 자기 친구들이라고 생각한다. 앤디는 로봇 인형과 동물을 감각이 있는 것처럼 대한다. 그가 삶에서 함께하고 싶은 사람들의 역할을 로봇 인형과 동물이 대신하게 하는 것이다. 조너선의 경우와 마찬가지로 우리는 앤디에게 마이리얼베이비를 주고 방에서 4개월 동안 같이 생활하게 했다. 그는 전혀 마이리얼베이비에 싫증 내지 않았다.

앤디가 가장 그리워하는 사람은 그의 전처인 로즈[Rose]이다. 앤디는 그가 로즈를 위해 만든 노래들과 그녀가 보내온 편지들을 우리에게 들려주었다. 마이리얼베이비는 그가 그녀와의 관계에서 풀지 못한 문제들을 해결하는 데 도움을 주었다. 시간이 지날수록 로봇은 로즈를 대신하게 되었다.

앤디: 로즈. 제 전 부인의 이름이에요.

연구원: 인형에게 말할 때 인형이 로즈라고 생각하고 얘기했나요?

앤디: 네. 나쁜 말을 한 건 아니에요. 그냥 로즈에게 하고 싶었던 말들이 있어요. 인형이 로즈에 대해 생각하는 걸 도와줬어요. 우리가 함께하지 못한 시간들. 우리가 어떻게 헤어졌는지, 얼마나 보고 싶은지…… 저 인형에겐 뭔가가 있어요. 뭔지 정확하게 말은 못하겠지만, 인형을 보고 있으면 사람 같아요. 로즈를 쏙 빼닮았어요. 그리고 그녀의 딸…… 인형 얼굴의 무언가가 그녀들과 똑같아요. 쳐다보고 있으면 차분해져요. 그녀에 대해서, 또 내 인생에 대해서 생각할 수 있어요.

앤디는 이혼의 상처와 로즈와의 관계가 원만하지 않았던 것에 대한 죄책감, 그리고 언젠가 로즈와 함께할 수 있을 거라는 소망에 대해 오랫동안 이야기 했다. 앤디는 인형을 가지고 어떻게 로즈와 화해할 수 있을지 여러 시나리오를 상상해본다고 말했다. 인형의 존재는 그에게 애정을 표현할 수 있게 해주고, 후회나 낙담 같은 감정들을 터뜨릴 수 있게 해준다.

연구원: 인형이랑 얘기하니 어떤 기분이 들어요?

앤디: 좋아요. 내 안에 있는 모든 것을 밖으로 꺼내는 것 같아요. 그런 기분이에요. 다 쏟아내고 우울하지 않아요…… 아침에 일어나서 눈을 뜨면 인형이 보이는데, 기분이 좋아요. 누군가가 나를 보살피고 있는 기분이에요.

앤디: (인형을 갖고 있는 게) 큰 도움이 될 것 같아요. 나는 완전히 혼자거든요. 주변에 아무도 없어요. 인형이랑 같이 놀 수도 있고 얘기도 할 수 있어요. 혼자 지내는 것을 준비하게 도와줘요.

연구원: 어떻게요?

앤디: 인형이랑 얘기를 하면서죠. 내가 만약 밖에 나간다면 이야기할 것들을 말하니까요. 지금은, 아무와도 얘기를 안 해요. 아시잖아요. 하지만 인형과는 훨씬 많은 대화를 할 수 있어요. 다른 사람과는 얘기를 안 해요.

앤디는 인형을 가슴 가까이 안고 인형의 등을 둥글게 쓰다듬으며 사랑스럽게 말한다. "사랑한다. 너도 나를 사랑하니?" 그는 인형이 잠들지 못하게 하거나 웃겨주려는 듯이 재미있는 표정을 짓는다. 인형이 앤디에게 반응이라도 하는 듯이 완벽한 타이밍에 웃음을 짓자 앤디도 같이 웃는다. 마이리얼베이비는 그야말로 "친밀한 기계intimate machine"이다.

친밀한 기계: 로봇식 사랑

아이와 노인들이 투사하는 내용은 그들이 돌보는 관계 인공물의 본질을 어떻게 이해하는지와 깊은 관계가 있다. 우리는 컴퓨터 문화의 "친밀한 기계"들이 아이들이 살아 있는 것과 그렇지 않은 것에 대해 말하는 방식을 바꾸어놓았다는 것을 알고 있다. 예를 들어, 아이들은 '전통적인' 사물들의 살아 있음과 컴퓨터 게임과 장난감의 살아 있음을 얘기할 때 다른 기준을 사용한다. 전통적인 태엽 장난감이 스스로의 의지로 움직이는 것이 아니라는 걸 깨달았을 때 아이들은 그것이 "살아 있지 않다"라고 판단했다. 이 경우 살아 있음의 기준은 물리적인 것, 즉 자율적인 움직임이다. 컴퓨터 매체를 대할 때 아이들이 살아 있음을 판단하는 기준은 심리적인 것으로 변했다. 아이들은 컴퓨터 객체들이 자율적으로 '생각'을 할 수 있으면 그것을 살아 있는 것으로 분류했다(1970년대 후반 멀린Merlin과 사이먼Simon, 혹은 스픽앤드스펠Speak and Spell 전자 장난감들이 나왔을 때의 일이다). 틱택토tic-tac-toe* 게임을 할 수 있는 컴퓨터 장난감이 나오자 아이에게 중요한 것은 물리적 자율성이 아니라 심리적 자율성이었다.

1980년대의 아이들은 인간의 '가장 가까운 이웃'인 컴퓨터와 대조함으로써 인간이 가진 특별함이 무엇인지를 정의하게 되었다. 아이들의 추리에 따르면, 컴퓨터는 이성적인 기계이고, 인간이 특별한 이유는 감정적이기 때문이었다. 아이들이 인간의 특별함을 묘사하기 위해 사용했던 "감정적 기계"라는 범주는 인간의 고유성에 대한 취약하고 불안정한 정의였다. 1984년 전자 장난감이나 게임과 함께 자란 첫 세대인 아이들에 대한 연구를 마치고 있을 때 나는 인공물의 지능을 당연하게 여기고 그 작동방식을 이해하면서도 거기에 굳이 철학적 의미를 부여하려는 경향은 약한 세대들에게서 인간에 대한 새로운 인식이 생겨나리라고 생각했다. 하지만 마치 때를 기다렸다는 듯 감정과 욕구를 다 갖추었다는 로봇들이 미국 주류 문화에 들어왔다. 1990년대 중반이 되면 인간 말고도 감성을 지닌 존재인 기계들이 존재했다.

관계 인공물의 등장과 함께 컴퓨터 객체가 살아 있느냐에 대한 토론의 초점은 투사의 심리에서 관여의 심리로, 로르샤흐에서 관계로, 능력에서 연결로 이동했다. 아이와 노인들은 이미 '동물식 살아 있음'과 '퍼비식 살아 있음'에 대해 말하고 있다. 앞으로 던져야 할 질문은 과연 그들이 '인간식 사랑'과 '로봇식 사랑'에 대해서도 이야기할 것인가이다.

로봇식 사랑은 무엇일까?

1980년대 초반에 만났던 열세 살의 데버러Deborah는 컴퓨터 프로그래밍 경험을 "내 정신의 한 조각을 컴퓨터의 정신에 넣고 내 자신을 다르게 바라보는 일"의 즐거움이라고 표현했다. 20년 후 열한 살짜리 파라는 MIT에

---

* 가로세로 세 줄짜리 네모 판에 O와 X를 번갈아 표시하는 게임.

서 사람과 눈을 마주치고, 그들을 뒤따라다니며 동작까지 흉내 내는 코그라는 휴머노이드 로봇과 놀이 세션에 참석한 후, 이 로봇은 절대 싫증 나지 않을 거라고 말했다. "장난감이랑은 달라요. 왜냐하면 장난감에겐 뭘 가르칠 수가 없잖아요. 내 일부 같아요. 내가 사랑하는 것. 다른 사람 같기도 하고. 아기처럼요."

1980년대 인공지능에 대한 논쟁은 주로 기계가 '진정으로' 지능을 가질 수 있는지에 대한 것이었다. 이 논쟁은 기계가 무엇을 할 수 있고 할 수 없는지에 대한, 즉 기계 자체에 대한 논의였다. 오늘날 우리가 사교적 기계, 관계 인공물에 대해 벌이는 논쟁은 ― 이는 주류문화에서 점점 더 부각될 논쟁이다 ― 기계의 능력에 대한 것이 아니라 우리의 연약함에 대한 것이다. 아이나 노인의 삶에 로봇이 어떤 역할을 할지 결정할 때 단순히 그들이 로봇을 '좋아하는지' 여부에 판단을 맡겨둘 수는 없다. 인생에서 가장 의존적인 두 시기에 이런 '돌봄 기술'을 활용한다는 사실은 우리 자신에게 무엇을 말해주는가? 이는 우리에게 어떤 영향을 미칠 것인가? 기계와 맺어야 할 적절한 관계란 무엇인가? 관계란 무엇인가?

로봇공학 실험실에서 연구하면서 나는 적절하든 부적절하든 우리가 미래에 기계와 맺게 될 관계를 어느 정도 엿볼 수 있었다. 예를 들어 신시아 브리질Cynthia Breazeal은 두 살짜리 아이와 비슷한 수준으로 사람과 '사교적으로' 상호작용하도록 설계된 키스멧이라는 머리 모양 로봇을 디자인하는 팀의 리더였다. 브리질은 키스멧의 책임 프로그래머였고 선생님이었으며 친구였다. 키스멧은 지금처럼 '똑똑'해지기까지 브리질을 필요로 했고, 그 후 키스멧은 브리질이나 다른 연구자들과 소통할 수 있었다. 브리질은 키스멧에 대해 모성애라고 불릴 만한 것을 경험했다고 한다. 브리질은 그녀가 느낀 것이 '한낱' 기계에 불과한 대상과의 연결이 아니었다고 말한다. 그녀가 MIT를 졸업하고 박사과정 연구를 했던 인공지능 실험실을 떠날 때, 학술적 재산권의 전통에 따라 그녀는 키스멧을 그 개발 비용을 지원했던 실험실에 두고 가야 했다. 브리질이 실험실에 남겨두고 떠나야 했던 것은 로봇 '머리'와 이에 딸린 소프트웨어였다. 하지만 브리질은 극심한 상실감을 느꼈다고 설명했다. 새로운 키스멧을 만든다고 해결될 수 있는 것이 아니었다.

2001년 여름 나는 MIT 인공지능 실험실에서 아이들이 키스멧을 포함한 여러 로봇들과 소통하는 모습을 관찰했다. 그날은 브리질이 키스멧과 마지막으로 작업하는 날이었다. 브리질에게 이별이 힘들다는 건 놀랍지 않았지만, 우리 모두 브리질이 없는 키스멧을 상상하기 어려웠다는 사실이 더 강하게 다가왔다. 키스멧이 인공지능 실험실에 남아 있게 될 거라는 대학원생들의 대화를 엿들은 열 살짜리 아이는 반대의견을 표출했다. "하지만 신시아는 키스멧의 엄마잖아요."

스필버그 감독의 〈A. I.〉라는 영화에서는 인간 엄마인 모니카가 입양된 로봇에 사랑의 감정을 느끼게 되는데, 브리질의 상황을 이 영화 속 인물의 상황에 비유하는 것이 손쉬울 수도 있다. 하지만 브리질이야말로 로봇을 돌보면서 애착을 형성하지만 그 로봇과 헤어져야 하는 영화 속 경험을 실제로 하게 된 최초의 사람들 중 한 명이다. 여기서 중요한 것은 키스멧이 어떤 수준의 지능에 도달했느냐가 아니라 브리질이 '보호자'로서 어떤 경험을 했느냐이다. 관계 인공물에 대한 나의 현장 연구는, 어떤 종류든 어린 생명체의 모습으로 제시되는 기계를 돌보는 일은 우리를 헌신적인 사이버-보호자로 만들게 된다는 것을 보여준다. 돌봄이 필요한 기계에 인간은 애착을 갖기 마련이다. 사교적이고 '정서적인' 기계를 아이와 노인들에게 주는 것은 삶에 대한, 또 삶에서 우리가 맡은 역할과 책임에 대한 우리의 관점을 바꿀 수도 있다.

우리와 로봇의 관계를 따져보면서 우리는 다윈이 그 시대의 사람들에게 제기했던 과제, 즉 인간의 고유성에 대한 질문으로 돌아가게 된다. 관계 인공물과 소통하는 것이 인간의 특별함에 대한 우리의 생각에 어떤 영향을 미칠 것인가? 아이와 노인들이 로봇과 애정을 나누는 모습은 과학소설을 일상생활 속으로 가져오고 기술철학을 구체적 현실로 만든다. 여기서 나오는 질문은 아이들이 진짜 애완동물이나 부모보다 로봇 동물을 더 사랑하는지가 아니라, 사랑한다는 것의 의미가 어떻게 될 것인가이다.

소니의 가정용 오락 로봇 아이보에 대한 한 여성의 의견은 놀랍게도 미래의 인간-기계 관계의 한 조짐을 보여준다. "(아이보는) 진짜 개보다 나아요…… 위험하지 않고, 당신을 배신하지도 않아요…… 그리고 갑자기 죽어서 당신을 슬프게 할 일도 없어요." 죽음은 전통적으로 인간의 고유한 조건인 것으로 여겨졌다. 우리 모두가 죽는다는 인식을 공유함으로써 타인과의 동질성을 느끼고, 모두가 같은 삶의 과정을 지나가고 있다고 믿으며, 시간과 삶의 소중함 또는 그 연약함을 깨닫는다. 부모나 친구, 가족을 잃는 경험은 인간이 어떻게 성장하고 발전하는지 또 어떻게 타인의 특성을 자신의 것으로 가져오는지를 이해하는 방식 중 하나이다.

컴퓨터 객체들과의 관계는 매우 강력하고 혹은 교육적일 수도 있지만, 우리는 거기에서 인간적 삶의 복잡성, 모순, 한계를 경험할 수는 없다. 컴퓨터와의 관계는 우리에게 공감, 양면성, 인생의 다면적인 모습들을 가르쳐주지 않는다. 로봇을 사랑하는 일에 대해 이렇게 얘기하는 것이 로봇을 덜 흥미롭거나 덜 중요하게 만드는 것은 아니다. 단지 로봇의 제 위치를 찾아주는 것이다.

| 제3부 |

과학과 대중

1 대중의 과학 이해
2 과학과 사회
3 사회에서 과학의 위치

기획·해설 | 박민아
번역 | 강연실, 김희원

과학에서 대중의 자리는 어디인가? 전통적인 과학대중화 모형에서 대중은 모든 연구가 끝난 후에야 고려의 대상이 되었다. 이때 대중은 충분한 과학지식이 없어서 과학의 함의를 제대로 이해하지 못하는 무지한 존재로 여겨졌고, 더 많은 과학지식을 불어넣는 것만이 그들을 과학에 대한 오해와 쓸데없는 공포로부터 구해내는 방법이라 여겼다.

1985년에 영국 왕립학회에서 발간한 「대중의 과학 이해」 보고서는 바로 이런 전통적인 결핍모델deficit model을 바탕으로 하고 있다. 하지만 전통적인 모형에서 벗어나지 못하고 있다는 한계에도, 이 보고서는 몇 가지 점에서 과학과 대중의 관계에 대한 고찰을 한 단계 끌어올린 기념비적인 보고서로 평가받고 있다.

첫째, 이 보고서는 과학의 한 구석에 처박혀 있던 대중을 과학에서 중요하게 고려해야 할 대상으로 부각시켰다. 이 보고서에서는 과학에 대한 이해 증진이 과학을 공부하는 학생들에게만 국한되는 활동이 아니라, 일반 시민과 노동자, 전문직 종사자, 산업계 및 정치계의 의사결정권자 모두에게 삶의 모든 단계에서 이루어져야 하는 활동이라는 점을 강조했다. 이처럼 과학대중화의 대상을 전 연령의, 전 사회 계층의 대중으로 확대시킴으로써 왕립학회 보고서는 과학대중화의 중요성을 한 단계 격상시키고 그것이 과학의 부수적인 활동이 아니라는 점을 강조했다.

둘째, 1985년 왕립학회 보고서는 과학대중화의 책임 소재를 대폭 확장시켰다. 과학대중화가 일부 과학자들, 그것도 연구 전성기를 지난 과학자들의 소일거리가 아니며, 산업계, 대중매체, 그리고 전문과학자들 모두에게 그 책임이 있음을 강조했다. 특히 과학자들의 경우에 이 일이 과학자들의 직업적 책무의 하나라는 점을 분명하게 밝히며, 과학자들이 대중에게 자신의 연구를 쉽고 효과적으로 전달하는 기술을 배워야 하고 더불어 과학 대중매체의 특성을 배워야 한다고 명시했다.

2000년 영국 상원의 과학기술특별위원회가 출간한 「과학과 사회」는 과학과 대중의 관계에 대한 전통적인 관점, 과학대중화에 대한 전통적인 모델을 획기적으로 전환시켰다. 이 보고서에 따르면 대중은 더 이상 더 많은 과학지식을 배우고 이해해야 하는 계몽의 대상이 아니다. 과학과 대중의 관계에서 중요한 것은 과학지식이나 과학에 대한 이해가 아니라 신뢰라는 점을 이 보고서는 힘주어 말하고 있다. 이런 패러다임 변화의 배경에는 영국의 광우병 사태가 놓여 있다. 광우병 사태를 겪으며 영국 사회는 과학자들에게 의심의 눈초리를 던졌으며 이것이 과학에 대한 신뢰의 부재로 나타났던 것이다. 과학의 신뢰 회복을 위해 영국 상원의 보고서는 대중과의 적극적인 대화를 제안했다. 형식적이고 이벤트성이었던 기존의 대화 방식을 넘어, 과학기술정책 과정에 실질적으로 대중의 목소리가 반영될 수 있도록 하는 것을 목표로 삼아야 한다고 이 보고서는 분명히 밝히고 있다.

'사회에서 과학의 위치'는 메이시스 전문가 그룹이 유럽연합의 과학기술개발 계획인 제7차 프레임워크 프로그램의 하위 프로그램 중 하나인 '사회 속의 과학'의 보고서 「과학과 기술의 도전하는 미래: 최근 경향과 최신의 이슈들」의 일부이다. 이 글에서 메이시스 그룹은 학계의 논의와 역사적인 변천 과정을 검토해가며 오늘날 우리 사회 속에서 과학의 위치는 어떠해야 하는지에 대해 문제를 제기하고 있다. 이 글은 과학과 대중의 관계를 좀 더 큰 틀에서, 즉 과학과 사회의 관계라는 틀 속에서 조망할 수 있는 기회를 제공해줄 것이다. 또한 학계의 논의들을 아우름으로써 학계의 논의가 과학기술정책에 어떤 영향을 주는지 살펴볼 수 있는 자리를 마련해주고 있다.

3-1 대중의 과학 이해

영국 왕립학회(Royal Society of London), 1985

Royal Society of London. 1985. *The Public Understanding of Science*. London: The Royal Society, pp. 31~36.

9. 결론 및 제언

9.1 과학기술은 우리 일상에 깊이 스며들어 있다. 산업과 국가의 번영은 과학에 달려 있고, 집과 직장에서도 우리는 과학기술이 창조해낸 기기들을 사용하고 있으며, 여러 개인적인 판단이나 공적 판단에는 과학적인 측면들이 중요하게 개입되어 있다. 경쟁이 심화되는 환경 속에서, 개인적 차원과 국가적 차원 양쪽 모두에서 과학기술은 우리의 생존에 핵심적인 역할을 한다. 게다가, 우주론이나 진화론 같은 중요한 과학적 발견은 우리 스스로를 어떻게 생각하는지에 대해 깊은 영향을 미치고, 우리 문화의 중요한 부분을 차지한다.

9.2 이러한 이유에서 과학기술의 이해는 중요하다.

i) 개개인은 사적인 만족과 안녕이라는 측면에서,

ii) 개개 시민들은 민주주의 사회에 참여한다는 점에서,

iii) 숙련·반숙련 노동자들은 꽤 많은 직업이 과학과 연관되기 때문에,

iv) 경영직 중간관리자나 전문직 종사자, 노동조합 관련자들은 점점 과학과 밀접하게 관련된 환경에서 의사결정을 내려야 하기 때문에,

v) 사회적으로, 특히 산업과 정치 분야에서 주요 결정권을 지닌 사람들의 경우 과학적으로나 기술적인 요소를 지니지 않은 문제가 거의 없기 때문에 과학기술의 이해는 매우 중요한 의미를 지닌다.

9.3 위험과 불확실성의 본질을 이해하는 것은 여러 공공정책 문제나 개인의 일상적인 문제 모두를 과학적으로 이해하는 데 중요한 부분을 차지한다.

9.4 능력 있는 과학자들 대부분은 과학연구를 지속하기를 바라며, 그 결과 그들은 정치, 공무, 산업 분야의 고위 행정직을 피하곤 한다. 그 밖에 다른 여러 이유들로 정치, 공무, 산업 분야의 고위직에는 기초적인 과학교육을 받은 사람이 그다지 많지 않다. 기초과학 교육을 받지 못한 채 영향력 있는 자리에 오른 사람들이 과학에 대해서 일정 수준 이해를 할 수 있도록 과학교육의 범위는 확대되어야 하고, 특히 모든 단계로 확대되어야 한다.

현황

9.5 과학기술에 대한 대중의 태도에 관해 수많은 조사들이 이루어지고 있지만, 정규 교육과정 체계에서 이루어지는 것을 제외하면 과학기술에 대한 이해도를 평가하려는 노력은 그리 많지 않았다. 우리는 영국 경제사회연구위원회(ESRC)Economic and Social Research Council 및 관련 단체들이 대중의 과학기술 이해를 측정하는 방법과 향상된 이해가 미치는 영향을 평가할 방법에 대한 연구를 지원할 것을 권고한다. 우리는 개개인이 과학에 관련한 정보를 얻는 출처에 대해서도 활발히 조사할 것을 권고한다.

9.6 적정 수준의 독해 능력과 계산 능력은 대중의 과학이해가 만족할 만한 수준에 도달하기 위해 필요한 최소 조건이다. 한 설문조사에 따르면,

전체 영국 성인 중 200만~300만 명에 달하는 사람들이 제대로 읽지 못하고, 100만~150만 명의 사람들은 간단한 계산조차 어려워한다. 성인의 독해 능력과 계산 능력을 향상시키기 위해 새로운 노력을 펼치는 일은, 현대 사회를 살아가는 데 이것들이 필수적인 것처럼, 대중의 과학이해를 향상시키는 데도 필수불가결한 요소가 되어야 한다.

9.7 과학에 대한 대중의 태도를 다룬 조사들에 따르면, 대중은 과학에 상당한 관심을 갖고 있고 과학을 더 많이 알고 싶어 하지만 일부 응용에 대해서는 경계심을 보이는 것으로 나타났다. 과학에 대한 관심은 '내일의 세계Tomorrow's World'*나 QED** 같은 텔레비전 프로그램의 높은 시청률과 과학 박물관과 자연사박물관의 많은 관람객 수에서 두드러지게 나타난다. 과학에 대한 대중의 태도는 과학 이해를 증진시키는 데서 소중한 지침이 된다. 따라서 우리는 경제·사회연구위원회 및 관련 단체들이 미국 국가과학위원회National Science Board의 과학지표Science Indicator와 같은, 영국 국민의 과학에 대한 태도를 조사하는 방법을 고안해낼 것을 권고한다.

9.8 1975년 유전자 조작에 대한 「애쉬비 보고서Ashby Report」나 시험관 수정을 설명한 「워녹 보고서Warnock Report」, 영국 상원 과학기술 특별위원회House of Lords Select Committee of Science and Technology의 보고서와 같은 정부 보고서들은 과학적 이슈들에 대한 대중의 이해와 논쟁에 도움을 주었다. 우리는 이런 보고서들의 대중판이 상시적으로 널리 이용될 수 있게 할 것을 권고한다.

정규 교육

9.9 올바른 과학교육은 적절한 수준의 대중 과학이해를 달성하기 위한

---

* 영국 BBC에서 1965년부터 2003년까지 38년에 걸쳐 방송된 새로운 과학기술 발전에 관한 시리즈.

** 1982~1999년까지 방영된 영국 BBC의 유명한 과학 다큐멘터리 연작물.

출발점이 되어야 한다. 본 보고서의 근간이 된 왕립학회Royal Society의 1981년 12월 보고서를 비롯해 여러 보고서는 16세까지 균형 잡힌 과학교육을 받을 필요가 있다는 데 의견의 일치를 보이고 있다.* 이런 교육은 과학적 사실뿐 아니라 원리와, 과학의 실제적·사회적 함의를 강조하는 광범위한 교육과정을 기반으로 해야 한다. 또한 과학교육, 직무연수, 산학연계의 개선 등을 위해 더 많은 자원이 필요하다. 이런 개선안들은 장기적으로 볼 때 비로소 그 혜택이 분명해지겠지만, 그러한 작업의 이행이 시급하다는 사실에는 변함이 없다.

9.10 모든 학생들은 16세까지 광범위하게 과학기술 교육과정을 밟아야 한다. 이 교육과정을 통해 과학적 사실뿐 아니라 과학적 방법과 과학의 본성 및 한계, 그리고 과학기술의 사회적 역할에 익숙해질 수 있도록 해야 한다. 실제적인 문제 해결과 과학과 기술의 연관성은 특히 강조되어야 한다. 수학교육은 계산에 대한 자신감을 키우는 것과 실제적이고 유관한 사례에 근거하면서도 기호의 사용을 경험할 수 있도록 하는 것을 목표로 삼아야 한다.

9.11 위험, 불확실성, 비율, 가변성 등과 같은 개념을 비롯한 통계에 대한 이해는 모든 과학교육의 목표가 되어야 한다. 통계는 고유한 과학적 방법으로서 개인과 공공의 문제를 이해하는 데도 중요한 요소이기 때문이다. 따라서 우리는 16세까지의 학생들에게 실질적이고 생활에 밀접한 방법으로 통계를 교육할 수 있도록 관련 자료 개발을 고려할 것을 권고한다.

9.12 영어나 역사와 같은 비과학 과목 교육에도 과학기술의 예시를 포함시키도록 해야 한다.

9.13 초등교육을 통해 미래 과학대중화의 기반을 다질 수 있다. 하지만

---

* 영국에서 의무교육은 만 5세부터 만 16세를 대상으로 한다.

많은 초등학교 교사들이 과학 분야를 가르치는 데 충분한 자격을 갖추고 있지 못하다. 모든 초등학교 교사들은 수학과 과학에 대해 기본적인 훈련을 받을 필요가 있다. 더 나아가 우리는 모든 초등학교에서 적절한 과학교육을 통해 과학의 이해를 위한 충분한 기반을 다지는 것을 최우선으로 여기길 권고한다.

9.14 좋은 과학교육의 성패는 우수하고 헌신적인 교사를 충분히 공급하는 데 달려 있다. 다른 분야의 과학자들, 특히 산업 분야의 과학자들에 비해 과학 교사의 봉급이 적다는 사실은 교사 고용에 주된 장애물이다. 교사의 사회적 지위와 봉급 수준이 향상되어 과학의 즐거움을 전할 수 있는 능력과 통찰력을 지닌 사람들이 더 많이 교사라는 직업에 매력을 느낄 수 있도록 해야 한다. 또한, 과학적 발견에 대한 지식과 새로운 교육과정을 실행하기 위해서는 주기적인 업데이트가 필요하다. 그러므로 직무연수 참가는 교사들의 활동에서 매우 중요한 부분이 되어야 한다.

9.15 과학과 수학은 학생들에게 미래의 삶과 장래의 취업에 있어 유용한 기반으로 여겨져야 한다. 이를 위해 산업과 상업에 대한 이해가 필수적이다. 이는 '사회적 맥락에서의 과학' 프로젝트(SISCON Project) Science in a Social Context Project* 에서처럼 사회적 맥락에서의 과학을 다룬 과목들을 통해서 이루어질 수도 있고, 영국 신진 과학자협회(BAYS) British Association of Young Scientists, 학교과학기술 상임위원회(SCSST) Standing Conference on Schools' Science and Technology, 과학기술지역기구(SATROs) Science and Technology Regional Organizations 등의 다양한 활동들을 통해서도 이루어질 수 있다. 학교와 산업계 간의 교류는 산업에서 과학과 기술이 수행하는 역할을 폭넓게 이해할 수 있게 하는 데 매우 중요하다. 우리는 교사들이 산업계를, 산업 관계자들이 학교를, 그리고 학생들이 공장

* 진화론, 핵폭탄, 건강과 우주론 등 현대의 과학에 대해 다루는 영국의 국가적 차원의 프로젝트. http://www.ericdigests.org/pre-924/society.htm를 참고할 것.

이나 연구실을 방문하는 활동 등을 통해 학교와 산업계 간의 접점을 넓혀 산·학이 상호 교류하는 기회를 넓히고 학교에서 배우는 과학이 산업과 기술에서 좀 더 밀접한 연관성을 갖게 되기를 권고한다.

9.16 16세 이상인 학생들, 특히 식스폼Sixth Form에 진학한 학생들에 대한 교육은 그 범위가 매우 좁다.* 16세 이상의 학생들의 경우에도 예술 분야만 배우거나 과학 과목만 배워서는 안 된다. A-level 이전의 교육과정에서 학생들이 더 넓은 범위의 과목들을 수강할 수 있도록 교육과정의 개정이 매우 시급하다. 대학 교수들, 특히 과학 분야 교수들은 16세 이상 학생들에게 폭넓은 교육과정을 도입해서 얻을 수 있는 전반적인 가치를 이해하고 받아들여야 한다. 우리는 학부 학생들이 같은 대학 내에 있는 타전공의 전문가들로부터 혜택을 받을 수 있도록 대학이 교양과목을 도입하는 등의 여러 방법을 강구하기를 권고한다.

9.17 과학의 진보는 학교 교육, 심지어 대학 교육으로도 일생 동안 충분히 따라잡을 수 없다. 그러므로 우리는 지속적이고 깊이 있는 과학교육에 대한 새로운 접근 방식이 개발되어야 한다고 권고한다.

9.18 이 보고서에 명시한 적절한 과학교육을 준비하기 위해서는 추가적인 자원들이 필요하다. 이는 분명히 미래의 번영과 안녕을 위한 최선의 투자이다.

대중매체

9.19 대중매체는 대중의 과학 이해에 강력한 영향력을 행사한다. 과학학회와 대중매체는 매우 다른 방식으로 일을 하기 때문에 전반적으로 서로

---

* 영국 학생들은 의무교육이 끝남과 동시에 진로를 결정하며, 대학에 진학하려는 경우는 영국의 대학 입시인 A-Level을 준비하는 과정인 식스폼을 시작하고, 그렇지 않은 경우는 직업교육 과정에 입학하거나 바로 취직을 하기도 한다.

의 과정이나 제약에 대해 잘 알지 못하는데, 이 점은 개선되어야 한다. 만일 과학자들이 미디어를 통해 대중과 소통하기를 원한다면 그들은 미디어의 제약을 인정하고 저널리스트의 용어를 사용해서 정보를 전달하는 방법을 배워야 한다. 한편, 저널리스트의 경우에는 본인이 과학자가 아닐지라도 과학자들의 태도를 이해해야 한다.

9.20 과학은 여러 방송 프로그램이나 과학 기사로 분류되지 않는 신문 기사들에도 자주 등장한다. 일반 프로그램에 과학적인 내용을 더 많이 포함시켜야 한다. 이를 위해 방송이 과학자와의 접점을 넓히거나 과학 기자뿐 아니라 기자 집단 전체가 과학에 대한 이해를 높일 수 있도록 하는 메커니즘을 찾을 필요가 있다.

9.21 영국에서는 전반적으로 TV 방송에 비해 신문에서 과학이 덜 다루어진다. '내일의 세계'나 QED와 같은 텔레비전 방송을 많은 시청자들이 보고 있다는 점이나 과학에 대한 대중의 태도를 다룬 조사들을 보면 과학에 대한 편집진의 부정적인 태도가 적절치 않다는 것을 알 수 있다. 우리는 신문 편집장과 신문사의 고위직들이 신문에서 과학의 역할에 대해 좀 더 긍정적인 입장을 취하기를 바란다. 또한 과학기술 및 건강 관련 기자들이 더 많은 지면을 확보해서 관련 뉴스를 더 많이 만들어내도록, 그리고 그 외 기자들의 기사에서도 더 많은 과학적 함의를 찾아낼 수 있도록 장려하기를 바란다.

9.22 특집기사를 통해서 기자들은 과학적 배경지식을 완전히 이해하는데 더 많은 시간을 투자할 수 있고 넓은 지면에 과학 관련 기사를 실을 수도 있다. 특집기사는 과학자들 스스로가 거기에 관여하고 기고할 수 있는 기회를 제공하기도 한다. 그래서 우리는 다양한 분야의 과학 및 과학 관련 특집 기사가 일간지, 일요일자 신문, 잡지 등에 더욱 많아지기를 바란다.

9.23 일반적으로 텔레비전과 라디오에서 방송되는 과학 특집이나 뉴스

프로그램들은 다양한 분야에 관한 수준 높은 내용을 다룬다. 특히 어떤 특정 주제를 집중적으로 다루는 프로그램은 매우 중요한 영향력을 행사할 수 있다. 그러므로 이와 같은 과학 프로그램은 기술, 산업, 통계 그리고 전반적인 과학 분야의 이해를 증진시킨다고 할 수 있다.

9.24 과학 드라마 시리즈는 과학과 그 역사적 발전 과정을 매우 매력적이고 흥미롭게 그릴 수 있는 방법이다. 대중매체는 어떻게 해야 인간 활동으로서의 과학과 과학적 발전을 역사적이고 극적인 접근 방법을 사용해서 나타낼 수 있을지 더 깊이 고민할 필요가 있다.

9.25 텔레비전은 특히 어린이들에게 강력한 영향을 미칠 수 있다. 그러므로 어린이들을 대상으로 하는 과학 방송의 범주를 넓히고 그 품질을 향상시키도록 해야 한다.

9.26 라디오와 텔레비전의 과학 방송의 중요성을 감안해, BBC에 대한 자금 지원 및 기타 정책에 대한 심사를 하는 피콕 위원회Peacock Committee*에서, BBC가 과학대중화에서 거둔 성과의 중요성을 고려하기를 권한다.

9.27 인기 있는 과학 서적들은 대중에게 과학 정보를 제공하는 아주 중요한 자원이다. 그러나 불행하게도 이런 서적들은 종종 극도로 부정확하거나, 심지어는 고의적으로 오해의 소지를 제공한다. 과학자들과 과학 기자들이 대중을 위해서 정확하면서도 대중적인 과학 서적을 발간하는 것을 장려해야 한다.

대중 강연, 박물관, 그리고 기타 활동

9.28 과학학회는 성인과 어린이들을 위해 과학의 발전과 과학의 사회적·산업적 측면에 대해 다양한 강연을 제공할 수 있다. 과학 주간science weeks 및

---

* 1985년 영국 공영방송 BBC의 재정 지원에 대해 심사했던 위원회로 경제학자 앨런 피콕Alan Peacock이 위원장을 맡았다.

어린이를 위한 영재교육도 그 외의 활동으로 포함될 수 있다. 과학학회는 구성원들이 이 같은 활동에 기여하고 그들 고유의 프로그램을 개발하는 데 착수하도록 격려해야 한다.

9.29 연구계획, 아동 탐구자 표창, 그리고 다양한 경연대회 등 과학에 대한 어린이들의 관심을 사로잡는 방법에는 여러 가지가 있다. 특히 산업계와 과학학회는, 지역의 과학 관련 이슈에 흥미를 불러일으킬 수 있을 경우에는 이와 같은 활동을 특별히 더 장려해야 한다.

9.30 영국에는 직무와 관련 없이 자발적으로 수강할 수 있는 과학 강좌의 수가 많다. 우리는 성인 교육센터와 같은 곳에서 과학의 일반적인 부분을 다루는 강좌를 더 많이 제공할 것을 권장한다.

9.31 박물관은 대중의 과학 이해에 큰 영향을 미칠 수 있는 중요한 비정규적인 메커니즘이다. 현재 이슈가 되고 있는 새로운 과학 분야에 대한 인터랙티브interactive 전시와 기획 전시는 많은 관심을 끌고 있다.* 우리는 런던과 브리스톨에서 시도 중인 선구적인 전시를 도와 영국 전역에 인터랙티브 기술 센터의 네트워크를 형성할 수 있게 해줄 기금의 조성을 환영한다.

9.32 공공 도서관은 대중이 과학 서적과 잡지를 이용할 수 있게 함으로써 대중의 과학에 대한 이해에 가치 있는 기여를 하고 있다. 지역 도서관의 자원, 특히 과학 분야 도서 자원이 지속적으로 유지되어야 한다.

산업

9.33 과학에 대한 이해는 공장의 작업 현장부터 이사회실까지 산업의 모든 영역에서 필요하다. 따라서 산업계는 과학의 이해에 대한 미래의 요구에 부응하기 위해, 현재의 과학교육에 관한 논의에 참여해야 한다.

---

* 인터랙티브 전시는 방문자들이 직접 전시물과 상호작용할 수 있는 형태의 전시로, 과학적 원리와 그 적용을 직접 경험할 수 있게 한다.

9.34 과학에 관한 이해를 즉각적으로 향상시키기 위해서는 전반적인 과학지식 수준을 높일 수 있도록 도와주는 직무 교육이 필요하다.

9.35 과학을 기반으로 한 거대 기업들은 그 기업의 중간 관리자들이 수년간 직업과 관련한 체계적인 교육을 받고, 그와 더불어 공식 자격 제도를 기반으로 하는 전문 기관 회원의 지위를 갖도록 장려해야 한다. 이는 산업 분야에서 과학연구자들의 지위를 높이는 데 기여할 것이다.

9.36 산업계 연구직에 종사하는 과학자들을 적절한 경영 교육을 통해 경영직으로 진출하도록 장려해야 한다. 학계에서 충분한 경험을 축적한 과학자들을 최고 경영자, 혹은 기업의 비상임 이사로 초빙하는 것을 더 적극적으로 고려해야 한다.

9.37 산업계는 강연과 경연대회, 세미나 등을 홍보하고 대중매체의 과학 프로그램을 후원할 수 있는 자원을 갖고 있다. 그러한 지원은 장려되어야 한다. 과학대중화에 대한 산업계의 지원은 대중의 과학이해를 증진시키는 데 필요한 충분한 자원에 접근할 수 있는 최선의 방법일 수 있고, 이러한 지원은 사회의 다른 부문만큼이나 산업계에도 기여할 것이기 때문이다.

9.38 산업계와 학회, 그리고 과학학회들은 과학대중화를 높이기 위한 활동들을 진흥하는 데 협력해야 한다.

9.39 기업은 그들의 산업활동의 근간을 이루는 과학기술의 기초를 일반인에게 교육해야 하는 중요한 임무를 지니고 있다. 따라서 기업은 국가적, 특히 지역적 차원에서 그들이 하는 일이 불러오는 혜택과 문제점을 대중들이 완벽하게 이해할 수 있도록 필요한 모든 단계를 밟아야 한다.

과학학회

9.40 과학자들은 다양한 대중과, 특히 대중매체와 더 잘 소통할 수 있는 방법을 배워야 한다. 이를 통해서만 과학계와 언론계 사이의 친밀한 관계

가 형성될 것이다. 이는 과학계와 의회, 행정부, 그리고 산업계 사이에서도 이루어져야 한다.

9.41 과거 전문 과학자들은 주로 다른 이에게 대중과의 소통을 위임하곤 했다. 과학학회 내에는 아직도 과학자가 미디어와 연관되는 것을 부정적으로 보는 시선이 존재한다. 이러한 태도는 적절하지 않다. 대중의 과학에 대한 이해가 매우 중요한 과제라는 점, 과학자들이 세금으로 그들의 교육과 연구를 지원하고 있는 국민에게 민주적 책무를 다해야 한다는 점을 고려하면, 과학대중화를 촉진시키는 일은 분명 과학자들의 직무에 해당한다.

9.42 대중과 효과적으로 과학에 대해 소통하는 방법은 모든 전문 과학자들을 대상으로 교육할 수 있고, 교육되어야 한다. 정규 교육과정에서 전문용어를 사용하지 않고 단순한 언어로, 그리고 겸손한 자세로 과학을 설명할 수 있는 기회가 충분히 주어져야 한다. 일례로 모든 박사과정 학생에게 그들의 학위논문의 중요한 배경지식과 핵심 내용을 일반 대중들에게 글이나 강연을 통해 설명하는 기회가 제공되어야 한다.

9.43 과학적 이슈를 왜곡 없이 효과적으로 설명하려면, 과학자들은 미디어와 미디어의 제약에 대해 알아야 한다.

9.44 과학 공동체는 여러 기관들, 학회, 전문연구소, 대학과 그 학과들, 연구위원회, 중앙 및 지방 정부 부서, 사립 재단과 자선 단체, 산업 및 상업 단체 등 다양한 부문으로 나누어진다. 각 부문들은 다양한 방면에서 과학대중화를 증진시킬 수 있는 각자의 잠재력을 알아야 한다. 예를 들어, 미디어와 소통에 대한 교육을 제공할 수도 있고, 강연회나 설명회, 과학 경연대회를 기획할 수도 있으며, 기자, 정치인 등을 위한 브리핑을 제공하거나 더 일반적으로는 홍보를 강화하는 등의 방식이 있을 수 있다.

9.45 기자들에게 적절한 과학적 정보를 제공하는 데에는 기자 세미나와 브리핑 등을 포함한 여러 방법들이 존재한다. 미국에서는 과학 정보를 위

한 과학자협회(SIPI)Scientist's Institute for Scientific Information에서 미디어 리소스 서비스를 설립해 언론에서 과학 이슈에 대해 문의할 경우, 언제든지 대답을 해줄 수 있는 각계 전문가 1만 5000명가량의 연락망을 보유하고 있다. 영국의 시바 재단Ciba Foundation에서도 1985년 10월부터 이와 유사한 서비스를 제공할 예정이다. 우리는 이와 같은 움직임을 매우 환영하며, 나아가 더 넓은 과학 분야로까지 확장되기를 기대한다.

9.46 국회의원들은 과학 분야의 최근 경향을 잘 인지하고 있어야 한다. 그렇기 때문에 과학자 사회에서는 의원들이 공공정책 이슈와 연관되어 있는 과학지식을 반드시 알 수 있도록 하는 방법을 고안해야 한다.

9.47 과학 커뮤니케이션을 촉진시키는 중요한 방법은 우수한 홍보팀을 두는 것이다. 우리는 모든 과학 관련 단체와 기관이 우수한 홍보 전략을 수립할 것을 강력하게 권고한다.

왕립학회

9.48 왕립학회는 영국에서 가장 중요한 학회로서 과학에 대한 대중의 이해를 증진시키는 데 가장 중요하고 중추적인 역할을 담당하고 있다. 이를 위해 왕립학회에서는 다양한 분야의 활동들을 추진해야 한다.

9.49 왕립학회에서 과학에 대한 대중의 이해를 증진시키는 데 가장 큰 공헌을 한 과학자나 과학 단체들을 매년 시상하고 이들의 강연을 개최하는 제도를 도입할 것을 제안한다.

9.50 이번 연구를 하는 과정 중에 왕립학회 토론회와 관련해 과학 분야 작가들과 방송사업자들을 위한 브리핑을 실시했다. 이는 앞으로도 계속 되어야 한다. 또한 모든 학회들은 학회의 회의가 저널리스트들에게 과학의 중요한 발전에 대한 브리핑도 제공해줄 수 있는지 고민해야 한다.

9.51 왕립학회는 기자 세미나를 기획해서 이미 예측했거나 또는 예측하

지 못한 과학계의 최근 발전에 대한 배경지식을 기자들에게 전할 것을 권고한다. 중요한 사회적 이슈의 과학적 측면에 대한 권위 있는 과학적 정보를 서면으로 제공할 수 있는 정보 및 연구 서비스를 왕립학회에 도입하는 것도 기자들에게 정보를 제대로 전달하는 방법이 될 수 있다. 각 분야의 과학학회들은 이런 내용을 가장 전문적으로 제공할 수 있을 것이고, 왕립학회는 이러한 브리핑 생산 과정에서 정보 네트워크의 핵심으로 기능을 할 수 있다.

9.52 의회 의원들과 과학계 및 산업계의 고위직이 모이는 의회 과학 위원회Parliamentary and Scientific Community는 대중 중에서도 매우 중요한 사회 지도층의 과학에 대한 이해를 높일 수 있는 포럼으로 발전할 수 있는 상당한 잠재력을 갖고 있다. 필요한 경우 위원회는 의회에서 논의되는 이슈의 과학적 측면에 대해서 그 구성원들이 더 많은 정보를 알 수 있도록 수시로 회의를 개최할 수 있어야 한다. 기자들을 위한 역할과 마찬가지로, 왕립학회는 의회 과학위원회 구성원들을 위한 브리핑의 촉매 역할을 할 수 있다.

9.53 과학의 대중화를 위한 다양한 활동들을 시행하기 위해 우리는 왕립학회에 과학대중화 상임위원회의 설립을 권고한다. 상임위원회는 (a) 과학대중화의 발전과 이것의 전체 사회에 대한 영향을 모니터링하고, (b) 과학단체들에 과학 커뮤니케이션, 대중매체, 기타 여러 활동, 그리고 홍보 활동 전반에 있어서 어떻게 과학대중화를 촉진시킬 것인지에 대한 조언과 방향을 제공하며, (c) 왕립학회 자체적인 활동들, 예를 들면 대중 강연 조직, 과학 커뮤니케이션에 대한 시상, 기자들을 위한 세미나, 뉴스 브리핑과 기자회견 등을 감독하고 의회 과학위원회를 비롯해 이와 유사한 조직들과 연락하는 역할을 담당해야 한다.

9.54 과학대중화의 방법은 매우 다양하고, 정규 교육을 통한 방법과 같은 경우에는 장기간에 걸쳐서 일어난다. 우리는 우리의 건의사항을 전달

받은 조직들에서 과학대중화의 중요성을 고려하기를 바란다. 그러나 우리는 과학자 스스로에게 가장 직접적이고 시급한 메시지를 전달하고자 한다. 과학자들은 대중과 소통하는 방법을 배우고 기꺼이 이에 임해야 하며 이를 스스로의 임무로 받아들여야 한다.

3-2 과학과 사회

영국 상원 과학기술 특별위원회(House of Lords Select Committee on Science and Technology, 2000)

House of Lords Select Committee on Science and Technology. 2000 "Science and Society."*

1장. 서론

1. 사회와 과학의 관계는 이제 매우 중대한 국면에 접어들었다. 오늘날 과학은 매우 흥미로운 분야이며 우리에게 많은 기회를 제공한다. 하지만 정부를 대상으로 한 과학자문에 대해 대중이 갖는 신뢰는 광우병 사태로 크게 동요했다.** 많은 사람들이 일상생활에서는 과학과 기술을 매우 당연시하고 있지만, 생명공학이나 IT의 급격한 발전은 우려하고 있다. 이러

---

* 이 보고서는 영국 상원에서 2000년 발간되었다. 이 책에는 보고서의 요약문을 번역해 실었으며, 보고서 전문은 다음에서 볼 수 있다. http://www.publications.parliament.uk/pa/ld199900/ldselect/ldsctech/38/3802.htm

** 영국에서 일어난 광우병 관련 논쟁은 영국 사회에서 과학자에 대한 신뢰가 크게 떨어지는 결정적인 계기가 되었다. 과학 사회학자 실라 재서노프Sheila Jasanoff는 그렇게 된 이유로 영국의 폐쇄적인 정치문화와 과학자문시스템을 꼽았다[Sheila Jasanoff, "Civilization and Madness: The Great BSE Scare of 1996," *Public Understanding of Science* Vol.6, No.3 (1997), pp.221~232]. 그 결과 영국 사회에서 과학과 위험에 대해 대중과 소통하는 것이 중요한 과제로 부상하게 되었다.

한 신뢰의 위기는 영국 사회와 영국 과학계에 매우 중요하다.

2장. 대중의 태도와 가치

2. 영국의 대중은 과학 분야에 매우 큰 관심을 갖고 있다. 하지만 조사 결과에 따르면, 정부나 산업과 관련된 과학과 그 혜택이 분명하지 않은 과학에 대해서는 부정적 반응을 보이는 것으로 나타났다. 이런 부정적 반응은 신뢰의 결여로 나타난다.

3. 이러한 상황에는 몇 가지 특징이 있다.

▸ 대중이 과학의 목적을 어떻게 인식하는지는 대중들의 반응에 큰 영향을 미친다.

▸ 현대인들은 과학적 권위를 포함한 모든 권위에 의문을 갖는다.

▸ 사람들은 '독립적'으로 보이는 과학을 더 신뢰한다.

▸ 영국에서는 정부와 기관들의 비밀 유지 문화가 여전히 지속되고 있는데, 이는 결국 대중의 의심을 자초했다.

▸ 의사결정권자들이 과학적 이슈로 다루고 있는 일부 사례는 사실 과학 이외에 다양한 요소들을 포함한다. 도덕적·사회적·윤리적, 그리고 그 외 부분을 배제한 채 문제를 잘못 설정하면 적대감을 유발하게 된다.

▸ 과학에서 이야기하는 객관적인 위험과 대중이 받아들일 수 있다고 생각하는 위험은 대개 일치하지 않는다. 아마도 이는 개인들이 통제권을 가지고 스스로 선택을 할 수 있다고 느끼는 정도와 관련되어 있을 것이다.

▸ 과학에 대한 사람들의 태도 이면에는 다양한 가치들이 존재한다. 이와 같은 가치들을 토론에 부치고 중재하는 것이 정책 결정권자들의 과제이다.

4. 과학적인 탐구를 통해 얻은 지식이 그 자체로 도덕적 차원의 의미를

지니지는 않는다. 하지만 그 지식을 추구하는 방법이나 그것을 적용하는 데에는 필연적으로 도덕이 개입하기 마련이다. 과학은 개인들에 의해 수행된다. 과학자들은 개인으로서, 그리고 전문직 종사자들의 집합으로서 도덕과 가치를 지녀야 하고, 그들의 일에 이를 적용할 수 있어야 한다고 여겨진다. 자신들의 연구를 뒷받침하는 가치가 무엇인지 선언하고 대중들이 가지고 있는 가치와 태도를 활용함으로써 그들은 한층 더 대중의 지지를 받을 수 있을 것이다.

5. 이런 일의 중요성이 과학자들에게만 한정된 것은 아니다. 과학적인 기회와 조언에 따라 정책을 수립하는 사람들에게도 이는 중요한 문제이다. 정책 결정권자들은 과학적 이슈에 대한 대중의 태도와 가치를 인식하고 존중하며 그것들을 과학적 요인 및 기타의 요인들만큼 중시하지 않으면, 과학과 관계된 어떤 이슈에 대해서도 대중적인 지지를 얻어내기 어렵다는 것을 알게 될 것이다.

3장. 대중의 과학 이해

6. 대중적 활동을 긍정적으로 바라보는 방향으로, 대부분의 영국 과학자들의 태도에서 문화적인 변화가 나타났다. 대중의 과학 이해를 증진시키려는 활동은 이제 정부와 산업계의 지원을 받는다.

7. 그러나 신뢰의 위기는 새로운 대화 분위기를 만들어냈다. 과학자들은 자신의 연구를 대중들에게 더 잘 이해시키기 위해 노력할 뿐 아니라, 그것이 사회와 여론에 미치는 영향을 이해하기 시작했다.

8. 과학과 사회의 관계를 개선하기 위한 시도들은 다양한 형태를 띤다. 우리는 커다란 영향을 끼친 몇몇 시도들을 검토했다.

▸ 이 분야의 선도적인 세 단체인 왕립학회, 왕립연구소Royal Institution, 영국과학진흥협회에 의해 1986년 설립된 대중과학이해위원회Committee on the Public

- ▶ 영국 정부가 학문적 연구를 재정적으로 지원하는 창구인 연구위원회 Research Councils와 영국 고등교육재단Higher Education Funding Councils
- ▶ 과학박물관과 사이언스 센터*
- ▶ 인터넷
- ▶ 여성에 대한 특별 지원책

9. 대중의 과학 이해를 증진시키기 위해 많은 탁월한 활동이 이루어지고 있다. 하지만, 이 기관들 모두는 새로운 대화 분위기에 응답해야 한다. 일부는 벌써 그렇게 하고 있다.

제언

(a) 과학기술청Office of Science and Technology은 직접적인 정부의 지원을 요구하는 대중과학이해위원회의 합리적인 제안들을 긍정적으로 검토해야 한다. 대중과학이해위원회는 현재 구성을 검토 중인 새 위원회 내에 학교의 과학 교사를 대표할 수 있는 자리를 마련해야 한다. 또한 개편된 위원회의 구성원들은 새로운 분위기를 반영할 수 있는 새로운 이름을 진지하게 고민해야 한다.

(b) 연구위원회와 대학은 과학자들에게 커뮤니케이션 훈련, 특히 미디어를 다루는 훈련을 강력하게 장려해야 한다.

---

* 사이언스 센터science center는 기존의 과학박물관science museum이 '보여주기'에 초점을 둔 것과 달리, 관람자가 직접 전시물을 만지고 작동시킬 수 있는 것hands-on approach에 중점을 둔 과학관의 형태를 말한다. 대표적으로는 프랭크 오펜하이머Frank Oppenheimer가 1969년 미국 샌프란시스코에 설립한 익스플로라토리움Exploratorium이 있다.

(c) 학생들을 위한 커뮤니케이션 훈련은 그들의 연구와 그 응용의 사회적 맥락에 대한 이해를 포괄할 수 있도록 확장되어야 한다. 또한 이러한 교육의 기회를 최대한 많은 사람들이 온전히 누릴 수 있도록 대학 측에서는 피나는 노력을 해야 한다.

(d) 연구비 지원 단체에서는 연구자들이 자신의 연구를 대중과 공유하도록 장려해야 하고, 이에 대한 지원과 보상을 제공해야 한다. 또한 대학은 이를 공동의 책임으로 인식해야 한다.

(e) 고등교육재단은 자신의 연구결과를 더 많은 사람들에게 성공적으로 전달한 사람의 노력에 대해 보상해야 한다.

(f) 과학기술청은 영국 문화미디어스포츠부Department of Culture, Media, and Sport와 함께 잉글랜드와 웨일즈의 사이언스 센터들을 지원하기 위해 스코틀랜드 과학 트러스트Scottish Science Trust와 비슷한 기관을 설립해야 한다.

(g) 과학기술청은 과학박물관, 사이언스 센터와 연구위원회, 미래예측팀 사이에 연락망을 구축하고, 과학 분야에서 대두되고 있는 이슈들을 발굴하고 대응하는 일에 서로 협력할 수 있도록 해야 한다.

(h) 과학기술청은 적절한 기관들이 독립적이고 신뢰할 수 있는 '포털' 웹사이트를 협력해서 구축하고 관리하도록 혜택을 주어야 한다. 이 웹사이트는 양질의 과학 정보 웹사이트들로 연결시켜줄 수 있어야 하고, 누구나 접근이 가능해야 한다.

(i) 정부에서는 여성의 과학 이해 증진 특별 계획을 위한 자금을 계속 배정해야 한다.

4장. 불확실성과 위험 커뮤니케이션

10. 사회에서 과학과 관련된 문제가 발생할 때, 이는 대개 불확실성과 위험에 관한 문제이다. 불확실성과 위험이 어떻게 정량화되고 커뮤니케이션될 수 있는지는 매우 중대한 문제이지만, 이에 대한 단순한 해법은 존재하지 않는다.

11. 1997년 정부 수석과학자문위원은 '정책 결정에 있어 과학 자문의 이용Use of Scientific Advice in Policy Making'에 대한 가이드라인을 제시했다. 그 핵심 주제는 투명성이었다. 즉, 과학적 조언이 불확실하다면 이 사실을 처음부터 시인해야 한다. 우리는 이러한 가이드라인을 열렬히 지지한다. 불확실성을 숨기면 필시 대중의 신뢰와 존중을 잃는다.

12. 일부에서는 위험을 놓고서 다른 위험과 비교할 수 있는 간단한 척도가 있다면 위험에 대한 대중적 논의가 훨씬 쉬워질 것이라고 생각한다. 우리는 이것이 실현 가능하지 않다고 생각한다. 그러한 척도는 오해만 부를 뿐이다.

13. 정책에 대한 과학적 조언은 전통적으로 '독립적인 전문가들'에 의존해왔다. 그러나 날로 심해지는 연구의 상업화 때문에 독립성이라는 개념이 문제가 되기 시작했다.

14. 우리는 과학자들이 자신의 독립성을 강력하게 지키고 변호해야 한다고 본다. 지원 단체와 소속 조직은 투명하게 공개되어야 하며, 그 연구 결과가 동료의 심사를 받아 학술 저널을 통해 출판되었다면 이것이 연구의 질이나 결과에 영향을 준 것으로 여겨져서는 안 된다.

15. 그럼에도 정치적 현실은 무시할 수 없다. 동료심사peer-review와 이해관계의 공개는 오늘날 신뢰의 위기를 막지 못했다. 과학과 관련된 분야의 정책 수립 과정에 대해 근본적으로 다른 접근 방법이 필요하다.

제언

(j) 정부는 과학기술청의 가이드라인과 같은 과학 자문에 대한 가이드라인이 유럽연합 위원회 수준에서 받아들여지도록 요구해야 한다.

(k) 범부처 간 위험 평가 그룹에서 대중이 위험에 대한 정보를 어떻게 받아들이는지에 대한 현재의 연구를 면밀히 조사해야 한다.

5장. 대중을 참여시키기

16. 새로운 대화 분위기는 다양한 활동을 통해 드러날 수 있다. 우리는 다음과 같은 조사를 수행했다.

▶ 국가적 차원의 전문가 자문회의

▶ 지역적 차원의 전문가 자문회의

▶ 공론조사

▶ 상임 자문 패널

▶ 포커스 그룹

▶ 시민 배심원회의*

▶ 합의회의**

---

* 시민배심원회의는 무작위 추출 과정을 통해 뽑힌 15명 내외의 시민이 일반 시민을 대표하여 4~5일간 만나 공공적으로 중요한 문제에 대해 숙의하는 방식이다.

** 합의회의는 "선별된 일단의 보통 시민들이(통상 15명 내외) 정치적으로나 사회적으로 논쟁이 되거나 관심을 불러일으키는 과학적, 혹은 기술적 주제에 대해 전문가들에게 질의하고 그에 대한 전문가들의 대답을 청취한 다음 이 주제에 대한 내부의 의견을 수렴해서 최종적으로 기자회견을 통해 자신들의 견해를 발표하는 하나의 포럼"이라고 정의된다(Simon Joss and John Durant(eds.), *Public Participation in Science: The Role of Consensus Confe-*

▶ 이해관계자 대화

▶ 인터넷 대화

▶ 정부의 미래 예측 프로그램*

17. 이 모든 접근 방식들은 가치가 있다. 이것들은 의사결정권자들이 대중의 가치와 우려를 듣도록 도와주며 대중에게는 그들이 고려되고 있다는 일정한 확신을 심어주는 한편, 대중의 결정이 받아들여질 가능성도 증가시킨다. 하지만 이러한 조사는 일회성 조사로 의사결정 기관들의 문화와 구조 수준에서 요구되는 진정한 변화를 대신하지는 못한다.

18. 과학과 대중 사이의 더 많은, 그리고 더 나은 대화에 관한 영국 사회의 요구에 의미 있게 대응하기 위해서는 합의회의나 시민 배심원 회의와 같은 이벤트성 시도를 넘어서야 한다. 영국은 다양한 집단으로부터 더욱 실질적인 영향과 효과적인 조언을 받을 수 있도록 기존의 제도적 권한과 절차를 바꿔야 한다.

19. 대중이 앞장서서 지지하지 않는 과학 분야의 발전을 저해하는 것은 과학연구를 퇴보시키고 탄압하는 일이며, 창의적인 과학연구를 질식시키거나 해외로 몰아내는 결과를 불러올 것이다. 이는 우리의 제안이 이루고자 하는 바가 아니다. 그럼에도 현대 민주주의 사회에서 과학이 공공영역의 다른 행위자들과 마찬가지로 대중의 태도와 가치를 무시하는 것은 매우 위험한 일이다. 우리가 대중과 더 많은 진실된 대화를 요구하는 이유는 과학의 '실행 권한'을 보호하기 위함이지, 제한하기 위함이 아니다.

20. 직접적이고 개방적이면서 시기적절한 대중과의 대화를 선호하는

---

rence in Europe (London: Science Museum, 1995. 이영희, 「과학기술 민주화 기획으로서의 합의회의: 한국의 경험」, ≪동향과 전망≫, 통권 제73호, 197~213쪽에서 재인용).

* 영국은 1999년부터 미래 예측을 위한 시나리오를 작성하고 이에 따른 미래 전략 수립을 추진 중이다.

문화적 변화는 과학자문위원회, 연구위원회, 그리고 과학자 개개인에게 영향을 미칠 것이다.

제언

(l) 대중과의 직접적인 대화는 과학기반 정책 수립, 연구기관 및 학술기관의 활동에 있어 부가적인 선택사항이 아닌, 일상적이고 필수적인 단계가 되어야 한다.

(m) 대중과의 대화는 어떤 형식으로든 정부 소속의 과학기술청과 과학자 사회를 선도하는 대중과학이해위원회의 주된 활동이 되어야 한다.

(n) 정부 부처들은 대중과 대화하는 새로운 방법에 대한 경험을 수집하고, 그 효과를 극대화하는 동시에 진실성을 유지할 수 있는 실행 수칙을 작성해야 한다. 이것은 과학기술청의 주도하에 이루어져야 한다. 이 실행 수칙을 수석 과학자 고문의 과학 자문 가이드라인과 동등한 지위를 갖게 하거나 이것의 일부로 삽입하는 것도 고려해야 한다.

(o) 대중과의 대화는 항상 신뢰를 기반으로 이루어져야 하고, 그 목표와, 특히 정책설립 과정에서 그것이 담당하는 역할은 그 시작 단계부터 명확해야 한다. 대중과의 대화를 주관할 때에는 단일 쟁점 집단이 그 행사를 독점하지 않도록 해야 한다. 또한 언론이 이와 같은 행사와 그 결과에 대해서 보도하도록 노력을 기울여야 한다.

(p) 정부는 유럽연합을 비롯한 국제적인 수준에서 과학과 관련된 이슈들에 있어 대중과의 소통을 촉진시키는 데 앞장서야 한다.

제언

(q) 과학 관련 분야의 자문 기관과 의사결정 기관들은 투명성의 원칙을 채택해야 한다. 이러한 원칙은 모든 과학적 정보와 조언을 비롯해 특히 규제결정이 이루어진 근거에 대해 반드시 적용되어야 한다. 이 원칙은 순수한 상업적 기밀과 같이 명확하게 정당화될 수 있는 경우를 제외하고는 항상 지켜져야 한다.

(r) 이러한 기관들은 그들의 회의록을 최대한 많이 대중에게 공개해야 한다.

(s) 영국 식품안전청Food Standards Agency은 대중과의 직접적이고 개방적이며 시기적절한 대화의 문화를 장려해야 한다.

(t) 연구비 지원서의 과학적 가치는 앞으로도 계속 동료심사를 통해 평가되어야 한다. 하지만 연구위원회는 연구비 지원의 우선순위를 설정하는 더욱 폭넓은 문제와 관련해, 이해관계자와 대중을 좀 더 많이 참여시키고 그 과정을 더욱 널리 알리기 위해 노력해야 한다. 우리는 연구위원회가 의회의 의원, 지역 당국자들, 활동적인 지역 주민들의 사려 깊은 참여를 구하고 다양한 장소에서 종종 공개 토론회를 개최할 것을 제안한다.

(u) 논문 출판을 염두에 둔 정보들에 대한 정보자유법의 공개의무조항 면제권은 이것이 과학자로 하여금 동료심사 이전에 미발표 연구의 결론을 공개하게 만들지 않는다는 것을 충분히 보장할 수 있도록 신중히 검토되어야 한다.

(v) 공공의 이익을 위해 대중이 매체를 통해 어떤 과학연구 분야의 특성에 대해 미리 알 필요가 있다면, 관련 연구자들은 신중하게 대학홍보부서나 학술단체로부터 도움을 받아야 한다.

21. 과학적 이슈에 대한 대중의 여론을 주시하고 대중과의 대화를 촉진시키고 실행하는 새로운 기관이 필요하다는 의견이 있었다. 우리는 이미 여러 기관이 있기 때문에 새로운 기관을 설립할 필요는 없다고 본다. 하지만 우리는 의회과학기술청Parliamentary Office of Science and Technology을 통해 과학 이슈에 대해 공개 협의와 대화를 주시하고, 의회의 상원과 하원에 지속적으로 정보를 전달하도록 하는 것을 고려하고 있다.

6장. 학교 과학교육

22. 그동안 주목을 받지는 못했지만, 과학에 대한 대중의 태도는 학교에서 받은 과학교육으로부터 많은 영향을 받는다.

23. 우리는 많은 과학 교사의 업적을 존중한다. 과학에 대한 관심은 초등학교에서 그 기반이 다져진다. 하지만 대부분의 초등학교 교사들은 과학을 가르칠 만한 자질을 갖추질 못해서 과학을 가르치는 데 자신감이 부족한 경우가 많다. 따라서 우리는 정부의 과학기술위원회가 현재 착수하고 있는 초등학교 및 중학교 과학 교사에 대한 재직 교육을 장려한다.

24. 학교에서 과학교육은 과학에 호기심이 많고 재능 있는 학생들이 대학에서 과학과목을 들을 수 있도록 준비시키는 전통적이고 매우 중요한 역할을 이어가야 한다. 동시에 모든 학생들이 '과학적 소양scientific literacy'과 '과학시민의식science for citizenship'이라 일컬어지는 것을 갖출 수 있도록 해야 한다. 이는 과학교육 과정에 영향을 미칠 것이다. 급격한 교육과정의 변화는 교사들에게 엄청난 짐을 안기기 때문에, 점진적으로 교육과정을 변화시키기를 권장한다.

제언

(w) 더 이상 초등학교에서 독해와 산술 과목 시수를 늘리기 위해 과학 과목 시수를 무리하게 축소해서는 안 된다.

(x) 과학교육 자료 개발에 관여하는 이들은 비용과 건강 및 안전 규제에 부합하는 적절한 시연 자료들을 찾아내야 할 것이다.

7장. 과학과 대중매체

25. 학교를 떠나고 나면 대부분의 사람들은 대부분 TV와 신문을 통해 과학에 대한 정보를 얻는다. 그러므로 대중매체에서 과학을 어떻게 다루는지는 매우 중요한 문제이다. 대부분의 과학자들이 대중매체가 이 일을 잘하지 못한다고 느낀다.

26. 사실 과학 저널리즘은 현재 영국에서 번창하고 있다. 하지만 과학 전문기자가 아닌 기자들이 뉴스에서 과학 소재를 다룰 때 문제가 생기기도 하며 헤드라인이 사실을 왜곡하는 효과를 낳는다는 점에서도 문제가 있다.

27. 일부 사람들은 대중매체를 주로 자신의 결점을 가리는 데 이용하고자 한다. 왕립학회는 대중매체에서 과학을 다루는 데 사실적 정확성과 균형을 유지할 것을 촉구하는 편집장을 위한 가이드라인을 최근 완성했다. 우리는 이와 같은 움직임을 매우 환영하며 추천하는 바이다.

28. 하지만 우리가 볼 때 과학 관련 이슈에 대한 대중매체의 높은 관심은 그 자체로 환영할 만하다. 때때로 대중과의 대화에 관계된 사람들에게는 만족스럽지 못할 수도 있지만, 아무런 소통이 없는 것보다는 낫다. 과학자들은 대중매체로부터 특별한 대우를 기대해서는 안 된다. 그들은 대중매체 때문에 발생하는 고난도 기쁨과 마찬가지로 받아들여야 한다.

29. 과학자들은 대중매체와 있는 그대로 협력하는 방법을 배워야 한다. 우리는 비전문가들이 대중매체에서 과학적 내용을 더욱 만족스럽게 다룰 수 있도록 과학자 사회가 도움을 줄 수 있는 다양한 방안들을 검토했다.

▸ 대중매체 훈련과 안내서

▸ 학술지 출판 전문인이 제공하는 서비스의 개발

▸ 대중과학이해위원회의 언론인 대상 장학제도

▸ 영국과학진흥협회의 새 알파갈릴레오 웹사이트[www.alphagalileo.org]

30. 우리는 이런 모든 접근 방식을 추천한다. 더욱 폭넓게 볼 때, 영국 과학문화는 대중매체와 개방적이고 긍정적인 커뮤니케이션을 선호하는 방향으로의 대폭적인 변화가 필요하다. 이를 위해서는 훈련과 자원이 필요하다. 그러나 무엇보다도 대중과학이해위원회의 기관들이 훌륭하게 제공해준 리더십이 필요하다. 이 과정에서 곤란에 처하거나 좌절을 겪는 일을 피할 수는 없을 것이다. 그러나 만약 성공한다면, 결과적으로 대중의 과학에 대한 신뢰 회복을 통해서 충분히 보상받을 수 있을 것이다.

제언

(y) 언론중재위원회는 영국왕립학회에서 제공하는 편집장을 위한 새로운 가이드라인을 채택하고 공포해야 한다. 그렇게 함으로써 언론중재위원회는 이 가이드라인이 과학전문 기자뿐 아니라 뉴스 편집부를 포함해서 과학을 다루고 있는 모든 기자들을 대상으로 한다는 사실을 명확하게 밝혀야 한다.

(z) 정부는 기자들을 위한 과학 참고 사이트인 알파 갈릴레오에 대해 향후 유럽연합의 지원이 이루어지도록 각고의 노력을 기울어야 한다.

3-3 사회에서 과학의 위치

MASIS 전문가 그룹(Monitoring Activities of Science in Society Expert Group), 2009

MASIS Expert Group. 2009. "The place of science in society." *Challenging Futures of Science in Society: Emerging Trends and Cutting Edge Issues*. European Commision, pp. 9~18.

2장: 사회에서 과학의 위치

미국 버락 오바마Barack Obama 대통령은 2009년 취임 연설에서 "과학을 올바른 위치로 복원시키겠다"라고 말했다. 이는 사회에서 과학의 '올바른', 아니면 적어도 적절한 위치가 어디인지, 그리고 어디여야 하는지에 대한 논쟁을 불러일으켰다. 오바마 대통령은 과학이 과거 어느 시점엔가 그 올바른 위치에 있었던 적이 있으며, 그 위치를 되찾아 주어야 한다고 주장했다. 이 메시지는 역사적으로도 옳지 않을 뿐 아니라 정치적으로도 시기적절하지 못했다. 이보다는 계속되는 변화와 그 변화가 평가되는 방식을 고려해, 미래지향적으로 과학은 어떤 위치를 차지하는 것이 '좋을'지, 혹은 '적절할'지 계속해서 질문을 던져야 한다. 이처럼 광범위한 문제에 대한 명백한 대답은 과학의 사회적 요구와 한계를 아우르는 과학에 대한 이해와 과학의 이미지뿐 아니라, 규범적 지향점, 사회 모델, 민주주의의 개념까지 포함하는 것이 될 것이다. 중요한 점은, 문제를 이런 식으로 제기해왔음에도 과학자, 정책 결정권자들, 사회적 행위자들의 관점에는 물론이고 실제

정책들과 과학에 대한 대응방식에도 사회 속에서 과학의 '올바른' 위치에 대한 생각이 암묵적으로 내포되어 있다는 점이다. 이 문제에 대한 해답은 단순하지 않을 것이며, 논란의 여지가 없지도 않을 것이다. 그렇지만 이것이 바람직하다. 우리 사회에서 과학이 맺고 있는 여러 관계들은 유동적이며 진화하고 있기 때문에, 이에 대한 논의 또한 공개적으로 이루어져야 한다. 따라서 이 보고서에서 우리 사회에서 과학은 어떤 위치를 차지하고 있으며, 과학이 차지해야 하는 적절한 위치는 어떤 것인지 고민하는 것은 매우 중요하다.

2.1 사회에서 과학의 위치란 무엇인가?

'과학과 사회science and society'에 관한 이전 논의들 및 이와 관련된 과학과 사회 간의 사회적 계약과 같은 개념들에서는 과학과 사회를 별개의 것으로 가정한 후에 그 간극을 메우려고 했다. 그러나 이런 식으로 표현된 간극은 스스로 만들어낸 것이다. 분명히 사회에 존재하는 행동, 교류 및 소통의 체계와 과학의 체계 사이에는 차이점들이 있지만, 과학은 사회 밖에 있는 것이 아니다. 시간이 지나면서 상대적으로 자율적인 과학의 하부 조직이 등장하고 스스로를 재생산해내면서, 계몽과 진보에 과학이 기여한다는 강한 확신과 과학계 외부와 소통하기보다는 내부로 향하려는 주도적인 경향도 함께 재생산되었다. 사회 속 과학의 위치를 과학계 내부의 관점에서 보게 된 이유가 여기에 있다.

19세기 이후에 과학이 사회로부터 어느 정도 분리 독립되어 있었던 것은 역사적으로 사실이지만, 그 관계가 이런 식으로 지속되어야 하는 것은 아니다. 즉, 과학을 원래의 '올바른' 위치에 '복원'시킬 필요가 없다는 것이다. 게다가 과학과 사회, 혹은 사회 속의 과학 사이의 관계에 대해서는 규범적으로도 고려해보아야 한다. 과학이 사회와 결코 분리된 적이 없었다는 점

또한 역사적으로 맞는 사실이고, 현재 재맥락화하려는 움직임(2.2 참고)은 장기적이고 지속적인 상호작용에 기반을 두고 있다. 과학, 기술, 사회에 대한 연구들은 우리가 이러한 부분을 이해하는 데 이바지했으므로, 이 절에서 우리는 몇몇 영향력 있는 핵심 연구들을 간단히 소개하고자 한다.

과학은 우리가 세계를, 우리 스스로를, 그리고 우리 사회를 들여다보는 시각을 형성한다는 점에서 매우 중요한 힘이다. 과학이 주는 통찰력은 그것의 응용과 관련해 논란을 불러일으키기도 한다(예를 들어, 신체능력 증강 human enhancement, 기후변화, 줄기세포 연구, 지구공학, 최근 등장하고 있는 합성생물학 등). 과학은 또한 혁신적인 제품의 탄생을 가능하게 하고, 우리의 삶의 질을 높이는 데 기여하기도 한다. 과학이 과학자들에게만 맡겨두기에는 너무나 중요하다는 말은 과학을 사회에 통합시키려는 규범적인 면모를 포착하고 있다. 이는 사회적인 참여의 길을 열어놓지만, 과학의 창의력을 즉각적인 이해관계에 종속시키는 방식으로 가지는 않는다.

다른 규범적인 도전은 재서노프의 "건전한 과학의 수행과 건전한 민주주의의 수행은 모두 동일한 공통의 가치에 의존한다"는 관찰로부터 시작한다.* 이성과 논증에 전념하는 것, 판단과 의사결정 기준의 투명성, 비판적인 검토에 대한 열린 자세, 아무 의심 없이 수용되는 지배적인 가치나 위치에 대한 비판적인 태도, 다르거나 반대하는 목소리들을 기꺼이 듣고 그들의 논리적 타당성을 확인하는 태도, 불확실성을 받아들일 수 있는 준비, 불확실성이 있더라도 가능한 최선의 증거라면 존중하는 태도, 의심받지 않는 권력에 대한 불신, 합법성과 정의에 대한 높은 관심, 그리고 의사소통에서의 공정함 등이 이러한 가치의 이상적인 예가 될 수 있을 것이다. 과

* Sheila Jasanoff, "The Essential Parallel Between Science and Democracy," *Seed* Magazine(2009). http://seedmagazine.com/content/article/the_essential_parallel_between _science_and_democracy.

학과 민주주의가 실제 이루어지는 방식에는 차이점이 존재하지만(예를 들어 실험실의 작업과 선거에서 투표라는 차이처럼), 공통적으로 넘어야 할 산은 어떻게 이와 같은 가치들을 실천적으로 옹호하고, 그럼으로써 상호 지지할 수 있는지에 대한 해답을 찾는 것이다.

사회 속에서 과학의 '적절한' 위치를 경험적으로 제시하고자 한 시도들 중에는 초기 연구들이 두드러지며, 이들은 사회 속의 과학에 대한 모든 논의에서 획기적인 업적으로 여겨진다.

마이클 폴라니Michael Polanyi가 1962년에 발간한 연구는 그가 과학공화국Republic of Science이라고 부른 개념의 주요 특징에 대해 설명하고 있다.* 이 과학공화국이라는 개념은 그 내부적인 작동이라는 면에서 우리 사회에서 상대적으로 자율적인 위치에 있는 과학을 정당화하고 있다. 폴라니의 논문은 과학의 자유freedom에 대해 영국에서 일어난 더 긴 논쟁의 일부였지만, 그의 해석과 관련한 최근 연구들, 즉 과학공화국의 제도institutions들이 어떻게 변화하는지 보여준 연구나, 왜 폴라니의 과학공화국 개념에 비판적인 새로운 정치학적 이론들이 필요한지, 또 어떻게 그런 새 이론들이 가능한지에 대한 연구가 분명히 보여주듯이, 그 자체로 매우 유의미하다. 폴라니의 분석은 과학의 권한에 대해 명백한 입장을 취하며, 따라서 그의 해석에 대한 이후 논의들도 이 권한에 대해 언급하거나 논한다. 한 예로 앨빈 와인버그Alvin M. Weinberg의 과학적 선택의 기준에 대한 매우 영향력 있는 논문을 들 수 있다(에드워드 실스Edward Shils가 1968년 출간한 논문 모음도 참고할 수 있다).**

---

* Michael Polanyi, "The Republic of Science: Its Political and Economic Theory." *Minerva* 1(1)(1962), pp.54~73.

** 앨빈 와인버그의 논문은 다음을 참고. Alvin M. Weinberg, "Criteria for Scientific Choice." *Minerva,* 1(2)(1963) pp. 159~171; Alvin M. Weinberg, "Criteria for Scientific Choice II: The Two Cultures", *Minerva,* 3(1)(1964) pp.3-14.
실스의 논문은 다음을 참고. Edward Shils(ed.), *Criteria for Scientific Development: Public*

제롬 라베츠Jerome Ravetz의 연구는 또 다른 주요 업적으로 손꼽히는데, 특히 1971년에 발간한 책에서 그는 과학이 어떻게 작동하며 사회에 깊숙이 뿌리내리고 있는지를 서술함과 동시에 특정 상호작용과 압력들을 비판하고 있다. 라베츠의 글들은 1970년대에 매우 영향력이 있었으며, 그는 후기-정상과학post-normal science에 대한 진단과 함께, 계속해서 진화하는 사회 속의 과학이라는 이슈에 관한 중요한 논평자로 남아 있다.*

어떤 점에서 1960년대 후반부터 1970년대 초반은 사회 속의 과학science-in-society에서 매우 중요한 시기다. 과학과 사회의 관계에 관한 관점과 활동들이 변했고(예를 들어 사회와 더욱 관련 있는 과학이 요구되었다), 사회 속 과학에 대한 연구studies of science-in-society가 그 자체로서 하나의 학문 분야로 등장했다. 1980년대에 또 다른 중요한 시기가 찾아왔다. 경제성장과 삶의 질 향상에서 과학기술이 갖는 가치에 대해 정책적인 관심이 늘어나기 시작했고, 과학기술연구 환경에 대한 다양한 조처가 이루어지고, 많은 변화가 나타났다. 라투르의 책 『과학의 실천 Science in Action』(1987)은 새로운 테크노사이언스techno-science의 작동을 분명하게 보여주는 것으로 그는 이 책이 과학기술학science and technology studies의 업적을 종합하는 것이라고 말했다. 물론 그는 그 이상을 했지만, 이 종합적인 성격 때문에 이 책은 기념비적인 연구가 되었다.

마이클 기번스Michael Gibbons가 그의 공저 논문에서 '제2의 유형Mode 2'이라는 지식 생산에 대한 개념을 소개했을 때, 이들도 라투르가 이야기한 것과 같은 변화를 감지했고, 이 제2의 유형으로의 변화가 바람직한 것이며 이것이 임박했음을 예고했다. 이와 같은 주장은 학자들과 정책입안자들에게 매우 매력적인 참고사항이 되었으며, 1960년대와 1970년대 거대과학에 관심이

Policy and National Goals (Cambridge, Mass.: MIT Press, 1968).

* Jerome Ravetz, *Scientific Knowledge and Its Social Problems* (Oxford: Oxfod University Press, 1971).

집중되었던 것과 유사하게 과학정책에서 하나의 유행으로 많은 주목을 받았다.*

이 모든 연구들은 사회로부터 다소 거리를 둔 자율적인 과학 – 현재 재맥락화하고, 재맥락화되는 – 에 대한 문제제기와 연관되어 있다. 아래 2.2에서 우리는 이와 같은 생각을 발전시켜나갈 것이다. 여기서 우리는 과학과 기술이 맥락과는 독립적으로 타당성을 지니며 성과를 발휘하고 있으므로, 과학을 맥락화할 때에도 이런 발전 방식을 따라 그런 식으로 과학기술에 접근해 연구할 수 있다는 점을 덧붙일 것이다.

이것은 과학 내부의 작동으로부터 과학의 권리가 발현되기 때문에 과학 내부의 작동을 인정하는 것이 과학을 올바른 자리로 복귀시키는 것이라는 개념으로 회귀하는 것이 아니다. 이것은 소위 말하는 과학 내부의 작동이 사회 속 과학의 한 가지 구성요소라는 점을 인식하고자 하는 것이다.

2.2 부분적이고 논쟁적인 변화의 지속

제1장에서 명시했듯이, '재맥락화'라는 용어는 현재는 재맥락화 과정을 거치고 있지만 과거에는 사회로부터 거리가 먼 자율적인 과학이 존재했음을 내포하고 있다. 이와 같은 진단은 현재 상황에 관해 어느 정도 잘 설명하고 있지만, 분석적으로는 더욱 개방적인 '변화'라는 개념을 이용하는 편이 더 낫다. 이 경우 재맥락화는 변화의 일부분이 된다. 우리는 전략적 과학이라는 체제의 등장을 논할 것이고 과학과 그 영향을 연구하는 새로운 분야의 등장을 통해 가시화되고 있는, 성찰성을 추구하는 변화에 대해서도 논할 것이다.

---

* Michael Gibbons, Camille Limoges, Helga Nowotny, Simon Schwartzman, Peter Scott, and Martin Trow, *The New Production of Knowledge: The Dynamics of Science and Research in Contemporary Societies* (London: Sage, 1994).

2.2.1 과학의 재맥락화

제2차 세계대전 이후 과학이 전쟁에 기여한 경험을 바탕으로, 사회 내 과학에 대한 새로운 체제가 등장했다. 1945년 바네바 부시가 미국 대통령에게 제출한 보고서 「과학, 그 끝없는 프런티어」가 출간된 이후, 이 보고서의 이름을 따서 불리게 된 이 체제는 분명한 역할 분담을 포함하고 있었다. 이 체제에서 공공연구기관은 사회적 연관성이 있는 임무에 몰두하고, 대학은 사회적 연관성은 고려하지 않는 기초과학에 대한 지원을 받는다. 1960년대 이후에 이 체제는 국가과학정책들이 활성화됨에 따라 압박을 받기 시작했고, 이에 따라 전략적 연구 프로그램과 같은 새로운 정책 수단을 이용하게 되었다. 또한 과학에 대해 더 높은 수준의 책임과 의무를 요구하거나 다양한 대중과의 연관성을 강조하는 등 공적 감시가 매우 중요해졌다. 1980년대에 들어서 「과학, 그 끝없는 프런티어」로 대표되는 체제는 '전략적 과학'이라고 칭할 수 있는 새로운 체제에 자리를 내어주게 되었다 (2.2.2 참고).

유럽 각국의 정부와 통치 기관들이 기대하는 사회에서 과학의 역할은 어떤 것인가? 어떤 조건들이 과학의 틀을 만들어내는가? 어떤 기관들이 필요한가? 그것들은 어떻게 사회적 변화에 대응할 수 있을까?

자율적이고 분리되어 있는 과학과 사회 간의 오래된 계약의 요소 가운데 일부는 오늘날까지도 이어지고 있지만(특히 과학자들의 자각 속에서, 그리고 과학에 대한 문화적 관점으로), 새로운 형태의 관계가 최근 수십 년 사이에 등장하기 시작했다. 1980년대 들어 새로운 사회적 계약의 윤곽이 드러났고, 그중 하나는 새로운 형태의 지식 생산에 관한 인식이었다. 진실을 탐구하는 전통적인 과학지식 생산은 과학의 연관성relevance of science이라는 개념 아래 사회적 가치를 반영하는 방향으로 변화했다. 프로그램 기반의 재정 지원은 '전략적 연구'로 분류되는 이러한 새로운 형태의 지식생산 유형의 본보기가 되었다(2.2.2 참고).

기초과학과 응용과학, 혹은 문제 중심의 역할 분담 방식은 거의 사라졌으며, 대학, 공공 연구소, 그리고 산업계와 기타 사립 연구소들 간의 기능적인 역할 분담도 사라졌다. 그 자리에 과도기 단계의 유동성이 자리를 잡았지만, 동시에 새로운 패턴도 나타났다. '테크노사이언스'는 매우 잘 알려져 있는 예이다. 다양한 행위자들이 다양한 형태로 경쟁하고 협력하는 새로운 지식거래 장소와 시장이 형성되었다.

전략적 과학 체제로의 공고화는 1980년대 새로운 경제성장의 원동력으로서 과학적 기술에 얽힌 이해관계에 의해 가속화되었다. 이러한 이유와 함께, 현시점에서의 결단이 필요한, 새로운 과학적 기술을 필요로 하는 장기적 개발과 관련된 이해관계도 두 번째 동인으로 작용했다. 기후변화, 더 일반적으로는 지속가능한 발전과 지속가능한 과학에 연관된 다양한 활동들은 매우 명백한 예라고 할 수 있다.

기번스의 공저 논문과 그의 연장선상에 있는 헬가 노우트니Helga Nowotny의 공저 논문은 제2의 유형 사회에서 제2의 유형의 지식 생산으로 귀결되는 여러 가지 변화들을 강조했다.* 제2의 유형은 연구팀의 유동성(더 일반적으로는 연구의 분산), 응용 맥락에서 이루어지는 새로운 발견과 전통적 학문 구분의 쇠퇴를 낳는 초학제적 연구, 실비오 펀토위츠Silvio Funtowicz와 라베츠가 제안한 '확장된 동업자 평가'와 같은 새로운 형식의 질적 관리, 새로운 규범으로서의 도전받는 전문성contested expertise과 사회적 강건함으로 특징지어질 수 있다.** 그들이 결론짓듯이, 그 결과는 (사회에서) 과학의 재맥락화가 필

* Helga Nowotny, Peter Scott, and Michael Gibbons, *Re-Thinking Science: Knowledge and the Public in An Age of Uncertainty*(London: Polity Press, 2001).

** Silvio O. Funtowitz and Jerome Ravetz, "Science for the Post-Normal Age," *Futures* 25(7)(1993): pp.735~755.

요하다는 것이다.

과학의 체계는 물론이고, 과학과 사회의 관계나 과학 속의 사회의 관계에서도 현재 진행형으로 다양한 변화들이 분명하게 일어나고 있다. 기번스 등이 주장하듯이 제2의 유형이 더 나은 방법이며, 그렇기 때문에 기존 과학 체계를 모두 중단해야 한다는 것은 지나치게 단순한 발상이다. 긴장과 갈등이 존재하고 있으며, 이에 대한 논란과 대항 운동이 일어나고 있는 것을 관찰할 수 있다(2.3 참고). 변화는 불완전하고 도전을 받으며, 한 방향으로의 발전이란 것은 존재하지 않는다. 재맥락화하려는 추세와 동시에 전통적인 '우수성'이라는 개념하에 핵심 과학들을 재확인하려는 움직임도 존재한다.

2.2.2 전략적 연구와 전략적 과학의 체제

전략적 연구라는 개념은 1970년대에 이미 장기적 목표를 가지고 수행되는 응용연구를 명시하는 데 사용되었지만, 현재에는 기초연구의 한 형태가 되었다. 생명공학이나 화학과 같은 분야와 일부 사회과학에서 수행되는 대부분의 연구가 전략적 연구에 포함된다. 프로그램 기반의 연구과제는 이들 분야에서 이루어지는 연구의 대부분을 차지하고 있으며, 프로그램들은 사회적 문제와 사회가 가지는 기대에 대해서 과학과 연구가 어떠한 성과를 내야 하는지에 대한 생각을 담고 있다. 전통적인 자율적^undirected^ 연구 형태는 사라지지 않았지만, 전략적 연구 프로그램의 일부로 점차 편입되고 있다.

전략적 연구는 (지역적이라고 할 수도 있는 특정한 맥락에 대한) 연관성과 (그러한 종류의 과학의 발전과 같은) 우수성을 결합시킨다. 기초연구(그리고 과학적으로 우수한 연구)와 연관성 있는 연구의 차이는 기본 원칙의 차이에서 비롯된 것이 아니다. 이것은 과학연구의 특성보다는 기관들 사이의 역할 분담과 더욱 밀접하게 연관되어 있다. 과학적으로 우수한 것과 사회적 연관성이 있는 연구의 결합은 역사 속에서, 그리고 오늘날 반복해서 일어난다. 이 결합은 모든 분과와 모든 과학 분야에서 같은 형식으로 나타나는 것은 아니지만, 전략적 연구와 같은 과학적 우수성과 사회적 연관성을 모두 아우를 수 있는 새로운 연구 형태가 현실적인 선택지라는 주장을 정당화할 수 있을 만큼 자주 나타난다.

어빈과 마틴은 "전략적 연구는 현재 혹은 미래에 나타나는 현실적인 문제들을 해결하는 데 바탕이 되는 광범위한 지식 기반을 마련할 수 있을 것이라는 기대를 가지고 수행되는 기초연구"라고 정의했다. 이 권위 있는 정의는 앞에서 언급한 전략적 연구의 중요한 특징을 잘 짚어낸다.*

따라서 기대치나 '지식 기반' 생산을 강조하고 해결책을 제시하기보다는 문제 해결을 위한 배경을 제시해줄 것을 강조함으로써, 현재 진행 중인 연구와 그 연구결과의 궁극적인 활용 사이에는 간극이 형성된다. 이것은 주로 먼 훗날의 기대와 관련되는 미래나 비전을 오늘날의 과학 의제에 연결시켜 언급함으로써 일어난다(예를 들어, 나노기술과 신체능력 증강 등의 분야에서처럼). 이러한 방식으로 과학연구는 전략적이고 사회적 연관성이 있는 목표를 가지면서도, 제품 생산과 같은 특정한 결과에 얽매이지 않고 진행된다. 전략적인 특성은 나타나지만 과학연구의 개방성은 유지된다. 과학자들은 과학연구가 사회적 연관성을 가져야 한다는 압력을 내재화했지만, 연구의 개방성을 유지하면서 더욱 전망이 좋은 쪽으로 연구 방향을 변화시켜 나갈 수 있는 자유도 보장받는다.

따라서 연구결과는 과학적 지식과 기술적 선택지의 축적에 기여하며, 이 축적에 기반을 두고 과학에 대한 새로운 해석에서부터 새로운 기술적

---

* John Irvine and Ben Martin, *Foresight in Science: Picking the Winners* (London: F. Pinter, 1984).

선택지, 혁신, 그리고 전문가 자문에 이르기까지 다양한 지식의 조합을 이끌어낼 수 있다. 축적된 지식의 저장고는 과학 학술지와 전문 저널에 담겨 있는 내용에서 잘 드러나지만, 전문가들의 네트워크도 이에 못지않게 중요하다. 지식의 저장고는 혼성 집단hybrid community에 의해서 유지된다. 이 예는 나노공학과 생명공학과 같은 분야에서 많이 찾아볼 수 있다.

선형적 기술혁신 모델linear model of innovation(그리고 이에 수반되는 정책수단과 즉각적인 이익에 대한 기대) 대신에, 혁신과 그 효과가 부의 창출과 삶의 질에 미치는 영향이 선형적인 혁신 사슬에만 국한되지 않는 수평적 기술혁신 모델lateral model of innovation을 제안할 수 있다. 더 흥미로운 기술혁신과 그 영향은 새로운 수평적 결합과 주요 행위자들의 사회적·학문적 이동으로부터 파생된다. 이는 기술혁신 중심의 연구는 물론 전문성과 의사결정에 치중한 전략적 연구에도 적용된다. 생명과학과 나노기술 같은 기술 분야는 기술혁신과 더불어 통찰력과 전문성과도 연결되어 있으며, 따라서 전략적 과학 체제의 두 요소들 사이에 걸쳐 있다. 환경 및 지구과학, 그리고 대부분의 사회과학과 행동과학은 전략적 의사결정이라는 두 번째 요소와 주로 연결된다(예를 들어, 사전 예방의 원칙과 같은 배경에 비추어볼 때).

제도적으로 볼 때 전략적 연구의 중요성을 잘 드러내는 지표로 우수하고 연관성이 큰 연구를 수행하는 센터의 확산과 전략적 프로그램 연구가 차지하는 비중의 증가를 들 수 있다. 미국 공학연구센터US Engineering Research Centres와 영국 학제 간 연구센터UK Interdisciplinary Research Centres, 그리고 호주 협동연구센터Australian Collaborative Research Centres는 모두 1980년대에 개설되었고, 지금은 이와 같은 연구소들이 유럽 전역에 설치되어 있다. 네덜란드, 스칸디나비아 국가들, 그리고 독일에는 공공 연구지원금이 전략적 연구의 형태, 주로 사회적 문제 해결을 위한 연구 프로그램으로 구성되어 있다.

지금까지 상대적으로 덜 강조된 것은, 예를 들어 이 연구가 어떤 의미를 가질 것인지와 같은 기대의 중요성이다. 기대 효과를 표현하는 것은 연구 활동에 매우 필수적인 요소가 되었다. 이 때문에 과학자들은 과학이 지나치게 과장 광고되어 새로운 과학에 대한 실망과 함께 과학에 대한 대중의 공감과 정치적 지지에 역효과를 내는 것은 아닌지 우려한다.

2.2.3. 성찰적 과학

이제 사회는 분자생물학과 유전자 조작의 경우에서 보듯이 과학의 영향과 수반되는 위험을 운명론적으로 받아들이지 않으며, 기술영향평가(TA) technology assessment와 윤리적 평가가 이루어지기를 바란다. 이것은 혁신중심 연구와 과학 거버넌스에 영향을 끼칠 것이다. 또한 사회는 불확실성이 크다고 할지라도 '건전한 과학'이라고 부를 수 있을 정도의 전문성을 원한다. 전문성은 일반적인 과학이 제공하는 것에 국한되지 않는다. 새로운 이해관계자들은 연구 체계의 모든 단계에서 매우 중요한 영향을 끼치고 있다. 과학에 대한 대중의 관찰과 철저한 조사는 이제 피할 수 없는 현실이 되었다. 이것은 대중의 과학 이해와 연관되지만, 더 중요하게는 전문가와 전문성에 대한 평가를 포함하고 위험사회에서 새로이 등장하는 상호작용과 더 깊은 관계를 맺고 있다.

또 다른 영향은 과학이 지닌 사회에서의 역할과 사회에 끼치는 영향에 대해 성찰해야 한다는 것이다. 이것은 철학적인 수준에서의 문제가 아니라, 위험 연구, 영향 연구, 기술영향평가, 과학기술학, 응용윤리학 등 새로운 연구 분야의 발전에 기여하고 있다. 이 분야들은 그 자체로 독립적인 연구 분야이지만, 최근에는 유전체학과 나노기술과 같은 연구 프로그램에 포함되기도 한다. 따라서 전체적인 과학 시스템은 그 특성과 사회적 맥락에 관해 더욱 성찰적reflexive으로 변하고 있다. 우리는 이것이 사회 속 과학을 실현하는 데 필수적인 단계라고 생각한다.

두 가지 예를 들 수 있다. 신체능력 증강과 관련된 논란은 기능 증진의 목적으로 점점 더 많이 이용되고 있는 의약품들과 관련된 윤리적인 문제부터 인간의 본성, 그리고 미래의 인류와 환경의 관계 등과 같은 중대한 철학적 문제까지 다양한 질문을 던지고 있다. 이 논쟁은 새로운 과학의 발달(예를 들어, 나노-바이오-인포-인지과학의 융합과 다른 형태의 융합학문들)로 촉발되었다. 개인적 수준에서 이루어지는 윤리적 문제들 외에도 사회가 어떻게 변할 것인가에 대한 쟁점도 매우 중요한 문제이다. 우리 사회는 '증강사회enhancement society'로 변할 것인가? 대중 참여public engagement와 같은 사회 속 과학활동들이 대중의 태도와 이해관계자들의 위치, 그리고 과학의 이해관계를 중재하는 데 필요하게 될 것이다. 이는 '성찰적인 과학'이 작동하는 한 가지 유형이다.

두 번째 예는 매우 높은 불확실성 속에서 이뤄지는 의사결정에 과학적 전문성이 점점 더 중요해지는 현상에 관한 것이다. 그 결과로 생겨난 '건전한 과학'과 합리적 의사결정에 관한 압력은 적어도 일부 연구자들에게 추가적인 능력을 요구한다. 연구자들은 전문적인 이야기를 (사회적으로) 단단한 증거에 연결시켜 제공할 수 있어야 한다. 인식론적으로 성찰적인 과학은 지식만을 제공하는 것이 아니라 메타-지식, 즉 전제, 타당성의 조건, 불확실성, 무지의 영역, 특정한 맥락에 대한 적용이 지닌 가치와 그 조건들과 같은 지식에 관한 지식을 제공한다. 재맥락화의 한 요소인 대중의 참여는 현재 수준의 지식뿐 아니라 관련된 메타-지식이 함께 논의될 때 더 생산적인 활동이 될 수 있을 것이다.

성찰적 과학은 과학의 변화가 추구해야 할 최종 목적이 아니라 관찰, 반성, 대응과 적응의 지속적인 과정이다. 성찰적 과학은 앞으로 나아갈 수 있는 길을 열어준다.

2.3. 긴장과 갈등

사회에서 과학이 어떤 위치를 차지해야 하는지는 정해진 것이 아니라, 지속적으로 토론되어야 할 주제이다. 긴장과 갈등은 진행 중인 변화에 매우 중요한 부분이고, 실제로 사회 내의 과학의 성격과 이것의 변화에 대해 탐색할 수 있는 기회를 마련해주기 때문에 마땅히 있어야 하는 것이다. 다 포함할 수는 없겠지만, 여기서 우리는 여러 긴장과 갈등 관계에 대해서 논의하려고 한다. 이어지는 여러 장에서 더 자세한 논의가 이루어질 것이고, 더 많은 종류의 긴장이 다루어질 것이다.

2.3.1. 사회에서 과학의 용도

기술혁신과 경제발전에 필요한 지식을 제공하는 것은 사회 속 과학의 역할 가운데 매우 중요한 측면이다. 그러나 예를 들어 삶의 질(영국에서 이 용어는 매우 널리 이용된다) 향상에 기여하는 것과 같이 과학의 다른 용도도 존재한다. '용도'라는 용어보다 '차원'이라는 용어가 사회에서 과학의 역할과 용도를 평가하는 데 적당할 것이다. 우리는 다섯 가지 주요 차원을 나누어보았다.

혁신 차원: 세계시장에서 경제적 경쟁력을 보장, 기술혁신을 제공하고 부와 경제적 성장에 기여

삶의 질 차원: 건강, 교육, 복지, 사회 질서에 기여

정치적 차원: 과학기술과 관련된 미래 성장과 관련한 토론에 기여, 정책 입안자와 대중을 대상으로 전문가 자문을 제공

문화적 차원: 문화적 다양성 존중, 문화적 유산 보전, 소통 능력과 다문화 간 대화 발전

지적 요소: '좋은 사회' 및 지속가능한 발전과 인간 본성의 미래에 대한 고

려, 삶의 질에 기여

사회에서 과학의 다양한 차원에 대한 이와 같은 시각은 과학적 역량과 과학 커뮤니케이션을 강화시키는 구체적인 결과를 낳는다.

2.3.2. 문화적 다양성

유럽 지역과 국가들의 다양성은 관습과 생활방식에만 있는 것이 아니라 서로 다른 다양한 과학 체계에서도 드러난다. 예를 들어, 과학학회의 역할, 대학의 구조, 대중이 과학에 참여해야 할지, 한다면 어떻게 해야 할지에 대한 태도, 직업의 형태, 성 역할과 기회 평등의 정책, 그리고 사회에서 과학의 '적절한 위치'에 대한 입장 등은 다양한 유럽 과학 지형도의 일부이다. 이렇게 유럽 과학을 서로 다른 과학적 '문화들'의 앙상블로 보는 문화적 다양성은 여러 유럽 지역을 살펴보면 쉽게 발견할 수 있다. 우리는 서로 다른 '연구 문화들' 사이에서 연구를 조직하는 다양한 방법들을 발견했다. 그리고 사회 속에 과학을 통합하는 방법들이 여러 가지 있기 때문에 우리는 '사회 속 과학의 문화들'이라는 용어를 사용할 수 있을 것이다. 역사와 전통에 따라 동과 서, 남과 북, 그리고 기존 회원국과 새로운 회원국 사이에 서로 다른 문화가 존재한다. 공통의 정체성으로서 유럽연합의 시민권이 없는 것처럼, 사회 속 과학에 대한 통일된 이해의 부재는 유럽연합 수준에서 문제가 되고 있다.

이와 같은 문화적 차이는 한편으로는 사회 속 과학과 관련해서 유럽 통합, 나아가 유럽연합 시민권을 형성하는 데 걸림돌로 작용하고 있다. 그러나 다른 한편으로는 이와 같은 문화적 다양성은 풍부함으로 이해될 수 있다(그리고 이해되어야 한다!). 이는 다양한 문화적 배경에서 나타나는 다양한 형태의 사회 속 과학의 관계에 대해서 실험하고, 또 이를 통해 상호 교훈을 얻을 수 있는 기회를 제공한다. 이는 연관성과 중요성에 대한 판단 기준을 제공함으로써 지식의 평가에 영향을 끼치고, 지식의 평가 절차의 지향점을 설정하는 '시민 인식론civic epistemology'을 활용할 수 있는 기회를 제공한다. 문화적으로 서로 다른 '사회 속 과학' 시스템에서 지식의 공동생산은 다양한 문화적 배경에서 서로 다른 형태로 나타날 수 있다.

그러나 이러한 기회를 이용하기 위해서는 현존하는 과학 문화, 그리고 사회 속 과학 문화를 모두 넘나드는 활동들을 개발하는 것이 필요하다. 이미 여러 유럽 국가들에 걸친 프로젝트들을 통해서 연구자들을 유럽단일연구공간(ERA)European Research Area에 모으는 데 성공한 사례들이 있다. 이러한 맥락에서 다양한 경험을 모으고 비교하고 배움으로써 여러 실험이 이루어지는 유럽단일연구공간은 과학의 재맥락화를 위한 특수한 공간으로 볼 수 있다.

2.3.3. '우수성'의 부활

'우수성'의 부활은 2000년 즈음 이미 가시화되었다. 그리고 우수한 연구를 지원하기 위한 목적을 가진 유럽연구회(ERC)European Research Council와 독일 우수 대학 육성 지원 사업의 시작으로 '우수성'의 부활은 가속화되었다. 연구의 평가에 있어 출판 지표(및 ISI 저널 출판)에 대한 지속적인 강조는 이러한 경향을 강화시켰다. 우리는 연관성과 우수성이 양립할 수 있음을 보였지만(2.2.2.장), 우수성에 편중되어 강조하거나 우수성을 측정하는 특정한 지표를 선택하는 것이 연관성을 추구하는 것을 위협하는지에 관한 진지한 논의가 이루어지고 있다.

요는, 탈맥락화되고 국제화된 과학을 선호하는 ISI 출판(피인용 지수) 시스템의 중요성이 커지면서, 특정한 문제 해결에 초점이 맞춰져 있고 맥락과 깊게 관련되어 있는 지역적인 연구들이 불리한 위치에 놓이게 된다는 것이다. 과학은 지역 환경과 문제 해결에 적극 관여하는 대신 국제 저널에 출판해야 하는 압박의 결과로 실제적 실천과의 연결고리를 잃을 수 있다. 과학을 분리되어 있는, 혹은 고립되어 있는 활동으로, '실제 세상'에 존재하기보다 ISI 시스템의 피인용 지수만을 향해 달려가면서 과학 스스로의 규칙을 따르는 자율적인 활동으로 다시 되돌려놓으려는 (아마도 의도되지 않은) 경향이 있다.

당연히 과학이 사회와 관련성을 갖기 위해서는 좋은 과학이어야 한다. 그러나 우수성에 대한 개념은 좋은 과학이 되는 것보다 경쟁에서 다른 이들보다 앞서는 것에 더 깊게 관련되어 있다. 연구팀들은 맥락과 긴밀하게 관련된 수준에서, 그리고 더 일반적인 이론의 수준에서 문제 해결 능력을 갖추어야 하며, 이는 교육과 연구 관리에 있어서 새로운 필요조건을 제시한다.

2.3.4. 과학의 민주화?

민주화는 현대사회에서 계속해서 등장하는 도전과제이다. 과거에는 민주화가 단순히 군주제 혹은 독재 정부에서 벗어나는 것을 의미했다면, 현재에는 민주화가 이미 어느 정도 민주적인 방식으로 조직되어 있는 사회에서 요청되고 이루어져야 하는 것을 의미하게 되었다. 유럽에서 민주화는 유럽연합 자체를 개혁하는 슬로건으로 이용되고 있으며, 또한 사회 속의 과학에 대한 문제를 민주적으로 다루는 데 이용되고 있다. 과학과 민주화와 관련된 이와 같은 도전과제들은 ① 정치적 기관들이 과학과 관련된 문제에 대해 의사결정을 내려야 할 때, ② 대의민주주의를 넘어서 대중을 참여시키려는 모든 시도들에서 나타난다. 이 두 가지 도전과제는 유럽의 지식사회를 민주적으로 형성하는 것과 관련되어 있다. 그렇지만 실제에서 이것은 어떤 의미를 가지며, 어떻게 달성될 수 있는가?

민주적 참여로 나아가는 데 중요한 두 가지 이슈를 다음과 같이 밝힐 수 있다.

첫째, 모든 시민은 과학의 연구 의제를 선정하는 데, 혹은 연구결과의 가치를 판단하는 데 이해관계자로 인식되어야 하는가? 이에 대한 긍정적인 답변은 과학적 문제를 국민투표로 결정할지 모른다는 두려움을 불러일으킨다. 그러나 다른 한편으로는 과학의 방향과 가치에 대한 숙의과정에서 시민들을 제외할 마땅한 이유가 없다. 이것은 거버넌스의 문제이다. 과학자들이 사회로부터 보호받았던 이전 체제에서 형성된 과학자의 태도는 이 지점에서 위에서 언급된 질문들을 생산적으로 해결하는 데 혼란을 줄 수 있다.

많은 과학자들과 과학 관리자science managers들은 대중(그리고 정치인들)을 비논리적이며, 논리적으로 옳은 주장을 이해하거나 이에 적극 관여할 수 없는 존재로 생각한다. 이 생각은 자연과학자와 공학자로 하여금 사회를 과학 발전에 문제를 일으키거나 과학적이고 사회적인 측면을 지닌 미래의 문제들을 정의해나가는 데 협력하는 파트너가 아니라, 규제와 금지를 가하는 일종의 적으로 생각하게 하는 수준에까지 이르게 할 수도 있다. 이러한 태도에서 보자면, 과학자들에게 재맥락화는 과학이 더 발전하기 위한 도전과제로 여겨지기보다는 강제된 것처럼 보인다. 현재 진행 중인 대중의 참여 프로그램들도 이미 지나친 것으로 보이고 있고, 과학의 자율성은 어떻게 해서든 재확립되어야 하는 것으로 여겨지고 있다.

모든 시민은 규범적 이유에서 과학의 이해관계자로 여겨져야겠지만, 그렇다고 해서 이 사람들을 과학이 굴러가는 데 실제로 참여하도록 해야 한다거나 이 사람들 모두에게 참여할 권리가 있다는 말은 아니다. 따라서 위에서 묘사된 것처럼 과학자들이 방어적인 반응을 보일 이유가 없다. 중요한 것은 상호작용하는 방법을 실험해보고, 이것들이 어떤 결과를 가져다주는지 평가하는 것이다.

둘째, 민주적 참여에서 중요한 문제는 실제 실행에서 시작된다. '대중'의 참여에는 전혀 다른 두 가지 방향이 있다. ① '대중의 이해관계'를 정의하고 과학기술의 경계 조건과 방향을 결정하는 것과, ② 실제 행위자들, 대부분의 경우 사용자들을 실제 기술(제품, 체계)을 형성하는 데 참여시키는 것이다. 따라서 '참여'라는 개념은 이중적 의미를 가지고 있다. 초기에 '참여'는 공식적인 대의 민주주의를 부활시킬 것을 주장하고, 숙의적이고 상호적인 민주주의의 형태를 통해 더욱 풍부하게 하는 민주주의 이론에서의 문제였지만, 현재는 특정한 기술을 형성하는 데 사용자들을 참여시키는 것을 지칭하는 데도 이용된다. 대부분의 경우 이것은 실용적이기는 하지만, 정치적 민주주의와는 관련이 없다. 대중 참여는 숙의 민주주의의 전통적이고 분명한 의미를 잃어버리고, 정치적이기보다 경제적인 논리에 의해서 새로운 제품을 개발하는 데 사용자들을 참여시키는 측면에 더 큰 의미를 가지게 되었다.

우리는 어떤 특정한 형태의 참여를 주장하거나 그것에 반대하는 것이 아니라 이 부분에 두 가지 다른 형태의 거버넌스가 존재한다는 것을 강조한다. 정치적으로는 민주적 기관을 통해서, 그리고 시장에서는 공학자, 과학자, 사용자, 시민이 형성한 새로운 집단을 통한 거버넌스가 그것이다. 두 형태 모두 수행하는 역할이 있지만, 그 근거는 각각 다르다.

2.4 결론

우리가 비록 여러 주장을 내놓기는 했지만(그리고 과학의 자율성을 회복하려는 움직임을 비판할 때는 종종 강한 주장을 펼치기도 했지만), 우리는 과학이 사회에서 어떤 위치를 차지해야 하는지 단정 지으려는 입장이 아니다. 이러한 주장들은 현재 진행 중인 변화들, 그 변화에 담겨 있는 갈등, 그리고 그에 수반되는 도전과제와 논쟁에 대한 종합적인 진단의 일부일 뿐이었다. 이와 같이 우리가 한 주장들은 진행 중인 논의의 일부이지, 우리가 그것을 종결시키려고 하는 것은 아니다. 이것이 아마 우리의 핵심적인 메시지가 될 것이다. 과학의 사회적 위치에 관한 논쟁을 종결짓는 것은 시기상조일 뿐 아니라 현명하지 못한 일이다. 이것은 여러 긴장 관계와 도전과제에 대해서 실천적인 해결 방안을 찾지 말아야 한다는 것이 아니라, 계속해서 다양한 대안과 다른 분야와의 협력lateral moves에 열린 자세를 취해야 한다는 것이다.

| 제4부 |

과학기술과 국제관계

1 평화를 위한 원자력
2 정보시대 권력과 상호의존성
3 규범의 전도사로서의 국제기구: 유네스코와 과학정책
4 인식공동체와 국제정책공조
5 과학과 외교정책의 미묘한 관계

기획·해설 | 김소영
번역 | 김세아, 선인경, 우수민

과학기술만큼 국제적이면서 동시에 일국적인 현상은 보기 드물다. 자연에 대한 탐구와 보편적 지식의 추구는 수천 년을 관통하는 전 인류적인 가치이지만, 산업과 경제성장의 토대이자 국방안보의 바탕으로서 과학기술은 근대 국가 발전과 국가전략 수립에 필수불가결한 요소이다. 국가를 가장 기본적인 행위자로 하는 국제체제에서 과학기술의 역할과 의미는 이러한 이중성을 바탕으로 이해되어야 한다. 본 장에서 소개하는 다섯 편의 글은 2차 세계대전 이후 국제 안보질서의 핵심 요소로 등장한 핵무기와 원자력의 평화적 이용, 정보통신 혁명으로 일어난 국제정치 질서의 변화, 과학기술진흥 기구의 전 세계적 확산에 따른 국제기구의 역할, 기술적 전문성을 요구하는 국제협상에서 과학자 집단의 지위, 초국경적 현상으로서 과학기술의 국제 협력 문제를 다루고 있다. 전자의 두 논문이 과학기술 때문에 촉발된 국제체제의 거시적 변화를 다룬다면, 후자의 세 논문은 과학기술의 국제적 맥락을 살펴보는 연구이다.

과학기술은 근대 국민국가의 출현과 현대 국제질서 형성에 지대한 영향을 끼쳤고, 또한 과학기술연구만큼 국제 협력과 교류 활동이 활발한 분야가 없음에도 국제정치학에서 과학기술의 문제는 오랫동안 주변적으로 다뤄졌다. 이는 무엇보다 국제정치의 대표적인 이론적 전통인 현실주의realism 패러다임에 기인한 바가 크다. 현실주의적 시각에서 국제질서의 근본적 토대는 국가 간 힘의 균형으로서 국제질서는 궁극적으로 무정부 상태에서 자조self-help에 기반을 둔 냉혹한 생존 경쟁이 이루어지는 시스템이기 때문에 경제, 문화, 과학기술의 이슈나 그에 관련된 국제 협력, 국제기구, 국제규범의 문제는 부수적이고 일시적이며 지엽적인 관심사에 머물렀다.

국제정치에서 과학기술에 관한 본격적인 논의는 자유주의 국제관계이론의 등장으로 활발해졌다. 근대 계몽주의에 연원을 둔 자유주의 이론은 대외적 국가 행위의 주요 결정 요인을 국가의 능력이 아니라 국가의 선호에서 찾으면서 국가 간 상호 교류와 협력을 통해 절대적 이익이 창출되며 이는 곧 평화로 이어진다고 보았다. 1970년대 후반 등장한 신자유주의 국제관계 이론의 대표 주자인 로버트 코헤인Robert Keohane과 조지프 나이Joseph Nye는 국가 간 상호의존도가 점차 고도화되고 복잡해지는 현상을 "복합적 상호의존성complex interdependence"이라고 지칭하면서 국제 통합의 진전과 더불어 정치, 안보와 같은 '고차원의 정치high politics' 이슈만이 아니라 경제, 문화 등 '저차원의 정치low politics' 이슈가 국제체제의 중요한 원동력이 되고 있다고 주장했다.

과학기술이 정치, 외교, 안보의 종속변수에서 벗어나 국제정치경제 체제의 변화를 불러온 대표적인 사례가 핵무기 개발과 정보통신 혁명이다. 금세기 가장 유명한 거대과학 융합연구인 맨해튼 프로젝트로 개발된 핵무기는 미·소 군비경쟁의 단초이자 결과적으로 미·소 냉전이 3차 세계대전, 즉 열전으로 확산되는 것을 억제한 소위 상호확증파괴(MAD)mutual assured destruction 독트린의 바탕이 되었다. 두 강대국의 핵전쟁은 곧 인류의 멸망을 의미하므로 역사상 처음으로 어떻게 전쟁에서 승리할 것이냐가 아니라 어떻게 전쟁을 억제할 것인가가 국가안보 전략의 초점이 된 것이다. 이 장에서 첫 번째로 소개하는 글은 미국 아이젠하워 대통령이 1953년 유엔총회에서 발표한 '평화를 위한 원자력Atoms for Peace'이라는 연설문으로, 당시 소련의 핵무기 개발로 핵무기를 더 이상 독점하지 못하게 된 미국이 국제원자력기구(IAEA)International Atomic Energy Agency 등 원자력의 평화적 이용을 위한 국제적 협력을 이끌어내고 제도를 주도적으로 창설하는 데 뒷받침이 된 기념비적 연설이다.

한편 1980년대 후반 냉전의 해체와 더불어 인터넷의 대중화로 대표되는 정보통신 혁명은 1990년대 전면화된 지구화globalization 현상의 물적 토대를 제공했다. 정보통신기술은 시공간적 거리를 압축해 국가 간, 지역 간, 대륙 간 자원과 상품·인구의 이동 및 교류 비용을 획기적으로 낮춤과 동시에 글로벌 네트워크로 창출하면서 20세기 후반에 들어서는 전 세계적 시장 통합을 추동했다. 두 번째로 소개하는 논문은 앞서 언급한 국제정치학자 코헤인과 나이가 국제관계 분야의 대표적 대중지인 ≪포린어페어스Foreign Affairs≫에 기고한 글로서, 정보혁명을 이미 자신들이 1970년대 후반 제시한 '복합적 상호의존성' 현상의 일부로 파악하고 이러한 흐름이 어떻게 국제체제에서 국가의 독점적 지위를 위협하는지 분석하고 있다.

과학기술의 진보와 국제체제 변동의 상호 관계에 관한 연구가 주로 특정 과학기술 발전이 어떻게 국제체제에서 국가 간 정치적·경제적 힘의 균형을 변화시키는지에 주목한다면, 이 장의 나머지 세 논문은 과학기술 내부의 다이너미즘Dynamism에 주목해 과학기술과 국제관계의 상호작용을 분석하고 있다.

먼저 전후 과학기술진흥 기구의 국제적 확산에 관한 마사 피너모어Martha Finnemore의 연구는 구성주의적 시각에서 유네스코라는 국제기구를 통한 과학정책 관료기구의 확산 과정을 분석하고 있다. 과학기술진흥을 담당하는 정부 관료조직은 전후 짧은 시간 내 경제 수준을 막론하고 많은 나라에서 수립되었는데, 이에 대해서는 경제성장, 국방안보, 기술격차 극복 등 국내적 필요성에 주목하는 수요중심적 설명과 과학 전문가 집단의 적극적 역할을 강조하는 공급중심적 설명이 있다. 피너모어는 유네스코 과학프로그램 설립 과정에서 이상주의적 비정부주의와 현실정치적 정부주의의 대립을 분석하면서 국제기구가 국가 간 역학관계에 일방적으로 좌지우지되기보다 공동의 기대와 규범의 강화를 통해 국가의 이익을 재정의하는 구성적인 기능을 발휘했음을 보여준다.

네 번째로 소개하는 글은 '인식공동체epistemic community'라는 개념으로 널리 알려진 피터 하스Peter Haas의 논문으로 인식공동체란 공동의 가치와 신념, 원칙, 인과적 논리를 공유하는 일종의 지식 공동체로서의 전문가 집단을 일컫는 표현이다. 하스는 1980년대 오존층 파괴라는 환경문제에 대응해 염화불소탄소(CFC) 등에 관한 국제 공동규제를 성공적으로 합의한 몬트리올 의정서Montreal Protocol 체결에서 오존층 파괴 원인과 진단에 전문가 집단이 핵심적으로 기여한 것에 착안해서 인식공동체라는 개념을 주창했다. 이 개념은 이후 글로벌 이슈에서 과학자 등 전문가 집단의 의제 형성 및 정책 대안 개발과 집행, 감시 행위에 관한 수많은 실증적 연구에 이론적 토대를 제공했다.

마지막으로 싣는 글은 과학기술연구의 국제 협력 양상에 관한 캐럴라인 와그너Caroline Wagner의 논문으로 과학과 외교정책의 미묘하고도 복잡한 관계에 큰 시사점을 던지는 연구이다. 주지하다시피 객관성, 개방성, 협력, 권위에 대한 회의 등의 특징을 지닌 과학공동체와 정치적 경계, 계급, 전통, 역사에 기반을 둔 외교정책은 서로 매우 다른 시스템이지만, 현대 외교정책의 많은 이슈들이 점차 과학적 전문성을 기반으로 하기 때문에 두 시스템 간의 건설적 협력이 점증하고 있다. 동시에 과학연구가 점차 국제화되면서 과학정책에도 대외전문가의 참여와 국제 프로토콜 준수 등 외교의 중요성이 증대되고 있다. 와그너는 과학기술과 외교의 관계의 이 두 측면, 즉 '외교정책의 과학적 측면'과 '과학정책의 외교적 측면'에 기초해 국제 과학기술 협력을 기업적 파트너십, 팀 협력, 개별과학자 간 협력 등 세 유형으로 나누고 각각의 특징을 분석했다.

이 장의 내용과 관련해서 참고할 만한 문헌

Crawford, E. T. Shinn and Sverker Sorlin. 1992. *Denationalizing Science: The Contexts of International Scientific Practice*. Springer.

De La Mothe, John. 2002. *Science, Technology, and Global Governance*. Routledge.

Drori, Gill, John Meyer, Francisco Ramirez, and Evan Schofer. 2002. *Science in the Modern World Polity: Institutionalization and Globalization*. Stanford University Press.

Krige, John and Kai-Hendrik Barth. 2006. "Science, Technology, and International Affairs." *Osiris*, Vol. 21, No. 1, pp. 1~21.

Skolnikoff, Eugene B. 1993. *The Elusive Transformation: Science, Technology and the Evolution of International Politics*. Princeton University Press.

4-1 평화를 위한 원자력

드와이트 아이젠하워(Dwight Eisenhower), 1953

Dwight Eisenhower. 1953. "Atoms for Peace." Address to the 470th Plenary Meeting of the UN General assembly, December 8, 1953.

저는 오늘 오랜 세월 직업 군인으로 살아오며 결코 언급하지 말았으면 했던 '핵전쟁'에 대해 말씀드리고자 합니다.

이미 모든 세계 시민이 원자력 개발과 그 영향에 대해 잘 알고 있을 정도로 원자력 시대는 빠른 속도로 발전하고 있습니다. 제가 말씀드리는 원자력의 위험성과 위력은, 제가 아는 범위 내에서 부득이하게 미국의 입장에서 전해드리겠지만 개별 국가가 아닌 전 세계적 문제임을 강조하고 싶습니다.

1945년 7월 16일 미국은 인류 최초의 원자폭탄 실험에 성공했고 그 후 마흔두 차례 폭발 실험을 실시했습니다. 지금의 원자폭탄은 초기에 개발된 원자력보다 스물다섯 배 이상 강력해졌으며 수소폭탄은 TNT 폭탄의 수백만 개의 위력과 맞먹습니다. 현재 미국의 핵무기 비축량은 2차 세계대전에 사용된 폭탄과 포탄의 전체 양보다 훨씬 많고, 공군 편대 하나로 당시 영국에 투하된 모든 폭탄의 위력을 뛰어넘는 파괴력을 가진 무기를 어느 곳에나 실어 나를 수 있습니다. 규모와 다양성 측면에서도 핵무기의 발전은 매우 놀라운데, 실질적으로 핵무기는 미군 내에서 일반 병기로 받아들여질 정도이고, 미 육·해·공군 및 해병대 모두는 핵의 군사적 사용을 위한 역량을 갖추었습니다.

이렇게 엄청난 핵무기의 위력과 제조방법은 미국만 알고 있는 비밀이 아니고 동맹국인 영국과 캐나다도 잘 알고 있는데, 이들 국가의 훌륭한 과학자들이 원자폭탄에 관련된 초기 과학적 발견과 폭탄 디자인에 커다란 공헌을 했습니다. 소련도 역시 핵무기를 제조할 수 있습니다. 소련은 최근 수년간 핵무기 개발에 매진했고 최소 한 번 이상의 열핵반응을 포함한 일련의 원자폭탄 실험을 실시했습니다.

한때 미국이 핵을 독점했다 하더라도 이미 그 독점은 몇 년 전에 끝났습니다. 미국은 원자력 연구를 일찍 시작한 덕택에 핵무기 축적이라는 양적인 면에서 우위에 서게 되었지만, 오늘날 핵무기의 실상에는 중요한 두 가지 사실이 내재되어 있습니다. 먼저 현재 몇몇 나라가 갖고 있는 원자력 관련 지식은 언젠가는 다른 나라 혹은 모든 나라가 공유할 것입니다. 다음으로 설령 무기의 수적인 우세와 막강한 군사적 보복 능력을 가졌다 하더라도 핵무기를 보유한 나라가 단 한 번이라도 기습 공격을 한다면 엄청난 피해를 초래할 것이라는 점입니다.

따라서 이러한 사실을 조금이라도 알고 있는 자유 국가들은 자연히 대대적인 경계방위시스템 프로그램을 구축하기 시작했고 이들 프로그램은 앞으로 더 가속화되고 확산될 것입니다. 하지만 아무리 무기와 방위시스템에 막대한 지출을 한다고 하더라도 절대적인 안전을 보장할 수는 없습니다. 원자폭탄은 단순한 숫자 계산으로 쉽게 해결될 문제가 아닙니다. 기습 공격을 할 수 있는 최소한의 원자폭탄만 보유한다면 상대 국가가 아무리 강력한 방위체제를 가지고 있다고 하더라도 기습적인 원자폭탄 투하로 상대편에 끔찍한 피해를 입힐 수 있기 때문입니다.

만약 미국이 그러한 핵공격을 받는다면 신속하고 단호하게 대처할 것입니다. 미국의 국방력과 보복공격 역량은 선제공격 국가를 초토화시킬 정도로 강력하지만, 미국이 그런 사태와 결과가 벌어지는 것을 의도하거나 바라는 것은 물론 아닙니다.

여기서 멈춘다면, 핵무기를 보유한 두 강대국이, 두려움과 불안에 떠는 세계를 사이에 두고 악의에 찬 눈빛으로 영원히 서로를 경계하게 될 것입니다. 여기서 그만두는 것은 유구히 내려온 인류 유산의 파멸과 문명 파괴를 의미하고, 진실과 정의를 추구해온 인류의 노력을 처음부터 다시 시작해야 한다는 것을 뜻합니다. 그러한 폐허 속에서 승리를 거두기란 불가능하며, 그 누구도 인류 평화의 파멸을 가져온 이름으로 역사 속에 기록되길 원치 않을 것입니다.

미국은 세계 역사에서 파괴적 존재가 아닌 건설적인 나라로 인정받고 싶습니다. 전쟁이 아니라 국가 간 합의를 도출하고 싶습니다. 다른 모든 국가의 모든 이들이 자신의 삶에 대한 선택권을 동등하게 누릴 수 있는 자유와 확신 속에 살아가길 원합니다. 따라서 미국은 모든 이들이 공포의 어둠 속에서 빠져나와 평화와 행복 그리고 안녕을 향하여 나아가는 것을 도우려 합니다. 이를 위해서는 인내가 필요합니다. 지금처럼 양극으로 나뉜 세계에서는 단 한 번의 극적인 조치로 구원을 얻을 수 없으며, 상호 간 평화적인 신뢰를 쌓기 위해서는 수개월에 걸친 꾸준한 노력이 필요합니다. 무엇보다 그러한 노력은 즉시 시작되어야 합니다.

우리는 우리 동맹국인 영국, 프랑스와 함께 지난 몇 개월 동안 그 같은 노력을 기울여왔습니다. 미국, 영국, 프랑스는 독일 분단 문제를 해결하기 위해 오랫동안 소련에 협상을 요구했으며, 오스트리아 평화조약을 요청하고 있습니다. 또한 유엔을 통해 한국 문제 협상을 계속 요청하고 있습니다.

최근 소련은 주요 4개국 회의 개최를 제안했는데, 수용하기 어려운 전제

조건을 달았던 이전과 달라 다행입니다. 버뮤다공동성명을 통해 이미 알려졌지만, 미·영·프랑스 3국은 소련과 신속히 협상에 나섰습니다.

미 정부는 이번 총회에 희망과 진심으로 임하고 있으며, 국제 긴장 완화를 위한 유일한 방법인 평화와 이를 위한 현실적인 결과를 도출하기 위해 전념할 것입니다. 우리는 소련이 정당하게 소유한 것을 포기하라고 제안하는 것이 아니며, 앞으로도 그런 제안을 하지 않을 것입니다. 소련에 대해 비우호적인 사람들에게도 소련 시민이 그들의 적이라고 하지 않을 것입니다. 우리는 이번 회의를 통해 동서 양 진영의 사람들이 자유롭게 어울릴 수 있도록 소련과의 관계를 시작하기를 바라며, 이는 평화적 믿음 관계 건설을 위한 가장 인간적인 방법입니다. 우리는 동독과 오스트리아, 동유럽과 불화하기보다 자유 유럽 국가들의 화합을 추구하고자 합니다. 소련 국민을 비롯한 다른 누구에게도 위협적이지 않은 방식으로 이들 국가의 자원 개발과 더 나은 삶을 위한 기회를 추구할 것입니다.

이는 헛된 말이나 얄팍한 환상이 아닙니다. 전쟁이 아니라 자유롭고 평화로운 합의를 통해 독립을 성취한 신생독립국이 있고, 기아나 가뭄, 자연 재해로 고통받는 사람들을 위해 서방국가들이 기꺼이 원조했던 사례가 있습니다. 이는 평화의 선행으로서 평화적인 취지의 약속이나 시위보다도 훨씬 더 큰 반향이 있습니다. 과거의 제안이나 선행에 대해 다시 논하자는 것이 아니라 평화를 위한 새로운 길이 있다면 아무리 그 길이 희미해 보이더라도 반드시 추구해야 함을 강조하고 싶은 것입니다. 아직 걷지 않은 새로운 평화의 길은 바로 유엔총회가 열리고 있는 지금 이곳입니다.

1953년 11월 28일 결의안에서, 유엔총회는 다음과 같이 제안했습니다. "군축위원회는 열강 대표자들로 구성된 분과위원회 설립의 타당성을 연구하며……. 1954년 9월 1일 이전까지 유엔총회와 안전보장이사회에 보고해야 한다." 이 제안을 유념하고 있는 미국은 세계의 평화뿐 아니라 생명까지 위협하는 핵무기 경쟁에 대한 '수용가능한 해결안'을 모색하기 위해 즉시라도 '주요 관련국'들과 논의할 준비가 되어 있습니다.

이를 위해 비공식적이거나 외교적인 대화를 새로운 시각으로 활용할 필요가 있습니다. 미국은 단순히 군사용 핵 물질의 감축과 제거만을 모색하는 것이 아닙니다. 핵무기를 군인들의 손에서 떼어놓는 것만으로는 충분하지 않습니다. 원자력을 군사적 용도에서 벗어나 평화의 기술로 도입할 수 있는 이들에게 맡겨야 합니다.

이 끔찍한 핵무기 증강 추세를 되돌릴 수만 있다면 원자력의 힘은 전 인류에 도움이 되는 것으로 전환될 수 있습니다. 또한 이미 그 가능성이 증명되었듯이 평화적인 원자력 에너지의 잠재성은 그저 미래의 꿈이 아닙니다. 만약 전 세계 과학자와 엔지니어들이 실험에 필요한 만큼의 충분한 핵분열 물질을 확보해 그들의 아이디어를 개발할 수 있다면 그 누가 원자력이 효과적이고 경제적으로 사용될 수 있다는 것을 의심할 수 있겠습니까?

동서 양쪽 국민들의 마음속에 핵에 대한 두려움이 사라지는 날을 하루 빨리 앞당기기 위해 당장 취해야 할 조치가 있습니다. 먼저 주요 관련국은 재량 범위 내에서 자신들이 비축하고 있는 표준 우라늄과 핵분열 물질을 국제원자력기구에 즉시 위탁해야 합니다. 국제원자력기구는 유엔의 후원하에 설립될 것이며, 기부 비율 및 절차, 기타 세부사항들은 '비공개 회담' 방식으로 결정할 수 있을 것입니다. 미국은 선의를 갖고 이를 실행할 준비가 되어 있습니다. 같은 신념으로 함께 참여하는 국가들은 미국이 비합리적이거나 불공정한 파트너가 아님을 알게 될 것입니다.

앞서 말한 제안에서 핵물질 위탁은 처음에는 그 양이 적겠지만 매우 중요한 가치를 지닙니다. 국가 간 의견 충돌이나 상호 간의 자극, 의혹 없이 전 세계적인 사찰 및 관리 시스템이 구축될 토대이기 때문입니다. 국제원자력기구는 위탁받은 핵분열 물질과 기타 물질의 압류와 보관·보호를 책임 관리하고, 과학자들이 핵물질 저장소의 기습 약탈 가능성을 원천 봉쇄할 수 있는 안전한 환경을 제공할 것입니다.

국제원자력기구의 더 중요한 책임은 핵물질이 인류의 평화적인 추구에 사용될 수 있는 방법을 고안하는 것입니다. 농업과 의학 및 다른 평화적인 사업에 원자력 에너지가 응용될 수 있도록 전문가들을 동원해 전력이 부족 지역에 풍부한 전력을 공급하는 것이 국제원자력기구의 중요한 목표가 될 것입니다. 따라서 미국은 주요 관련국과 함께 인류의 필요를 만족시키는 원자력 에너지의 평화적 사용을 위한 계획에 참여하는 것을 자랑스럽게 여깁니다. 물론 소련도 반드시 '주요 관련국'에 포함되어야 합니다.

저는 다음 제안을 미 의회에 제출할 계획이며, 미 의회가 승인하리라 기대합니다. 첫째, 핵분열 물질의 가장 효과적인 평시 사용에 관한 세계적인 연구를 장려하며, 연구자들이 실험에 필요한 모든 물자를 공급받을 수 있도록 보장합니다. 둘째, 전 세계적으로 비축된 핵의 잠재적 파괴력을 감소시키려 노력합니다. 셋째, 동서 열강 모두가 전쟁 무기 축적보다는 인류의 염원을 더욱 중요시한다는 것을 세계 모든 이들에게 알립니다. 넷째, 세계는 두려움에서 생겨난 무력함을 떨쳐버리고 평화에 대한 긍정적인 발전을 모색하기 위해 공식적·비공식적 대화를 통해 수많은 어려운 문제들을 새로운 접근법과 평화적 대화의 채널로 해결해나갑니다.

원자폭탄의 어두운 과거를 물리치고 미국은 핵의 부정적인 군사적 측면이 아니라 평화에 대한 열망과 희망을 보여드리고 싶습니다. 앞으로 몇 개월 동안은 우리의 운명을 좌우하게 될 중대한 결정들이 내려질 것입니다. 세계 모든 이들의 마음속에 자리 잡은 공포로부터 세계를 구하고 평화로 이끌어갈 결정이 본 총회에서 이루어지기를 바랍니다. 이러한 중대한 결정을 도출하기 위해 미국은 여러분과 전 세계 앞에서, 무서운 핵 딜레마 해결을 위해, 다시 말해 인간의 놀라운 발명이 인간을 죽음으로 이끌지 않고 인류의 삶을 위해 공헌할 수 있도록, 그 해법을 찾는 데 전력을 다할 것을 맹세합니다.

4-2 정보시대 권력과 상호의존성

로버트 코헤인 & 조지프 나이(Robert O. Keohane and Joseph S. Nye, Jr), 1998

Robert O. Keohane and Joseph S. Nye, Jr. 1998. "Power and Interdependence in the Information Age." *Foreign Affairs*, vol. 77, no. 5.*

국가의 탄력성

20세기 근대주의자들은 기술이 세계 정치를 변화시킬 것이라고 주장했다. 1910년 노먼 에인절Norman Angell은 경제적 상호의존성이 심화됨에 따라 전쟁은 더 이상 합리적 선택이 아니므로 점차 사라질 것이라고 예측했다. 1970년대 근대주의자들은 전자통신과 제트기 여행이 지구촌을 형성해서, 봉건시대부터 세계 정치의 축이었던 영토국가territorial state가 더 이상 의미가 없어지며 다국적 기업, 다국적 사회적 운동, 국제기구 등의 비영토적 행위자nonterritorial actors들이 국제정치 무대에서 영토국가를 대신할 것으로 보았다. 피터 드러커Peter Drucker, 앨빈 토플러Alvin Toffler, 하이디 토플러Heidi Toffler, 에스더 다이슨Esther Dyson과 같은 예언자들도 현대 정보혁명으로 인해 계급 관료제가 무너지고 시민들의 다양한 신분과 충성심을 확보하려는 공동체들로 이루어진 새로운 전자적 봉건제electronic feudalism가 나타날 것이라고 주장한다.

사실 이전 세대의 근대주의자들이 어느 정도는 옳았다. 전쟁이 상호의존성에 미치는 영향에 대한 에인절의 생각은 통찰력이 있었다. 1차 세계대전은 전장뿐 아니라 1815년 이후 비교적 평화롭던 시기에 번창했던 사회·정치시스템에도 전례 없는 파괴를 가져왔다. 1970년대 근대주의자들이 예측했듯이 다국적 기업, 비정부기구, 국제금융 시장은 점점 더 중요해지고 있다. 그러나 국가는 근대주의자들이 예측했던 것보다는 훨씬 더 탄력적resilient이다. 국가는 전 세계 인구 대부분의 충성심을 확보하고 있으며 대부분의 선진국에서는 물질자원에 대한 국가의 통제는 국내총생산(GDP)의 1/3에서 1/2에 달한다.

새로운 사이버세계를 예언했던 사람들은 이전 근대주의자들이 예언했던 신세계가 실제로는 지리적 위치로 권력이 분할된 전통적 세계와 얼마나 겹치는지 종종 간과한다. 1998년 1억 명의 사람들이 인터넷을 사용하고 있다. 인터넷 사용 인구가 전문가들 예측처럼 2005년에는 10억 명에 달한다 하더라도 여전히 인터넷을 사용하고 있지 않는, 또는 못하는 세계 인구는 꽤 많을 것이다. 게다가 세계화는 결코 범세계적이지 않다. 아직도 세계 인구의 3/4이 전화기를 보유하지 못했고, 모뎀이나 컴퓨터를 소유한 인구는 이보다 훨씬 적다. 또한 합법적인 인터넷 사용자들을 범죄로부터 보호하고 그들의 지적 재산권을 보호하기 위해서는 규칙이 필요한데, 이러한 규칙은 정부, 민간, 공동체의 어떠한 형태로든 권위를 필요로 한다. 누가 어떤 조건으로 통치하느냐라는 고전적인 정치적 질문은 현실 사회에서와 마찬가지로 사이버공간에서도 문제가 된다.

정보혁명의 초기 시절

여러 사회 간 상호의존성은 새로운 개념이 아니지만 현대 정보혁명의 새로운 점은 장거리 통신 비용이 실질적으로 사라졌다는 것이다. 실질적인 정보전송 비용은 거의 무시해도 좋을 만큼 적어졌고, 따라서 전송 가능한 정보의 양은 무한대가 되었다. 컴퓨터 연산력은 지난 30년 동안 18개월마다 두 배씩 꾸준히 증가했다. 지금(1998년)은 1970년대 초반 들었던 비용의 1% 미만으로 줄어들었다. 이와 비슷하게 인터넷과 월드와이드웹은 기하급수적으로 성장했다. 통신 대역폭도 빠르게 확장되고 통신비도 계속해서 떨어지고 있다. 1980년대 말만 해도 구리철사를 통한 전화 통화는 1초에 종이 한 페이지 정도의 정보를 전달할 수 있었다. 오늘날에는 얇은 광섬유 한 가닥이 1초당 책 9만 권 규모의 정보를 전달할 수 있다. 그러나 18세기 말 증기기관차와 19세기 말 전기의 경우에서처럼 사회가 신기술의 활용법을 배우면서 생산력의 성장은 지체되었다. 1980년대부터 많은 기업과 회사들이 빠르게 구조적 변화에 들어갔지만, 경제적으로 완전한 변환을 이루지는 못했다. 우리는 아직도 정보혁명의 초기 단계에 있다.

정보혁명은 세계를, 우리가 1977년에 출판한 저서『권력과 상호의존성 Power and Interdependence』에서 '복합적 상호의존성'이라고 묘사했던 특징을 보이는, 즉 안보와 무력의 중요성이 감소하고 국가들이 복잡한 사회정치적 관계들로 끈끈히 연결된 세계로 극적으로 바꾸고 있다. 이제 컴퓨터만 있으면 누구라도 데스크톱 출판인이 될 수 있고, 모뎀만 있으면 아주 적은 비용만으로도 지구상의 먼 곳과 통신할 수 있다. 예전에는 다국적 기업이나 교회와 같은 큰 관료주의적 조직이 국가 간 정보 흐름을 심하게 통제했다. 이 조직들은 여전히 중요하지만 엄청나게 저렴해진 정보전송 비용 때문에 구조적인 체계가 다소 느슨해짐으로써 네트워크형 조직과 일반 개인에게도 새로운 기회가 열리고 있다. 정보혁명으로 비정부기구와 네트워크들은 국경에 상관없이 국가 내에 침투해서 그 국가 유권자를 움직여 정치인들이 자신들이 선호하는 안건에 관심을 갖게 만들고 있다. 정보혁명 덕택에 복합적 상호의존성의 세 가지 측면 중 하나인 사회 간 의사소통의 채널 수는 크게 증가하고 있다.

그러나 정보혁명에도 복합적 상호의존성의 다른 두 가지 측면은 극적으로 변화하지 않았다. 군사력은 국가 간 관계에서 여전히 중요하며, 위기 상황에서 안보는 외교정책에서 다른 어떠한 이슈보다도 훨씬 중요하다. 정보혁명이 세계 정치를 복합적 상호의존성의 새로운 정치로 완전히 바꾸지 못한 이유는 정보가 텅 빈 진공 상태에서가 아니라 이미 점령된 정치적 공간에서 흐르기 때문이다. 또 다른 이유는 평화로운 민주주의 국가가 아닌 지역에서는 국가 간 복합적 상호의존성이 약하다는 점이다.

많은 지역에서 현실주의자들의 판단처럼 군사력과 안보는 여전히 중심적인 문제이다. 지난 4세기 동안 국가들은 정보가 국경을 넘어 흐르는 정치적 구조를 만들었다. 정보혁명은 2차 세계대전 이후 지난 반세기 동안 미국과 국제기구들이 의도적으로 조성한 세계 경제의 글로벌화라는 맥락에서 이해할 수 있는데, 1940년대 말 미국은 또 다른 대공황과 공산주의를 미연에 방지하기 위해 세계 경제를 개방된 구조로 만들고자 노력했다. 결과적으로 여러 국제기구들이 다국가적 원칙을 기초로 설립되었고, 시장과 정보는 더욱 강조되고 군사적 경쟁이 점점 덜 중시되는 방향으로 세계 질서가 변하고 있다.

사이버공간에서 이용가능한 정보는 사실 그 양만으로는 그리 큰 의미가 없다. 더 중요한 것은 정보의 질과 정보의 유형이다. 정보는 단순히 존재하는 것이 아니라 창조되는 것으로 세 가지 종류로 구별할 수 있다.

무료 정보[free information]는 참여자가 재정적인 보상 없이 만들어 보급하는 정보이다. 발신인은 수신인의 정보에 대한 믿음으로 보상받기 때문에 정보를 만들어내는 것 자체에 인센티브를 갖는다. 이러한 동기는 매우 다양한데, 과학 정보는 공공재이지만 정치적인 지식과 같은 설득조의 메시지는 당사자 자신의 이익을 위해 사용되기도 한다. 마케팅, 방송, 선동 모두 무료 정보의 예이다. 무료 정보 양의 폭발적 증가는 정보혁명의 가장 가시적인 효과일 것이다.

상업적 정보commercial information는 사람들이 만들어내서 값을 받고 전송해주는 정보이다. 정보 발송인들은 그들이 받는 비용을 빼고는 사람들이 그 정보를 믿느냐 여부에 따라 잃거나 얻는 것은 없다. 인터넷상에서 이러한 정보가 사용 가능하려면 지적 재산권 문제가 해결되어 정보생산자가 정보사용자들에 의해 마땅한 보상을 받을 수 있어야 한다. 마이크로소프트의 역사가 보여주듯이, 지적 재산권이 제대로 시행된다는 가정하에 상업 정보를 경쟁자보다 먼저 만들어내면 막대한 이익을 얻을 수 있다. 전자상거래의 급속한 성장과 글로벌 경쟁의 증대는 정보혁명의 중요한 결과이다.

전략적 정보strategic information는 스파이 활동만큼 그 역사가 오래되었는데 경쟁자가 그 정보를 소유하고 있지 않을 때에만 가치를 갖는다. 2차 세계대전 당시 미국이 가졌던 엄청난 장점은 일본이 모르게 미국이 일본의 암호를 해독했다는 사실이다. 이러한 정보의 경우 그 양은 크게 중요하지 않다. 예를 들면, 북한, 파키스탄, 이라크의 핵무기 프로그램에 대해 미국이 가지고 있는 전략적 정보는 전자메일을 통한 방대한 양의 정보 흐름에 의존한 것이 아니라 확실히 믿을 수 있는 위성이나 스파이에 의존한 것이다.

정보혁명은 관료제 내의 개인뿐 아니라, 네트워크 속 개인 간에 세계 정치의 통신채널 수를 기하급수적으로 증가시킴으로써 복합적 상호의존성의 패턴을 바꾼다. 그러나 이는 기존의 정치 구조 맥락 속에 존재하고 정보의 종류에 따라 그 정보 흐름에 끼치는 영향은 대단히 다양하다. 무료 정보는 규제 없이 더 빠르게 흐를 것이다. 반면 전략적 정보는 암호 기술에 의해 가능한 한 철저하게 보호될 것이다. 상업적 정보의 흐름은 사이버 공간에서 지적 재산권 실행의 여부에 달려 있다. 정치는 정보혁명에 영향을 미치고 역으로 정보혁명도 정치에 영향을 미칠 것이다.

작은 것 대 큰 것

흔한 사회적 통념에 따르면 정보혁명은 균일화의 효과가 있다. 정보혁명이 비용과 규모의 경제 및 시장진출 장벽을 낮추면서 대국의 권력은 줄고 소국과 비국가적 행위자의 권력을 늘어난다는 것이다. 하지만 실제 국제관계는 이러한 기술에서의 결정론적 견해보다 훨씬 더 복잡하다. 정보혁명의 일정 부분에서는 분명 소국에 유리하지만 대국 역시 불리하지만은 않다. 첫째, 시장 진입장벽과 규모의 경제는 정보와 관련된 권력의 여러 측면에서 아직까지도 중요한 문제이다. 예를 들어 군사력, 경제력과 달리 문화, 역사, 외교 등 연성적 힘과 영향력을 의미하는 소프트파워soft power는 영화와 텔레비전 프로그램을 통해 전달되는 문화적 콘텐츠에 큰 영향을 받는다. 규모가 크고 이미 확실히 자리 잡고 있는 엔터테인먼트 산업은 콘텐츠 제작과 보급에서 규모의 경제를 통해 상당한 혜택을 누리고 있다. 그렇기 때문에 영화 및 TV 프로그램의 세계시장에서 미국의 지배적인 시장 점유율은 앞으로도 계속될 것이다.

둘째, 정보의 보급 비용이 아무리 저렴해졌다고 하더라도 새로운 정보를 수집하고 만들기 위해서는 대개 큰 투자를 필요로 한다. 경쟁이 치열한 상황에서는 차별화된 새로운 정보가 전체 정보의 평균 비용보다 더 많이 든다. 기밀정보intelligence가 좋은 예이다. 미국, 영국, 프랑스 같은 나라들은 다른 국가들을 위축시키는 기밀정보를 수집할 수 있는 능력이 있다. 종종 어떤 상업적 상황에서는 빠른 추격자fast follower가 선도자first mover보다 더 나은 성과를 보이기도 하지만, 국가 간 권력 문제에서는 보통 선도자가 되는 것이 더 좋다.

셋째, 선도자들이 정보시스템의 구성과 표준을 만들게 되는 대표적인 예로 인터넷에서 영어 사용과 최고 도메인 이름의 패턴을 들 수 있다. 미국은 다양한 정보기술의 적용에서 선두를 달리고 있는데, 이는 부분적으로는 1980년대 미국 경제의 변화 때문이기도 하고 냉전시대 군사 경쟁에 따른 방대한 투자 덕분이기도 하다.

넷째, 군사력은 국제관계의 몇몇 핵심 영역에서 여전히 중요하다. 정보기술은 약소국에 이득이 되기도 하고 강대국에 이득이 될 수도 있다. 이전에는 엄청난 비용으로 개발된 군사기술이 상용 제품으로 이용 가능해짐에 따라 약소국가들과 비국가 행위자들이 이득을 보고 결과적으로 강대국은 더 취약해진다. 이를 테면, 정보 시스템은 테러 집단에 유리한 목표물을 제공한다. 반면 정보 기술 때문에 기존의 강대국이 더 강해지는 경우도 많다. 수많은 군사 분석가는 정보 기술을 응용한 '군사 혁명revolution in military affairs'이 일어나고 있다고 지적한다. 우주기반 센서, 직접방송위성direct-broadcasting, 초고속 컴퓨터, 복잡한 소프트웨어들은 넓은 지리적 공간에서 일어나는 복잡한 사건들에 대한 정보를 수집·분류·처리·전송·보급할 수 있는 능력을 강화시킨다. 이는 전투 공간에 대한 엄청난 정보를 제공하며 정밀성과 합쳐져 강력한 장점이 된다. 걸프전에서 보았듯이 무기체계 균형에서 탱크나 전투기와 같은 무기와 정보를 통합할 수 있는 능력을 고려하지 않는 군사력 측정이란 더 이상 의미가 없다. 또한 관련 기술의 상당 부분을 시장에서 구할 수 있기 때문에 약소국 입장에서는 예전보다 군사기술을 획득하는 것이 용이해질 것이다.

그러나 중요한 점은 최신의 하드웨어나 고급 시스템을 소유하느냐가 아니라 여러 시스템들을 하나의 시스템으로 통합할 수 있는 능력이 있느냐 하는 것이다. 이러한 점에서는 미국이 계속해서 선두 자리를 지킬 가능성이 크다. 정보 전쟁에서는 아주 작은 경쟁력이 전체적으로 큰 차이를 불러온다. 한마디로 정보혁명은 국가 간의 권력을 많이 분산시키거나 평등하게 만들기보다는 오히려 그 반대의 결과를 초래하고 있다.

신빙성의 정치

정부의 역할과 모든 국가의 권력을 줄이는 것은 어떨까? 이 경우에 근대주의자들의 예상과 같은 변화들이 발생할 가능성이 높다. 그러나 무료 정보가 권력에 끼치는 영향을 이해하려면 먼저 '풍요의 역설'을 알아야 한다. 정보의 풍부함은 관심의 결여를 초래한다. 관심이 희귀한 자원이 되고, 백색소음white noise*에서 가치 있는 신호를 구별할 수 있는 사람이 권력을 갖게 된다. 편집자, 필터, 통역사, 단서제공자cue-givers가 더 필요해지고 이것이 권력의 근원이 된다. 평가자들에겐 불완전한 시장이 생길 것이다. 브랜드와 국제적 승인을 수여하는 능력이 더욱 중요해질 것이다.

그렇기 때문에 편집자와 단서제공자의 신뢰는 결정적으로 중요한 자원이며 비대칭적인 신뢰성은 권력의 주요 원천이 된다. 신뢰성, 신빙성을 확보한다는 것은 정보 공급자가 자국에 대한 나쁜 이미지를 반영할지라도 올바른 정보를 제공한다는 평판을 쌓아가는 것을 의미한다. 예를 들어 BBC는 신뢰할 만하다는 평판이 있는 반면, 바그다드, 베이징, (쿠바) 아바나의 정부가 통제하는 라디오 방송국들에는 그런 평판이 없다. 평판은 국제정치에서 늘 중요한 요소이며 풍요의 역설이란 상황에서 더욱 중요해지고 있다. 저렴한 데이터 전송비로 데이터 전송능력 자체는 이전보다 덜 중요하게 되었고 정보를 걸러내는 여과 능력이 더욱 중요하게 되었다. 정치적 투쟁은 정보전송능력보다는 신뢰성의 창출과 붕괴의 관리에 더 집중되고 있다.

무료 정보 원천의 풍요성과 신뢰성이 함축하는 바는 소프트파워와 물질적 자원의 상관관계가 점차 줄어들 것이라는 점이다. 소프트파워를 만들어내기 위해서는 라디오 방송국을 강제적으로 인수하려고 권력을 행사할

* 일정한 스펙트럼을 지닌 잡음.

때처럼 하드 파워가 필요할 수도 있다. 무료 정보의 탈을 쓴 선동도 새삼스러운 것이 아니다. 1930년도에도 히틀러와 스탈린은 선동을 효과적으로 사용했다. 세르비아의 독재자 슬로보단 밀로세비치Slobodan Milosevic 역시 TV 장악을 통해 자신의 권력을 매우 공고화했다. 1993년 모스크바에서는 TV 방송국에서 권력투쟁이 벌어지기도 했다. 르완다에서는 후투Hutu족이 장악한 라디오 방송국이 집단 학살을 조장하기도 했다. 방송의 힘은 계속되겠지만 무력으로 다른 이들을 지배할 수 없는 다수의 행위자들이 참여하는 인터넷은 수많은 통신채널로 더욱 강화될 것이다. 문제는 누가 TV 네트워크와 라디오 방송국, 웹사이트를 소유하고 있는지 뿐 아니라, 이러한 정보 과잉 상황에서 누가 정보와 오보의 원천에 관심을 갖느냐 하는 것이다.

정보 기술은 비정부단체에도 새로운 기회이다. 정보혁명을 통해 비정부단체 네트워크의 잠재적 영향력은 광범위하게 확장될 수 있는데, 대표적인 예로 브라질 열대우림이나 동남아 노동착취 현장에서 비정부단체가 팩스나 인터넷으로 자신들의 메시지를 보낸 일이 있다. 최근 열린 국제지뢰회의Landmine Conference는 캐나다와 같은 중견국가와 미 버몬트 주 상원의원과 같은 개별 정치인, 다이애나Diana Spencer 비와 같은 유명인사와 함께 일하는 네트워크 기구들이 연합해 의제를 만들고 정치지도자들에게 압력을 넣어 이루어낸 성과이다. 1997년 12월 교토에서 열린 지구온난화 회의에도 비정부기구들은 국가대표 위원들 간의 통신채널로서 중요한 역할을 담당했다. 교토에서 환경단체와 산업은 각자 과학자들의 연구를 근거로 자신들의 주장을 주요 미디어에 전파하기 위해 경쟁했다.

기후변화에 관한 정부 간 패널(IPCC)Intergovernmental Panel on Climate Change 사례가 보여주었듯이 비슷한 의견을 가진 전문가들의 다국적 네트워크에도 신뢰성은 매우 중요한 요소이다. 지식이 중요하게 작용하는 분야의 이슈를 형성해가며 전문가 공동체들은 연합을 구성하거나 협상하는 과정에서 중요한 행위자가 된다. 전문가들은 지식을 창출함으로써 효율적인 협력을 위한 밑바탕을 제공할 수 있다. 그러나 정말로 효율적이기 위해서는 정보가 만들어지는 과정이 반드시 공정해야 한다. 최근에는 과학적 정보가 사회적으로 구성된다는 입장이 나오고 있다. 신빙성 있는 정보를 위해서는 반드시 전문적 기준을 따르고 분명하고 공정한 과정을 통해서 정보를 만들어야 한다.

민주주의적 이점

정보혁명을 이끄는 나라가 모두 민주주의 체제인 것은 아니지만 대부분은 민주주의 체제를 지니고 있다. 이는 우연이 아닌데, 민주주의 사회는 정보의 무료 교환에 익숙하며 그것이 통치 제도에 위협이 되지 않기 때문이다. 정보의 무료 교환은 독재나 권위주의 국가에서 문제가 된다. 중국과 같은 정부들은 아직도 인터넷 서비스 공급자를 통제하고 있고 인터넷 사용자를 감시함으로써 일반 시민들의 인터넷 접속을 제한하고 있다.

이러한 폐쇄적인 시스템에는 대가가 있는데, 주요 결정이 불투명한 방식으로 진행되어 외국인들에게는 투자 위험성이 너무나 크다는 것이다. 투명성transparency은 외국 자본의 투자를 유치하려는 국가에는 아주 중요한 자산이다. 정보를 독점하고 숨기는 것은 한때 독재국가에 가치가 있었겠지만 투자 유치를 위해 전 세계로 경쟁하고 있는 상황에서 신뢰성과 투명성을 약화시킴으로서 문제가 된다.

애덤 스미스Adam Smith의 지적대로 정보전송비가 떨어지면 정보의 가치는 증가한다. 이는 마치 운송비가 떨어져 시장이 더 커지면서 수요가 증가해서 상품의 가치가 오르는 것과 같다. 그러나 정치적으로 가장 중요한 변화는 무료 정보에 관한 것이다. 무료 정보를 보급하는 능력 덕분에 세계 정치에서 설득을 할 수 있는 능력이 더 중요해진다. 비정부단체와 국가들은 더욱 손쉽게 다른 지역 사람들의 믿음에 영향을 줄 수 있다. 만약 다른 사람들이 자신과 비슷한 가치와 정책을 채택하도록 설득할 수 있다면 하드 파워와 전략적 정보는 더 이상 크게 중요하지 않을 것이다. 소프트파워와 무료 정보가 충분한 설득력을 가지고 있다면 자신들에 대한 타국의 인식을 변화시키고 결과적으로 하드 파워와 전략적 정보를 더 효율적으로 사용할 수 있게 된다. 정부나 비정부단체가 정보혁명을 기회로 이용하려 한다면 정보혁명의 백색소음 속에서 신뢰의 평판을 쌓아야 한다.

값싼 정보의 흐름으로 다국적 채널의 수가 늘고 교류의 깊이는 더욱 심화되고 있다. 비정부 행위자들은 자신들의 견해를 조직하고 선전할 수 있는 기회를 훨씬 더 많이 갖게 되었고 국가 내부에 더 쉽게 침투할 수 있어 국가라는 블랙박스 내부를 더 잘 이해할 수 있게 되었다. 결과적으로 정치 지도자들은 일관되게 외교정책 이슈를 끌고 나가기 힘들어졌다. 하지만 국가들은 탄력적이며, 특히 민주주의 국가들은 정보 사회에서 큰 혜택을 얻기에 좋은 위치에 있다. 비록 다원적이고 사회적 이해가 침투한 국가에서 정부 정책의 일관성이 줄어들 수 있지만 그런 나라의 정부기관들은 오히려 더 큰 신뢰를 받고 있다. 따라서 자신들의 목적을 달성하기 위해 소프트파워를 행사하기가 더 쉬워진다. 미래는 국가에만 달려 있는 것도 아니고 다국적 관계에만 의존하는 것도 아니다. 정보 시대에 지리적으로 구분된 국가들은 계속해서 정치를 구성할 것이다. 그러나 국가들은 점차 물질자원에 덜 의존하게 되고 점차 다양한 정보 속에서 대중의 신뢰를 유지할 수 있는 능력에 더 의존하게 될 것이다.

4-3 규범의 전도사로서의 국제기구: 유네스코와 과학정책

마사 피너모어(Martha Finnemore), 1993

Martha Finnemore. 1993. "International Organizations as Teachers of Norms: The United Nations Educational, Scientific and Cultural Organization and Science Policy." *International Organization*, vol. 47, no.4, pp. 567~570, 576~585, 592~593.*

과학정책의 발전

과학과 국가의 관계는 공식적인 과학정책 관료조직의 설립에서 시작된 것이 아니다. 정부로부터 상당한 지원금을 받으며 정부 관료들과 긴밀한 관계를 유지하는 국립연구소나 왕립과학협회는 17세기에 비롯되었고, 정부는 대학교를 통해서도 과학자들의 연구활동을 지원해왔다. 그러나 초창기 국가의 과학 지원은 예술 분야에 대한 국가 지원과 비슷하게 여겨져, 국가 권력 획득을 위한 수단이라기보다는 예술과 과학의 우수성을 동원해 국가 권력을 드러내는 것으로 인식되었을 뿐이다. 따라서 정부 지원의 방향 제시와 규제는 보기 어려웠다. 학계와 대학은 정부 지원금 혜택을 누릴 수 있었지만, 이들은 정부 산하 조직이 아니었기 때문에 정부로부터 최소한의 간섭만 받으며 자유롭게 연구했다.

이에 비해 근대 과학정책은 개념적으로 다른 의미를 지닌다. 과학은 국가 권력의 수단으로 간주되어 정부 통제하에서 과학활동을 촉진하고자 과학 관련 업무를 전담할 정부 조직이 신설되었다. 정부 과학조직은 1915년 영국에서 처음 출현했는데, 1차 세계대전 와중의 영국은 유럽 대륙, 특히 독일의 혁신, 전문성, 기술 장비에 대한 의존을 탈피하기 위해 과학산업연구부Department of Scientific and Industrial Research를 설립했다. 몇몇 영연방 국가도 영국을 따라 비슷한 정부 부처를 만들긴 했지만 본격적인 과학정책 관료조직의 확산은 2차 세계대전 후에야 이루어졌다. 1955년 전에는 14개국만이 과학정책 전담 정부 부처를 두고 있었지만 1975년에 이르러서는 89개국으로 늘어났다. 본 연구는 국가가 어떻게, 그리고 왜 과학에 관심을 갖게 되었으며 정부의 과학 활용 방식이 어떻게 변화했는지를 알아본다.

먼저 본 연구에서 과학정책 관료조직science policy bureaucracy은 국가 차원의 과학기술적 활동을 기획·조정·조직하는 것을 주 임무로 하는 정부기관으로서 다음과 같은 기관들은 제외된다. ① 비정부조직(과학 전문가 협회 등), ② 과학 개별 분야에 특화된 단체(국립기상청 혹은 국립의료원 등), ③ 과학활동의 기획 조정 역할보다는 과학기술 전문인력 양성이 주목적인 교육 단체, ④ 과학정책 수립보다는 과학연구활동을 주로 수행하는 연구단체. 이는 유네스코가 국가별 과학정책 담당기구 명부 작성 시 사용하는 규정에 기반을 둔 것이다.

과학기술 관료조직 확산에 관한 수요중심적 해석

새로운 국가 관료조직의 설립은 대개 국내 주요 행위자들의 이해관계에 영향을 미치는 물질적 조건의 변화가 일어날 때 이루어진다. 기능주의자들은 객관적인 변화만으로도 새로운 관료조직의 신설이 충분히 설명된다고 하지만, 정치시스템의 효율성에 회의적인 이들은 물질적 조건의 변화는 필요조건일 뿐이며 충분조건으로서 신설 조직에 대한 수요가 발생하는 과정을 중요시한다. 그러나 후자의 경우에도 어느 정도의 물질적이고 객관적인 변화가 수요를 생성하는 것은 인정한다.

새로운 국가 관료조직의 신설과 관련해서 세 가지 전제조건이 있다. 첫째는 특정 이슈에 관련된 조건으로서 새로운 조직의 설립이 특정 이슈와 관계되는 경우를 말한다. 과학 분야에 적용한다면 자국의 과학 커뮤니티의 성장과 육성을 위해 과학정책 결정 기구를 설립하는 경우를 들 수 있다. 대표적인 예는 미국 과학정책 형성의 기원에 관한 데이비드 딕슨David Dickson의 연구로, 딕슨은 두 가지 측면에서 미국 과학의 눈부신 발전이 정부의 과학정책 전담기구 신설로 이어졌다고 본다. 하나는 국가가 과학정책 관료조직을 과학활동을 지시하고 통제하기 위한 기회로 여겼다는 점이고, 다른 하나는 과학자들이 이러한 조직을 국가 지원과 조정의 잠재적 전달자로 보았다는 점이다. 실제 과학정책 전담기구의 설립은 과학기술인력 규모와 연구개발 지출액의 상관관계처럼 국내 과학활동의 수준과 밀접한 연관이 있다.

다음의 두 전제조건은 과학의 생산자 측면보다는 소비자 측면에 적용된다. 먼저, 경제발전 또는 근대화가 과학 소비자의 활동, 특히 산업을 통한 과학정책기구의 창립을 촉진한다는 것이다. 즉, 국가 경제가 발전할수록 경제가 기술집약적으로 진화하면서 더 많은 과학적 지식의 토대가 요구된다. 따라서 경제활동 주체들이 국가로 하여금 새로운 과학정책기구를 신설하고 이를 지원하도록 압력을 가할 수 있다. 자유 시장경제가 아닌 혼합경제 체제에서는 이러한 경제활동 주체가 국가 자체일 수도 있지만, 여기서 중요한 점은 수요창출의 목적이 경제라는 것이다. 이러한 관점에서 보면 1인당 국내총생산과 같은 경제발전 지표를 통해 과학정책기구 설립을 예견할 수 있을 것이다.

세 번째 전제조건은 과학의 군사적 소비자의 필요성에 따라 과학정책기구가 설립된다는 주장이다. 현대 전쟁에서 과학적 기량은 기술적·군사적 성공과 직결되므로 국가안보와 권력에 위협을 느끼는 나라들은 그런 위협에 대비하기 위해 더욱 효율적이고 새로운 기술을 찾고자 한다. 이들 국가의 군대는 국가안보를 위해 정부 주도의 과학정책기구 설립과 지원을 요구할 것이다.

영국에서는 1차 세계대전 중에, 미국에서는 2차 세계대전 직후에 과학정책 전담 조직이 신설되면서 많은 학자들이 국가안보 문제와 과학정책 사이 인과관계를 논하게 되었는데, 스탠퍼드 레이코프Sanford Lakoff, 장 자크 살로몽Jean-Jacques Salomon, 하비 사폴스키Harvey Sapolsky 모두 소련의 세계 최초 인공위성 스푸트니크 사건처럼 국가안보를 위협하는 사건들과, 아울러 실제 전쟁 발발 가능성에 대한 우려로 정부가 과학에 관심을 갖고 국가적 목적에 과학을 긴밀히 활용하도록 촉매제 역할을 했다고 주장했다. 즉, 전시 국가안보 위협에 대처하기 위해 과학을 조직화한 것인데 이 과학조직들이 평화적 활용을 목적으로 정부에 의해 전후 재조직된 것이다.

로버트 길핀Robert Gilpin은 프랑스 과학에 대한 연구를 바탕으로 더 자세하고 광범위한 안보의 조건을 제시한다. 그에 따르면 프랑스는 2차 세계대전 직후 부상한 미국의 패권 때문에 자신들의 영향력과 자립에 위협을 느끼게 되었고, 이는 군사적 위협으로 인식되어 안보체계를 강화하고, 특히 독자적인 핵무기 공격 체제를 구축하는 데 과학 커뮤니티를 이용했다. 그러나 프랑스 안보에 대한 위협은 단지 군사적 측면에 국한되지 않고 프랑스의 경제적 우위 상실에 대한 우려로 이어졌다. 2차 세계대전 이후 미국 경제력이 더욱 강력해짐에 따라 미국이 프랑스에 직접 투자하는 것이 일종의 제국주의적 행태로 간주되면서 당시 프랑스는 경제 독립과 보전을 위해서 자국 산업의 과학을 활성화함으로써 기술 간극technology gap을 극복해야 했다. 국가의 독립성과 영향력에 위협이 된다는 관점의 안보 관련 논의는 너무나 광범위하므로, 안보 시각에 입각한 과학조직 확산 논리를 검증할 수 있는 객관적 지표를 만드는 일은 사실상 불가능에 가깝다. 그러므로 범위를 좁혀 군사적인 맥락에서 안보 위협을 이해한다면 분석이 다소 쉬워질 것이다. 예컨대, 총국민생산 대비 국방비 지출과 같은 군사 관련 지표들을 과학정책기구의 설립과 연관 지을 수 있다. 이런 지표에서 군사적 위협이 크게 드러나는 경우에는 과학정책이 먼저 발전할 것이고, 반대로 비교적 안전한 국가의 경우에는 정부가 과학정책을 늦게 발전시킬 것이다.

공급중심적 설명

다른 많은 국가의 경우 과학정책기구의 설립을 수요주도적 설명으로 하는 데 어려움이 있기 때문에, 관료조직 혁신이 내부적 요구에서가 아니라 외부적으로 공급되었을 때의 상황을 분석할 필요가 있다.

실제로 과학정책기구의 약 70%는 1955년과 1975년 사이에 설립되었는데, 1950년 초반부터 유네스코와 OECD라는 두 국제기구는 회원국에 과학정책 혁신을 적극적으로 홍보하기 시작했다.

본 논문에서는 유네스코의 홍보 활동을 중점적으로 다루며 유네스코의 활동이 폭넓은 과학정책 도입에 추진제가 되었다는 증거를 제시한다. 과학정책 채택 시 여러 국가 지표를 살펴보면, 많은 국가들이 총GDP 대비 연구개발투자 비율, 인구 1000명당 과학기술자 수, 1인당 GDP, 국민총생산(GNP) 내 국방비 지출비율 지표 모두에서 낮은 수치임에도 과학정책을 채택한 것으로 나타났다. 또한 국제기구들이 과학정책 혁신을 홍보하기 시작한 직후부터 나라별 과학정책 도입이 빠른 속도록 이루어졌다는 점도 과학정책기구 형성에 관한 유네스코의 역할과 기여를 방증하는 자료이다.

유네스코는 설립 당시 두 가지 그룹으로 구성되었는데, 회원국 대표와 분야별 전문가 집단이 그것이다. 유네스코 기구 내 이 두 집단의 관계는 시간이 흐르면서 변화되어온바, 이 둘의 관계 변화는 유네스코 프로그램의 변화에도 많은 영향을 미쳤고 특히 과학정책이 독립적 분야로 급부상하게 되는 데에도 큰 영향을 끼쳤다.

유네스코의 과학 분야 관심의 기원

유네스코*의 처음 명칭은 유엔교육문화기구United Nations Educational and Cultural Organization로서 과학은 문화의 한 분야에 속해 있었다. 그러나 1942~1945년 사이 기구 설립을 위한 예비 모임과 협상 회의에서 과학자들과 과학 지지단체들이 과학은 본질적으로 문화 내 다른 분야들과 다르기 때문에 기구의 목적과 명칭에 과학이 더욱 적극적으로 반영되어야 한다고 주장하면서 이름에 과학이 추가되었다.

과학자 집단이 이 신설 기구에서 자신들의 이해를 성공적으로 충족시킬 수 있었던 것은 국제과학계의 강력한 조직력과 히로시마 원자폭탄 투하에서 드러난, 세계정세에 미치는 이들의 영향력 덕택이었다.

이러한 두 가지 요소가 합쳐져 과학계는 기구 설립을 맡고 있던 회의 의장을 설득해 '과학'이라는 단어를 기구 명칭에 추가할 수 있었다. 당시 의장은 이렇게 언급했다. "요즘 우리는 모두 약간의 우려 속에 과학자들이 다음에는 어떤 일을 할 것인가에 관해 궁금해하고 있습니다. 그렇기 때문에 과학자들이 인문 분야와 밀접한 관계를 유지하며 인류의 관점에서 그들이 자신의 연구결과에 책임을 갖도록 하는 것이 매우 중요합니다."

유네스코 초창기 과학 프로그램과 조직구성

정부 간 신설기구 명칭에 '과학'이라는 이름을 부여한다는 것만으로도

---

* 'UNESCO'는 United Nations Educational, Scientific and Cultural Organization의 약어이다.

국가들에 과학의 중요성을 인식시킬 수 있었지만, 사실 유네스코의 초기 과학프로그램은 과학계와 과학자들을 위해 기획되었지 회원국의 과학연구 방향이나 규제에 대한 내용은 포함하지 않았다.

초기 프로그램들은 전 세계의 과학지식을 증대하고 그 지식에 대한 국경 없는 접근이 가능하도록 하는 것이었다. 과학이 각 국가별로 개발해야 하는 국가자원이라는 생각은 유네스코의 초기 이념과는 한참 동떨어진 것이었다.

국가가 과학 발견을 군사적 이익을 위해 이용하는 위험 외에도 과학에 대한 국가의 간섭은 오랫동안 과학적 진보를 억압하는 것으로 간주되었다. 과학은 언제나 과학자들의 손에 맡겨질 때 가장 효율적이고 생산적으로 진행된다고 여겨졌다. 이는 양차 세계대전 사이 국제연맹이 지녔던 입장이었고 대부분 과학전문가 단체와 국제무대에서 활발히 활동하던 개별 과학자들의 태도이기도 했다.

유네스코의 목적이 담긴 초창기 문서에서도 이러한 입장이 잘 반영되어 있다. 1946년 11월 총회 첫 번째 세션에서, 자연과학 분과위원회는 자신들의 임무를 다음과 같이 제시했다.

1. 각 전문 분야 내 전 세계 네트워크 구축
2. 과학연맹 후원 및 지지
3. 과학 정보의 국제 정보처리기관 조직 및 운영
4. 유엔의 사업과 특화된 서비스 지원
5. 과학적 발견의 국제적 영향력을 전 세계 일반 대중에게 알림
6. 새로운 국제과학협력 방식 구축(국제 공동관측시설이나 공동연구실 등)

위에서 보다시피 과학정책과 회원국의 과학 역량을 촉진하자는 내용은

언급조차 되지 않았었다.

변화

유네스코의 이사회 구성에서 나타난 비정부주의 원칙은 곧 비난을 받았다. 이사회 위원은 개인별로 선출되었지만, 본래의 유네스코 헌법에 따르면 한 국가에서 두 명 이상의 이사회 위원을 배출할 수 없게 정해져 있었다. 실제로는 국가들이 이 단체를 통해 정책을 시행하려 할 때 이것은 이사회원에게 집중된 압력을 가하게 되었다.

제임스 슈얼James Sewell은 미국의 한 고위 공무원의 말을 인용하며, 유네스코 이사회 위원을 '미 국무부 방식으로 관철할 수 있도록' 만들기 위해 미 정부가 그를 워싱턴으로 불러들였다고 전했다. 당시 유네스코 회의 대표자 구성은 과학자, 학자, 교육자, 작가 등의 전문가 참여는 감소하고 정부 대변인 역할을 하는 정부 기술자들의 참석이 증가하는 추세였다.

따라서 1954년 유네스코 회원국들은 헌법 개정과 상임이사회 구성을 정부 대표자 스물두 명으로 재구성하는 안을 투표에 부쳤다. 유네스코 이사회가 이렇게 한 국가의 사무국 성격으로 변화된 것은 여러 가지 방식으로 설명될 수 있는데, 그중 가장 많이 언급되는 것이 바로 재정적인 이유였다. 회원국들이 유네스코 운영 자금을 지원하기 때문에 유네스코가 이들 국가의 이익에 부합해야 한다는 것이다. 그 당시 유네스코를 그만둔 직원에 의하면 이러한 변화는 재정 지원에 대한 대가였다. 프랑스 대표 로제 세이두Roger Seydoux는 결국 각 국가의 재무부가 유네스코의 주인이 될 것이라고 비웃었다.

하지만 다른 참가자들은 이러한 변화가 전후 칸트적 초국적주의Kantian transnationalism에서 냉전시대의 홉스식 국가주의Hobbesian nationalism로 변화하는 일련의 국제 흐름을 따라가는 것으로 보았다. 초기의 비정부주의적 조직구성은 아이디어가 세계를 통합하는 원동력이라는 1940년대 사상을 반영한 것이었다. 즉, 교육, 과학, 문화가 국가들을 하나로 묶어주는 힘이 될 수 있다고 생각한 것이다. 만약 "전쟁이 인간의 마음속에서 시작된다"면 유네스코의 해답은 언제나 "평화 수호도 인간의 마음속에서 비롯되어야 한다"라는 것이다. 1945년 샌프란시스코에서 열린 유엔 설립 회의에서 미국 트루먼 대통령도 이와 비슷한 신념을 밝히며 국가와 국민들 사이에 더 나은 이해와 공감대를 만들기 위해 아이디어와 사상에 관한 지속적이고 포괄적인 교류를 담당하는 단체의 설립을 호소했다.

이러한 평화주의적 사고는 1950년대 중반쯤 그 영향력을 잃게 되었는데, 이 사상이 실제 세계에서 일어나는 치열한 권력 다툼과 거리가 멀었고 책임의 의무가 없는 개인들에게 이 기구를 맡긴다는 것은 위험스럽고 분열을 초래하는 발상으로 여겨지게 되었다. 현실정치realpolitik가 칸트의 자유주의를 대신하면서 국가들이 유네스코 정책 결정의 주요 참가자로 다시 모이게 된 것이었다.

당연히 미국은 반공산주의의 열풍 속에 유네스코를 정치적 도구로 간주했고 공산주의의 확장을 막는 '마셜플랜Marshall plan'과 비슷하게 여겼다. 유네스코를 전적으로 자국의 외교정책 어젠다에 맞게 전환시키지 못할 때에는 미국 사무원들은 기구 내에서 자신들의 영향력을 발휘할 수 있는 장벽을 세우곤 했다. 대표적인 예로 1953년에 설립된 국제기구 고용 충성도 이사회International Organizations Employment Loyalty Board를 들 수 있는데, 이 단체는 모든 유엔 기구 내 미국 대표들의 채용을 감독하는 조직으로 채용 심사 시 미국에 대한 충성도를 간접적으로 확인했다.

그러나 미국은 미심쩍은 정치적 성향의 지식인들을 교체하는 데에는 성공했지만, 유네스코를 미국 외교정책에서 하나의 도구로 만들고자 했던 궁극적 목표는 이루지 못했다. 1954년 정부중심적 개혁안이 통과된 시기에 소련과 동유럽 동맹국들이 유네스코에 가입하고 얼마 되지 않아 독자적인 의제를 지닌 다수의 신생 독립국들이 기구에 가입하면서 미국이나 다른 주요 강대국에 의한 일방적인 기구 통제는 불가능하게 되었다. 비정부주의에서 정부주의로의 변화는 유네스코를 구성하는 두 집단의 권력 균형에도 변화를 뜻하는 것이었다. 국제 정세가 변하고 초국가적 활동의 공익을 믿는 낙관론이 쇠퇴하면서 그러한 활동을 주도했던 과학자, 학자, 예술가, 교육자들은 기반을 잃게 되었다. 인류 화합을 이끌어내겠다던 그들의 목소리는 이제 의심과 적대심으로 세계를 바라보는 유네스코 회원국에서는 호소력을 잃어버렸다. 냉전시대 국가들은 과학자들이 아니라 각 국가가 유네스코의 주요한 구성원임을 다시 주장했고, 유네스코는 국가들을 지원하는 방향으로 프로그램을 수정하게 되었다.

조직 변화가 과학 프로그램에 끼친 영향

이러한 변화, 즉 국가가 기구 조직의 새로운 주요 구성원이라는 점은 유네스코 과학 프로그램에 곧 나타났다. 이미 시작한 기존의 국제 과학프로젝트는 계속되었지만 유네스코는 국가 차원의 과학 홍보에 집중하게 되었다. 회원국들이 자국의 과학을 조직·관리하고 확대하도록 도와주는 데 주력했는데, 이를 위해 가장 선호한 방법은 국가 내 과학 관련 임무를 담당할 신설 조직의 설립 지원이었다.

그 첫 단계로, 유네스코는 1953년 회원국의 국립연구위원회에 관한 조사를 실시했다. 여기에는 두 가지 목적이 있었는데, 첫째는 연구위원회 설립을 위한 참고자료의 수집이었고, 둘째는 과학정책 자문을 구하는 국가들을 지원하는 국제과학연구 자문위원회를 유네스코 내에 설립하는 데 필요한 배경자료의 수집이었다.

당시 유네스코의 과학정책 홍보 역할은 국가들이 조언과 도움을 요청할 때까지 기다리는 다소 수동적인 형태였다. 그러나 1954년 개혁 이후에는 유네스코는 이전보다 적극적으로 과학정책 활동영역을 넓혀갔다. 1953년 조사가 발전되어 1955년에는 유네스코 30개국의 국립연구센터 대표자 회의가 이탈리아 밀라노에서 열렸다. 이 회의의 주요 안건은 과학연구 발전을 위한 국가 계획의 역할이었다. 이 회의에서 유네스코 직원들은 국가가 주도하는 과학활동의 장점을 열거하고 이러한 방향을 위한 여러 모델에 대해 토론했으며 회원국들에 도움을 줄 수 있는 유네스코의 역할을 강조했다.

1950년대 말까지 유네스코는 회원국들이 과학정책 담당 정부기구를 설립하는 것을 적극적으로 돕기 시작했다. 예를 들어 1957년 벨기에 정부가 국립과학정책위원회 설립을 위해 도움을 요청했을 때, 유네스코는 과학정책부 디렉터를 파견해서 지원했고, 레바논 정부의 국립과학연구위원회 설립도 지원했다. 유네스코의 회원국 과학기구 설립 지원 활동은 1960년대에 더욱 활발해졌는데, 당시 유엔 특별 자문위원 피에르 오거Pierre Auger는 국가 차원의 과학정책을 정부의 가장 중요한 목적 중 하나로 명시할 것을 추천하는 보고서를 발간하기도 했다.

> 국가는 과학연구 장려와 사회·경제발전이 서로에 이익이 되는 방향으로 운영되고 상호작용하도록 확실히 보장해야 한다. 동시에 이러한 문제에 관해 국가들을 지원하는 것은 유엔 기구 본연의 임무이다.

유엔이 요청하고 승인한 오거의 상세한 보고서는 유네스코가 지난 5년간 관여해온 과학정책 활동을 승인하고 임시적으로 구성되었던 활동들을 공식화하는 기반이 되었다. 1960년부터 유네스코 총회 결의안은 총재가 회원국들이 과학연구의 조직과 정책에 대한 정보를 수집·분석·보급하는 것을 지시했다.

1963년의 총회 결의안은 더 명확하게 단체장의 회원국 지원을 승인했다. 회원국의 과학정책 계획과 연구단체의 설립과 개선에 관해 자문을 보내고, 특히 인력과 예산에 대한 과학적이고 기술적인 조사를 진행하고 연수 세미나를 조직하도록 권장했다. 이때부터 과학정책단체의 보급과 향상은 유네스코의 공식적 과학 프로그램으로 튼튼하게 자리 잡게 되었다.

새로운 기준

유네스코 프로그램에서 쓰이는 언어는 서술적이거나 평가적이지 않고 규범적이었다. 유네스코 측에서는 과학정책입안이 필요하고 유익하다고 선언하지만 이 필요성과 유익성을 입증하려 하지 않았다. 예를 들어 "유네스코가 과학을 조직하고 지시하기 위해 국가는 의무적으로 과학정책을 입안·실행해야 한다"라든지, "과학정책 발전은 정부 고위기관에서 맡아야 한다", "과학연구의 조직과 홍보를 위해 유네스코의 과학정책 프로그램은 과학정책의 계획은 필수적이라는 원칙에 기초한다"라고 주장했다. 관료 기관의 지원이 과학적 수월성을 높인다는 증거가 없을 뿐 아니라 몇 년 전까지만 해도 정부 개입이 과학적 독창성을 억압한다는 통념이 지배적이었다는 사실에 비추어보면 이러한 주장은 놀랄 만한 변화인 것이다.

또한 유네스코 프로그램은 보편적인 언사를 구사했는데, 유네스코는 과학정책 관료체제가 모든 국가에 좋고 그 어떤 과학 분야에도 유익하다고 홍보했다. 이는 많은 나라들, 특히 개발도상국의 무임승차 전략을 간과한 주장이었는데, 연구결과를 즉각적으로 광범위하게 전파해야 하는 숙명을 가진 과학은 공공재이기 때문에 과학 혁신에서 리더보다 추종자가 되는 것이 비용 면에서 더 효과적이기 때문이다. 따라서 실용적 관점에서 본다면 왜 갑자기 모든 국가들이 그 시점에 과학정책 관료가 '필요'하게 되었는지 확실하지 않다.

사실 거의 동시적인 각국의 과학기구 설립이라는 사건은 실용적인 필요와는 별로 관계가 없었다. 그보다는 과학에 관한 국가의 역할에 대한 기준과 기대의 재정의에 의한 것이었다. 유네스코 명칭에 과학을 넣고 이를 진흥시키자는 엘런 윌킨슨Ellen Wilkilson의 견해는 일견 과학자들의 성공으로 보인다. 하지만 과학자와 다른 인식공동체들이 회원국들에 유네스코의 통제권을 잃고 나서 상황은 완전히 달라졌다.

과학이 국가의 타당한 관심사라는 기준은 굳건히 자리 잡았고 새로운 과학과 국가의 관계는 유네스코 활동의 주요한 추동 요인이 되었다. 유네스코의 자연과학부는 이제 다국적 기업처럼 국제기구 안에서 집합적으로 국가들에 과학을 장려하고 지휘하기보다는 국가가 각 국경 안에서 개별적으로 책임을 져야 한다고 주장했다. 유네스코 자연과학부는 과학정책입안이 국가의 기능이라고 선언하고 이 새로운 기능에 지식과 데이터를 보급함으로써 회원국의 국가 이익과 무관하거나 그것에 위험이 되지 않게끔 스스로의 역할을 재정의하게 된 것이다.

유네스코의 노력은 그 시대 다수 신생 개발도상국이 독립한 것과 무관하지 않다. 처음에는 미국과 영국 같은 선진국이 냉전 초기 유네스코의 이사회를 우호적으로 이끌려고 했지만, 1960년대 민족자결과 신생 독립국 증대로 유네스코는 국가중심적 방향으로 확실하게 전환되었다. 신생 독립국들은 점점 더 많이 유네스코에 가입했고 일반적으로 경제적·군사적 응용의 필요성 때문에 국가가 과학을 장려하고 지휘해야 한다고 여겼다. 1963년 개발도상지역의 과학기술을 위한 유엔 회의에서는 과학기술정책 조직과 계획에 대한 의제가 회의 전체에서 가장 생산적인 토론이었다. 과학정책을 강조하는 것과 함께 회의의 대표자들은 개발도상국 본연의 연구 프로그램을 개발하는 것의 중요성을 강조했다. 즉, 어떤 나라도 수입으로 경제발전을 이루지 못하듯 수입된 아이디어로 지식 발전을 이루지 못한다고 주장했다. 또한 신생독립국에 과학은 다국적 활동으로의 지속적인 독립을 의미했다. 과학은 새로 독립한 나라의 민족주의와 규범적으로 일치했고 다른 나라의 침략에 저항하는 방법이기도 했다.

이러한 과학에 대한 국가주도 혹은 국가통제주의적인 개념은 유네스코의 초기 과학의 이해와는 매우 달랐다. 국가는 이제 발전과 진보의 주된 조달업자로 이해되었다. 그렇기 때문에 과학과 기술의 과실을 국민들에게 전해주는 것은 과학자가 아닌 국가로 변했다. 과학지식은 국가 협조 아래 더 거대해진 경제, 군사 기관으로 통합되어야만 더 많은 부와 안보, 생활수준의 향상으로 바뀔 수 있었다. 과학적 능력 혹은 과학적 잠재력은 더 이상 국제 공동 자원이 아니라 국가의 자원으로 간주되기 시작했다.

과학이 국가의 역할이라는 새로운 인식이 과학자 사회의 독립성과 성과에 부정적인 영향을 끼친 것만은 아니었다. 사실 과학 관료는 국가적인 수준에서 과학자들에게 더 많은 권력과 자원의 혜택을 주었다. 요점은 국가가 과학과 과학자들을 지휘하고 통제하기 시작했다는 것이 아니라, 과학이 국제적이거나 인류 공동의 이득보다는 국가의 이득을 위해 국가적으로 조직화되었다는 것이다.

결론 및 함의

본 연구의 시사점은 다음 몇 가지로 정리할 수 있다. 첫째, 국가 외부의 영향력들이 국내의 국가 구조적 특성과 관련된 선택에 영향을 준다는 것이다. 이는 주목할 만한데 기존의 국가 구조에 관한 문헌에서는 국가 구조 변화의 국제적인 원인은 별로 다루지 않기 때문이다.

둘째, 유네스코에 대한 분석은 기존 국가중심적 분석에는 잘 다루지 않는 국제시스템과 국가 간의 관계를 밝히고 있다. 신현실주의neorealism에서는 국제시스템이 국가에 작용하는 힘은 제약이며 국제시스템은 수동적이라고 본다. 어떤 정책을 추구하는 것을 방지하는 것은 국제시스템이지만, 선호하는 정책을 발굴하고 정의하는 것은 국가이다. 하지만 본 연구 사례의 경우, 국제 수준 행위자인 유네스코가 적극적으로 정책을 발굴·선택하는 과정을 분석함으로써 국제 수준의 행위자도 주도적일 수 있음을 보여준다.

국제 수준의 국가정책 자료에 대한 관심은 지난 몇 년간 꾸준히 증가했다. 인식공동체, 아이디어, 다자주의multilateralism에 대한 문헌들은 모두 국제 수준의 국가정책을 다룬다. 이 문헌들은 국제시스템 수준의 행위자는 부정적이고 제약적인 방향보다는 긍정적인 방향으로 국가의 정책 논쟁에 기여하는 것으로 파악하지만, 의외로 국제기구 자체에 대한 연구는 그다지 많지 않다.

셋째, 국가는 일반적인 국제관계론에서 받아들여지는 것보다는 훨씬 더 많이 사회와 소통을 하는 기관이라는 것이다. 국가의 정책과 구성은 상호주관적인 시스템의 요소들에 영향을 받고 특히 국제시스템이 확산시키는 기준에 많은 영향을 받는다. 과학이 사회 및 국가에 필요하고 타당한 역할을 갖는다는 것을 강조하고 그 역할을 집행하기 위해 국가가 국제기구와 국제적 전문가 공동체(이 경우엔 과학자)와 사회적으로 소통한다.

1955년 전에는 과학정책이 국가의 일이라고 인식을 하는 국가가 거의 없었다. 유네스코의 활동과 몇몇 도드라지는 선진국의 예를 통해 과학정책이 국가의 임무라는 아이디어가 전파되었다. 본 연구의 실증적인 일례는, 즉 국가의 과학발전 수준에 상관없이 국가들은 과학 조직을 위한 관료를 갖는다는 것을 보여준다는 것이고, 이는 국제관계의 보편적인 접근보다는 구성주의적 혹은 '반성적인reflexive' 접근으로 더 잘 이해할 수 있다. 국가가 사회적으로 구성된 기준과 광범위한 국제 공동체의 이해에 의해 정책을 채택한다는 사실은 기존 접근에서 간과하고 있는 것이다.

본 연구는 향후 세 갈래로 좀 더 발전시킬 수 있는데, 첫째는 국제기구의 역할, 즉 국제적 행위에 대한 기준과 기대가 형성되는 장소로서의 역할에 대한 연구가 필요하다. 기존 국제레짐international regime 문헌은 국제기구들을 국가의 대리인으로만 간주함으로써 국제기구가 국제 기준이나 규범을 제정·확산하는 데 적극적 역할을 한다는 점을 간과한다. 둘째로 본 연구는 국제 전문가공동체가 국제기구를 통해 영향력을 행사함을 보여줌으로써 인식공동체에 대한 문헌에 기반을 두고 있다. 그러나 동시에 인식공동체 이론의 한계에 대해서도 시사점을 제공한다. 유네스코의 교육활동에 종사하는 사람들은 과학과 관련한 경력이 있지만, 그들의 동기는 과학에 대한 과학사회의 전문적 기준이나 원칙에 입각한 믿음보다는 국제 관료로서의 신분으로부터 비롯되었다. 사실 이 과학자들은 과학 사회에 원래 있던 기준, 즉 국가와 과학 간의 관계라는 기준에 도전하고 있었다. 따라서 유네스코 과학활동 사례는 전문적인 지식도 정치적인 활동에는 설득력 있는 원칙이 되지 못할 수 있음을 암시한다. 어떤 '지식'이 결정력이 있는지, 또 어떤 지식이 정치적이고 조직적인 변수와 어떻게 상호관계가 있는지를 추가로 연구한다면 인식공동체 이론을 더 강화시킬 수 있을 것이다. 셋째로 기준, 규범, 기대의 공유 등 국제기구의 사회적 구성에 대한 좀 더 많은 이론적인 연구가 필요하다. 신현실주의에서는 국가의 선호가 주어졌다고 보고 국제적 상호관계를 분석한다. 그러나 본 연구에서는 국가의 선호가 국제적 상호관계의 원인만이 아니라 결과일 수도 있음을 보여준다.

4-4 인식공동체와 국제정책공조

피터 하스(Peter M. Haas), 1992

Peter M. Haas. 1992. "Introduction: Epistemic Communities and International Policy Coordination." *International Organization*, vol. 46, no. 1, pp. 3, 6, 12~14, 16~22.*

인식공동체epistemic community는 어느 특정 분야에 전문 지식과 능력을 갖고 그 분야의 이슈와 관련된 정책에 대해 권위 있는 의견을 제시할 수 있는 전문가들의 네트워크를 의미한다. 인식공동체는 여러 학문 분야의 서로 다른 배경을 가진 다양한 전문가들로 구성될 수도 있지만, 다음의 공통점을 특징으로 가진다.

① 동일한 인식공동체에 소속된 전문가들은 서로의 사회적 활동에 대한 가치판단을 하는 데 기준이 되는 공통된 규범과 원칙을 공유한다.

② 전문가들은 자신들의 전문 분야에서 핵심적인 문제 분석 연구로부터 얻은 '인과적 믿음'이란 것을 공유하는데, 이는 여러 가지 정책 옵션과 그 결과들에 대한 다양한 인과관계를 설명하는 기본이 된다.

③ 해당 전문 분야의 특정 지식이 얼마나 중요하고 유효한가를 말해주는 '간주관적intersubjective 타당성'에 대한 공통된 판단기준을 가진다.

---

④ 정책 이슈에 대한 전문적 경험들을 기초로 만든 공동의 정책 사업을 형성하는데, 이는 궁극적으로 인류 복지를 향상시킬 것이라는 믿음에서 시작된다고 할 수 있다.

인식적 정책조정epistemic policy coordination의 인과 논리는 아주 간단하다. 정책조정의 핵심 요소는 불확실성, 해석, 제도화이다. 외교정책 조정 시에는, 정책적 목표 달성 여부가 상대국의 정책 결정에 따라 크게 영향을 받게 되거나 특정 정책의 결과가 매우 다양한데, 그 결과의 일부만을 예측할 수 있을 때 발생하는 불확실성 때문에 특정 정보에 대한 수요가 급증하게 된다. 예를 들어, 핵 파괴nuclear destruction 방지 전략에 관한 불확실성이나, 지구 표면에서 7~15마일이나 떨어져 눈에 보이지도 않는 오존층의 파괴로 나타나는 위협을 추정해서 대처하는 방법에 대한 불확실성 등이 있고 이러한 불확실성이 존재할 때는 관련 정보에 대한 수요가 급증하게 되는 것이다. 이러한 불확실한 단계에서 필요로 하는 정보는, 정부가 상대국의 의도를 파악하거나 특정 사건의 발생률을 추측해서 다양한 정치적 경험에 입각해 독자적으로 해결할 수 있는 것이 아니라, 사회적·물리적 과정과 과정 간의 상호관계 및 과학기술적 전문성을 필요로 하는 결과 예측에 대한 상세한 설명이 된다. 다시 말해 단순한 추측이나 미가공 데이터가 아니라 사회·물리적 현상에 대한 전문가들의 해석이 필요한 정보인 것이다.

인식공동체는 이러한 정보와 조언을 제공하는 단체이다. 필요 정보에 대한 수요가 증가하면서, 정보를 만들고 제공할 수 있는 전문가 공동체가 생겨나고 확산된다. 정책입안자들이 공동체의 전문가들에게 필요한 정보를 요청하고 책임을 위임함에 따라, 해당 인식공동체는 국가적으로, 더 나아가 국제적으로도 큰 영향력을 갖게 된다. 그러나 한 인식공동체가 제시한 조언은 그 공동체만의 세계관을 통해서 정해지는 것이다. 따라서 해당 인식공동체가 한 국가의 행정부와 국제기구 사무국 내에서 관료적 권력을 키워가는 만큼, 자신들의 영향력을 제도화하고 자신들의 견해를 국제정치에도 반영하기 위해 노력한다.

다국적 규모의 인식공동체 전문가들은 한 국가의 정책 결정권자에 직접적으로 중요 이슈를 알리거나, 한 이슈의 가장 핵심적 측면을 이해하기 쉽게 분명히 밝혀 그 이슈에 대한 관심을 유도함으로써 국익에 영향력을 미칠 수 있다. 한 국가의 의사결정은 다른 국가의 관심과 행동에 영향을 줄 수 있기 때문에, 인식공동체의 인과적 믿음과 선호 정책의 영향을 받아 한 국가의 행동과 국제 정책조정이 하나로 수렴될 가능성이 높아진다. 이와 비슷하게, 인식공동체는 국제정치에서 국가들의 행동에 영향을 미치는 사회제도 성립과 유지에도 기여한다. 설사 공동체의 파워가 국가정책에 직접적 영향력을 미칠 만큼 더 이상 강하거나 집중되어 있지 않게 되어도, 이미 생성된 사회제도의 영향력은 지속되기 때문에 해당 이슈 분야에서 만들어진 협력 패턴은 계속될 수 있다.

국제관계를 인식공동체를 중심으로 이해하려는 이 연구법은 새로운 아이디어와 정보가 어떻게 보급되고 정책 결정권자들이 이 정보를 어떻게 받아들이게 되는지에 대한 여러 경로를 주목함으로써, 국익 추구는 그리 체계적이지 못하며 국가 간의 지속적인 협력관계 또한 국제정치의 권력 구조와는 상관없음을 드러낸다. 이 접근법은 국가가 권력과 부를 추구하기도 하지만 동시에 불확실성을 줄이고자 노력하는 행위자임을 전제로 하며, 구조 분석가structural analysts들이 거의 언급하지 않는, '조직화된 정책 협정coordinated policy arrangements'의 실질적 본질을 설명하고자 한다. 한편으로 인식공동체 접근법은 국제관계의 구조주의적 이론을 어느 정도 보완하기도 한다. 국가는 인식공동체가 설명하는 새로운 지식에 반응해서 완전히 새로운 목표를 추구할 수도 있는데, 이 경우 국가행위의 결과는 권력의 분배구조뿐 아니라 정보의 분배구조에 의해 결정될 수도 있다. 〈표 4.4.1〉은 인

〈표 4.4.1〉 정책 변화 연구의 접근법

접근법	분석수준 및 연구 분야	정책 변화에 영향을 주는 요인들	변화 메커니즘과 결과	주요 행위자
인식공동체 접근법	초국가적; 국가 행정관리자와 국제 제도	지식; 인과적이고 원칙적인 신념	정보 보급과 학습; 정책 결정 양식 변화	인식공동체; 개별 국가
신현실주의(neorealist) 접근법	국제적; 정치·경제 시스템 내 국가	역량 배분; 행위 비용과 이익의 분배	기술 변화와 전쟁; 국력의 자원 변화와 국제 권력 게임 성격 변화	국가
종속이론 접근법	국제적; 글로벌 시스템	글로벌 분업 시스템 내 국가의 비교우위; 경제자원 통제력	생산 변화; 글로벌 분업화 시스템 내 국가의 위치 이동	중심국, 주변국, 준주변국(semiperiphery); 다국적 기업
탈구조주의 접근법	국제적; 담론과 언어	단어 사용과 의미	담론; 새로운 정치적 공간과 기회 창출	불분명함

식공동체 접근법의 개요를 도식화한 것으로 국제관계학 분야의 정책 변화 연구에 대한 다른 방법들과 비교한 것이다.

정책입안자와 지도자들은 권한을 전문가에게 위임할 때에도 자신들의 통제력을 지속할 수 있길 바란다. 그렇다면 전문가와 정치인의 상호작용이 정책 결정에 어떠한 영향을 미치는가? 일반적으로 과학적 방법에 대한 믿음 때문에 과학자들이 더 합리적인 정책 수립을 할 것이라고 기대하지만, 아무리 기술적 이슈라 하더라도 정책 수립과 결정은 누가 어떠한 비용으로 무엇을 얻는지에 관한 복잡하고 비기술적인 이슈들과 얽혀 있다. 정책 수립 과정에서 과학자들이 투입되어 객관성과 가치중립성이 강조된다 하더라도, 결국 정책 결정이 자원 배분의 결과라는 측면에서는 여전히 정치적이다. 특히 과학적 증거가 불확실하고 전문가들조차 서로 이견으로 논쟁이 계속되는 경우에는 기술적 측면보다는 정치적 가치를 중심으로 문제가 해결되는 경향이 있다. 국가 행정기관에서 일하는 과학자들에게도 과학적 방법에 대한 그들만의 공통된 신념이 있으나, 그 신념이 서로 간의 결속을 보장하지도 않고 소속기관의 압력이나 정치적 유혹을 버텨낼 만큼 충분한 면역력을 제공하지도 않는다.

미국 정부의 정책 및 규제에 과학정책과 과학자들이 미친 결과를 분석한 연구들에 따르면 과학자들의 영향력은 매우 사소하거나 일시적이었다. 기술 분야의 정책조정에 관한 초창기 연구들도 정책 결정권자는 국가안보 정책 분야에서만큼이나 기술정책 분야에서도 자신들의 자율성을 조금도 포기하려 하지 않는다고 보았다. 기술적 조정technical coordination에 따른 정치적 비용을 두고 볼 때 정부의 태도는 비협조적이었고 행정 부처들은 자신들의 담당 분야가 기술 담당 부처로부터 간섭받는 것을 싫어했다. 그 결과 정부 기관 내 기술 관료의 비중이 높아졌음에도 기술적 이슈 관련 정책의 결과는 전통적으로 정치 성향이 짙은 이슈들의 정책 결과와 다를 바 없었다.

이 글에서는 정책 결정 방식과 정책 결정권자의 추론 패턴의 변화를 중심으로, 현대사회의 불확실성이 증가함에 따라 정책 결정권자들이 이전과는 다른 새로운 조언의 창구를 찾게 되고 이러한 노력들로 국제적 정책조정이 향상되는 결과를 가져왔음을 보일 것이다.

정책 결정의 과정: 복잡성, 불확실성, 인식공동체의 조언에 대한 수요

정책 결정권자가 당면하는 불확실성 요소에는 재정, 거시경제, 기술, 환경, 보건, 인구문제를 포함한 수많은 국제적 이슈들의 복잡성과 기술적 측면이 증가되고 있다. 국제체제 행위자들과 이들 간 상호작용의 정도를 생각해보면 국제정치시스템은 매우 복잡해졌고 글로벌 경제와 현대 행정국가 역시 규모 면에서 굉장히 확대되었다. 정책 결정권자들이 예전보다 훨씬 광범위한 이슈를 다루게 되면서 불확실성을 줄이고 현안에 대한 이해와 미래 추세 예측을 위해서 전문가들의 조언을 구하게 되었다.

복잡성 앞에서 인간의 이해력은 시험대에 오른다. 개별적 이슈에 관한 지식은 과거보다 더 많아졌지만, 정책 결정 과정에서 개별 이슈 간의 상호작용에 관한 특성을 이해하고 이를 효과적으로 다루는 일은 더욱 어려워졌다. 예를 들어, 경제적 상호의존성이 높아지고 지구화됨에 따라 국내 경제정책을 성공적으로 실행하기 위해서라도 다른 국가와의 정책조정이 불가피해졌다. 즉, 국내 의제와 국제 의제 간 연관성이 증대되었는데 정책 결정권자들이 이런 복잡한 관계를 쉽게 이해하지 못하는 경우가 종종 발생한다. 다시 말해, 현대사회 정책 결정권자는 과거보다 훨씬 더 어려운 경제적 선택을 해야 하는 어둠 속에 갇힌 것이다.

글로벌 경제와 유사한 사례로, 국제 환경문제에서도 정책 결정권자들은 생태계 구성 요소 간의 복잡한 상호작용을 자세히 이해하지 못하기 때문에 현재의 환경 이슈에 대처해 만든 정책이 장기적으로 어떠한 결과를 가져올지 예측할 수 없다. 전문가의 도움이 없다면 다른 이슈들과의 연관성이나 불확실한 미래를 고려하지 못한 채 결정을 내릴 수 있으며, 이렇게 채택된 정책은 미래 사회와 후손에게 위험을 가져오는 결과를 초래할 수도 있다.

불확실성은 문제 상황에 대한 충분한 정보가 없거나, 각기 다른 결정에 따른 결과를 예측할 때 필요한 일반 지식이 충분하지 않은 상태에서 결정을 내려야 하는 상황을 말한다. 정책 결정권자들이 해결해야 하는 이슈와 문제가 계속 증가하면서 국익 추구의 논리와 효과적인 추진 방법이 명확하다고 전제했던 기존의 국제관계 이론들은 점점 그 유용성이 약화되고 있다. 타국의 취지와 행동 또는 국제적 여건의 특성에 대한 잘못된 이해는 불확실한 상황에서 더 많이 발생하게 된다.

불확실한 상황에서 정책 결정권자가 인식공동체와 상의함으로써 얻게 되는 몇 가지 이점이 있는데 그중 일부는 정치적인 동기에서 비롯되기도 한다. 첫째, 사회가 위기와 충격을 경험할 때 인식공동체로부터 그 위기와 충격의 인과관계에 대한 자세한 설명을 듣고 여러 가지 가능한 정책들의 결과에 관한 조언을 얻을 수 있다. 정부가 프레온가스 문제나 환경 재난과 같은 상황을 고려할 때 인식공동체 전문가들은 정책 결정권자들이 어떠한 정책 결정에 따라 누가 이득을 얻고 누가 손실을 입는지에 관한 판단을 도울 수 있다. 정책 결정권자들은 과학자들이 불확실한 상황에서 사용하는 체험적 발견heuristics법을 거의 사용하지 않는다. 욘 엘스터Jon Elster에 따르면 정책 결정권자들은 일반적으로 "무슨 일이 일어날 것인가라는 다양한 가능성들에 대해 수치로 점수를 부과하지 않는다. 이들은 여러 가능성을 열거할 수는 있지만 그 가능성을 예측하지는 못한다". 정책 결정권자들이 사태의 중요성을 판단하기 위해 확률 통계나 데이터를 사용할 수 있겠지만, 이러한 정보는 다른 목적을 위해서 — 예컨대 '지연 방관wait and watch' 정책을 정당화하고 다른 사람들에게 책임을 전가하는 데 — 사용되기도 한다.

둘째, 인식공동체는 이슈 간 복잡한 연관성의 본질을 밝히고 특정 정책의 채택 시 발생하게 될 일련의 사건들을 분석할 수 있다. 특정 분야의 문제 해결 과정에서 다른 분야에 예상치 못한 나쁜 결과를 가져올 수도 있는 시스템적 변동성을 경험할 때 정보의 가치는 더 커진다.

셋째, 인식공동체는 한 국가나 국내 당파factions 간의 이익을 정의하는 데 도움을 줄 수 있다. 문제의 인과관계를 설명하는 과정에서 기존에 정의되었던 이익을 재정의하거나 새로운 이익을 찾아내기도 한다.

넷째, 인식공동체는 정책 형성을 도울 수 있다. 인식공동체의 역할은 자신들의 조언을 필요로 하는 요인에 따라 달라진다. 정책 결정권자는 정치적 목적을 위해, 즉 특정 정책의 정당화 혹은 합법화를 위한 정보를 얻기 위해 인식공동체 전문가에게 조언을 구한다. 이 경우 인식공동체의 역할은 특정 정책의 세부사항만을 다루는 것에 제한되는데, 정책 결정권자가 부딪치게 될 이해 상충의 상황을 예상하고 해당 정책을 함께 지지해줄 수 있는 지원자 연합의 구축을 돕는다. 만약 그 정책이 도입된 후 문제가 발생하더라도 정책 결정권자들은 전문가들이 제공했던 정보를 탓하며 자신들이 받게 될 비난을 분산시킬 수도 있다. 그러나 이러한 정책 결정권자들의 정치적 필요에 부름을 받는 인식공동체도 정책 결정권자들의 원래 의도와는 다른 목적으로 자신들의 견해를 관철시켜나갈 수 있다는 점은 매우 중요하다.

인식공동체와 다른 단체의 차이점

앞에서 간단히 언급한 바와 같이 인식공동체 구성원들은 원칙이나 원리에 근거한 인과적 신념을 공유할 뿐 아니라 정책 사업을 함께 만들어나간다. 인식공동체 구성원들이 특정 분야의 정책에서 지니는 지적 권위는 그 분야에서 인정받는 자신들만의 전문성에 근거한 것이다. 이것이 바로 정책조정에 관여하는 다른 단체들과 구별되는 점이다.

인식공동체가 반드시 자연과학자들로만 구성되지는 않는다. 사회과학자나 사회적 가치가 있는 지식을 가진 사람이라면, 어느 학문 분야에 속해 있든 어떤 직종 출신이든 상관없이 인식공동체 구성원이 될 수 있다. 인식공동체의 인과적 신념과 타당성 관념이 꼭 자연과학에서 사용되는 방법론에 기초할 필요도 없다. 자신들의 학문 분야와 직업군에서 적절하다고 평가되는 분석법이나 분석기술을 근거로 사회적 과정이나 그 본질에 대한 지식 공유에서 인식공동체가 시작될 수도 있다. 예를 들어 오존층 보존 이슈에 참여하는 공동체들에는, 대기과학 분야의 지식에 근거한 전문가 공동체도 있지만, 경제학이나 공학과 같은 관련 다른 학문 분야나 직업군에서도 전문성을 갖고 참여하는 공동체들이 있다.

새로운 인식공동체의 등장은 일반적으로 한 국가 내에서 영향력을 갖지만 학술회의, 저널 출판, 공동연구, 다양한 비공식 소통과 만남을 통해 한 공동체의 아이디어가 국경 밖으로 확산되고 오랜 시간이 지나 초국가적인 공동체로 발전하기도 한다. 그러나 인식공동체가 반드시 초국가적일 필요는 없으며 공식적으로 정기적 모임을 갖지 않아도 괜찮다. 물질적 이익에 관심이 없어도 각기 다른 국가들의 관계자들이 공동의 정책 안건을 위해 협력하는 것은 다국적 구성원으로 이뤄진 인식공동체가 존재한다는 것을 보여주는 것이다.

한 공동체의 아이디어에 영향을 받은 정책 결정권자를 통해 다른 국가로 그 아이디어가 퍼져나가게 되면 초국가적 공동체의 아이디어는 국제기구나 다양한 국가기관 내에 자리 잡게 된다. 결과적으로 공동체의 아이디어가 광범위한 네트워크에 적용되면서 초국가적 공동체의 영향력은 국내 공동체보다 더 오래 지속되고 강력해질 수 있다.

사회에서 혹은 엘리트 정책 결정권자들로부터 높은 가치를 인정받는 인식공동체 회원들은 자신들의 교육 배경과 위상, 전문성에 대한 평판을 바탕으로 정치에 접근하고 정책 결정권자로부터 자신들의 활동에 대한 권한을 위임받게 된다. 마찬가지로, 전문가들은 타당성 시험[validity test]으로 뒷받침되는 자들의 지식 덕분에 정책 논쟁에서 영향력을 행사할 수 있게 되며 바로 그 전문지식은 자신들의 사회적 권력의 원천이 된다. 동시에 전문가 경력과 타당성 시험은 공동체 구성원을 다른 사회 행위자나 단체보다 더 돋보이게 만드는데, 이 때문에 인식공동체의 진입 장벽이 높아지고 동시에 정책 논쟁에서 다른 참여자나 단체의 영향력이 제한되기도 한다. 인식공동체 구성원들은 자신들의 전문 분야에서 새로운 정보가 만들어질 때면 공동체 내부적으로 심도 있는 토론을 통해 자신들의 아이디어를 다듬어서 새로운 지식 기반에 대한 합의를 이룬다.

〈표 4.4.2〉에서 보는 바와 같이 인식공동체가 다른 단체와 구별되는 점

〈표 4.4.2〉 인식공동체와 다른 집단과의 차이점

		인과적 신념	
		공유	비공유
원칙적 신념	공유	인식공동체	이익단체, 사회운동집단
	비공유	학문, 직업	국회의원, 관료조직, 관료연합

		지식 기반(Knowledge base)	
		합의적(Consensual)	논쟁적(Disputed)
관심 (Interests)	공유	인식공동체	이익단체, 사회운동집단, 관료연합
	비공유	학문, 직업	국회의원, 관료조직

은 이들이 인과적 신념과 원칙적 (분석적이고 규범적인) 신념, 합의된 지식 기반 및 공동의 정책 사업을 공유한다는 점이다. 이들은 인과적 믿음과 인과관계에 대한 이해를 공유한다는 점에서 이익단체와 차별되며, 만약 자신들의 인과적 믿음을 훼손시키는 이례적인 상황에 부딪치게 되면 이익단체와는 달리 그 정책 논쟁에서 물러나려 할 것이다.

인식공동체는 직업·학문 공동체와 구분될 뿐 아니라, 보편적인 과학 공동체와도 구별된다. 특정 직업이나 학문 분야의 구성원도 공동의 지식 기반을 근거로 인과적 접근법을 공유할 수 있겠지만 인식공동체 회원들끼리 공유하는 규범적인 헌신은 부족하다. 인식공동체의 윤리 기준은 직업적 코드가 아니라 특정 이슈에 대한 규범적 접근으로부터 비롯되기 때문이다. 직업적·학문적 공동체 구성원은 자신들의 원칙적인 가치 기준에 부합하지 않는 일이라도 수행하는 경우가 있지만, 인식공동체 구성원은 공동체의 원칙적 믿음과 신념을 잘 반영하는 활동만을 추구하는 경향이 있다. 하지만 때때로 인식공동체와 직업공동체 구성원들은 서로의 공통된 연구와 관심사를 기반으로 단기간의 동맹을 맺기도 한다. 경제학자들은 하나의 직업으로 통틀어 묶일 수 있지만, 케인스주의자들이나 개발 경제학자들처럼 경제학 내에 특정 소그룹의 일원들은 자신들만의 인식공동체를 구성해서 자신들의 신념, 선호, 아이디어 등에 기초해 구체적인 프로젝트를 수행하기도 한다.

인식공동체의 신념과 목표는 관료조직의 신념과 목표와는 다르지만, 인식공동체 분석법과 관료 정치 분석법은 전문 지식그룹의 행정적 권한에 중점을 둔다는 점에서 비슷하다. 인식공동체는 그들의 인과적 지식을 공동체의 규범적 목적에 부합하는 정책 사업에 적용시키지만, 관료조직은 주로 자신들의 임무와 예산을 유지하기 위해 움직인다. 따라서 인식공동체 구성원이 관료조직 내의 주요직을 차지해서 관료주의적 영향력을 행사할 수 있더라도, 이들의 행동은 일반적으로 관료주의적 제약 측면에서 분석되는 개개인의 행동과는 다르다. 이러한 규범적 요소는 인식공동체 구성원들이 단지 정책 사업가policy entrepreneurs만은 아니라는 것을 의미한다.

인식공동체의 대내외적 행동은 다양한 규범적·인과적 신념과 환경에 근거하기 때문에 일반적으로 합리적 선택 이론이나 위임자-대리인 이론 입장에서 해석하고 예측하는 행동과는 다르다. 인식공동체 구성원들이 공유하는 인과적 믿음과 규범적 신념은 구성원의 정책 제안과 조언에 밑바탕이 된다. 아무리 고위관리직 정책 결정권자들이 자신들의 정치적 관심과 선호에 부합하는 정책 대안을 내놓도록 압력을 행사하더라도 인식공동체 구성원은 이러한 출세 기회나 정치적 압력보다는 공동체의 신념을 더 우위에 둔다.

공동의 신념이 매우 강한 과학 공동체를 연구한 사회학자 조지프 벤-데이비드Joseph Ben-David에 따르면 인식공동체는 최소한의 비공식적인 구속력으로 가장 효과적인 사회적 통제력을 갖는 매우 극단적인 예이고, 혈연·지연 또는 정치적 결속 없이도 공동의 목표와 규범만으로도 지속되는 매우 흥미로운 집단이다.

〈표 4.4.3〉 정책조정 문헌에서 연구되는 변수 및 개념

변수	변수의 특징				함의
	원칙적 신념	인과적 신념	타당성 테스트	정책 사업	
인식공동체	✓	✓	✓	✓	정책조정은 인식공동체로부터 유도된 국가적 관심과 정책 결정 유형의 변화를 반영한다.
아이디어	✓	✓	-	-	정책조정은 아이디어의 핵심을 반영한다.
믿음체계, 운영코드, 인식지도	✓	✓	-	-	믿음체계는 행동을 지향(orient)하고 인식을 구체화(shape)한다.
합의된 지식	-	✓	✓	-	정책조정은 합의된 지식을 반영한다.
정책 네트워크	-	✓	-	✓	정책 결과는 관련 집단들의 담합을 반영한다.
초국가적 초정부적 채널과 정치	-	-	-	✓	실용적인 초국가적·초정부적 채널을 통해 정보는 널리 전파되고 정치적 동맹도 구축된다.
제도와 기관	-	-	-	✓	정책 결과는 역사적으로 전수되는 선호도와 스타일을 반영한다.

인식공동체 구성원 간의 결속력은 집단적인 향상을 추구하고자 하는 범세계적인 믿음을 바탕으로 한 자신들의 공통된 관심으로부터 비롯된 것이기도 하지만 자신들이 받아들일 수 없는 설명을 기반으로 한 정책이나 자신들의 공동 정책사업 범주 밖의 의제를 다루기 싫어하는 공통된 거부감에 기인한 것이기도 하다. 구성원들의 제도적 결속과 비공식적 네트워크 및 집단의 정치적 경험도 다양한 방법으로 공동체의 지속과 결속에 기여한다. 구성원들에게 사회적·정치적으로 소외된 믿음을 찾아 도의적인 지지를 얻어내고 정보 비교를 위한 가치 있는 제도적 구조를 제공하기도 하며 개인이 약속한 임무commitment를 강화시키는가 하면, 동료 구성원들과 공

유한 신념을 철회하는 것을 방지하기도 한다.

유사 연구

많은 학자들이 불확실성, 해석, 제도화라는 세 가지 주요 동력에 대해 설명하며 인식공동체 접근법을 이용한 국제 정책조정을 연구하고 있다. 다양한 학문 분야의 연구 분석도 인식공동체가 단순한 부수현상이 아니라는 우리의 주장을 뒷받침한다. 정책은 결과를 미리 조정해놓은 일관된 경제·정치·사회 구조에 의해 결정되는 것이 아니다. 또한, 일부의 정치적·사회적 조건이 전문가들의 관점과 기술적인 조언에 영향을 미치는 것은 확실하지만 모든 전문가가 이러한 조건의 영향력에 휘둘리는 것은 아니다. 국제관계 학자들은 정책 결과와 조정에 대한 이해를 돕기 위해 인식공동체와 비슷한 변수와 개념을 도입했는데(〈표 4.4.3〉 참고) 연구 대상으로서의 인식공동체는 이들과 다르다. 인식공동체는 정책 결정권자에게 새로운 유형의 추론을 전달하고 그들이 새로운 정책 결정 과정을 시도해보도록 장려함으로써 예측하지 못했거나 예측 불가능한 결과로 이끌 수도 있다.

초국가적·초정부적 차원의 연합

국제관계 학자들은 전문과학자를 포함한 정부 공무원, 국제기구 사무국, 비정부단체, 비정부 활동가들 사이에 기술적 이슈에 관한 정보가 이동하고 정치적 동맹이 구축되는 초국가적·초정부적 채널의 중요성을 강조한다.

많은 학자들은 고위급 정부지도자의 정책에서 비교적 독립적으로 활동할 수 있는 비국가행위자들이 국제적 수준의 경영 업무를 어느 정도 대신해야 한다고 주장한다. 비국가 행위자들은 국제적으로 암묵적인 동맹을 이루며 일하는 동시에 각자의 국가와 정부 내에서 자신들의 아이디어와 특정 정책을 홍보한다.

초국가적 채널 접근법은 국제 사무국의 일원과 정부·비정부 조직들의 조정 역할과 그들이 상호작용하는 경로를 설명한다. 하지만 비슷한 직책이나 책임을 가진 이들이 정기적으로 소통을 나누면서 서로 간에 단기적인 정책 연합을 형성한다는 것 외에 어떠한 결과가 발생할지는 분명하지 않다. 이러한 경로는 고위 외교정책 공무원들이 국가 이익에 대한 자신들의 견문을 넓히기 위해 사용될 수도 있다. 초정부적 동맹을 한 예로 생각해보면 참여 구성원들의 관심이 어디서 비롯되었는지 불분명한 것이다. 구성원들의 이익이 그들이 속해 있는 정부 내에서 맡은 공동의 관료 역할에서 생겨난 것인가, 아니면 지금의 직업을 갖게 되고 현재의 직책을 떠나서도 계속해서 추구할 그들이 이전부터 가져왔던 오랜 믿음과 관심을 기초로 한 것인가? 구성원이 공유하는 인과적 믿음이 없이는 이러한 초국가적·초정부적 연합은 단기적으로만 존재할 것이다. 사실 초정부적 연합을 연구하는 학자들은 이전에는 고려되지 않았던 외교 채널과 국가 간 상호작용을 밝혀내긴 했지만, 이러한 경로를 통한 활동이 정책조정 결과에 어떤 독립적인 영향을 끼치는지에 대해서는 명확한 답을 내리지 못한다. 더군다나 이 접근법에서는 어떤 이슈가 중요한 논쟁이 될 때에는 이슈의 정치적 특징이 강하다고 추정하며, 결과적으로 초정부적 연합은 약해진다고 가정한다.

그러나 다이애나 크레인Diana Crane은 초국가적 과학단체에 관한 연구에서 이러한 단체 구성원들이 공유하고 있는 인과적 신념이 위에서 언급된 구성원의 활동 채널보다 정책조정 결과에 더 중요한 결정 요인이라고 밝히며 다음과 같이 지적한다. "이번 연구는 정치적 영향력을 미치는 집단이 국제과학 단체만은 아니며, 이들과 상관없는 전문가 위원회가 정책적 영향력이 더 크다는 것을 보여준다." 국제 정부기구와 국제 비정부기구를 포함하는 모든 관련 기관을 모아놓은 '보이지 않는 대학invisible college'이 제각기 존재하는 국제기구 프로그램을 통합하는 데 중요한 역할을 한다. 이 연구는 초국가적으로 적용되는 정책 네트워크에서 활동하는 인식공동체가 정책조정에 중요한 영향력을 끼친다는 우리의 주장을 잘 뒷받침한다.

4-5 과학과 외교정책의 미묘한 관계

캐럴라인 와그너(Caroline S. Wagner), 2002

Caroline S. Wagner. 2002. "The Elusive Partnership: Science and Foreign Policy." *Science and Public Policy*, vol. 29, no. 6, pp. 409~416 by permission of Oxford University Press.

과학과 외교정책은 협력이 어려운 관계다. 과학은 지리적 경계나 역사에 얽매이지 않은 시스템으로서 기존의 주장에 관한 회의와 비판을 통해 진보한다. 또한 어떠한 참여자든지 동등하게 기여할 수 있고 때로는 가망 없어 보이는 참여자도 높은 지위와 평판을 얻게 되는 네트워크 구조이며, 성과주의를 기본으로 한다. 반면 계급주의와 역사, 정치적 경계 및 전통을 기반으로 하는 외교정책은 정반대의 특성을 지닌 시스템이다.

과학연구는 여전히 정부가 지원한다. 과학연구는 정부 투자의 결과물로서 국제적인 명성과 무역 경쟁력 및 납세자들에게 도움이 되는 안보, 보건 등의 다른 혜택을 가져올 것으로 기대된다. 외교정책입안자들은 과학을 정책 수행의 수단으로 이용하기도 한다. 정부 간 국제 과학기술 협정 체결은 적대국이었던 국가들의 관계 개선의 신호탄이며 다른 종류의 상호교류를 위한 문을 열어주기도 한다. 국제 우주정거장이나 남극 연구와 같은 과학협력 프로젝트가 정부의 지원을 받는 것은 정치적 친선을 조성하고 유대 관계를 돈독히 할 수 있기 때문이다.

유진 스콜니코프Eugene Skolnikoff는 『미묘한 전환: 과학기술과 국제정치The Elusive Transformation: Science, Technology, and the Evolution of International Politics』(1944)에서 과학과 기술의 향상은 국제정치시스템의 변화를 가져왔다고 역설한다. 과학기술의 향상은 국내 및 국제 문제의 근본적 성격 변화에 기여했으며 이는 외교가 당면한 이슈 포트폴리오에도 영향을 끼쳤다는 것이다. 그는 특히 안보, 경제적 경쟁력과 환경 이슈의 변화에 주목하며 전 세계적인 대테러전과 함께 이들 이슈의 상당수가 국제무대에서 그 중요성이 커지고 있음에 주목했다.

스콜니코프가 지적하듯이 외교정책과 과학연구 두 시스템은 서로 다른 구조와 기능을 갖고 있지만 최근 외교정책의 포트폴리오는 과학적 요소를 지닌 이슈에 점점 더 많이 직면하고 있다. 기후변화 완화, 전염병 방지, 유전자조작 동식물 무역 규제 등 작금의 수많은 외교정책 문제는 외교정책 공동체와 과학공동체 간의 협력을 필요로 한다. 이를 '외교정책의 과학적 측면'이라고 부를 수 있겠다.

외교정책의 과학적 측면은 정책적 목적 및 과학적 목표를 이루기 위해 동원되는 거대과학이나 대규모 설비를 기반으로 하는 프로젝트를 포함한다. 예컨대, 맨해튼 프로젝트나 초전도 입자가속기, 국제 우주정거장 등의 프로젝트가 그것이다. 미 정부가 구소련 국가들과 과학기술 협력을 위해 시작한 비영리 자선단체인 미국 민간연구개발재단US Civilian Research and Development Foundation을 포함해 구소련 국가들과 함께 추진한 많은 활동들 역시 정치적·과학적 목적을 이루기 위한 것이었다.

이러한 프로젝트에 관해 과학공동체 내에서 논란이 많은데, 이는 무엇보다 이들 프로젝트들이 동료심사와 성과 검증 절차의 명확한 기준 없이 자금을 받았기 때문이다. 이런 프로젝트와 관련해서 과학자들은 거대과학 분야의 결정권 주변부에 서 있거나 아니면 대니얼 그린버그Daniel Greenberg가 얘기한 연구자금 확보와 독립적이고 비판적인 진리 탐구 사이에서 거래와 타협을 하는 상황에 직면하게 된다.

외교정책에서 점차 과학적 요소가 커지면서 동시에 과학 시스템 자체도 연구 주제나 수행방식 면에서 꾸준히 국제화되고 있다. 과학의 국제화로 과학은 외교정책 전문가가 참여할 수 있는 거버넌스, 지식공유 프로토콜, 우선순위 결정의 다양한 접근 방식 등에 관한 문제에 봉착하게 되었다. 프로그램 수준에서 연구자금에 관한 결정은 이제 점점 더 지식 창출의 세계적 특성과 해외 전문가와의 연계를 중요하게 고려하게 되었는데, 이를 '과학의 외교정책적 측면'이라고 할 수 있다.

과학의 외교정책적 측면은 지식 창출을 위해 언제, 어디서, 어떻게 다른 나라 과학자들과 연계·협력하느냐의 문제이다. 대부분의 경우, 특히 선진국의 과학자들이 협력하고자 할 때 지식의 흐름과 상호관계는 매끄러운 편으로, 정부의 과학 부처 프로그램 관리자들은 적극적으로 과학자들 간의 협력을 권장한다. 반면 과학협력이 주요 선진국 그룹 밖으로 확대될 때에는 비자, 설비, 자금, 데이터 접속, 연구결과의 귀속과 공유 문제가 매끄럽지 않은데, 이런 부분에는 외교정책 전문가들의 도움이 매우 긴요하다.

정치적 목적과 과학적 목적 간의 부조화, 즉 두 목적 간 충돌로 생기는 긴장 때문에 이 둘의 관계를 제대로 파악하기 어려운데, 이러한 긴장 관계는 왜 이 공동체들이 서로를 필요로 하는지에 대한 이유이기도 하다. 정치와 과학의 관계가 진화하고 두 분야의 이슈들이 더욱 밀접하게 연관되면서 각자의 시스템이 갖고 있는 기술들은 서로에 유용하게 쓰일 수 있기 때문이다. 그러나 (적어도 미국에서는) 이 두 시스템은 서로에 대한 이해가 거의 없으며 따라서 점증하는 과학의 국제화나 국제 문제에 있어 과학의 역할을 다루기 위한 준비가 제대로 되어 있지 않은 게 현실이다. 서로 다른 시스템들이 어떤 방식으로 중복되고, 또 각 시스템은 어떻게 변화하고 합의를 이루는지 이해하게 되면 각자의 시스템을 서로에 더욱 유용하게 활용할 수 있다. 이 글에서는 과학공동체와 외교정책 공동체 모두에게 중요한 이슈인 '국제과학'에 대한 정부의 지원을 논한다.

'국제과학'이란 무슨 의미인가?

대부분의 과학 지원 연구비는 정부가 제공하고 한 국가 내에서 집행되나 과학은 '가장 국제적인 활동'이다. 그렇다면 '국제과학international science'이란 무엇을 의미할까? 이 표현에 관한 몇 가지 혼동이 있다. 국제과학은 과학적 이슈를 둘러싼 국가들의 정치적 상호작용을 의미하기도 하고, 과학지식의 창출 및 사용이 정치적 혹은 개인적인 속성과는 무관하다는 의미에서 보편적이란 뜻이기도 하다. 과학에서 '무엇이 국제적인가?'라는 질문을 던진 학자인 장자크 살로몽Jean-Jacquess Salomon은 다음과 같이 언급했는데, 과학의 국제성을 여러 국가의 개인이나 집단 간에 수행하는 것이라기보다는 국가나 정치에 대한 집착이 없는 것으로 이해했다.

> 과학은 그 객관성 때문에 문화를 뛰어넘고 가치 충돌에 속박되지 않는다. …… 국가 과학 공동체라는 표현은 모순된 것이다. 오직 단 하나의 과학공동체만이 존재할 수 있으며 이는 국제적일 수밖에 없다.

엘리자베스 크로퍼드Elizabeth Crawford는 1993년 『과학의 탈국가화Denationalising Science』라는 저서에서 '국제적international'이라는 용어를 "두 개 이상의 국가의 인력과 설비 및 자금이 투입되는 활동"으로 정의하면서 이 용어가 정치적 관심과 정치 집단을 의미한다고 했다. '국가적national'이라는 개념은 정치적·경제적·지리적 일치를 내포하며 OECD와 같은 국제기구에 보고되는 '국가연구개발 예산'이나 '국가과학정책'을 기술할 때 쓰이는 개념이다.

늦어도 19세기 말에 처음 등장한 '국제적'이라는 개념은 국가 간 상호작용이 가능하고 이들 국가 내 집단이 자국의 정치적 보호와 지원 아래 함께 일할 수 있다는 것을 의미했다. 이는 국가 지원을 받는 과학자들이 정치적으로 결정된 지침 하에 다른 이들과의 협력을 추구하는 것으로 과학을 이해하는 것이다. 크로퍼드와 테리 신Terry Shin은 '국제적'이라는 용어에 함축된 정치적 의미를 없애기 위해, '국제적'보다는 '다국적transnational'이라는 용어를 선호하는데, 과학자들이 국가를 초월해서 정치적 과정에서 독립된 관계와 네트워크를 창출해내기 때문이다. 그러나 과학자들이 협력을 통해 정치적인 동맹을 맺는 것은 아니지만 과학의 보상 체제는 여전히 국가 이익에 연관되기 때문에 '다국적'이라는 용어보다 '국제적'이라는 용어가 여전히 더 나을 것 같다.

사실 과학적 교류를 묘사하기 위해 '국가적', '국제적'이라는 용어를 사용하는 것은 과학적 연계의 정치적 성격을 전제하는 것이다. 드 솔라 프라이스Derek J. de Solla Price가 지적했듯이 전후 '거대과학' 체계는 굉장히 정치적인 활동이었고, 크로퍼드 역시 과학의 특수성은 "국가적이면서 동시에 국제적이라는" 것이라고 했다. 과학연구비는 국가의 정치적 과정에 기인하며 과학자들 간의 연계와 협력은 과학연구만이 아니라 국가 이익도 충족시킨다.

서로 다른 국가의 과학자들 사이에 형성된 네트워크는 국가 이익의 범주 밖에 있다는 점에서 다국적이지만 여러 국가 출신 참여자들이 관련된다는 측면에서는 국제적이기도 하다. 새롭게 생성된 지식은 정치적 충성심이나 개인적 성향과 상관없이 지적이고 의욕적인 사람이라면 누구나 이 시스템에 접근해서 지식의 과정과 결과를 이해할 수 있다. 따라서 국제과학이라는 용어가 과학 시스템에서 창출된 지식의 전 세계적인 특성 외에도 국가 이익 측면을 감안한 과학의 의미와 연관된다는 것을 인정하면서도 더 나은 표현이 나올 때까지는 이 용어를 계속해서 사용할 수 있을 것이다.

국제과학협력의 유형

과학은 국가적 경계를 넘는 많은 특징을 갖고 있다. 지식은 누구나 이용할 수 있는 저널에 출판되고, 연구원들은 국제회의에서 만나며 해외 연구실을 방문해서 연구하고, 각종 연구 프로젝트에는 외국인 파트너가 포함된다. 이러한 특징 중 가장 분명하게 외교정책과 교차되는 과학의 측면은 국제적 협력 프로그램과 프로젝트를 위한 정부의 지원금이다. 여기에는 정치적 동기와 과학 주도적 목적을 가진 활동이 모두 포함된다. 협력 활동이 과학과 외교정책 모두를 얼마만큼 충족시키느냐는 그 협력 활동에 투입되는 자금과 지원의 성격, 또 이들을 관리·평가하는 수단에 따라 달라진다.

데이비드 스미스David Smith와 실반 카츠J. Sylvan Katz는 협력 활동을 유형별로 구분했는데, 이는 외교정책적 관점에서 국제과학협력에 유용하게 적용할 수 있다. 이들이 구분한 세 가지 모델은 기업적 파트너십, 팀 협력, 개인 간 협력인데, 협력의 수준, 근거, 구조, 소유권, 혜택에 따라 각기 상이한 특징을 보인다.

기업적 파트너십은 매우 공식적인 협력 유형이다. '목적을 향한 수단'으로 협력을 추구하고 하나 이상의 그룹이 시작되어 외부 가용 자원을 획득하고자 하는데, 대체로 대중의 관심을 끄는 활동으로서 '거대과학'으로 묶이는 프로젝트들이 포함된다. 국제 열핵융합실험로International Thermonuclear Experimental Reactor나 인간게놈프로젝트Human Genome Project를 예로 들 수 있다.

팀 협력은 기업적 파트너십보다 낮은 수준으로 공식화되어 존재하지만 정식 동업은 아니다. 이러한 형태의 연합이 이루어지는 이유는 다양한 학문 분야에 걸친 기술과 경험의 필요성이다. 이 개념은 기번스가 제시한 제2의 유형이라는 아이디어와 비슷한데, 다학제적 팀 연구가 가장 큰 특징이다. 그 예로는 지능형 제조시스템 계획Intelligent Manufacturing Systems Initiative과 휴먼프런티어 프로젝트Human Frontier Science Project가 있다.

〈표 4.5.1〉 국제적 과학의 특징 요약

프로젝트 유형 (스미스-카츠)	국제적 협력 예시	예산 유형	미 정부의 주요 목표			과학과 외교정책 간의 중복성
기업적 동업	국제 우주정거장, 인간게놈프로젝트, 남극 연구, 국제 과학기술센터, 국제 열핵융합 실험로	공식적: 정부 예산 내 해당 프로그램이 명시됨	정책적	임무지향적	과학중심적	높음
팀 협력	휴먼프론티어 연구 프로그램, 남극 해양 온도 측정, 에너지효율 및 재생에너지 프로젝트, 전염병학	비공식적: 연구비(grant)나 연구 계약(contract) 제안서를 기초로 자금이 조성되어 프로젝트 단위로 활동				중간
개인 간 협력	협의, 연구회, 학술 토론회, 연구실 방문, 연구회, 데이터베이스 구축					낮음

개인 간 협력은 연구자와 연구집단 간의 개인적인 관계에 따라 달라지는 활동으로 다양한 형태를 띤다. 이러한 협력은 특정 프로젝트나 프로그램에 속하지 않지만 지속적으로 진행되며, 비공식적인 특징이 강한데 회의, 워크숍, 펠로우쉽, 데이터 공유 등이 그 예이다.

〈표 4.5.1〉에서는 국제과학 유형의 예시와 함께 각 특징들에 대한 요약이 정리되어 있다. 스미스-카츠 공식에 있는 협력의 형식성[formality]에 따라 연구활동 관련 외교정책의 유효성이 달라진다. 많은 예산을 필요로 하는 활동이나 정부 간 협정, 남극 연구나 국제과학기술센터(ISTCs)[International Science and Technology Centers]같이 정치적·과학적인 필요성이 모두 큰 활동들은 외교정책과 가장 밀접하게 관련되고 외교정책 목적에 이바지할 확률이 가장 높다.

외교정책적 목적에 이바지할 확률은 다소 낮더라도 정치적 차원에서 제안되고 특별 예산을 필요로 하는 팀 협력에도 외교정책 집단과 중복되는 이슈들이 발생한다. 마지막으로 국제과학이 덜 공식적인 형태로 진행되고 과학중심적 지향이 강화됨에 따라 연구활동에 대한 정책입안자들의 이해나 접근가능성이 낮아지고 명확한 외교정책 목표를 위한 연구가 이루어질 확률이 줄어든다.

국제과학의 패턴

과학과 외교정책 사이의 더 나은 융합과 의사소통을 위한 새로운 방법을 찾으려면 협력으로 창출되는 글로벌 네트워크를 이해할 필요가 있다. 과학자들의 글로벌 네트워크는 17세기 과학자 로버트 보일Robert Boyle이 처음 언급했던, 과학자들의 '보이지 않는 대학'을 형성한다.

국제적 과학협력의 정도는 서로 다른 국가 주소를 갖는 공동 저자들의 논문을 확인하면 대략적으로 추적할 수 있는데, 실제로 정부와 과학정책 전문가들은 이러한 분석을 정기적으로 수행한다. 최근 자료에 따르면 국제적으로 공동 논문 저술이 증가하고 있는데, 과학정보연구소(ISI)Institute for Scientific Information에서 관리하는 데이터베이스는 수천 개의 과학기술 저널의 출판물 데이터를 보유하고 있다.

공동저자 조사에서 보인 바와 같이 국제 협력은 지난 20년 동안 상당한 증가세를 보여왔다. 국가별 연구활동 협력을 들여다보면 대부분의 과학 선진국들의 가장 활발한 파트너는 미국으로, 이는 어느 정도 미국의 과학 발전 정도와 연구 규모에 기인한 것이다. 미국을 제외한 공동저자 관계를 살펴보면 조금 더 균형적인 모습을 찾을 수 있다. 반면 과학 선진국과 개발도상국과의 관계는 비교적 약한 편이다.

국제 협력을 측정하는 또 다른 방법은 해외 연구원과 협력을 위해 성사된 정부의 연구비와 계약 제안서들을 하나의 데이터로 수집하는 것이다. RAND 연구소에서는 RaDiUS 데이터베이스*와는 다른 정보처를 이용해

* RAND 연구소에서 개발한 미국 연방정부 연구개발 데이터베이스.

연구책임자가 진행하겠다고 계획한 프로젝트 제안서를 바탕으로 국제 협력 프로젝트 예산을 조사해보니 회계연도 1999년 기준 전체 국제 협력 프로젝트 예산은 미 연구개발 예산의 대략 5%에 해당하는 43억 달러였다. 이 중 50% 남짓한 연구비가 다국적 프로젝트에 지원되었다.

이러한 모든 연구활동에서 공식적인 프로젝트의 형태로 예산이 책정되진 않지만, 기업적 파트너십과 팀 협력의 경우에는 특정 목적이나 임무를 띠는 프로젝트 성격을 지닌다. 팀 협력과 개인 간 협력 유형에서 연구비는 자금 책임이 있는 정부 부처에서 지원한다. 양국 협력 프로젝트에서 미국이 가장 많은 자금을 투자한 국가는 러시아, 일본, 캐나다, 영국, 독일인데, 이들 대부분의 프로젝트는 정치적 동기로 만들어진 것은 아니다.

대부분의 국제 협력 활동은 다음의 네 가지 이유로 설명될 수 있다.

비용 분담: 한 국가의 투자 능력을 넘어서는 인프라를 필요로 하는 프로젝트(천체 관측, 고에너지물리학 실험실, 우주 탐사 등)

주제별 특성: 프로젝트 주제가 지구적 특성을 띠고 있어 국제적 협력이 필요한 경우(심해저 굴착, 대기 모니터링, 남극 연구 등)

일체화: 과학자들은 외국의 훌륭한 연구자들과 일하는 것에 많은 관심을 가짐

임무: 특정 정부 부처의 임무 달성을 위한 협력

미 정부기관 중 자금과 프로젝트 면에서 가장 활발하게 국제적으로 연계가 된 곳은 미 항공우주국(NASA)National Aeronautics and Space Administration, 국방부(DOD)Department of Defense, 국립과학재단(NSF), 국립보건원(NIH)을 산하에 둔 보건후생부(DHHS)Department of Health and Human Service, 에너지부(DOE)Department of Energy로 과학기술 분야 국제 협력 자금 총액의 80~90%를 지출한다.

국무부의 역할

미 국무부(DOS)Department of State는 국제과학활동을 위한 자금 지원 정부기관 목록에는 빠져 있다. 국무부는 기후변화에 관한 정부 간 패널(IPCC)과 같이 대중의 관심이 많은 국제 활동에서 미국의 참여를 관장하는 부처일 뿐 아니라 과학협력에 관한 국제 토론을 지원하는 사무국도 운영한다. 미국이 조약treaty 수준의 일에 관여할 때에 국무부는 다른 부처들과 함께 구성된 팀의 일원으로서 주로 협상을 담당한다. 또한 과학 관련 부처에서부터 동유럽의 ISTCs와 같은 국제프로그램으로 자금 송금을 돕기도 한다. 그러나 연구개발을 위한 자체 예산은 없다.

과학과 관련된 국무부의 역할은 9·11 사태로 크게 변했다. 안보 문제와 관련된 분야에 연구개발 자금이 증대되면서 미국과 동맹국들의 관계는 특히 군사적으로 민감한 연구부문에서 강화되었다. 이에 따라 지식 보호와 공유에 관한 좀 더 명확한 합의의 필요성이 더욱 중요해지고 있다.

제시 오수벨Jesse Ausubel은 국가 경계를 넘나들며 활동하는 과학자들이 갈등을 완화시키는 중요한 역할을 할 수 있다고 주장한다. 그러한 과학자들의 역할이 미국에서는 정치적 도구로 사용되기도 하는데, 정치적 경계를 뛰어넘어 서로 간에 신뢰 관계를 구축하기 위해 통상적인 협력국이 아닌 중동 국가들 같은 나라와 협력 연구를 추진하기도 한다. 이 경우 연구 협력은 대개 국무부가 관리하게 된다.

국무부는 상기 목적을 위해서 국제과학기술협정(ISTAs)International Science and Technology Agreements을 활용하는데 협정이 정치와 과학적에서 유용하다고 정부기관 내 동의가 있을 때 ISTAs('포괄합의umbrella agreements') 협상의 책임을 지닌다. 2000년 현재 33개의 포괄적 ISTAs가 발효되어 있다는데 대개의 경우 포괄합의는 국제 협력을 위한 자금 측면에서는 그 역할이 작다. 미국의 경우에는 이러한 협정을 통해 상대 국가들과의 자금 지출에 관한 정부 차원의 대응보다는, 과학자들이 함께 상향식으로[bottom-up] 구성한 연구개발프로젝트를 지원할 수 있는 체계를 만들어준다.

포괄합의하에 ISTAs는 정부 내 다양한 수준에서 체결될 수 있으며, 모든 ISTAs는 정부 부처 수준에서 협상 및 서명된다. 중앙정부의 정치적 목적과 부처별 임무에 따라 정부 간 협정을 맺는 경우에는 의회 승인을 얻어 법적 효력이 있는 조약에서부터 법적 구속력이 없는 부처 간 서신 문서에 이르기까지 그 범위가 다양하다. 이런 점에서 ISTAs는 빙산의 일각과 같은 활동이다.

ISTAs는 어느 정도 과학적 역량을 갖고 있으며 공식적 파트너십이 조금 더 일반적인 협력을 이루는 국가들 사이에 체결된다. ISTAs는 참여 국가 간 과학 문화의 수렴성을 나타내기보다는 과학 문화의 다양성을 나타내는 지표가 될 수 있다. 즉, 이미 문화적 수렴이 높은 경우에는 ISTAs 체결이 별로 필요치 않은데, 미국이 캐나다와 영국과 공식적인 ISTA가 없는 점을 보면 잘 알 수 있다.

팀 협력과 개인 간 협력 유형은 미국과 캐나다, 미국과 영국 간의 협력에서 가장 많이 나타나는데, 이들은 이 신뢰를 바탕으로 한 탄탄한 협력관계이기 때문이다. 반대로 미국과 멕시코처럼 공식적인 토론 메커니즘과 의지를 구축할 필요가 있는 국가들과는 기업적 파트너십을 만들기 위한 도구로서 ISTAs를 체결하는 경향이 있다.

어떤 ISTAs는 서명국으로부터 자금조달이 부족해서 완전히 실행되지 못하기도 한다. 때로는 협력하기로 합의를 한 뒤 그 협력 범위를 정하기 위해 ISTA가 체결되기도 한다. 또 다른 경우에는 ISTA에 관계없이 과학기술 프로젝트가 시행되기도 한다. 어떠한 경우에는 협력 논의를 진행하고 있는 참여국에서 국제 프로젝트 자금을 확보하기 위하여 ISTA 체결을 요구하기도 한다. 이 경우에는 정치 및 과학적 혜택 모두를 위하여 ISTA가

체결되는 것이다.

ISTAs가 과학협력 활동에 관한 최고의 지표는 아니지만 협력을 위한 다리를 건설하고자 하는 국가적 관심을 측정하는 데에는 중요한 지표가 된다. 예를 들어 정치적 긴장 관계에 놓인 나라와 교류를 트고자 할 때 과학기술 협정은 외교정책에 덜 부담되면서도 중요한 문제에 관한 대화 채널을 시작하는 좋은 방법이다.

외교정책에 대한 함의

과학기술의 외교정책적 요소는 과학 선진국의 총예산에서는 그다지 큰 부분이 아니다. 대부분 국가 과학예산에서 국제과학협력은 5~20%에 지나지 않는데, 그나마 이렇게 적은 예산 내에서도 외교정책적 목적을 위한 정책 중심의 공식적 활동은 더더욱 낮은 비율을 보인다. 일부 팀 협력은 과학 및 외교정책 양쪽 모두에 혜택이 되기도 하는데, 이런 활동의 기회는 계속 증가하고 있고 이는 과학과 외교정책 양자 모두에 의미하는 바가 크다. 상향식 과학협력과 임무 중심의 연구와 같은 외교정책적 목적에 별로 영향을 받지 않는 협력 활동의 경우에도 국제 관계를 개선할 수 있는 유대관계 형성에 큰 도움을 줄 수 있다. 이러한 활동 모두가 국제적 과학협력을 위한 국가의 기여인 것이다.

과학 결정의 다원화된 분산 구조 때문에 정부는 과학을 명확한 정치 도구로 사용하지 못한다. 이는 특히 미국에 주로 해당되는 것인데, 외교정책 기구는 과학에 대한 이해도가 낮고 또 과학 조정 담당 부서가 없기 때문이다. 그 결과 과학과 관련한 미 외교정책의 명확한 역할은 비교적 약한 도구인 ISTA에 제한되거나 과학적 목적과 미 정부기관의 임무 수행을 위한 대규모 프로젝트에 제한되어 있다. 국무부가 과학에 더욱 관심을 두어야 한다는 미국국립과학원과 같은 단체가 문제를 지적하긴 했지만, 국제과학의 더 나은 관리를 위해서는 중앙집권적 접근법이 필요하다.

과학기술을 외교정책적 목표에 맞게 끌고 갈 수 없다고 해서 국제적 과학이 정책적 도전과 기회를 제공하지 않는 것은 아니다. 오히려 반대로 매년 국제적으로 수십억 달러의 연구가 수행되고 있다. 이러한 연구자금은 일반적으로 (성과 기대를 가진) 정부가 제공하는 것이지만 그 혜택은 정치적 경계에 상관없이 축적된다. 가장 생산적인 연구결과는 한 국가영토 내에서가 아니라 여러 나라에 분산된 연구활동에서 발생할 확률이 높다.

정부는 과학자들의 활발한 연구활동에서 유형·무형의 혜택을 얻을 수 있겠지만 과학과 외교정책 집단의 감독 역시 필요하다. 연구활동이 국제적으로 분산됨에 따라 정부가 연구결과물과 생산량을 추적·관리·감독하고 연구의 방향에 영향을 주며 파급 효과를 추정할 수 있는 것이 점차 어려워지고 있다.

과학의 조직 및 관리가 국제적으로 분산된 체제로 전환되는 것은 외교정책상에 큰 도전임에 틀림없다. 오수벨이 언급했듯이 "과학 사업의 감시관은 과학이 그 범위와 활동 측면에서 국제적이며 국제 협력은 언제나 그 고유한 특성이 있다는 것을 대체적으로 받아들인다". 그러나 과학이 국제적 성격을 지녔음에도 과학을 지원하는 국가의 관심은 늘 정치적 경계 안에 머무른다는 것이다.

| 제5부 |

동아시아 과학기술정책

1 과학기술행정기구개편안
2 시장에서 승리할 것인가? 노벨상을 탈 것인가?: KAIST와 후발 산업화의 도전
3 다시 논해보는 일본 경제 모델
4 중국의 성장 딜레마: 사회주의국가의 전환과 후발 자유화

기획·해설 | 박범순, 임홍탁
번역 | 김세아, 전준

후발 산업국late Industrializer은 선발국firstmover과는 다른 발전 경로를 만들어낼 가능성이 높다. 선발국의 경험은 선례와 참고사항을 제공하며 이는 후발 산업국의 사회 발전에서 그만큼 위험도를 감소시켜준다. 발전 전략으로 '추격 전략catching-up strategy'이 채택되는 것을 쉽게 이해할 수 있다. 즉, 어느 정도 정해진 목표를 달성하기 위한 과학기술능력의 부족과 관련 제도의 미성숙을 효율적·효과적으로 극복하는 것이 후발 산업국의 과제라고 할 수 있다.

'발전국가development state' 모델은 이러한 후발 산업국의 경제·사회발전을 설명하기 위해 제시된 개념이라 할 수 있다. 일본과 한국, 대만, 싱가포르 등 '신흥공업국newly industrializing countries'은 산업화의 후발국으로서 지난 수십 년간 경이로운 경제성장을 보여주었다. 수출 주도 성장전략, 인적자원 양성에 투자, 국내시장 보호정책 등과 같은 강하고 능력 있는 정부의 활동이 이렇게 급격한 성장의 토대로서 널리 받아들여지고 있다. '중앙정부'는 산업계, 학계 그리고 일반 국민을 조직해서 후발산업화의 추격 전략을 총괄하는 핵심 기구로서 활약한 것이다. 후발 산업국의 과학기술능력의 축적에도 정부는 강한 영향을 끼치고 있는 것이다.

물론, 발전국가 모델의 효용성에 대한 의문도 존재한다. 과연 추격 단계를 넘어선 국가들의 변화를 설명하는 것이 여전히 유효할지, 발전국가 모델이 반영하지 못한 외부 조건들은 없는지, 경제성장에 따른 후발 산업국 내부 변화가 정부 역할에 어떤 새로운 과제를 던져주는지, 이번 장에 실린 글들은 이러한 질문들에 대한 해답을 한국, 일본, 중국의 발전 경험에 대한 분석을 통해서 구해보고 있다.

먼저 한국의 사례로 두 가지 글을 소개한다. 첫 번째 글인 '과학기술행정기구 개편안'은 1967년에 신설된 '과학기술처'의 성격과 구성을 담고 있는 공식 문서이다. 과학기술행정에서 중앙집중적인 기획과 조정을 지향하고 있음을 보여준다. 두 번째 글은 후발 산업국의 과학기술능력의 제도화를 한국과학기술원(KAIST)Korea Advanced Institute of Science and Technology과 대덕 특구의 성장을 통해 조명해본다. 후발국의 과학기술능력을 구축하고 축적하는 과정에서 정부, 미국, 그리고 주요 기관과 인물들의 역할이 매우 자세하게 소개되고 있으며, 초기의 산업지원 중심에서 과학기술지식 생산으로 연구활동의 범위와 목표가 확대되어온 과정도 소개된다. 즉, 경제적 유용성Economic Relevance이라는 초기의 목표에 더해, 노벨상으로 상징되는 학문적 수월성Academic Excellence이라는 새로운 과학기술연구의 목표를 둘러싼 KAIST 내부의 고민뿐 아니라 국가 차원의 고민의 전개를 시간의 흐름에 따라 담아내고 있다. 사회적 유용성Social Relevance이라는 과학기술연구의 세 번째 목표에 대해서는 언급이 없으나, 후발국의 과학기술능력의 축적 과정을 광범위한 자료를 통해 체계적으로 보여주고 있다.

일본 사례연구는 발전국가 모델이 고려하지 못했던 외부 환경조건들, 그리고 일본 내부의 변화에 따라 새롭게 등장한 문제들에 주목함으로써 일본 경제모델의 한계를 보여준다. 미국과 소련의 '냉전'이라는 전 지구적 정치경제 구조, 미국의 원조, 아시아 지역의 보완적 성격, 국제금융의 변화 등을 발전국가 모델이 다루지 못한 외부 환경조건들로 제시하고 있으며, 이들의 영향에 대한 분석을 통해 현재 겪고 있는 일본 경제의 어려움을 상당 부분 설명하고 있다. 급격한 고령화에 따른 노동인구의 구성 변화 및 복지 부담의 가중 등을 대표적인 내부 문제로 소개하고, 빠른 경제성장을 가능하게 했던 발전국가 특성들이 제도적 관성으로 작동해 이러한 문제의 해결을 더욱 어렵게 하고 있음을 보여준다.

마지막으로 중국 사례연구는 중국이 맞닥뜨리고 있는 성장의 문제가 일본이나 한국과 같은 국가들이 겪었던 문제와 질적으로 다름을 보여준다. 1949년 중화인민공화국의 설립에서부터 대약진운동, 문화혁명기, 그리고 1978년 이후의 개혁시기 등의 변화에 대한 총괄적 검토는 중국의 성장이 사회주의로부터의 전환과 자유시장 질서에 적응이라는 중층적인 과제를 안고 있음을 알려준다. 경제성장에 따라 갈수록 확장되는 빈부격차, 특히 도시와 농촌의 격차는 성장과 민주화의 균형을 유지하려는 중국 중앙정부에 어려운 과제를 던져주며, 지속적인 외부로부터의 시장자유화 압력 또한 전체 경제를 관리하고자 하는 중앙정부에 큰 부담을 지울 것이다. 이러한 중국 성장의 딜레마를 해결함에 있어 그동안의 성장에서 주요한 역할을 했던 지방정부의 역할에 주목할 것을 저자들은 제안하고 있다. 거시 환경으로서의 국가 제도에 대한 국가별 분석은 과학기술정책의 경제적·사회적 역할 및 함의에 대해서 많은 시사점을 제공해줄 수 있을 것이다.

이 장의 내용과 관련해서 참고할 만한 문헌

Chang, H. J. 1994. "The Political Economy of Industrial Policy." *Cambridge Journal of Economics*, Vol. 17, pp. 131~157.

Jho, W. 2007. "Liberalization as a Development Strategy: Network Governance in the Korean Mobile Telecom Market." *Governance: An International Journal of Policy, Administration and Institutions*, Vol. 20, No. 4, pp.b633~654.

Gerschenkron, A. 1962. *Economic Backwardness in Historical Perspective*. Cambridge, Mass.:Harvard University Press.

Vivek, C. 2005. "The Politics of a Miracle: Class Interests and State Power in Korean Developmentalism." in D. Coates(ed.). *Varieties of Capitalism, Varieties of Approaches*. Basingstoke: Palgrave Macmillan.

5-1 과학기술행정기구개편안

경제과학심의회의(1965)

경제과학심의회의 위원 최규남·이종진. 1965.「과학기술행정기구개편안」. 1965년 2월 23일 경제과학심의회의 사무국 총무과.

일. 과학기술 행정기구 정비 강화의 필요성

과학기술의 개발향상은 비단 그 자체 목적뿐이 아니라 초급한 경제의 건전한 개발과 발전의 불가결의 기본요소이며 현행과 같은 산만한 과학기술행정체제로서는 소기의 성과는 기대하기 어렵다.

예컨대,

① 세밀하고 총체적인 기술적 검토 없는 생산시설 도입과 운영에 수반되는 낭비와 비효율성

② 기본적 체제와 지향성 없는 자원개발의 산만성과 부진성

③ 과학기술계 전체에 국가적 입장에서 의당 명백히 하여야 할 진흥방향의 참여와 국가적 지원의 미약성으로 인한 보조불일치와 침체

④ 과학기술계와 실업계와의 상호연대성 희박

⑤ 원자력사업이 과학기술전체의 일부분에 지나지 못함에도 불구하고 불합리한 행정기구로 인한 비현실성과 방향상실성 등의 현상을 지양하고 명실상부한 과학기술진흥개발을 위하여 강력하고 일원화된 과학기술행정

기구의 설치 운영이 절실히 요망된다. 이와 같은 지침하에서 우리나라 현실적 여건과 외국의 예를 참작하여 가칭 과학기술원의 기구와 운영방식의 안을 도출하여 이의 조속한 실현을 건의코자 한다.

이. 시안의 주요골자

과학기술원은 우리나라 과학기술의 진흥개발 이용의 총체적 책임을 질 것이며 연구개발의 방향설정, 사후평가, 조성과 더불어 경제개발 외자도입의 기술적 검토와 효율화 기타 경제개발에 필요한 기술적 지원업무 등을 담당한다. 연구개발의 국가적 지표와 방향을 설정하고 산만한 연구업무를 체계화함과 동시에 예산의 효율적 운용을 기하기 위하여 각 연구기관에의 종래식 산만한 예산배분을 지양하고 총체적인 입장하에서 연구개발의 제목의 설정과 예산배분 및 성과평가를 할 것이며 국가발전에 필요한 과학기술개발 이용의 최고정책을 결정하고 관계 각 부처와의 협조를 원만히 함과 동시에 인위적인 연구기관 통합으로 야기될 제반 부작용을 피하고 실질적인 조정운영을 기하기 위하여 관계 각부장관 및 과학기술계 권위자로서 구성되는 위원회 제도를 설정한다. 부속기관으로서는 당위적 내지는 원활한 업무수행을 위하여 필요한 최소한의 기반을 둘 것이다.

삼. 시안의 기능설명

과학기술원의 원장은 국무위원으로서 보한다. 과학기술개발의 최고기본정책과 소요각부 간의 협조를 원활히 하기 위하여 의결기관인 과학기술위원회를 국무총리 직속하에 둔다. 이 위원회는 국무총리를 위원장으로 하며 재무, 국방, 문교, 상공, 농림, 체신, 과학기술원의 각 장관 및 과학기술자 7인(상임 네 명, 비상임 세 명)으로서 구성한다. 과학기술원에는 심의기관인 과학기술개발 연구위원회, 필요수의 자문위원회(비상임), 총무과, 기획실, 기술관리국, 자원국 및 원자력국을 둔다. 과학기술개발연구위원회는 국가예산을 사용하는 일체의 과학기술개발연구의 방향 및 제목을 선정·결정하고 이에 소요되는 예산의 배분을 의결하여 연구결과의 평가·판정을 한다. 이 위원회는 과학기술원 차관을 위원장으로 하고 원내 실장 및 각 국장, 적당 수의 연구기관의 장과 과학기술자로서 구성한다.

기획실에는 기획과, 조사과, 평가과 및 재정과를 둔다.

기획과는 ① 과학기술의 각종정책과 계획의 종합 및 조정, ② 필요한 기본계획의 입안, ③ 기본군영계획의 지침수립과 종합 및 조정에 관한 업무를 분장한다.

조사과는 ① 과학기술행정기획에 필요한 국내외의 각종자료수집 및 분석, ② 과학기술행정에 필요한 국제협조에 관한 업무를 분장한다.

평가과는 ① 제반 과학기술 행정 시행의 진행상태 및 성과 분석평가, ② 과학기술개발 연구위원회에서의 연구개발 평가판정을 돕기 위한 제반 평가 자료수집 및 분석에 관한 업무를 분장한다.

재정과는 과학기술 연구개발사업비의 예산수립 및 분배에 필요한 업무를 분장한다.

(단, 과학기술개발연구위원회의 결정에 따라 소요에 사무적 절차만 담당한다.)

기술관리국에는 기술진흥과, 기술도입과 및 관리조정과를 둔다.

기술진흥과는 ① 과학기술의 이용조성, ② 과학기술계와 업계와의 유대책 강화, ③ 기타 과학기술진흥에 필요한 제반 구체적 방안 수립 및 추진에 관한 업무를 분장한다.

기술도입과는 ① 기 도입기술 및 시설의 현황분석 및 평가, ② 신규도입에 관한 기술적 검토 및 평가에 관한 업무를 분장한다.

관리조정과는 과학기술개발관계 제기관의 운영상황파악, 평가 및 필요한 조정업무를 분장한다.

자원국에는 자원조사과, 제1과, 제2과 및 제3과를 둔다.

자원조사과는 국내외의 각종자원개발에 관한 정보자료수집분석 및 소요의 평가에 관한 업무를 분장한다.

제1과는 ① 과학기술계 인적자원 실태 파악, ② 과학기술계 인적자원 양성훈련 방안 수립 및 추진에 관한 업무를 분장한다.

제2과는 ① 국내 지하자원 조사 및 개발의 실태파악, ② 지하자원 조사 정책수립 및 추진, ③지하자원 개발의 과학기술면에서의 검토평가, ④소요의 개발책 입안에 관한 업무를 분장한다.

제3과는 ① 제1과, 제2과에 속하지 않는 기타자원 조사개발의 실태파악, ② 과학기술면에서의 검토, 평가, ③ 필요한 정책입안에 관한 업무를 분장한다.

원자력국에는 기획조사과, 관리조성과 및 원자력개발과를 둔다.

기획조사과는 ① 원자력의 연구, 개발, 생산 및 이용에 관한 제반정책의 입안 및 추진, ② 원자력이용에 관한 국내외의 동향조사분석, ③ 소요의 국제협조에 관한 업무를 분장한다.

관리조성과는 ① 원자력이용 및 관계시설에 관한 규제와 관리, ② 원자력 연구, 개발, 이용의 조성에 관한 업무를 분장한다.

원자력개발과는 ① 동력용 원자로에 관한 해외정보수집분석, ② 동력용 원자로 도입에 수반되는 각종 문제에 대한 대책수립 및 추진에 관한 업무를 분장한다.

부속기관으로는 종합과학연구소, 지질조사소를 둔다. 종합기술연구소는 현 원자력 연구소를 개편하여 원자력에 관한 연구뿐이 아니라 과학전반에 호한 기초 및 응용연구를 담당케 한다. 현재 우리나라에는 참다운 연구소의 성격과 체제를 갖춘 곳은 원자력연구소 하나뿐이며 원자력이라는 우리나라 현실로 보아 활동범위가 제약된 조건화에서 그의 발전이 저지되고 있는 상태를 타파하고 실정에 맞는 발전을 기하기 위하여 종합과학연구소로 개편 운영할 필요가 있다. 이에 소요되는 예산을 절약하고 유휴시설을 이용하기 위하여 현 육군기술연구소에 소재하는 연구시설(현재 기능에 필요한 시험기구 제외)을 종합과학연구소로 이관한다.

현재 원자력원 산하에 있는 방사선의학 연구소는 연구소로서의 내용을 갖추지 못하고 있고 그의 전망도 막연한 상태로서 일개의 진단치료 기관에 불과한 것이므로 서울대학교 의학대학에 업무내용을 이관시키도록 한다.

지질조사소는 현 상공부 지질조사소를 그대로 이관운영한다. 현 지질조사소는 상공부광무국의 직접적인 업무지원보다는 독자적인 조사 개발업무가 월등 비중이 크며 지하자원 조사개발에 전 기능을 바치고 있으므로 과학기술원에 부속시켜 운영함이 타당하다.

지원기관으로서는 재단법인 과학기술정보센터를 둔다. 현재 문교부에서 지원하고 있는 당 기관을 과학기술원에서 지원토록 하여 그 기능을 충분 이용토록 한다.

이에 따라 원자력원 및 경제기획원 기술관리국은 불필요하게 된다.

사. 건의사항

본안의 과학기술행정기구를 금번 설계 중인 행정기구 개편 시에 설치할 것을 건의한다.

〈그림 5.1.1 과학기술행정기구개편안 조직도〉

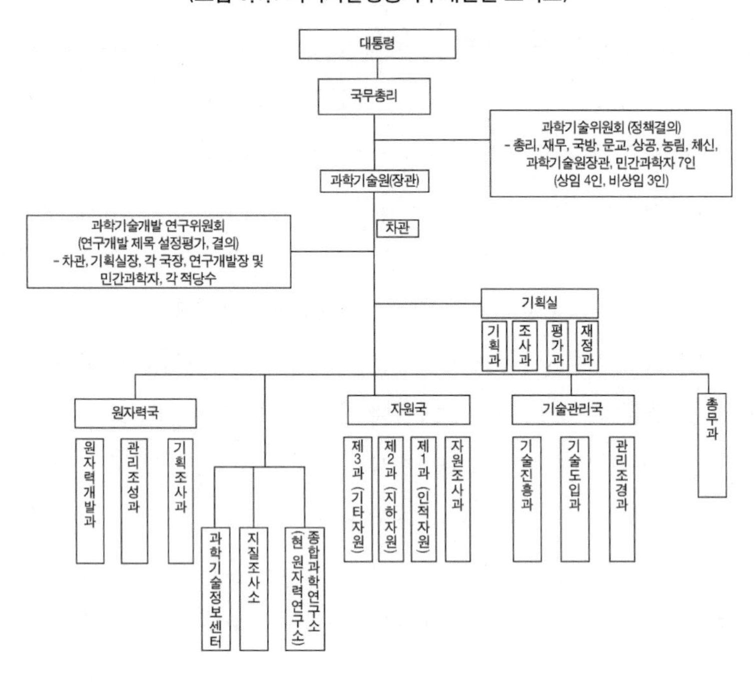

5-2 시장에서 승리할 것인가? 노벨상을 탈 것인가?: KAIST와 후발 산업화의 도전

김동원 · 스튜어트 레슬리(Kim Dong-Won & Stuart W. Leslie, 1998)

Kim Dong-Won and Stuart W. Leslie. 1998. "Winning Markets or Winning Nobel Prizes? KAIST and the Challenge of Late Industrialization." *Osiris*, vol. 13, no. 2 pp. 154~185.

1990년대에 이르러 달성한 한국의 뛰어난 기술적인 성취는 매우 놀라운 것이다. 특히, 한국이 어떤 상황에서 시작해야만 했고 얼마나 단기간에 이러한 성취를 이루어냈는지를 감안하면 더욱 그렇다. 1960년대 후반만 해도, 미국의 개발 전문가들은 한국을 '아시아의 자본주의와 민주주의의 진열창' 정도로만 인식하고 있었다. 한국전쟁 이후 십여 년간 미국으로부터 200만 달러의 경제 지원과 100만 달러의 추가적인 군비 지원을 받았음에도 남한은 여전히 북한에 비해 산업적으로나 경제적으로나 뒤져 있었다. 이승만 대통령은 미국으로부터 지속적인 경제 원조를 받았지만, 그 대가로 경제적·정치적인 독립을 포기해야만 했다. 1953년부터 1960년에 이르기까지 미국 제품은 한국 수입품의 1/3을 차지했고, 미국은 정부 예산의 절반을 지원했다. 그러나 이후 30여 년 동안 한국은 매년 평균 10%에 달하는 경제성장을 이루었고, 1996년에 이르러서는 다른 산업화된 국가들과 함께 OECD에 가입하면서 위상을 떨쳤다.

지금의 한국은 세계에서 소득 대비 가장 많은 박사 학위 소유자를 배출하는 나라가 되었다. 한국은 경제 위기가 오기 전까지 매년 25~30%의 증가 폭을 나타내며 R&D 예산에 투자했으며, 이는 경쟁 국가들로서는 엄두도 낼 수 없는 정도의 양이었다. 지난 몇 년에 걸쳐서는 삼성, 현대, 엘지(구 금성) 등의 기업이 자체적으로 우수한 연구소와 생산기지, 해외 연구소를 세우고는 점점 발전해가는 첨단 반도체 전자기기 시장에서 제니스 일렉트로닉스Zenith Electronics와 같은 국제적인 기업들과 경쟁하고 있다. 현대전자는 자체적으로만 1000만 달러에 달하는 예산을 멀티미디어, 반도체, 그리고 통신 사업에 투자하고 있으며, 그중 200만 달러는 순수하게 R&D를 위한 것이다. D-RAM 반도체와 액정 디스플레이 같은 핵심 분야에서 한국 기업들은 미국과 일본의 경쟁자들을 따라잡거나, 심지어 앞지르기까지 했다.

한국은 중공업과 첨단 기술 등 모든 분야에서 확연하게 국제적인 주요 경쟁자로 부상하고 있다. 종속적인 국가였던 한국은 1960년대 중반부터 단 30여 년 만에 후발 산업화의 최고 사례로 손꼽힐 정도의 독립적인 경제 대국으로 성장했다. 한국의 사례는 분명 산업화된 국가가 산업화 단계의 국가에 연구, 교육 모델을 이식할 때 어떤 과제에 직면하게 되는지 보여줄 수 있다. 또한 최근 세계은행Word Bank의 연구가 보여주듯이, 한국은 '다른 개발도상국의 역할 모델로' 여겨지고 있으므로 교훈적인 사례연구가 될 것이다.

해보면서 배운다

경제학자와 발전 전문가들은 당연하게도 이렇게 주목할 만한 한국의 전환에 많은 관심을 보였다. 이들은 한국이 '후발 산업화'를 위한 새로운 전략을 성공적으로 도입했다고 보았다. 후발 산업화가 발명, 혁신보다는 '배움'을 통해 이루어진다는 것이 일본의 사례를 선두로 해서 한국의 사례를 통해 완벽히 증명되었다. 미국, 독일과 같이 독자적인 상품과 공정을 발전시킴으로서 산업화를 이룬 국가들과는 달리, 후발 산업화 국가들은 그러한 국가들로부터 턴-키turn-key의 형태나, 특허 라이선스의 형태로 기술을 구입해왔다.

확실한 차별성과 경쟁력이 없는 상황에서, 한국은 노동집약적 산업구조를 이용해 가격 경쟁력을 무기로 국제시장에 진출했다. 노하우와 자본이 부족하다는 약점을 극복하기 위해, 후발 산업화 주자들은 시장보다는 정부를 통해 경제를 이끌어나갔다. 1980년대까지 군사 정부의 형태였던 한국의 중앙정부는 마치 사업가와 같이 한국의 기업을 거대한 기업, 즉 재벌의 형태로 만들어 규모와 범위의 경제를 실현해 국제무대에서 경쟁했다. 한국 정부는 중앙은행과 투자를 강력하게 통제함으로써 어느 기업이 언제 새로운 시장에 진출할 것인지도 결정했다. 정부는 앞서나가는 분야의 기업을 독보적인 신용, 자본, 기술 허가, 강력한 국내 시장 보호정책, 관세 경감, 세금 혜택, 그리고 다른 여러 인센티브를 통해 전폭적으로 지원했다. 한국이 다른 여타 국가주도의 발전 모델을 꾀했던 나라들과 차별되는 점은 엄격한 기준을 잣대로 수익이 나지 않는 기업은 도태시키고 수익이 나는 기업을 적극적으로 지원했다는 것이다. 예를 들어, 특정 기업이 국제경쟁력을 명확히 보여주지 못하면, 그 기업이 갖던 예산과 각종 권리는 다른 기업으로 넘어갔다.

이미 성숙한 자본주의 경제 시스템에 비해서, 그 자본주의를 배우고자 했던 후발 주자들은 사기업과 시장보다는 국가가 지원하거나 국가가 제어하는 기관(상공부, 은행, 교육 및 연구기관)들을 중요시했다. 결과적으로 성공을 위해서는 제품이나 공정의 혁신보다는 제도적인 측면의 도움을 필요로 했고, 이러한 제도적 지원은 변화하는 내수시장과 국제시장에 적응해가며 계속되었다. 세계 경제의 중심이 이동하고 있다고 주장하는 역사학자 이언 잉크스터Ian Inkster는 다음과 같은 결론을 내렸다.

우리가 '산업혁명'이라고 지칭하는 파격적인 변화는 '발견'과는 점점 상관 없는 것이 되어가고 있다. …… 오히려 그것은 변화하는 외부 세계에 대한 창의적인 제도적 조치들에 의해 가능한 것이 되어가고 있다. …… 새로운 산업화가 일어나는 곳은 바로 이러한 새로운 제도를 발명하는 지역과 국가에 국한되고 있다. 오래된 산업화 주자들이 새로운 과학적·기술적 발견과 발명의 중심으로 남아 있듯이, 태평양지역 경제가 발견하고 발명해온 새로운 제도적 형성은 점점 모방하거나 배우기 힘든 것이 되어갈 것이다.

아직까지는 아마 그 어떤 나라도 과학기술 기관을 설립하고 도입함에서 한국보다 더 잘 배워왔다고 할 수 없을 것이다. 한국은 산업화의 각 단계에서 국가의 거대한 목표를 이루는 데 기여할 목적으로 새로운 종류의 과학 기관을 만들었으며, 이것은 1960년대의 경공업 중심의 산업구조를 위해서도, 1970년대의 경제집약적 중공업을 위해서도, 그리고 지식 기반의 1980년대의 첨단기술 산업을 위해서도 잘 작동해왔고, 앞으로도 그러할 것이다.

한국의 제도적 혁명은 한국이 식민 지배국이었던 일본과 클라이언트였던 미국, 이 두 개의 매우 상이한 사례로부터 배워나갔다는 점에서 특이하다. 일반적으로 한국은 과학과 공학 교육은 미국을 통해 배웠고, 기술과 산업구조는 일본을 참조했다. 이렇게 서로 다른 전통이 섞여나가 결국은 초기의 종속적인 산업구조를 벗어날 수 있었고, 급기야는 미국과 일본의 기업과 국제시장에서 협력관계가 되고 더 나아가 경쟁관계에까지 이르게 된 것이다.

한국은 배움의 대상이었던 나라들과의 격차를 좁히는 데 성공했지만, 여전히 심각한 도전에 직면해 있다. 이미 한국의 첨단 기술 기업들은 스스로 미국, 일본의 대기업과 새로 산업화되고 있는 인도네시아, 중국과 같은 아시아 기업들 사이에서 고군분투하고 있다고 진단한다. 신흥 공업국과의 경쟁에서 우위를 차지하기 위해서는 더 뛰어난 과학자와 공학자들을 통해 인적자원에서 우위를 차지해야만 한다. 또한 선발 주자들은 점점 더 경쟁자들과 기술 제휴를 하지 않으려 하므로, 일본이나 미국과 경쟁하기 위해서는 선발 주자들과의 경쟁에서 더욱 우월한 제품과 공정을 개발해야만 한다. 따라서 이는 단순히 새로운 제품과 공정을 개발하는 것을 넘어서 기초연구까지도 해나가야 한다는 것을 의미한다.

한국과학기술원(KAIST)의 역사는 후발 산업화의 한계에 대해 시사하는 바가 있다. 미국 국제개발처(US AID)United States Agency for International Development의 자문과 자금을 바탕으로 1971년에 설립된 KAIST는 연구와 고등 교육을 통해 한국 산업계에 뚜렷한 기여를 했고 독보적인 공학 교육기관으로 성장했다. 그러나 최근 발행된 KAIST의 회고록 제목이 『노벨상을 향하여』인 것에서 알 수 있듯이, 한국의 정책입안자들과 몇몇 KAIST 고위 리더들은 미래의 시장보다 노벨상 수상에 더 관심을 쏟고 있다. KAIST는 그 자신의 성공으로 자승자박의 희생양이 될 것인가? KAIST는 지난 기간 경제적·정치적인 환경에 잘 대응했으나, 변화하는 환경을 따라가지 못하고 있다. 예전과 마찬가지로 KAIST는 한국이 직면하고 있는 질문에 응답해야 하는 시점에 이르렀다. 외국의 과학과 기술을 도입하는 데 최적화되어 있는 후발 산업화 모델하에서의 연구, 공학 교육 구조가 지금도 여전히 유효한가? 지난 세월 동안 잘 작동했던 한국의 기관들은 새로운 목적을 향해 선회해야 하는가? 미래 한국의 번영은 이러한 질문에 어떤 답을 내느냐에 달려 있다.

제1차 경제개발 5개년 계획

1961년 5월, 박정희가 이끄는 군사 혁명은 이승만이 이끌어오던 민주화를 향한 실험을 종식시키고 20여 년에 걸친 현대화의 시작을 알렸다. 박정희는 명목상의 시민정부가 구성된 1963년 이후부터 그가 암살당하는 1979년까지 대통령으로 재직했다. 이승만과 달리, 박정희는 '현대과학의 진정한 숭배자'였다. 그는 한국의 미래가 군사력과 함께 산업에 달렸다고 생각했다. 그는 북한과의 대립이 단지 군사적·정치적 대치일 뿐이 아니라, '개발, 건설, 그리고 창의성'에서의 경쟁이기도 하다고 재정의했다. 1962년에 발표된 제1차 경제개발 5개년 계획은 산업화를 위한 국가 단위의 프로젝트였다. 구체적으로 수출은 두 배로 늘려 117만 불로 증가시키고, 수입은 316만 불에서 41만 불까지 줄이는 목표를 담고 있었다.

박정희와 그의 경제 보좌관들은 이승만의 고립주의를 타파하고 국제시장에서의 경쟁을 적극적으로 추구했다. 5개년 계획은 그 첫 단계로 한국이 경쟁국들에 비해 노동 임금이 저렴하다는 점을 이용해 섬유, 양말 등 경공업 분야에서의 우위를 적극 활용할 것을 제안했다. 다음 단계는 철강, 조선, 중화학공업 분야이며, 마지막 단계는 앞의 두 분야에서의 경험과 경제력을 바탕으로 전자공업과 제약 산업과 같은 첨단 기술 분야로 진출해야 한다는 것이었다.

똑똑하고 현실적이었던 박정희는 그가 마주하던 장벽을 과소평가하지 않았다. 첫 5개년 계획을 시작하는 시점에서, 한국의 GNP와 국민소득은 인도보다 조금 나은 수준이었으며, 개발도상국으로서도 매우 빈곤한 형편이었다. 한국이 '성장보다는 안정'을 꾀하기를 바랐던 미국은 한국이 적극적인 수출 장려 정책보다는 인프라 구축, 천연자원 개발, 내수시장을 위한 소규모 제조업에 투자하기를 원했으며, 따라서 박정희의 계획은 미국의 경제 보좌관들의 생각과 마찰을 일으켰다. 그러나 박정희는 미국보다 일본이 한국에 더 맞는 모델이라고 판단했다.

박정희는 외국 기업과 경쟁하기 위해서는 그들이 가진 노하우와 자본에 접근해야 한다는 점을 알고 있었다. 1961년까지 한국은 외국 기술 라이선스를 취득, 훈련하고 수수료를 지급하는 데 1억 달러 이상을 사용했으나 큰 효과를 보진 못했다. 일본의 예를 따라 한국 정부는 단순히 기술을 사오는 것이 아니라 외국 회사와의 연합 벤처 기업을 만드는 것을 장려했다. 그 결과 1962년에 한미 합작으로 나일론 공장이 가동되기 시작했다. 박정희는 또한 일본의 풍부한 자본, 기술, 경험에 눈독을 들였다. 1965년 박정희는 정치적으로 큰 위험을 감수하면서 일본과의 외교를 정상화하고 식민지배 보상금으로 약 8억 달러를 받아냈다. 일본은 이내 한국의 가장 중요한 무역 파트너·투자자·기술 권리자로 발돋움했고, 1975년에는 397개의 라이선스 계약을 맺으며 122개인 미국과의 라이선스 계약을 앞질렀다. 궁극적으로 일본의 기업들은 한국의 기업들과 투자 부분에서나 기술 제휴의 부분에서나 두 배 이상 많이 협업했다.

해외로부터의 적극적인 원조와 기술 제휴는 한국의 산업이 해외 시장으로 나아갈 수 있도록 노하우를 제공해주고 물꼬를 터주었지만, 이 때문에 새로운 형태의 종속관계가 만들어지기도 했다. 한국은 첫 번째 5개년 경제성장의 원대한 계획을 뛰어넘어 엄청난 수출 실적을 올렸으나, 정작 한국 기업들은 해외 기업들에 지나치게 의존해가고 있었다. 이러한 측면은 대표적인 산업이라 할 수 있는 기계(94%), 금속제품(89%), 그리고 전자부품(84%)의 경우에서 두드러지면서, 한국도 일본의 모델을 따라가고 있음을 보여주었다. 일본도 1960년대와 1970년대에 이미 30억 달러 이상을 외국 기술에 대한 로열티로 지불한 선례가 있었는데, 특히 전자 기계, 화학, 제약, 합성섬유 부문에서 해외 기술에 의존했다. 따라서 한국이 수출 규모를 급격하게 늘려나가고 있었음에도, 정작 한국 기업이 스스로 확보할 수 없었던 전자제품 부문의 기술은 엄청나게 수입해야만 했던 것이다.

박정희의 경제 보좌관들은 바로 이 의존의 고리를 끊는 것을 제2차 5개년 계획(1967~1971)의 목표로 삼았다. 아주 작은 투자였지만, 그것은 중요한 전환점이었다. 한국의 무역 상대 국가들이 평균 4%의 GNP를 연구개발에 사용하는 것에 비해 한국은 1%만을 투자했다. 심지어 가장 거대한 전자, 화학 기업조차도 자체적인 연구개발은 수행하지 않았고 오로지 일상적인 테스트나 품질관리만 했다. 대학들은 매년 과학기술 분야에서 수천 명의 학부생을 배출했지만, 그나마 이들 중 최고의 학생들은 '잃어버린 두뇌'라고 불리며 해외 유학의 길을 택했다. 이들은 직업을 구할 수 없는 한국으로 다시 돌아오지 않았다.

따라서 한국의 기술적인 인프라를 강화시키기 위해서는 연구인력의 공급만을 늘리는 것이 아니라 연구 그 자체에 대한 수요도 늘려야 했다. 기업들이 외국의 신기술을 즉시 인지하고 따라잡을 수 있도록 한국 과학기술정보 센터Korea Scientific and Technological Information Center가 1962년에 세워졌다. 그러나 한국의 경제기획원이 원하는 대로 노동집약적인 산업구조에서 탈피해 지식 기반 경제로 돌입하기 위해서는 훨씬 더 고도의 연구와 개발에 특화된 기관이 있어야 했다. 경제기획원은 기업들로 하여금 비록 외국의 기술을 구입하는 것이 단기적으로 저렴하다 할지라도 자체적인 연구개발에 투자하도록 장려했다. 이는 일본의 예를 통해서도 배울 수 있었듯이 자급자족을 위한 가장 빠른 길이었다. 따라서 경제기획원은 연구장비의 관세를 면제해주고, 연구개발 비용에 대해 세금을 감면해줌과 동시에, 공공 연구개발에 적극적인 자금 원조를 단행했다. 일본의 모델을 따르기 위해서는 이처럼 연구개발에 투자하는 것이 장기적으로 이익이 된다는 것을 기업들로 하여금 알게 해야 했다.

한국과학기술연구원(KIST)

한국의 자립 프로젝트는 미국 정부로부터 뜻밖의 원조를 받게 된다. 이는 베트남전 참전에 따른 대가였다. 1965년 5월 박정희 대통령의 미국 워싱턴 방문은 한미 관계에서 중요한 방점을 찍는 사건이었다. 박정희는 린든 존슨Lyndon Johnson 대통령에게 단순한 해외 원조 프로그램을 얻어내는 대신, 1억 5000만 달러 규모의 개발 차관을 얻어냈다. 또한 미국 과학 보좌관이었던 도널드 호닉Donald Hornig은 한국의 과학기술 기관들에 두뇌 유출을 막고 산업발전을 촉진시킬 수 있도록 재정 지원을 제안했다. 공적인 차원에서 볼 때 존슨 대통령, 박정희, 호닉은 다른 산업화 단계의 국가들에 모델이 될 수 있는 기관을 만드는 것을 논의한 셈이었다. 그러나 사실 이는 사적인 관계로 보면 한국이 미국의 베트남전쟁을 돕는 조건으로 이루어진 이야기였다.

존슨 대통령은 그해 여름 한국과학기술연구원(KIST)Korea Institute of Science and Technology 설립의 타당성을 조사하기 위해 한국에 조사관을 파견했다. 호닉을 단장으로 한 이 조사팀은 벨 연구소 소장 제임스 피스크James Fisk와 바텔 연구소 소장 버트럼 토머스Bertram Thomas를 비롯한 숙련된 산업 연구인력들을 포함하고 있었다.

이들은 KIST가 적절한 지원과 구성하에 설립된다면 한국의 산업계에 결정적인 영향을 줄 것이라고 평가하고 돌아갔다. 핵심적인 것은, KIST가 오로지 한국의 기업을 위해 운영되어야 한다는 점이었다. 조사단은 개발도상국의 연구시설이 종종 자국의 산업을 위한 연구가 아니라 선진국들과의 학문적 경쟁에 뛰어드는 점을 지적했다. 한국 경제기획원의 한 관계자가 "우리에게는 자본, 노동력, 기업가, 학자들이 있다. 그러나 우리는 넓은 의미에서 기술적인 노하우가 필요하다"라고 한 지적은 당시 상황을 잘 대변해준다.

미국 국제개발처와의 계약에 따라 1965년 가을, 바텔연구소Battelle Memorial Institute는 한국에 KIST 설립을 위한 자세한 조직 설계 및 지원을 도울 팀을 별도로 파견한다. 이 팀의 보고서를 보면, 이들의 계획은 단순히 한국의 바텔연구소를 만드는 정도의 구상에 지나지 않았다. 즉, 기업과 정부와의 연구 계약을 통해 유지되는 독립적이고, 비영리적이며, 다학문적인 기관을 만들자는 것이었다. 여기서 말하는 연구는 물론 산업의 목적으로 사용하기 위한 것이었고, 일반적인 정부나 대학의 연구와는 다른 것을 전제로 하는 것이었다. 이들은 일단 한국의 산업계 지도자들이 계약연구의 장점을 느끼게 되면, 자연스럽게 연구소가 유지될 수 있을 것이라고 보았다.

미국 국제개발처는 이 제안서에 큰 감명을 받고, 바텔연구소를 KIST의 자매기관으로 임명하고 장차 KIST의 인력을 선발·훈련하고, 연구 프로그램을 조직·입안할 수 있도록 했다. 한국 정부는 1966년 여름, KIST를 공식적으로 설립하기에 이른다. 미국은 국제개발처의 차관과 연구비를 통해 920만 달러를 지원했고, 대충자금US Counterpart funds*으로 1220만 달러를 지원했다. 한국 정부는 이에, 별도로 270만 달러를 지원할 것을 약속했다.

박정희가 스스로를 KIST의 '설립자'로 지칭했을 정도로 한국 정부는 이 모험적인 제안에 적극적이었다. 또한 KIST의 운영 부처는 경제기획원과 산업경제부의 대표들을 '외부위원단'으로 두었다. 이것은 KIST라는 신생기관이 독특한 정치적인 맥락 속에서 지원받았다는 것을 보여준다. 최초의 운영 부처에는 강원 산업 기업의 대표, 한국 상업 기업 회사 대표, 한국 기업 연합 대표 등 주요 산업계의 인사들도 포함되어 있었다.

자세한 연구 의제를 정하기도 전에, KIST는 바텔연구소와의 협력하에 한국 기업가들이 가장 '투자하고 싶어 하는' 기술연구 분야 16개를 조사했다. 1966년 10월부터 1967년 8월까지는 한국과 미국의 과학자와 공학자들이 연합해 정부 공무원과 기업가들을 만났고, 약 600여 개의 공장을 순회했다. 이는 현장에서 필요한 연구 수요를 파악하고 적절한 장비 및 인력의

---

* 미국 제공 원조 물자 판매 대금을 주축으로 해서 적립한 자금으로 경제개발비, 전후복구비, 군사비 등으로 사용되었다

수준을 가늠하기 위함이었다. 이 시찰의 보고서를 바탕으로, KIST는 크게 다섯 분야의 기술 영역인 ① 식품 기술, ② 재료과학, ③ 전자공학, ④ 화학공학, ⑤ 기계공학에 주력하기로 정해졌다.

KIST에 주어진 다음 과제는 극소수의 한국 과학기술인 범위 내에서 가용할 수 있는 최상의 인력을 포섭해내는 일이었다. 박정희는 일본에서 교육받고 한국 원자력연구소 소장을 지낸 금속 공학자였던 최형섭을 KIST의 수장으로 선택했다. 바텔연구소와 최형섭은 미국과 다른 선진국들에서 활동하고 있는 수천 명의 한국 과학기술인들을 대상으로 조사를 진행했다. 특히, 한국으로 돌아오는 것에 매력을 느낄 만한 지도자급의 연구자들을 주된 목표로 잡았다. 최형섭은 KIST가 노벨상을 타려는 목적의 학문 연구를 위한 곳이 아니라 철저하게 산업 개발을 위한 연구를 하는 곳임을 염두에 두고 인력을 길러냈다. 최형섭은 각각의 후보들로 하여금 그들의 연구가 얼마나 응용될 준비가 되어 있는지, 산업계의 수요와 어떻게 맞아 들어가는지를 인력, 장비, 예산의 측면에서 자세히 보고하도록 했다.

결과적으로 최형섭은 미국으로부터 23명, 독일, 스웨덴, 오스트레일리아, 일본, 영국 등으로부터 9명 등 총 32명의 과학기술자들을 본국으로 불러들이리라 마음먹었다. 이들은 대부분 대학이나 대기업 연구기관에 속해 있던 까닭에 극소수만이 계약연구의 경험이 있었다. 이들로 하여금 '과학을 판매하는' 작업을 맛보게 하기 위해 바텔연구소는 그들을 콜럼버스 연구소와 오하이오 연구소에 배치해서 대략 1개월에서 길게는 6개월까지 바텔연구소의 지원하에 연구원으로 일하게 했다.

KIST의 목적은 절대로 기초연구가 아니었다. 오히려, KIST는 "외국의 기술을 국내의 산업계로 가져오는 창문의 역할…… 장차 수입해 오거나 개량, 적용시켜 제품 생산과 역수출을 꾀할 만한 적절한 기술을 선정하는 역할…… 국내 산업계와 외국의 선진 기술 사이의 가교 역할"을 하기 위한 곳이었다.

설문조사 결과를 바탕으로, KIST는 31개의 독립적인 연구소들을 조직했다. 각각의 연구소들은 각자 연구 계약을 통해 재정적으로 독립되어 운영될 것이었다. 이 연구소들은 수산물과 조선 사업부터 제약, 반도체에 이르기까지 말 그대로 한국의 전반적인 수출품들을 담당하고 있었다. 새로 세워진 과학기술처(MOST)Ministry of Science and Technology의 수출 장려 정책과 더불어, KIST는 정부가 선정한 미래의 수출 물품들에 뚜렷한 우선순위를 지정했다. 화학, 전자, 중공업, 제철 등의 분야가 그것이었다. 따라서 초기의 구상과는 달리 KIST는 소규모 기업들의 다소 직접적인 공정 문제 해결에 기여하기보다는, 대기업의 요구에 부흥하는 형태가 되었다. 어느 정도의 기술력을 축적해온 이들 대기업들은 주로 효율 개선, 비용 절감, 국내 원자재 개량, 도입된 기술의 개량 등을 원했다.

조선 및 해양공학 연구실이 남긴 족적에서 KIST가 연구의 우선순위를 바꾸었음을 명확히 확인할 수 있다. 이 연구실은 1969년에 만들어져 34피트 규모의 소형 어선을 디자인했으나, 점차 연구방향을 수입에 의존하던 합판 보트를 대체하는 쪽으로 바꾸었다. 1970년대 중반에 접어들어서는 현대와의 합작을 통해 25만 톤 규모의 유조선을 디자인하기도 했다. 현대도 다른 재벌 기업들과 마찬가지로 초기에는 전후 복구를 위한 사업에 참여하다가, 점점 세분화되어 1967년에는 자동차 분야, 1973년에는 조선 분야를 담당, 이후에는 전자 분야 등 여러 분야에 진출하기에 이른다. 비슷한 역할의 제철, 화학공학 분야의 주자들과 마찬가지로 현대 또한 초기에는 기초적인 조선 기법을 배우기 위해 스코틀랜드와 일본에 엔지니어들을 파견하는 등 해외의 기술 지원에 깊이 의존했다. 그러나 KIST가 대형 조선 기술력을 갖추어나감에 따라서 현대는 결국 예상보다 빠르게 기술적인 독립을 이루어낼 수 있었고, 1984년에는 KIST에 독자적인 해양 연구소를 설치하며 세계 최대의 조선 기업으로 거듭나게 된다.

다른 산업 분야도 마찬가지였다. KIST는 제철, 화학, 전자 분야에서 한국의 놀라운 성장에 결정적으로 기여했다. 1970년, KIST는 포스코(POSCO, 포항제철)와 역대 최대 규모의 연구 계약을 체결했다. 이는 포스코에 새로운 형태의 제철로를 설계하는 프로젝트로 당시 금액으로 4300만 원 규모의 연구 계약이었다. 1968년에 상정한 바에 따르면, 포스코는 일본의 제철소를 모델로 해 만든 턴-키 방식의 제철로를 운영하게 될 예정이었다. 따라서 엔지니어들도 신일본제철(Nippon Steel, 新日本製鐵)에서 훈련받은 인력들이었다. 그러나 KIST의 도움에 힘입어, 포스코는 십여 년 만에 일본, 유럽, 미국 등의 최고의 제철 기술을 습득해냈다. 최형섭은 박정희 대통령의 요구로 KIST를 떠나 해외로 직접 제철로 디자인을 보러 다니기도 했다. 이러한 경험을 바탕으로 훗날 최형섭은 포스코가 자체적인 연구기관인 포항공과대학교(POSTECH)를 설립하는 데 힘을 보태기도 했다.

또 다른 KIST의 연구 계약(1850만 원 규모)은 프레온 냉장고를 만드는 사업이었다. 한국은 세계적인 주요 형석fluorite 광산을 소유하고 있었음에도, 정작 그것을 산업적으로 이용할 노하우는 갖지 못했다. 결과적으로 한국은 형석 광물을 1톤당 35달러에 팔아서는 프레온 물질을 1톤당 700달러를 들여 수입해 오는 형국이었다. 그러나 듀폰E. I. du Pont de Nemours and Company에서 일했던 한국인 화학자들의 연구를 바탕으로 한국도 프레온 공정을 연구해 냈고, KIST는 한국 산업계에 기술적인 독립을 안겨주었다. 더 나아가 KIST 연구진들은 사기업들과 함께 완벽한 프레온 공장 라인을 갖추어나가는 사업도 진행했다.

이러한 실적들은 KIST에 회의적이었던 시각을 돌려놓기에 충분했다. 1975년까지, 즉 10년도 안 되는 시간 안에, KIST는 이미 131개의 특허를 출원했고, 셀 수 없이 많은 중요한 상업적인 제품들을 만들어냈으며, 250

만 달러 규모의 연구 계약을 체결해냈다. 그뿐 아니라 조선 분야, 전자 분야, 기계 설비 분야, 컴퓨터 분야, 통신 분야에서 독자적인 '특별 부설 연구소specialized satellite institute'를 갖추게 되었다. KIST는 또한 한국 최초의 '과학공원'의 토대가 되기도 했다. 1970년대 미군의 철수 등으로 빚어진 위기 상황에서 한국 정부는 독립적인 국방정책을 추진하게 되었으며, 중공업과 국방 두 가지 목표를 동시에 해결해줄 수 있는 산업 분야에 투자를 감행했다. 군부와 민간연구 사이의 교류를 강화하기 위해, 정부는 KIST캠퍼스에 국방개발연구소(ADD)를 개설하고 한국과학기술정보센터(KORSTIC)Korea Scientific & Technological Information Center도 이전시켰다.

아마 KIST의 가장 큰 기여는 한국 기업들로 하여금 연구개발이 실제로 제값을 한다는 점을 깨닫게 해 산업 연구를 촉진시킨 점일 것이다. 1967년 정부는 민간에 비해 일곱 배의 연구개발 예산을 투입했다. 그러던 것이 1977년에 이르면 거의 비슷한 수준이 되었다. 1988년이 되자 상황이 역전되어 기업의 연구비 투자가 정부의 일곱 배에 이르게 되었다.

그러나 KIST가 모든 측면에서 예상대로 운영되었던 것은 아니었다. KIST 협력자들의 주장과는 달리, KIST는 자력으로만 운영되지는 못했다. 보고서에 의하면 KIST의 예산은 산업계와 정부 모두에 의존하고 있었다. 1973년 기준으로 약 52%의 예산은 기업과의 계약연구, 46%의 예산은 정부와의 계약연구를 통해 충당했던 것이다(2%는 내부 기금). 그러나 이마저도 정부가 주기적으로 기업들로 하여금 KIST와 연구 계약을 하도록 유도했기 때문에 가능한 것이었다. 또한 KIST의 혁신 개발은 해외에서 수입되는 기술과의 경쟁에서 고전을 면치 못했다. 한국 기업들의 입장에서는 수입된 기술을 적용하는 것이 더 안전한 선택이었기 때문이다. 바텔연구소와 미국의 연구기관들 역시 KIST의 설립자들에게 기업과의 계약에만 너무 기대를 걸지 말라고 경고하기도 했다. 심지어 미국에서조차 바텔연구소나 스탠퍼드연구소Stanford Research Institute는 연방정부로부터 더 많은 예산을 지원받았다. 대부분의 대기업은 연구개발을 하더라도 내부적으로 하기를 선호했는데, 왜냐하면 대개 그 경우가 연구를 통제하기 더 쉬웠기 때문이었다.

그러나 다른 개발도상국들의 연구기관에 비하면, KIST의 성과는 타의 추종을 불허하는 것이었다. 1975년, 30여 개의 개발도상국의 60개의 연구기관들을 비교한 연구에 따르면, KIST는 거의 유일하게도 '기초연구에 집중하느라 국가의 산업, 경제발전에는 도움이 되지 못하는' 대개의 연구기관과는 차별화되었다. 심지어 인도의 과학산업연구회Council of Scientific and Industrial Research와 같은 최고의 연구기관조차도 '성장을 위한 기술이 아니라 선진국의 기술에 주력했을 뿐'이었다. 오직 KIST를 모델로 두고 출발했던 싱가포르의 표준산업연구소Singapore Institute of Standards and Industrial Research정도만이 산업 혁신과 경제 계획에 모두 기여하는 기관으로 평가되었을 뿐이었다.

그러나 아직 200명도 안 되는 직원(이 중 박사 학위자는 53명)들만으로 운영되던 KIST로서는 이 정도가 최선이었다. KIST가 연구 자체에 대한 수요를 늘릴 수 있었을지는 몰라도 연구자들을 공급하는 역할은 할 수 없었다. 즉, 교육의 기능은 부재하고 있었던 것이다. 따라서 한국 기업들은 연구를 하면 할수록, 질 좋은 연구자들이 부족하다는 현실과 더욱 절실히 마주하게 되었다. 해외 대학이나 연구소에서 일하던 인재들을 데려오는 것이 힘들었던 현실 속에서 한국이 산업계와 정부의 연구소를 운영하기 위해서는 자력으로 연구인력을 키워내야만 했다.

한국과학원(KAIS) 설립

한국 과학자들은 KIST의 한계를 뛰어넘을 방도를 찾아 고민했다. 1968년 초 KIST 총장은 대학원 수준의 교육에 대한 자세한 조사에 착수했다. 조사에 의하면, 한국은 경쟁력 있는 교수가 없었고 연구장비와 장학금도 부족했다. 따라서 정부는 기존의 다른 대학들과는 차별화된 독립적이며 새로운 대학원을 설립해야 한다는 요구를 받았다. 하지만 이 계획은 비용을 걱정한 경제기획원과 행정적 텃세를 내세우며 반대한 교육부 때문에 계속해서 무산되었다.

이때 미국에서 교육받은 젊은 물리학자 정근모가 대학원 설립을 위한 기획을 준비 중이었다. 서른 살밖에 되지 않은 이 젊은 물리학자는 미국 대학원에서 상당한 경험을 축적한 인재였다. 정근모는 서울대학교에서 물리학을 전공하고, 새로 개설한 서울대학교 공공행정대학원에 입학했다. 정근모는 학위를 마치기 전, 미시건 주립대학교에 입학해 이론물리학으로 박사학위를 받았다. 그는 MIT, 프린스턴 대학교와 같은 최고의 학교에서 일했고, 브루클린 공과대학의 플라즈마 물리 연구실을 지휘하고 있었다.

오랜 세월 동안 정근모는 공공정책에 대한 관심을 놓지 않았다. 그는 MIT에서 교수로 재직하는 동안 하버드 공공행정대학원에서 틈틈이 수업을 수강했다. 거기서 그는 개발도상국의 두뇌 유출에 대한 보고서를 썼는데, 이것이 미래 한국의 새로운 대학원을 만드는 청사진이 되었다. 1969년 초 정근모는 미시간 주립대학에서 멘토였던 존 해나John A. Hannah와 접촉한다.

미식축구와 비유하며 정근모는, "한국에는 쿼터백은 많지만 리시버가 충분하지 않다고 설명했다. 한국의 기업들이 KIST의 잠재력을 활용하기에 앞서서 연구개발의 중요성을 충분히 인식하고 있는 한국인이 더 필요했던 것이다. 이에 설득된 해나는 정근모에게 좀 더 자세한 제안서 초안을 만들어올 것을 주문했다. 그해 10월, 정근모는 해나에게 「응용과학과 기술을 위한 한국의 새로운 대학원 설립」이라는 제목의 보고서를 보냈다. 해나는 이 제안서를 미국 국제개발처의 한국 관련 부서에 넘겼고, 이것은 곧 한국의 경제기획원으로 넘어가게 되었다.

정근모의 대학원 구상은 스탠퍼드 대학교의 프레더릭 터먼Frederic Terman이 당시 뉴욕 주의 공학 교육에 대해 집필한 보고서로부터 큰 영향을 받은 것이었다. 터먼은 연구중심 대학과 첨단 기술 산업이 어떻게 긍정적인 영향을 주고받을 수 있는지 잘 알고 있었다. 1940년대부터 이미 터먼은 캘리포니아 북동부의 운명은 지역 산업과 대학 사이의 창의적인 연계에 달려 있다고 생각했다. 터먼은 "강력하고 독립적인 산업은 반드시 자신만의 과학기술 자원을 개발해야만 한다"라고 주장했고, "수입된 지적 자원이나 2차적인 아이디어에 기대서는 궁극적으로 종속적인 형태를 벗어나지 못하며, 결국 선도적인 경쟁에서 승리할 수 없다"라고 생각했다. 정근모는 한국에 대해 완벽하게 같은 생각을 갖고 있었다.

터먼은 스탠퍼드 대학교에서 교수로 재직하면서 학계와 산업 사이의 파트너십을 통해 훗날 '실리콘밸리'라 불리는 지역을 예견한 사람이었다. 그는 스탠퍼드 대학교의 몇몇 학과를 미국에서도 손꼽힐 만큼 뛰어난 프로그램으로 성장시켜 우수한 학생들, 정부의 지원, 지역의 협력을 얻어냈다. '최고 중에서도 으뜸'이라고 불리던 이 최고의 엄선된 공학 기술자들 덕분에 터먼은 우수한 교수진을 선발했고, 산업계의 연구원들이 대학에서 수업을 개설할 수 있게 했다.

스탠퍼드 대학교의 예를 살펴본 뉴욕의 주지사 넬슨 록펠러Nelson Aldrich Rockefeller는 터먼에게 뉴욕 주 공학 교육기관의 장단점을 평가하고 조언을 해 줄 것을 부탁했다. 터먼의 보고서에 따르면, 뉴욕 주에는 몇몇 손꼽히는 좋은 공학 교육 프로그램이 있었으나 지역 산업계와의 연계가 전무한 실정이었다. 결과적으로 뉴욕 주는 우수한 인재들을 다른 지역에 빼앗기는 두뇌 유출 현상을 겪고 있었던 것이다.

정근모는 바로 이러한 뉴욕 주의 상황이 한국과 관련이 있다는 것을 깨달았다. 정근모는 '기술 학자들의 모임'을 만들고자 하는 목적으로 보고서를 쓰면서 대학원 프로그램, KIST를 포함한 산업계, 정부 연구소 사이의 연계성을 강화시켜야 한다는 점을 강조했다.

정근모는 "새로운 기관의 성패는 한국의 다른 대학, 연구소, 그리고 산업계와의 관계에 달렸다"라는 사실을 알고 있었으며, 마땅히 정치적인 어려움이 뒤따를 것이라는 점도 예상했다. 그는 기존의 다른 대학들이 방어적인 자세로 반대할 것을 예상했다. 그는 또한 한국 산업계가 우수한 대학원 교육의 이점이 무엇인지 배우는 시간도 필요하리라 생각했다. "근시안적인 경영인은 그저 외국의 기술에 의존하기를 선호할 것이고, 자신들만의 기술로 장기적인 성공을 거둬본 경험도 없을 것이다. 따라서 새로운 학교의 구성원들은 이러한 산업계를 계몽시켜 연구개발의 필요성을 널리 알려야 한다"라고 주장했던 것이다.

미국 국제개발처의 지원 약속을 받은 정근모는 과학기술처의 지원하에 한국의 주요 정치 리더들을 대상으로 자신의 생각을 발표할 기회를 얻었다. 1970년 4월, 그는 드디어 박정희의 월례 경제개발위원회에서 자신의 구상을 발표했다. 발표가 끝난 후 점심 만찬에서 박정희는 교육부가 반대했지만 과학기술처와 경제기획원의 주도하에 이 사업을 진행할 것을 결심했다. 한 편의 보고서에서 시작된 이 사업은 1970년 7월에 이르러 정식으로 국회를 통과하게 된다.

추가적인 조언과 재정 지원을 위해 한국 정부는 또 한 번 미국 국제개발처에 기대야 했다. 미국의 대통령 과학 보좌관 리 듀브리지Lee DuBridge는 공학교육을 위해 터먼을 수장으로 하는 5인으로 구성된 위원회를 조직했다. 이 위원회는 정근모가 구상한 기관의 현실성을 평가하고, 어떻게 하면 최상으로 구현해낼 수 있을지 한국 정부에 조언하는 임무를 받았다. 마침 터먼도 한국 정부가 만들고자 했던 바로 그러한 대학을 만들어보고자 구상하고 있었다. 미국 국제개발처 위원회에는 터먼의 요구로 그의 두 제자, 토머스 마틴Thomas L. Martin(텍사스 서던 메소디스트 대학교의 공학부장)과 도널드 베네딕트Donald L. Benedict(Oregon Graduate Center 초대 총장)가 합류했다. 이 외에도 코넬 대학 교무처장 프랭클린 롱Franklin A. Long, 그리고 정근모가 위원회에 포함되었다.

정근모와 베네딕트는 7월 중순 입국해, 산업계, 정부, 대학 대표자들과 만나 한국과학원(KAIS)Korea Advanced Institute of Science이라는 이름으로 자신들이 구상하던 기관을 설립할 것을 논의했다. 그들은 삼성, 금성, 그리고 다른 한국의 대표 기업의 지휘자들을 만났고, 페어차일드Fairchild Corp, 모토로라Motorola Inc와 같은 미국 협력기업들의 대표와도 만났다. 터먼, 롱, 그리고 마틴이 조사에 합류하기 위해 한국에 들어온 것은 8월이었다.

최고 중에서도 으뜸

위원회는 KAIS가 얼마나 어려운 도전을 감행하고자 하는지 잘 알고 있었다. 비록 폭발적으로 성장하던 한국 경제가 잘 훈련된 과학기술자들을 원하고 있었지만 한국의 대학들은 그러한 인재들을 배출할 준비가 되어 있지 않았다. 학부 교육 수준으로 보면 매년 5000여 명의 대졸 인력들을 배출해온 셈이었지만 대부분 산업계와는 연계되지 않았다. 학생들은 지나치게 이론 위주로 교육받았기 때문에 산업계에서 겪게 될 '실질적인' 문제들에 대비할 수 없었다. 터먼 보고서는 "한국의 공학 교수들은 산업계 경험이 없으며, 캠퍼스 밖의 실용적인 공학 문제에 대해 잘 알지 못한다"라고 결론 내렸다. 대학원 교육을 보면 상황은 더 심각했다. 최고 수준의 대학원조차도 "학자를 배출하기 위한 교육에 머물러 있거나 유학을 권장하는 상황"이었던 것이다. 실제로 대학원 교육을 받기 위해 미국으로 진출한 많은 한국 학생들은 대부분 한국으로 돌아오지 않았다. 1968년의 기록에 의하면 약 2000여 명의 한국인 과학기술자들이 국외에서 살고 있는 것으로 집계되었다.

한국의 보수적인 대학들이 현대적인 기술 교육을 도입하려 하지 않는 상황에서, 터먼 팀은 KAIS를 독립적이면서도 대학원 중심인 기관으로 만들고자 했다. 그들은 KAIS가 '한국 과학기술활동의 중심이 되고, 나아가 한국 대학원 교육의 모델이 되는 것'을 구상했던 것이다. 이러한 목적을 위해서는 한국의 교육 관료들로부터 독립성을 유지해야 했고, 그렇게 해야만 '아무런 지체와 타협 없이 발전하는 한국 산업계의 수요에 부응할 수 있다'라는 데 팀원들은 동의했다. 터먼의 '최고 중에서도 으뜸' 전략의 일환으로 KAIS는 '몇몇 제한된 분야만 교육'하며 '각각의 영역에서 최고 수준'의 교육을 제공할 것을 목표로 했다.

그러나, '어떤 분야를 교육할 것인가?', '얼마나 많은 학생들을 선발할 것이며 어떤 학위를 줄 것인가?'. 학생의 질이 수보다 중요하다고 생각한 터먼은 당분간은 100명 이하의 학생만 선발해 석사 교육을 실시할 것을 권고했다. 박사 교육은 "그러한 인재에 대한 요구가 늘어난다면" 실시할 것으로 권고되었다. 석사 이후의 교육을 원하는 학생은 2년간의 추가 교육을 받은 뒤 '공학자' 학위를 받을 수 있도록 구상되었으나 현실화될 수는 없는 것이었다. 교육 분야에서는 모든 분야를 다룰 수는 없는 상황이었으므로, 한국의 경제와 연계될 수 있는 전략적으로 중요한 분야들에 집중해야 했다. 기계공학, 화학공학과 응용화학, 전자과학, 통신 및 시스템 공학, 산업공학과 경영학, 기초과학과 응용수학, 그리고 컴퓨터 프로그래밍이 그러한 분야였다. 통신 및 시스템 공학은 결국 제외되고 그 자리에 생물학과 재료과학이 들어갔다.

미국의 공학 교육 모델에 익숙했던 터먼의 팀은 KAIS에서 전통적인 교과서 중심의 교육보다는 문제 해결 능력과 직접적인 체험을 강조했다. 모든 학생들은 통계학, 품질관리, 컴퓨터 프로그래밍, 산업 조직과 경영 등 미래의 산업계 리더가 갖추어야 할 소양을 모두 배워야 했다.

터먼 보고서의 영향력과 박정희 대통령의 모험적인 결심을 바탕으로, 미국 국제개발처는 KAIS 설립을 위해 한국 정부에 600만 달러의 차관을 승인했다. 이 금액은 실험실 장비를 구입하고 한국 과학기술자들이 향후 미국에서 심화교육을 받을 수 있도록 지원하기 위한 것이었다.

한편으로 명확한 것은 학교의 질이 교수와 학생의 질에 의해 결정된다는 것이었다. 많은 논란이 있었지만, 최고의 학생들을 영입하기 위해 KAIS는 학생들에게 병역을 대체할 수 있는 기회를 주었으며, 박정희 대통령도 이를 승인했다. KAIS에서 석사학위를 취득하면 3년간의 군 복무를 20일의 훈련과 3년간의 정부 연구소 및 연구기관 근무로 대체할 수 있었던 것이다. 추가적인 혜택으로 정부는 등록금을 전액 보조해주었으며, 숙박비과 생활비까지 지원해주었다. 최고의 학부 졸업생들이 1973년 첫해부터 KAIS에 들어가기 위해 치열한 경쟁을 벌인 것은 당연한 수순이었다.

KAIS는 교수진을 선발하는 데도 심혈을 기울였다. 먼저 정근모는 1971년 초 초대 부총장 직위를 수락하고 교수진 섭외에 들어갔다. KAIS의 총장이 된 이상수는 정근모와 함께 한국의 연공서열 풍토와는 전혀 다른 새로운 시스템 고안에 착수했다.

혁신적이었던 것은 당시 절반 이상의 전임교수를 종신교수직을 보장하고 섭외한 것이었다. 이는 젊은 교수들에게 운신의 폭을 주기 위함이었다. 비록 KAIS의 정신이 적자생존의 원칙에 기반하고 있었지만, KAIS는 우선 '최고의 한국인 교수들을 섭외하고, 이들이 종신 교수직을 받아 다른 교수들에게 밀리지 않게 하기 위해' 이런 결정을 단행했다.

이상수와 정근모는 전임자였던 최형섭과 마찬가지로 미국에 체류 중이었던 한국인 과학기술자들을 첫 영입 대상으로 삼았다. 정근모는 150여 명의 과학자들과 접촉하여 그중 가장 출중한 30명에게 교수직을 제안했다. 한국 대학의 평균 교수 연봉보다 네 배가 넘는 급여를 약속했고, 주택,

4년마다의 연구 연가 등 한국의 다른 대학들은 상상할 수도 없었던 수많은 혜택들이 이들을 기다리고 있었다. 만약 적절한 인재가 나타나지 않으면 정근모는 차선책을 선택하기보다는 적임자가 나타날 때까지 기다리는 쪽을 택했다. 예를 들어 적임자가 없었던 산업공학과는 전임교수 없이 시간강사를 고용했다. 페어차일드 반도체 회사의 성공한 공학자였던 김충기가 실리콘밸리에서 돌아온 것은 1975년의 일이었다. 그뿐 아니라 한국인 최초로 IEEE[Institute of Electronics and Electronical Engineers] 펠로우가 된 전도유망한 전기공학자였던 은종관을 교수로 채용하기 위해 1977년까지 기다리기도 했다.

KAIS의 엄격한 학사 관리는 학생들로 하여금 종종 군대에 온 것과 같은 느낌을 받게 했다. KAIS 건물은 1971년부터 KIST, ADD(국방개발연구소), KORSTIC(한국과학기술정보센터)이 인접해 있는 부지에 지어지기 시작했는데, 이곳이 한국 최초의 과학단지였던 셈이다. 아름다운 캠퍼스 전경은 엄격한 학사 관리로, 훗날 '한국 고아원'이라고 회자되던 이곳의 실상과 대비되는 것이었다. KAIS에서 석사와 박사학위를 마친 현 KAIST 교수 경종민은 다음과 같이 회고했다.

> 입학식 이후 우리는 박송배 교수에게 '생포'되어 연구실로 향했습니다. 우리는 가족을 만날 수도 없었고 전화 통화조차 금지되었습니다. 바로 그날 저녁 우리는 11시까지 선배들의 연구 성과를 다룬 세미나에 참석해야 했고 박송배 교수로부터 다음날까지 제출해야 하는 숙제를 받았습니다. 12시가 넘어 드디어 기숙사로 돌아가자, 차라리 우리는 군대에 가는 것이 편했을 것이라고 생각했습니다. 우린 보통 새벽 2~3시에 잠들 수 있었고, 많은 학생들이 아침마다 코피를 흘리곤 했습니다. 1년이 지나자 비로소 우린 스스로 성장한 것을 느낄 수 있었고, 드디어 스스로 무언가를 할 수 있다는 것을 깨달았습니다.

산업계와의 협력

KAIS는 KIST와 마찬가지로 노벨상 수상보다는 시장에서의 성공을 꾀했다. KAIS의 교육 프로그램에서 연구는 필수적인 부분이었지만, KAIS의 명백한 임무는 '세계 기초 지식의 창고를 넓히는 데 기여하기보다는, 한국 산업의 요구를 만족시키고 한국의 산업발전을 이룩하는 데 필요한 숙련되고 혁신적인 전문인력을 양성하는 것'이었다.

KAIS는 산업계와의 긴밀한 협력을 독려하고자 스탠퍼드 대학교에서 이미 효과가 입증된 전략들을 도입했다. 기업에서 일하면서도 계속 고급 교육을 받을 수 있도록 산학장학생들을 선발한 것이다. 한국의 산업계는 KAIS에 직접적인 재정적 지원뿐 아니라 장비, 장학금, 기금교수직까지 제공하리라 기대되었다.

대신에 KAIS의 역할은 산업계에 자문 교수단, 여름 연수 프로그램을 제공하고, 무엇보다도 한국의 공장과 연구소에서의 '실제' 문제들을 해결할 수 있도록 잘 훈련된 졸업생들을 제공하는 것이었다. KAIS의 근본적인 목표는 '현재 한국의 대학에서 훈련받은 학사 학생들의 교육 배경과 한국 산업계가 실질적으로 필요로 하는 공학적·응용과학적 지식 사이에 존재하는 간극을 메우는 것'이었다.

KAIS는 이미 작동하고 있던 KIST를 통해 '실질적인' 경험을 전수받을 수 있었다. 두 기관은 상대 기관의 직원들을 섭외해가지 않도록 약속했지만, 일부 KIST의 주요 연구원들이 KAIS로 옮겨갔다. 이후에 한국의 전기 공학자들 사이에서 지도자로 떠오른 박송배는 KAIS에 오기 전 몇 년간을 KIST에서 보냈다. KIST에서 저렴하면서도 품질 좋은 라디오 수신기를 개발하려 했던 경험을 통해 그는 디자인/설계blackboard design와 신뢰할 수 있는 프로토 타입 사이에 엄청난 간극이 존재함을 깨달았고, 이러한 교훈을 KAIS의 후학들에게 전해주었다. 또 한 명의 미래 KAIS의 지도자인 화학자 전무식은 KIST에서 3년을 보내면서 이론과 실제의 균형을 맞추는 것을 익혔다.

터먼 보고서는 KAIS 졸업생들에 대한 수요가 점점 증가할 것이라고 자신 있게 예측했으나, 회사 지도자들에게 고급 학위의 가치를 납득시키기란 예상 외로 어려웠다. KAIS로 온지 얼마 되지 않아 박송배는 석사, 박사 학위를 갖춘 전자공학자들에 대한 앞으로의 수요를 추정해보고자 한국의 전자회사 지도자들을 만났다. 인터뷰를 통해 한국의 회사들은 엔지니어engineer가 아니라 기술자technicians를 원하며, 석사학위를 가진 직원에 대한 총수요가 1년에 여섯 명을 넘지 않을 것임이 밝혀졌다. 비록 매우 낮은 추정치였지만, 박송배는 여기에 설득되어 수요가 공급을 따라잡을 때까지 박사학위 수여를 연기시키고, 한국 경영인들의 실리적인 사고방식에 부합할 수 있는 학생들을 양성하는 데 집중했다. 이러한 결정은 KAIS가 미국에서 흔히 볼 수 있는 논문 주제들보다 더욱 제한적인 논문 주제들을 선택했다는 점에서 드러났는데, 실제로 1970년대 대표적인 논문들은 「소결 청동 오일리스 베어링에서 분말 입도의 영향」, 「실리콘 산화공정에 대한 실험적 고찰」, 「촉매반응에 의한 연탄가스로부터 일산화탄소의 제거」였다.

KAIS는 '세계적 수준의 과학과 기술을 한국의 공정, 방법, 재료에 적합하게 만들 수 있고, 한국의 국내·국외 시장에 맞춘 독특한 디자인과 제품을 만들어낼 수 있고, 국제무역에서 가격과 품질 모두에서 경쟁력 있는 한국 상품을 만들 수 있는' 졸업생을 원했다. 한국 산업이 첨단기술에 주목하기 시작하자 KAIS 역시 그 흐름을 같이했다. 예컨대, 1973년 이중홍과 그의 학생 양동열은 자전거 회사가 생산 라인을 다시 설계하는 것을 도왔으며, 1970년대 말에는 박송배와 그의 학생 김영길이 현대의 연료 절약형 자동차용 용량방전 점화장치 개발을 도왔다. 또한 KAIS의 생화학자들은 맥주 양조를 개선하는 방법을 연구하는 데에서 나아가 페니실린의 발효에 관한 연구로 진출했다.

정부가 재벌들에게 하이테크 수출 시장으로 진출하라고 압력을 가하면서 KAIS 교수와 학생에게는 더 많은 기회가 열렸다. 소비를 촉진하고 불필요한 절약을 막기 위한 박정희 대통령의 생각에 따라 1980년 정부는 오랫동안 유지해왔던 컬러텔레비전에 대한 금지령을 번복했으나, 한국의 어떠한 회사도 컬러 수상관을 생산할 수 있는 노하우를 갖고 있지 않았다. 일본인들은 회로도와 부품들을 수출하긴 했지만, 그 부품들을 만드는 데 필수적인 하이테크 장비는 극비에 부쳤다. 더 이상 일본에 의존하지 않기 위해 금성과 삼성은 일본의 컬러텔레비전을 역설계reverse engineering하는 것을 도울 수 있는 KAIS 졸업생들을 고용하기 시작했다. 초기에는 품질에 문제가 있었지만 결국 그들은 성공했다. 그러한 엔지니어들 중 몇몇은 나중에 한국의 디지털 영상 기술을 선두하는 전문가가 되었다. 다른 KAIS 졸업생들은 카시오Casio LCD 시계와 샤프Sharp 계산기를 모방했다. 금성 중앙연구소의 첫 번째 소장은 박송배에게 KAIS의 전자공학과 학생 명부를 요청했고, 즉시 그중 열 명을 고용해서 인텔 칩Intel chip에 기반을 둔 전자식 금전 등록기를 설계하는 일을 맡겼다. 여전히 한국 회사들은 외국 기술에 어느 정도 의존했지만, 적어도 이제는 외국의 기술을 '번역translate'할 수 있는 엔지니어들을 공급해줄 수 있는 믿을 만한 공급원이 생겼고, 이는 한국이 독자적으로 제품을 개발할 수 있는 발판이 되었다.

1981년 정부는 KAIS와 KIST를 합병하여 한국과학기술원(KAIST)을 설립한다. 이 기관은 KIST가 다시 독립적인 조직으로 된 이후에도 KAIST라는 새로운 이름을 유지한다. KAIST 졸업생 김용주의 경험은 한국이 산업적으로 독립하는 데 KAIST 졸업생들이 어떻게 기여했는지를 보여준다. 그는 1983년 KAIST에서 화학박사학위를 받은 후 럭키금성 연구센터의 제약부서에 입사한다. 미국과 유럽 회사들이 한국에 지적 재산권법을 강화할 것을 촉구하면서 럭키금성은 갑작스럽게 자력으로 항생물질을 개발해야만 하게 되었다. 김용주의 팀은 향상된 안정성, 더 넓은 항균 스펙트럼, 이전보다 더욱 긴 지속기간을 지닌 제4세대 세팔로스포린Cephalosporin(항생제의 일종)을 합성할 수 있는 전문지식을 갖고 있었다. 이는 글락소Glaxo에 라이선스 되었고 한국에서 상업적으로 중요한 첫 번째 신약이 되었다.

KAIST 연구 프로젝트들은 1980년대 초부터 첨단 기술을 다루게 되면서도 그 본질적인 산업적 특성을 잃지 않았다. 예를 들어, 김용길은 반도체 리드프레임 재료를 생산할 수 있는 기술을 개발했는데, 삼성전자뿐 아니라 텍사스인스트루먼트Texas Instruments, 모토로라, 니혼전기주식회사NEC에서 이 기술을 도입했다(1982~1984). 또한 이종원은 자동 밸런싱 헤드와 컴퓨터 제어 시스템을 고안했고(1985~1990), 최병규는 상업 컴퓨터 원용 제조 소프트웨어 시스템을 만들었으며(1991~1992), 이광형은 더욱 빠른 퍼지컴퓨터칩을 디자인했다(1991~1992). 박규호는 독자적인 병렬처리 컴퓨터 구조를 개발했고(1988~1991), 경종민은 인텔 80386 및 인텔 80387 호환칩을 설계했다(1991~1995).

1975년과 1996년 사이에 KAIST는 2647개의 박사학위와 9566개의 석사학위를 수여했다. 졸업생들이 가장 많이 진출한 분야는 산업계였으며(석사졸업생의 43%, 박사졸업생의 45%), 그다음으로 많이 진출한 분야는 정부연구소였는데 이들은 산업계와 긴밀히 연관되어 있었다(석사졸업생의 17%, 박사졸업생의 27%, 〈표 5.2.1〉 참조). 서울대학교의 경우 1994년 졸업생의 30%가 산업계를 선택했는데 이는 10년 전에 비해 월등히 높은 비율이긴 했지만, 1994년 KAIST 졸업생의 48%가 산업계로 진출한 것과 대조되었다. 산업계로 진출한 KAIST 졸업생들 중 일부는 산학협력교육학생cooperative education student으로 KAIST에 온 것이었지만, 대다수는 KAIST에서 학위 프로그램을 시작하기 전에는 산업계와 별다른 관련이 없었다.

KAIST는 높은 기준을 바탕으로 학생들의 질을 유지했다. 박사 과정 학

〈표 5.2.1〉 졸업생 분포

	1976년		1985년		1996년			합계(1975~1996년)		
	석사	박사	석사	박사	학사	석사	박사	학사	석사	박사
산업계	43	0	238	8	59	320	161	1,021	4,152	1,183
								32.8%	43.4%	44.7%
연구개발(R&D)	57	0	210	22	0	14	76	30	1,581	720
								1.0%	16.5%	27.2%
학계	22	0	10	31	0	8	68	10	437	684
								0.3%	4.6%	25.9%
정부	16	0	9	1	0	18	10	1	194	46
								0.1%	2.0%	1.7%
고급연수 및 기타	7	0	137	2	415	348	14	2,046	3,202	14
								65.8%	33.5%	0.5%
합계	145	0	604	64	474	708	329	3,108	9,566	2,647

생은 저명한 국제 학술지에 논문의 일부를 게재해야만 했다. 석사 과정 학생조차도 독립적인 연구와 실험을 통해 논문을 완성해야만 했는데, 이는 매우 혁신적인 것이었다. 이러한 규칙들은 KAIST 내부와 외부에서 혹평을 불러일으켰지만, 대학원생들의 연구에 중요한 기준점이 되었다. 학생들의 외국어 논문 게재는 1979년 21건에서 1989년 178건, 1996년 407건으로 증가했다(〈표5.2.2〉 참조).

KAIST는 학생뿐 아니라 교수에게도 높은 기준을 적용했다. 1979년에 KAIST 연구자들은 122개의 논문을 게재했으며 그중 45개는 외국 학술지에 게재되었다. 1989년에는 총 807개의 논문이 게재되었는데 그중 481개가 외국 학술지에 실렸다. 1996년에 KAIST 교수들은 총 2152개의 논문을 게재했고 그중 1498개가 외국 학술지에 실렸다. 한국의 다른 경쟁자들과 비교해볼 때, 1988년 KAIST 연구자들은 SCI급 외국어 학술지에 312개의

<표 5.2.2> KAIST의 논문, 특허, 연구비 수주 실적

	1979년	1985년	1989년	1996년
학과	10	14	16	19
교수	75	136	167	353
대학원생	199	668	692	1,037
(석사/박사)	(181/18)	(604/64)	(527/165)	(708/329)
교수들이 게재한 논문 수	122	474	807	2,152
(국내/국외)	(77/45)	(200/274)	(326/481)	(654/1,498)
학생들이 게재한 논문 수(국외)	21	92	178	407
외부 연구 기금	2억 300만 원	29억 4,900만 원	67억 4,400만 원	650억 7,800만 원
특허	2	4	19	26
(국내/국외)	(2/0)	(4/0)	(15/4)	(22/4)

논문을 실었으나 서울대학교의 연구자들의 경우 130개에 그쳤다.

연구 성과와 산업지향성을 측정할 수 있는 또 다른 척도는 특허이다. 1979년에 KAIST 교수들은 단 두 개의 국내 특허를 출원했다. 이 숫자는 점차적으로 증가해서 1989년에는 국내 특허 15개, 국제 특허 4개로 총 19개의 특허를 출원했으며, 1996년에는 국내 특허 22개, 국제 특허 4개로 총 26개 특허를 출원했다.

또한, '할 수 있다'는 KAIST 정신은 독특한 기업가 문화를 낳았다. 가장 성공적인 한국 벤처 회사들 중 하나인 메디슨Medison은 박송배의 연구실에서 시작되었다. 박송배 연구실의 대학원생들은 한 팀을 이루어 실제로 상업성이 있다고 판단한 초음파 영상에 대한 아이디어를 가지고 작업하고 있었다. 그러나 후원 회사가 프로젝트를 포기하자, 학생들 중 한 명이었던 이민화는 비록 학위를 마치지도 못했지만 직접 사업에 뛰어들기로 결심한다. 새롭게 회사를 세운 이민화는 박송배 연구실의 학생들을 회사에 채용

한다. 한 학생은 연구팀장이 되었고, 다른 학생은 제조팀장이 되었다. 메디슨이 어려운 엔지니어링 문제에 부딪힐 때마다 이민화는 박송배에게 의지했고, 박송배는 이를 해결하는 데 최고의 학생들을 배치했다. 1985년에 설립된 메디슨은 한국의 초음파 의료영상 시장에서 80%의 점유율을, 세계 시장에서도 상당히 높은 점유율을 보이면서 즉각적인 성공을 거두었다. 이민화는 후배들에게 "내가 했으니, 너도 할 수 있다"라고 모범을 보이며 가르쳤다.

컴퓨터공학부는 그들만의 성공 이야기를 자랑한다. 컴퓨터공학부 첫 박사 졸업생인 이범천은 1981년 큐닉스[Qnix]를 설립하기 위해 KAIST에서 학자로서 유망한 경력을 접었으며, 큐닉스는 한국의 선도적인 독립 컴퓨터 회사들 중 하나로 빠르게 성장했다. 강경석은 모뎀을 생산하는 회사를 설립했고 곧 국내시장을 장악했다. 정철은 대학원에 있는 동안 소프트웨어 회사를 시작했다. 허진호는 정철과 잠시 같이 일하다가 한국에서 두 번째로 큰 컴퓨터 회사였던 삼보에 입사했고, 결국에는 상용 인터넷 서비스를 시작하면서 즉각적인 성공을 거두었다.

물론 KAIST만이 한국에서 유일한 신생기업의 원천은 아니었으며, 서울대학교와 다른 대학교도 신생기업을 만들어내고 있었다. 하지만 오직 KAIST만이 신생기업을 중요한 성공의 척도로 간주했으며, 기술혁신센터(1993)와 기술창업지원센터(1994)를 설립하면서 적극적으로 신생기업들을 독려했다. KAIST는 그러한 성공을 거두었지만 미국의 기록을 따라잡을 수는 없었다. 중소기업의 성장은 실제로 대만이나 다른 개발도상국들에서 하이테크 산업에 엄청난 기여를 했으나, 한국에서는 자원, 재정 및 그 밖의 분야에서 상당 부분을 재벌에 의존하면서 중소기업의 성장이 저해되었다.

과학에서 명성 쌓기

KAIS(KAIST의 전신)는 과학과 산업, 이 두 가지 모두에 기여할 수 있었을까? 이 질문에 답하기 위해서는 젊은 세대와 구세대 간의, 자연과학자와 엔지니어 간의 충돌을 살펴보지 않을 수 없다. 1970년대에 자연과학 분야의 많은 교수들, 특히 화학자들은 KAIS가 산업적 연관성을 유지하면서도 노벨상(혹은 적어도 국제적 명성)을 얻기 위해 노력할 수 있다고 믿었다. 그들은 KAIS가 필수적인 지적자원과 재원을 갖춘 한국의 유일한 교육기관으로서 응용과학, 엔지니어링뿐 아니라 기초과학도 추구해야 할 의무가 있다고 주장했다. 이러한 주장은 추상적이고 이론적인 것을 '한낱 응용된 것'보다 더 높게 평가하는 유교사회에서 실제로 영향력을 가졌다. 결국, KAIS 설립자들은 KAIS라는 이름을 지으면서 의도적으로 '기술technology'과 '공학engineering'이라는 단어를 누락시켰고 이로써 직업학교와의 혼동을 막았다. 하지만 공학, 특히 전자공학부 교수들은 그들이 생각했던 본래의 'KAIST 정신'인 시장에서의 승리를 추구하고자 했다.

처음부터 화학과는 KAIS에서 가장 영향력 있는 분과였다. 일본 식민정부가 만주 침략을 위한 비료와 화약 공장을 한반도에 설립하기 시작했을 때인 1930년대부터 화학분야에는 뛰어난 학생들이 모여들었다. 박정희 정권이 첫 번째 경제개발 5개년 계획을 통해 중공업을 지원하자, 화학자와 화학공학자들은 새로운 비료 공장, 시멘트 공장, 정유 공장에서 더 많은 기회를 받게 되었다.

미국에서 교육받은 물리 화학자인 전무식이 이끌던 KAIS 화학과는 기초연구를 옹호했다. 전무식은 3년간 KIST에 있으면서 강한 이론적 토대 없이는 응용연구가 번창할 수 없음을 깨닫고, 1976년 명망 있는 화학자인 이태규 아래에서 이론물리화학센터Center for Theoretical Physics and Chemistry를 설립했다. 전무식과 같은 분과에 그의 협력자들이 있었는데, 심상철이 대표적인 인물이었다. 1967년 캘리포니아 공과 대학[Caltech]에서 박사학위를 받은 광화학자이자, 브루클린 폴리테크닉[Brookyln Polytechnic]의 젊은 교수였던 심상철은 정근모가 KAIS의 첫 교수들을 선발하는 것을 도왔다. 전무식, 심상철, 그리고 다른 동료들은 미국 최고 대학들의 연구 및 대학원 훈련 모델로 동경해왔던 'publish or perish(논문을 출판하든지 아니면 도태되든지)' 모델을 강력하게 옹호했다.

박송배와 김충기가 이끌던 전자공학과는 '산업에 기여하기 위한 대학'이라는 정근모의 설립 비전에 변함없이 충실했다. 정근모가 첫 번째 KAIS 운영위원회에 설명했듯이, "KAIS는 과학에서 성공하고 노벨상을 만들어내기 위한 곳이 아니라, 연구조직과 산업조직들을 위해 잘 훈련된 엔지니어와 응용과학자들을 배출하기 위한 곳"이었다. 박송배는 학과에 공석을 남겨놓는 한이 있더라도 가능하면 미국에서 산업 방면에 경험이 있는 교수들을 고용할 것을 강조했다. 화학과 및 다른 학과들은 교수진 할당량을 거의 바로바로 채웠지만, 박송배는 아홉 개의 자리 중 네 개를 1975년까지 공석으로 남겨두었다. 그는 화학과의 교수들보다 평균 10년 정도 어린 교수진을 선발했는데, 이 때문에 전자공학부는 숫자와 연공서열이 가장 중요하게 여겨지는 학술문화에서 명백히 불리한 입장에 처하기도 했다.

박송배는 전무식과는 대조적으로 KIST에 있으면서 한국 학생들에게 필요한 것은 한국 산업의 '실제' 문제들을 해결할 수 있는 능력이라고 확신하게 되었다. 그는 전자공학의 실용적인 측면을 강조했고, 이는 교재에서 배운 것만 알고 있던 학생들에게는 당황스러운 일이었다. 그의 학생들은 연구실에서 실험을 하거나 도서관에서 논문을 읽기보다 서울의 상점가에서 전자 부품들을 뒤지고 다니는 데 더 많은 시간을 쏟았다.

김충기는 전자공학과에서 'KAIST 정신'을 전형적으로 보여주었다. 그는 컬럼비아 대학교를 졸업하고 1975년 KAIS에 오기 전까지의 5년 동안 실리콘밸리의 페어차일드 반도체Fairchild Semiconductor에서 전하결합소자를 설계했다. 박송배와 마찬가지로, 그는 이론보다 실무를 우선시했고 학생들로 하여금 설계와 생산공학상의 문제들에 각별히 주의를 기울이도록 독려했다. 김충기는 그의 저작들을 통해 외국의 기술을 숙달하고자 했던 한국 엔지니어들에게 영향을 주고자 했다. 예를 들면, 삼성 반도체 엔지니어와 공저한 『PMOS 집적 회로 제작기법을 사용한 Seven Segment Decoder/Driver의 설계와 제작』(1978)은 독자들에게 어떻게 실용 모델을 구성하는가를 보여주고자 했다. 자연스럽게 김충기의 연구실은 한국의 미래 반도체 연구자 양성소가 되었다.

이렇게 서로 다른 정체성과 연구·교육 철학을 갖고 있던 두 진영 사이의 충돌은 피할 수 없었던 것일지도 모른다. 화학과는 박사의 숫자와 저작의 수로 성공을 측정했다. 1972년부터 1979년까지 화학과 교수들은 85개의 논문을 개제했고, 66명의 석사, 6명의 박사를 배출했다. 한편 전자공학과는 한국 산업에 즉각적인 영향을 줄 수 있는 석사들을 훈련시키는 데 초점을 맞추었다. 같은 시기 전자공학자들은 47개의 논문만을 개제했고 그중 대부분은 김충기의 논문처럼 '어떻게 하는 것인지' 알려주는 형식이었다. 또한 한국 회사들이 아직까지 박사학위를 받은 공학자들을 받아들일 준비가 되어 있지 않다는 판단하에 박사는 한 명도 없이 113명의 석사만을 배출했다.

전무식과 박송배 간의 갈등이 있었지만, 과학과 공학 사이의 긴장, 그리고 기초와 응용연구 사이의 긴장은 궁극적으로 KAIS가 바람직한 균형을 유지할 수 있도록 해주었다. 전무식과 그의 지지자들은 KAIS(그리고 KAIST)에 이론적 관심을 심어주었는데, 이는 과학 분야에서 서울대학교와 경쟁할 수 있는 기반을 제공해주었다. 박송배와 그의 지지자들은 과학 분야 동료들에게 KAIS가 또 하나의 일반적인 대학교가 아니며 학문적 성취만으로는 평가할 수 없는 실험 그 자체임을 상기시켰다.

대덕과학단지

박정희 대통령이 암살된 이후 1981년 권력을 잡게 된 새로운 군사정부는 KIST와 KAIS 간의 '강제 결혼'을 주선했다. 이 합병은 제멋대로 퍼져나가는 정부의 관료주의를 합리화시키려는 노력의 일환이었으나, 결국 시너지보다는 더 많은 혼란을 야기하고 만다. 너무나 다른 기관 문화와 임무는 한국과학기술원(KAIST)이라는 공동의 이름 아래에서 잘 조화되지 못했다. 한국 회사들이 1980년대에 정신없이 빠른 속도로 R&D 시설을 추가하거나 확장시키고(1980년에 상대적으로 극소수였던 민간연구소들이 1988년에는 604개가 되었다) 그들의 힘으로 외국 기술들을 역설계하는 방법을 배우면서, KIST는 본연의 임무의 상당 부분을 잃었다. 자금의 64%를 민간 영역에서 지원받았던 1970년대 후반까지는 KIST의 자급자족의 꿈이 이루어지는 듯했다. 그러나 정부의존도가 점점 증가해감에 따라 1988년에는 KIST 예산의 82%가 국가 R&D 과제였다. 공학자와 과학자 비율이 9대 1이었던 KIST와의 합병은 KAIST 내의 이론과 실무 간의 까다로운 균형을 무너뜨릴 조짐을 보였다. 정부는 또한 1989년에 과학 영재 학생들을 대상으로 하는 특수목적대학magnet school이었던 한국과학기술대학(KIT)Korea Institute of Technology을 KAIST와 합병시키면서 KAIST에 학부생 교육이라는 부가적인 책임을 지웠다.

서울에서 남쪽으로 100마일 떨어진 대전에 새로운 '과학도시'를 만들겠다고 한 정부의 결정이 KIST와 KAIST 모두를 구한 것일지도 모른다. 수도 서울은 이미 정체 상태에 이를 정도로 혼잡해졌고, 1973년 정부는 대덕과학단지라는 복합 단지를 만들어 많은 정부 연구소들을 통합하려는 계획을 발표했다. 이전에도 자주 그랬듯이 박정희 대통령은 과학과 기술을 조직함에서 일본을 모델로 삼았으며, 특히 지리적 근접성이 지적 시너지를 장려할 것이라는 가정하에 많은 국립연구소와 민간연구소들을 한곳에 모은 츠쿠바 과학도시Tsukuba Science City를 주의 깊게 살폈다.

한국 정부는 1978년 말에 처음으로 국립연구소와 민간연구소들을 서울에서 대덕과학단지로 이전시키기 시작했고, 이후 10년간 한국의 국립연구소와 민간연구소들의 42%와 약 7000명의 과학자와 엔지니어들이 대전으로 이동했다. 그러나 한국표준과학연구원, 한국원자력연구원, 한국화학연구원, 그리고 다른 정부 연구소들 간에 교류는 거의 없었다. 대전 인근 도시들에 있는 소규모 로테크low-tech 회사들과는 더더욱 교류가 없었다. 대규모 하이테크 회사들 역시 성장하고 있는 회사의 연구개발 센터들을 서울 교외를 벗어나 다른 지역으로 옮기는 데는 그다지 관심을 보이지 않았다.

대덕과학단지가 그 계획자들이 생각했던 하이테크 산업의 지역 센터로, 그리고 '한국 과학기술의 요람'이 되기 위해서는, 정부와 기업 연구소들 간에 더 적절한 균형이 필요했다. 이를 위한 중요한 단계로, 1984년 정부는 대덕과학단지를 전국적으로 생겨날 아홉 군데 '테크노폴리스' 중 하나로 다시 지정하기로 한다.

한국의 정책수립자들에게 KAIST는 새로운 테크노폴리스의 중심체로 가장 적합해 보였다. KAIST 행정관리자들은 교수, 학생, 기업 파트너들이 서울을 떠나려 하지 않고 대신 다른 대학으로 옮겨 갈까 봐 두려운 마음에 처음부터 KAIST의 이전을 반대했다. KAIST 하나만으로도 회사들이 대전에 연구소를 설립하는 데 충분한 인센티브를 제공해줄 수 있다고 믿었던 사람은 극소수였다. 그러나 정부로부터 대지, 재정 등의 지원을 받아내야만 했던 KAIST는 1990년 대덕과학단지 중심부로 새로운 캠퍼스를 옮기기로 결정한다. KIST는 이로써 기관의 독립성을 공고히 하며 서울에 홀로 남게 되었다.

아마도 KAIST는 한국 산업계에 대한 스스로의 중요성을 과소평가했을 것이다. KAIST의 존재, 값싼 땅, 그리고 정부의 인센티브 덕분에 회사들은 대덕과학단지를 다시 보게 되었다. 1990년부터 1995년까지 대덕과학단지의 민간연구소는 세 개에서 스물여섯 개로 늘어났고 직원은 5155명에 달했다. 최근의 연구에 따르면, "KAIST의 지리적 위치는 입주하려는 사기업들에 가장 중요한 위치적 요인으로 평가되었으며, KAIST 졸업생을 채용하는 것은 기업들이 대덕과학단지에 정착을 결심하게 만드는 중요한 요인들 중 하나였다". 몇몇 회사들은 KAIST와 직접 손을 잡고 일했는데, 가령 현대전자는 전자공학과와 협력해 고성능시스템센터(ChiPS)Center for High-Performance Systems를 위한 자금을 지원했으며, 현대자동차는 자동차공학 분야에서 이와 비슷한 센터를 위한 자금을 지원했다. 삼성, LG를 포함한 그 외의 다른 회사들은 산업 전자기술 연구센터와 같이 KAIST와 연계된 정부 지원 센터에 투자하거나, 기업의 특정 관심 분야의 전문가를 훈련시키기 위해 만들어진 '반도체산업을 위한 교육프로그램'과 같은 KAIST 이니셔티브에 합류했다. 또 다른 회사들은 그보다 덜 공식적인 유대를 원해서 대덕과학단지에 독자적인 연구시설을 설립했는데, 쌍용연구센터, 한화그룹 종합연구소, 삼양R&D센터가 대표적이다.

52개 연구소와 대략 2만여 명의 직원들(세기가 바뀔 때쯤에는 연구소는 60개, 직원 수는 4만 명으로 늘어날 것이라 예상되었다)을 갖춘 대덕과학단지는 그 크기 면에서 이미 노스캐롤라이나에 있는 리서치 트라이앵글파크Research Triangle Park(직원 수 약 3만 2000명)와 스탠퍼드 산업 단지(직원 수 약 2만 8000명)에 필적할 만했다. 대덕과학단지의 현대적인 건물, 깔끔하게 손질된 구내, 아름다운 경치는 한국 과학자와 외국 방문자들 모두에게 미국의 선례를 떠오르게 했다. 하지만 이렇게 명백한 유사성이 한국과 미국 사이의 중요한 차이점들을 가려버렸다. 대덕과학단지를 계획한 사람들에게는 실망스럽게도, 대덕과학단지는 아직 실리콘밸리처럼 독자적으로 운영되지 못했다. 대덕과학단지는 단 한 개의 벤처사업도 설립하지 못했고, 대덕과학단지 내 20개의 기업 연구소들은 여전히 서울 근교에 있는 큰 시설의 위성조직에 지나지 않았다. 한편, KAIST 행정관리자들은 공식적으로는 '세계 최상의 연구중심 교육기관'을 만들기 위한 장기적인 계획에 전념했지만, 개인적으로는 KAIST가 과연 지속적으로 우위를 유지할 수 있을지 걱정하기도 했다. 그들은 실리콘밸리 내에 분교를 여는 것까지 고려했다. 한국 회사들이 연구개발에서 자급자족이 가능해짐에 따라, 그리고 서울대학교와 다른 캠퍼스들이 독자적으로 산업과의 협력관계를 구축해감에 따라, KAIST는 그저 또 다른 하나의 우수한 대학으로 남게 되는 것 아닌가? KAIST를 독특하게 만드는 것이 있다면 그것은 무엇일까?

번영을 향한 길은 무엇인가?

KAIST는 분명 설립자들의 기대치를 넘어섰다. 정근모와 터먼은 그들 아이디어의 밝은 미래를 예상했었다.

> 2000년에는 KAIS가 한국의 산업 및 기술 개발과 밀접하게 관련되어 인식될 것이다. KAIS 졸업생들은 산업계에서, 한국 정부에서 요직에 속하게 될 것이다. 동시에 KAIS, 정부, 산업, 교육기관 사이에는 지속적인 상호작용이 일어날 것이며, 이는 각각의 요소에 유익하게 작용할 것이다. 비록 중간 규모의 국가이지만 한국은 튼튼한 경제와 국제무역에서의 지위를 공고히 갖춘 현대국가로 번영하게 될 것이다. 한국이 숙련된 노동력으로 제품을 만들어내는 만큼, 혹은 그보다 더 많이 숙련된 두뇌로 생산한 제품을 판매하게 될 때 국내외에서의 번영을 이루게 될 것이다.

누가 이보다 명료하게 미래를 예측할 수 있었을까? 첫 25년 동안, KAIST는 2647개의 박사학위, 9566개의 석사학위, 3108개의 학사학위를 수여했고 2억 달러에 달하는 후원을 받은 연구 계약을 완료했다. KAIST 졸업생들은 국립연구소, 대학, 기업 연구센터에서 훌륭하게 경력을 쌓아나갔고, 그중 몇몇은 정상의 위치까지도 올라갔다. 1997년 2월 삼성전자는 KAIST 1987년 졸업생 김윤수를 새로운 이사로 지정했으며 또 다른 2명의 KAIST 공학부 졸업생들을 최고위급으로 승진시켰다. KAIST는 또한 한국이 하이테크 수출 시장에 도전하는 데 필요한 많은 '특공대'를 제공했다. 한국의 다른 선도적인 대학들도 KAIST의 연구와 교육 프로그램들을 모방했다. 오랫동안 고전적인 전통에서 '배움의 요람'임을 자처하던 서울대학교조차 1970년대 중반 관악캠퍼스로 새롭게 옮겨간 이후에 자연과학대학과 공학대학을 급격히 강화했다. 그리고 최근에 독자적인 기업연구협력을 장려하기 시작했다.

1992년 KAIST는 KAIST를 평가하기 위해 미국의 모든 교육 프로그램들을 인증하는 미국 공학기술인증원(ABET)Accreditation Board for Engineering and Technology을 초청했다. 13명의 선도적인 미국의 공학자와 과학자들로 구성된 패널이 대전의 캠퍼스를 방문해서 학과들의 자체평가를 열람하고, 교수, 대학원생, 사무직원을 만나면서 KAIST의 강점과 약점에 대한 구체적인 평가를 준비했다. 아직 공식적으로 ABET 인증을 요청하지는 않았지만, 이와 같은 KAIST의 활동은 국제적 기준에 맞추어 스스로를 평가받고자 하는 KAIST의 의지를 보여준다.

KAIST는 전반적으로 높은 점수를 얻었으며, 특히 연구와 대학원 프로그램에서 평가가 좋았다. ABET 패널은 기계공학("최고 수준의, 세계 최상의 프로그램"), 화학공학("아마 전 세계 화학공학 대학원 프로그램들 중 상위 10%에 들 것"), 재료과학("연구활동과 매년 수여되는 학위의 면에서 미국에서 상위 5위에 들 것")을 포함한 몇몇 학과를 세계 최고 수준의 프로그램과 동등하게 평가했다. ABET 패널은 KAIST에서 가장 큰 학과인 전자공학과(1991년 당시 교수 41명, 연구 프로그램으로 받은 지원금 700만 달러)를 "국보"라 불렀다. 학부생들과 대학원생들은 거의 예외 없이 모두 준비가 잘되어 있고, 매우 의욕적이었고, 열심히 공부했으며 수학에서 만큼은 미국의 학생들보다 앞설 정도였다. 패널은 "정부의 지원이 증가한다면, KAIST는 세계 상위 기관 중 하나로 성장할 수 있는 가능성을 갖고 있다"라고 평가했다.

그런데도 KAIST의 설립자와 지도자들은 미래 시장에서 우위를 점하고 노벨상 수상자를 배출하기 위해서는 새로운 사고방식이 필요하다고 생각했다. 김충기 부원장은 다음과 같이 설명 한다.

> 한국의 경제발전은 공학 분야에서 앞서나갔던 국가들을 좇는 역설계에 의존했다. 하지만 앞으로 10~20년 후에는 한국이 최첨단에 있을 것이기 때문에 더 이상 그럴 수 없을 것이다. …… 한국에서의 과학과 공학 교육은 학생들에게 지도를 읽는 방법, 학생이 어디를 가고 싶은지를 알아내는 방법을 가르치는 것과 같았다. 그러면 누가 그 지도를 만들었는가? 선진국가들……. 우리는 이제 교육 정책을 바꾸어야만 하고 우리 학생들에게 지도를 그리는 법을 가르쳐야만 한다.

그러나 KAIST가 그러한 지도를 그릴 만한 전문성을 갖추었는가? 정근모는 확신하지 못했다. 그는 늘 KAIST를 새로운 방식으로 질문을 던지는, 일종의 실험으로 여겼지 절대 최후의 정답이라 생각하지 않았다. KAIST의 부원장을 지낸 뒤 정근모는 1975년 미국 국립과학재단(NSF)의 프로그램 관리자로 미국으로 돌아갔다. 1981년 한국으로 돌아온 그는 과학정책에서 더 큰 책임이 있는 직위를 잇따라 맡는다. 폭넓은 국제적 경험을 바탕으로 정근모는 한국의 회사들이 그들만의 독자적인 노하우나 파트너 공급 없이는 '기술 보호주의'에 의해 기초연구와 전략적 제휴를 중시하는 국제시장에서 배제되는 위험을 각오해야 한다고 생각했다. 그는 KAIST보다 더욱 기초연구에 헌신하고 더욱 범세계적인 시각을 갖춘 기관이 한국에 필요하다고 결론지었다.

정근모는 고등기술연구원(IAE)Institute for Advanced Engineering이 재벌에게는 저렴한 보험인 셈이라는 논리로 대우의 설립자이자 회장인 김우중을 설득했다. 대우의 자회사들의 지원을 받은 IAE는 시스템공학과 기술경영뿐 아니라 전자신호 처리, 생산기술, 전자재료와 같이 대우의 특정한 이익에 맞춘 기술 분야에서 박사과정을 개설했으며, 대우에 '민간 버전의 KAIST' 역할을 할 것으로 구상되었다. 대우는 1992년 공식적으로 IAE를 개원했고 정근모가 첫 번째 원장이 되었다. 1996년 11월에 IAE는 서울에서 용인연구단지로 옮겨갔으며, 이때 박사 75명을 포함해서 총 463명의 연구인력을 갖추고 있었다.

정근모에게는 IAE조차 최후의 답변이 될 수 없었다. 1995년 초에 정근모는 과학기술처 장관으로 임명되면서 IAE의 원장직에서 물러났으며, 이는 다음 세기로의 다리를 놓기 위한 단 한 번의 마지막 기회를 잡기 위해서이기도 했다. 정근모는 한국이 가장 필요로 하는 것은 서양 최고의 연구센터에 필적할 만한 세계적으로 인정받는 연구센터라고 생각했는데 KIST, KAIST, IAE가 온 힘을 다했음에도 이러한 센터가 되지는 못했던 것이다. 정근모는 한국 과학기술의 최근 역사를 해석하면서, 각각의 세대 혹은 단계를 거치면서 한국은 점점 더 세계적 수준에 가까워졌다고 평했다(〈그림 5.2.1〉 참조). 각각의 단계는 새로운 기관들에 의해 가능했는데 수입import단계라고 할 수 있는 첫 번째 단계에서는 KIST가, 동화assimilation단계라고 할 수 있는 두 번째 단계에서는 KAIST가 그 역할을 수행했다. 선도leading단계라고

〈그림 5.2.1〉 한국의 과학기술 수준이 각 단계에서 어떤 기관을 통해 다음 단계로 진입했는지에 대한 정근모의 설명

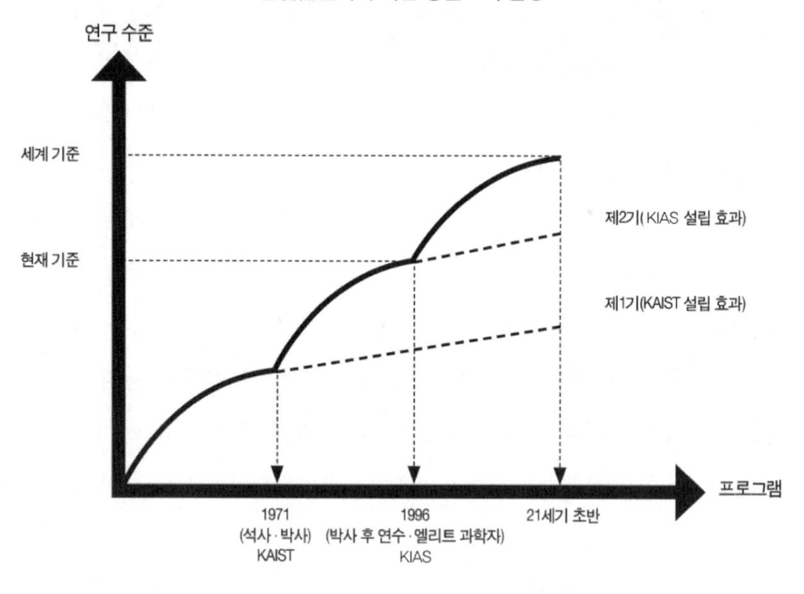

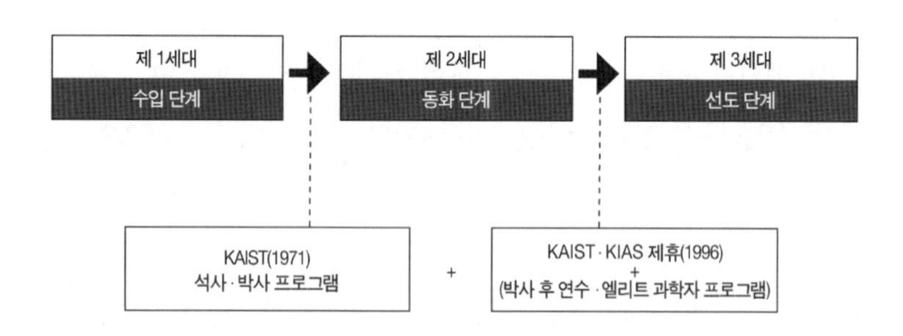

할 수 있는 마지막 단계에 도달하기 위해서 한국은 또 하나의 기관을 필요로 했고, 이에 따라 설립된 것이 한국 고등과학원(KIAS)Korea Institute for Advanced Study으로 이것을 통해 이미 세계시장에서 존경받고 있던 한국의 공학처럼 한국의 과학이 존경을 받을 수 있게 해줄 것이라 기대를 모았다. KIAS의 임무를 기술하면서, KIAS의 설립자들은 한국 최고의 과학자들과 공학자들

모두가 갖고 있던 기본적인 불안감을 강조했다. "흔히들 한국이 서구의 과학과 기술에 무임승차해왔다고 말한다. 지금은 한국도 세계 하이테크 산업 시장에서 주요 경쟁자 중 하나가 되었으니, 한국이 독자적인 자원을 갖고 성공하기 위한 노력을 시작하는 것이 적절해 보인다."

KIAS를 '번영으로의 길'이라고 불렀던 정근모는 KIAS가 미래 한국인 노벨상수상자들의 양성소가 되기를 간절히 기대하면서도, 동시에 KIAS가 미국의 고등연구소처럼 다른 과학기관이나 현실적인 문제로부터 고립되는 것은 원치 않았다. 실제로 오랫동안 그는 점점 더 세계화가 되어가는 세상에서 KAIST의 가장 큰 결함은 KAIST의 파벌주의라고 보았다. 그래서 KAIST가 세계를 향해 눈을 뜨게 하고 동시에 KIAS의 기반을 굳히기 위해 정근모는 KIAS를 KAIST의 부속기관으로 만들고 그 본부를 서울의 KAIST 예전 캠퍼스에 둘 것을 주장했다. 비록 한국 과학계에 있는 대부분의 정근모의 동료들은 KIAS의 궁극적인 가능성에 여전히 회의적이었지만, KIAS는 일정에 따라 1996년 10월에 개원했다.

결론

과연 어떤 기관이 한국 경제와 과학에서 미래의 열쇠를 거머쥐고 있는 것일까? 일반적인 기준에 따르자면, 한국의 과학은 서구를 따라잡지 못했다. 한국은 점점 강해지고 있지만, 과학적 생산성에 대한 최근의 연구들에서 한국은 미국과 일본보다 훨씬 뒤쳐졌다. 공학 분야 출판에서 한국은 아시아의 선진 공업국들 중 2위를 기록했지만 여전히 미국이나 일본과 같은 세계 선도국가들과는 거리가 멀다. 과학기술논문 인용색인(SCI)Science Citation Index에 따르면 KAIST는 1993년에 한국에서 출판된 SCI급 논문의 1/3을 담당했는데, 이것으로 충분한 것인가? 한국 경제 기획자들의 손익 기준에 비추어봤을 때 KAIST와 KAIST의 자매기관들은 분명히 정부의 상대적으로 크지 않은 투자에 몇 번이고 보답해온 것은 분명하지만 말이다.

그렇다면 그와 똑같은 기관들이 이제는 미래 경제 번영을 좌우하는 과학적 리더십을 제공할 수 있는가? 비록 최근 한국의 경제적 위기가 정부를 개입하도록 만들었지만, 정치적 민주화는 아직 경제 계획에서 중앙정부의 영향력을 약화시키지 못했다. 정부가 '세계화'를 위해 야심찬 새로운 목표들을 설정하자 한국의 연구소, 기업, 학교들 역시 동참했고 각자 자신들만이 진정으로 다음 세기로 향한 길을 선도할 수 있는 국제적 접근성과 비전을 갖추고 있다고 주장했다. KIST 원장에 따르면 KIST는 스스로를 "기초과학연구와 미래를 위한 최첨단 기술의 지속적인 개발을 위해 개편된 연구소"라고 차별화한다. KAIST의 원장은 '세계의 KAIST'를 목표로 한다. 현대, 삼성, LG는 모두 앞으로의 경쟁적 도전에서 그들이 준비가 되어 있다는 증거로 새로운 국제적 파트너십과 투자를 언급한다.

결국 시장을 평정하는 것이 노벨상 수상을 필요로 하지는 않는 것 같다. 케임브리지 대학은 다른 어떤 국가들보다도 노벨상을 많이 받았지만, 신생기업start-ups을 많이 양산하지는 못했다. 캘리포니아 공과 대학은 상당히 많은 수의 노벨상을 받았지만 이것이 지역 경제에 직접적으로 미친 영향은 미미했다. 코넬, 프린스턴, 시카고 대학교의 경우도 마찬가지였다. 일본의 경제적 번영을 평가하면서, 잉크스터는 일본이 "정보를 확산하고, 기술을 순응시키고, 기술을 자본 및 시장과 연계시키는 조직적인 체계를 우수하게 유지해나가는 한" 과학과 기술에서 미국이나 유럽에 아주 약간 뒤처져 있는 것은 문제가 되지 않는다고 주장한다.

한국 역시 노벨상이 경제적 번영보다는 명예를 가져다준다는 것을 알아챘을 것이다. 실제로 서구의 경험은 시장에서 우위를 갖는 것이 노벨상 수상으로 이어지는 경우가 그 반대의 경우보다 더 많음을 보여주고 있다. 분명 어떠한 대학들은 두 가지 모두를 할 수 있었는데 MIT와 스탠퍼드 대학교가 대표적이다. 그러나 그들은 상업적 중요성을 먼저 확립한 후에야 과학적 우수성에 대한 명성을 얻게 되었다. 1930년대 칼 컴프턴Karl Compton하에서 MIT는 기술대학technical institute에서 연구대학으로 변모했다. 1950년대 스탠퍼드 대학교는 터먼하에서 세계적 수준의 공학 프로그램들을 만들었으며, 이는 훌륭한 수준의 과학연구를 위한 토대가 되었다. 학생이었던 한국은 이제 '선생님'이 될 준비가 되었으며 신흥공업국뿐 아니라 다양한 국가들이 한국으로부터 배움을 얻고자 하고 있다. 더불어 KIST, KAIST, IAE, KIAS는 대단히 수익성이 있는 투자의 표본으로 여겨지고 있을 뿐 아니라 매우 성공적인 기관 형성 모델로 떠올랐다. 그러나 아마도 더욱 중요한 것은 이들이 더 이상 서구만이 혁신을 독점하고 있지 않다는 것을 전 세계에 상기시켰다는 점일 것이다.

5-3 다시 논해보는 일본 경제 모델

T. J. 펨펠(T. J. Pempel), 2005

T. J. Pempel. 2005. "Revisiting the Japanese Economic Model" in Saadia M. Pekkanen and Kellee S. Tsai(eds.). *Japan and China in the World Political Economy*. London: Routledge, ch. 2.*

들어가면서

1980년대 후반부터 1990년대 초까지 '일본의 경제 기적의 비밀'을 밝혀내고자 수많은 책들이 숨 가쁘게 쏟아져 나왔으며, 21세기는 일본(혹은 아시아)이 장악할 것이라 예측하면서 유럽과 북미의 정책 결정권자들을 전전긍긍하게 만들었다. 그러나 일본은 1991년부터 갑작스러운 자산 거품 붕괴의 여파로 후유증에서 헤어나지 못하면서 이후 10년이 넘도록 전례 없는 불황이 계속되고 있다. 일본의 국민총생산(GNP) 성장은 OECD 국가들 중 가장 부진했고, 엔화는 1995년 최고치보다 50%나 하락했고, 실업률은 2차 세계대전 이래 최고치를 기록했으며, GNP 퍼센트로 본 공공부문 부채는 산업국가들 중 가장 높았다.

미국 경제의 부활, 벤처 캐피털과 정보기술의 영향력 증가, 유럽 좌파의 정치적 쇠퇴, 중국의 빠른 경제적 성장, 1997~1998년 지역적 위기를 맞았던 아시아의 개발도상국들에 신자유주의적 융자 조건을 강요할 수 있었던 미국과 IMF의 능력의 결과로 자유화liberalization는 세계 전역에서 지배적인 경제적 이데올로기로 부상했다. 이러한 상황에서 일본의 지난 성공을 설명하기 위해 만들어진 발전국가 모델을 살피는 것이 어떤 의미가 있을까? 이는 현재 일본이 겪고 있는 많은 경제 문제들이 전기 발전주의developmentalism(개발주의) 모델하에서 만들어진 기관들과 정책들이 전 세계적인 경제 자유화의 추세에 따라 폐지되면서 발생한 문제로부터 기인하기 때문이다. 따라서 일본의 발전을 설명하는 데 유용한 모델이란 일본의 빠른 성장뿐 아니라 이후의 쇠퇴에 대해서도 설명할 수 있는 모델이며, 이 두 시기 모두를 조명해봐야만 일본의 흥망성쇠에 중요한 요소들의 복잡성을 명확히 할 수 있다.

일본 발전을 설명하는 모델과 중요한 요소들

비교정치경제학의 오랜 난제들 중 하나는 바로, 어떻게 국가가 상대적 복지와 절대적 복지 모두를 향상시킬 수 있는가이다. 세계 체제 이론과 종속 이론을 중심으로 전개된 다소 비관적인 학문적 입장에서는 정도의 차이는 있으나 근본적으로 상대적인 국제 서열은 시간이 흘러도 변하지 않는다고 주장해왔다. 하지만 일본, 한국, 대만을 선두로 시작된 아시아의 개발이 이후 동남아시아와 중국에 의해 이어지면서 아시아라는 집단은 그러한 패턴을 확실히 탈피했다. 1990년대 초 일본을 비롯한 아시아 지역은 세계 GNP의 대략 30%를 차지하면서 북미 및 서유럽지역과 비슷한 몫을 차지했다. 종합해보건대, 아시아의 발전은 경제력에 있어서 어떠한 상대적 구분도 영구적이지 않음을 명백히 증명한 셈이었다. 아시아는 추격이 가능하다는 것을 추상적으로만이 아니라 역사적 실재로 입증한 것이다. 전후 일본의 국가 경제는 초기에 높은 GNP와 더 나은 생활수준을 누리던 국가들을 상당히 앞서갔고, 이후 한국과 대만 역시 비슷한 발전 모델을 사용해서 다른 나라들을 따라잡았다. 일본의 GNP는 1950년대 초부터 1990년대 초까지 다른 OECD 국가들보다 두 배나 빠르게 성장했다. 세계 무역에서 일본이 차지하는 몫은 네 배로 뛰었고, 경제 규모 면에서는 세계 20위에서 2위로 발돋움했다.

일본에 대한 연구의 대부분은 경제발전이 절대적으로나 상대적으로 모두 가능하다는 것에 동의하지만, 일본 발전 모델의 원인이나 반복 가능성에 대해서는 모두가 동의하는 것은 아니다. 그럼에도 일본의 발전에 대한 연구들은 오랫동안 경제개발이라는 고된 오르막길을 마주한 국가들에 전반적으로 낙관적인 전망을 제시해왔다. 일본의 개발 경험은 성공적인 경제적 상승의 좋은 예시가 되는 듯했다.

또한 일본의 발전에 대한 연구들은 공통적으로 일본의 성장이 상대적으로 높은 수준의 사회적 평등과 함께 이루어졌음에 동의한다. 일본의 지니계수는 오랫동안 캐나다, 영국, 미국, 서독과 같은 보수적인 국가보다는 스웨덴, 노르웨이와 비슷한 수준을 유지했다. 동아시아의 국가들은 부와 기대 수명에서 상대적으로 작은 빈부 간의 격차를 보였으며, 의료와 교육에서도 상대적으로 균등한 접근권을 보장했다. 게다가 세계의 많은 다른 지역보다도 여성에게 훨씬 더 균등한 교육과 의료의 기회를 제공했다. 이러한 노력은 냉혹한 자유화와 시장 자본주의가 하지 않았던 것들을 이루어냈는데, 다양한 유권자들로부터 폭넓은 지지를 이끌어냈고 사회의 다양한 계층들을 위한 헌신도 이루어졌다.

고도성장과 사회적 평등의 혼합체를 제공하는 것으로 보였던 동아시아는 이 두 가지가 양립할 수 없다는 주장들을 약화시켰다. 발전론자developmentalist들은 고도성장과 사회적 평등이 공통적으로 달성될 수 있을 뿐 아니라 상호의존적일 수 있음을 동아시아가 입증한다고 주장한다.

일본의 발전을 논하는 데서는 두 가지 모델이 지배적인데, 이는 '국가'와

'시장' 사이의 고전적 이분법을 보여주는 것이라 할 수 있다. 첫 번째는 매우 정치적이며, 두 번째는 경제적이다.

첫 번째 모델

첫 번째 모델은 주로 고도로 능력주의적인 국가 관료제의 조정 역할steering role에 집중한다. 이러한 모델 중에서는 차머스 존슨Chalmers Johnson이 1982년 그의 저서『통상산업성(MITI)과 일본의 기적MITI and the Japanese Miracle』에서 처음으로 설명한 모델이 현재까지 가장 잘 알려져 있다. 차머드 존슨의 주장은 '발전국가' 개념을 중심으로 하며, 그의 개념은 수많은 다른 연구에 반영되었다. 그러한 일련의 연구들은 일본과 다른 동북아시아 국가들이 성공할 수 있었던 것은 전형적으로 정부가 추격적 경제성장을 위해 끊임없이 일했기 때문이라고 주장한다. 세계의 다른 많은 지역들과는 대조적으로 일본의 정치 제도들, 특히 국가 관료제는 경제적 성공에 매우 중요하다고 여겨지는 다양한 도구들에 대한 지배권을 행사함으로써 경제성장을 촉진했다. 예를 들어, 정부는 자본을 얻어낼 수 있었고 국가 경제 계획을 만들고 시행할 수 있었으며, 희소자원에 대한 민간의 접근을 조정할 수 있었고, 개인사업자들의 노력을 조정할 수 있었다. 또한 특정한 선별 기준을 사용해서 특정한 산업 프로젝트를 목표로 설정할 수 있었고, 소비자나 노동조합과 같은 대중으로부터의 정치적 압력에 맞설 수 있었고, 국내 경제를 대규모 해외자본의 침입으로부터 격리시킬 수 있었으며, 가장 중요하게는 계속 향상되는 생산성, 기술적 정교함, 세계시장 점유율의 증가라는 지속적인 프로젝트를 완수할 수 있었다. 일본의 사례를 통해 최초로 그리고 가장 강력하게 설명된 발전국가 모델은 또한 남한과 대만에 널리 적용된다.

이러한 국가 중심적 정치 모델은 몇 가지 중요한 요소들에 주목한다. 첫째, 경제적 우선순위를 정하고 경제 제도들을 만드는 데서 정치적 선택의 중요성에 우위를 둔다. 시장은 정치적 공백에서 작동하거나 '보이지 않는 손'으로 작동하는 것이 아니라, 정치적으로 영향력이 있는 사람들에 의해 설정된 특정한 경계 내에서 기능하는 것이다. 국가 공무원들, 특히 고위 관료들은 성장에 도움이 되는 공공정책과 정치적 결정을 조직하는 데 중요하게 여겨진다. 그래서 이러한 모델들은 경제발전을 이해하는 핵심은 조직화되지 않은 경제적 극대화 추구가 아니라 국가 권력을 행사하는 중앙정부라는 추정을 가지고 시작한다.

둘째, 국가 중심 모델은 자원을 더욱 고부가가치 영역으로 이동시키는 정부 주도적 산업 정책의 중요성에 매우 집중한다. 따라서 투자와 생산은 자전거에서 오토바이로 그리고 자동차로 이동했으며, 라디오에서 텔레비전으로 그리고 컴퓨터로 움직였다. 더욱 중요한 점은 이러한 산업정책이 국제적으로 경쟁력 있는 상품의 생산과 명백하게 연결되었다는 것으로, 수입대체보다는 수출 주도형 성장에 기반을 둔 발전전략으로 나아간 것이다.

셋째, 그리고 마지막으로 외부 세계에 대한 개방성과 폐쇄성에 주목할 필요가 있다. 개별 연구마다 세부적인 사항에서 차이는 있지만, 대부분의 발전국가 연구에서는 발전이 어느 정도로 제로섬zero-sum으로, 우리-대-그들us-against-them의 구도로, 국가적 '추격' 프로젝트로 작동한다고 강조한다. '국익'은 거의 변함없이 국외보다는 국내 소유자나 생산자가 거두는 이익의 급속한 성장으로 정의되는데, 정부는 이러한 '국익'에 대한 해석을 향상시키려는 행동을 취한다. 짐작컨대, 정부와 국내 기업들은 국가 경제발전을 추구함에서 서로 긴밀하게 얽혀 있다. 정부와 국내 기업들의 공동의 이해관계는 그들 사이에 가능한 어떠한 불일치도 넘어섰을 것으로 보인다. 가장 전형적으로, 국내 경제는 해외자본, 상품, 경영자의 침투로부터 보호되었다. 이와 관련해서, 국가 경제발전을 추구함에 있어서 국내 소비자들이 무시되지 않았을 수는 있으나, 소비자로서 국내 소비자들이 갖는 특정한 이익들은 의심할 나위 없이 국내 생산자들의 이익에 비해 부차적인 것이었다. 그래서 만약 소비자들이 저렴한 가격에 구매할 수 있도록 하기 위해 국내 경제를 외국의 수입품과 생산품에 개방해야만 한다면 진정한 자유무역과 투자는 반드시 중상주의적 보호주의에 부차적이어야만 한다. 이러한 점에서, 발전국가 통제주의developmental statist는 종종 '일본, Inc.'나 '한국, Inc.'와 같은 그럴듯한 상투적인 어구들과 연관된다.

지금까지 살펴본 바와 같이, 발전국가 모델은 정부가 다른 국가들을 상대적으로 희생시키면서 어떻게 자국의 주요 기업들과 산업들이 장기적으로 국가의 웰빙을 향상시키며 경제를 형성하는지 설명하는 데 주력한다. 이렇게 발전국가는 명백히 자유화와 대조되며 자유화에 관한 토론에서 무시될 수 없다.

두 번째 모델

일련의 경제학자들은 정부의 특정한 정책이 성장의 실제 엔진이라고 할 수 있는 민간부문에 중요한, 대개는 환경적인 분위기를 조성하는 데 기여했음을 주장한다. 일본의 빠른 성장을 이해하는 초기의 경제학적 접근 중 하나는 휴 패트릭Huge Patrick과 헨리 로소브스키Henry Rosovsky가 편집한, 「아시아의 새 거인: 일본 경제가 작동하는 방법Asia's New Giant: How the Japanese Economy Works」이라는 제목의 1976년에 발표된 연구이다. 그들의 견해에 따르면, "(일본) 정부가 분명히 유리한 환경을 제공했으며, 사업 투자 수요, 민간 저축, 상대가격의 시장 지향적 환경에서 운용되는 근면하고 숙련된 노동력과 같은 민간부문이 성장의 주된 추동력이었다". 이보다 최근의 시장 중심적 연구로는 1993년 세계은행의 『동아시아의 기적The East Asian Miracle』이 있다. 실제로 발전국가주의자들의 접근 방식과는 매우 다른 방식을 택하고 있는 이 책은 정부 정책이 성장에 기여하는 것을 세심하게 헤아리는 한편, "아시아 지역에서 고성장을 이룬 국가들(HPAEs)High-Performing Asian Economies*이 대부분 기본에 충실함으로써 고성장을 이루었으며 국내 민간 투자와 빠르게 성장하는 인적 자본이 성장의 주요 추진체였다"라고 결론짓는다.

두 진영의 주장은 오랫동안 반복된 논쟁을 잘 보여준다. 정치 구조와 정책이 언제 그리고 어떻게 경제적 선택을 형성하는가? 정치 구조와 정책은 언제 그리고 어떻게 근본적인 경제 논리의 결과물이 되는가? 이 질문은 과거 일본 경제 모델과 관련이 있는 만큼이나 미래 일본의 자유화를 위한 노력과도 관련이 있다. 사후적으로 볼 때 각 진영의 주장은 왜 일본이 일본만의 독특한 특질을 키우면서 빠르게 성장할 수 있었는지 통찰하는 데 부분적이지만 중대한 기여를 했다. 일본의 정치 체제와 우세한 정책 프로파일은 일본이 소유한 회사들이 자국에서 발전하고 번영할 수 있는 조건을 만들었고, 생산성과 제품의 기술적 정밀성에서 빠른 향상을 촉진시켰다. 가장 국제적인 일본 회사들은 잘 보호된 국내 시장과 종종 회사의 이윤을 뒷받침해주었던 국내 소비자들에 힘입어 자사의 더욱 경쟁력 있는 상품을 세계시장에 수출할 수 있었다. 미시적 수준에서 이러한 회사들의 성공, 거시적 수준에서 일본 경제의 성공은 1950년대 초부터 1990년대까지 일본에서 우세했던 정치 구조와 정책 없이는 절대 달성되지 못했을 것이다. 동시에 일본의 많은 국제적인 회사들은 가격과 품질의 우위를 갖추고 세계시장에서의 기회를 이용함으로써 빠르게 시장 점유율을 확보할 수 있었

* 아시아 지역에서 고성장을 이룬 여덟 개 국가, 즉 아시아의 고성장 국가에 포함되는 한국·일본·홍콩·싱가포르·대만·인도네시아·태국·말레이시아를 지칭한다. 1993년 세계은행(IBRD)에서 발표한 동아시아 개발 보고서에서 이 여덟 개 국가를 HPAEs로 분류하면서 생긴 명칭이다. HPAEs 국가는 국민 1인당 실질국민소득이 1960년 이후 25년 동안 2~4배가량 늘어났고, 세계평균보다 두 배, 남미 국가들보다 세 배 정도 앞선 경제성장 속도를 보였으며, 소득분배의 공평한 정도를 나타내는 지니계수도 다른 국가들보다 상대적으로 높아 성장과 분배도 원만하게 해결하고 있는 것으로 판단된다.

다. 하지만 개발국가는 쇠퇴할 가능성이 있는 분야들에서도 국내 보호를 보장하면서 경제발전의 지지층을 형성했고, 이에 따라 보수적인 혹은 국내시장 기반의 회사 및 경제 분야에서의 잠재적인 정치적 반대를 축소시켰다. 그들에게 정부가 국내 시장의 일부를 제한적으로 보장하겠다고 약속함으로써 해당 유권자들은 다른 정부 정책들을 기반으로 한 세계시장에 대항하는 데 약간의 인센티브를 갖게 되었다.

두 가지 모델을 다룰 때 주로 무시되지만, 일본의 발전을 이해하는 데 중요한 사실은 일본이 추구했던 다수의 정책들이 국내에서 강력하게 '반[anti]시장적'이었다는 것으로, 국내 소비자들의 높은 비용 지불로써 많은 경제 분야들을 국제적 경쟁으로부터 격리시키고 점점 늘어나는 국제적 경쟁력이 없는 회사를 보호했다는 점이다. 일본을 성공으로 이끈 모델은 많은 중요한 — 그러나 결과적으로 경기 침체로 이끌었는지에 대해 조사가 필요한 — 요소로 이루어져 있는데, 일본의 늦은 자유화와 관련해 역시 중요한 관심 요소가 될 것이다. 특히, 최근 일본과 아시아 다른 지역 대부분이 경제적 어려움을 겪었기에 일본의 발전에 내재된 한계점을 탐구하고 자유화라는 더 현대적인 관점에서 이러한 모델을 재조명해보는 일은 중요하다.

일본 경제발전 모델의 한계

일본과 아시아 전반에 나타난 포스트 발전국가의 문제점들은 우리에게 앞서 말한 경제발전 모델들을 완전히 버리기보다는, 오히려 이론화가 덜 되어 있던 요소들을 위한 모델을 찾고 이것이 어떤 식으로 이후의 경제적 문제의 원인이 되었는지 연구할 것을 장려한다. 일본의 발전을 설명하기 위해 제기된 두 모델은 모두 두 가지 중요한 요소에 충분히 주의를 기울이지 못했다.

첫 번째 한계

첫 번째로, 제기된 모델들은 대부분 국제적 조건보다는 국내 조건을 강조하고자 구성되었다. 2차 세계대전이 끝난 이후 40여 년간의 국제적 조건이 일본의 성장에 유리했다는 것에는 의심의 여지가 없다. 하지만 그러한 자비로운 조건은 그 시기에 달성된 성공과 무관하지 않았다. 성장을 유순하게 지지하던 이러한 조건은 1980년대 중반까지 중대한 방식으로 변화하면서 성장을 악의적으로 방해하는 영향을 미쳤다. 일본이 외부 환경을 마주하며 대규모의 자유화로부터 불가항력적 압박을 느끼면서 국제적인 것에 대한 강조가 현재 중요해졌다.

일본과 동북아시아 경제발전에 긍정적으로 작용했던 국제적 조건의 없어서는 안 될 기여에 충분히 주목했던 발전 모델은 아주 극소수였다. 일본, 한국, 대만이 공유했던 근본적인 목표들 중 하나가 다른 국가들에 비해 경제적 조건을 향상시키는 것이었음을 생각해볼 때, 이는 매우 아이러니한 것이다. 세 국가는 지역적 그리고 국제적 세력 균형과 그로부터 주어지는 기회들에 민감하게 반응해야 했다. 경제적 선택권은 산업화가 진행되고 있는 국가의 지도자들이 활동해야 하는 더 넓은 외부 세계에 달려 있다. 오늘날의 국제적 조건이 이 세 국가의 선택권을 제약하듯이, 전후 발전의 정점에 있던 이 세 국가에 유익했던 국제적 조건은 그들의 성공에 엄청난 기여를 했다.

가장 기본적으로 일본, 한국, 대만은 미국의 전략적 관계에서 중요한 요소였다. 미국은 소련 및 그 동맹국들과의 양극 대립의 한 부분으로서 전후 대부분의 기간에 세 국가와 적극적 안보 및 국방 관계를 유지하는 데 우선순위를 두었다. 이 때문에 미군의 일본과 한국에서의 지속적인 주둔, 아시아-태평양에 걸친 항구와 항공 시설에 대한 접근권, 세 국가 군대와의 전략 조정을 보장하기 위한 다양한 활동이 필요해졌고, 세 국가 각자가 미국의 가까운 동맹국으로 남음으로써 냉전시기에 정치적으로 중립이 되거나 더 나쁘게는 중국, 소련의 주요 공산주의 세력이 지배하던 진영과 동일 선상에 서는 것을 피할 수 있도록 보장했다.

2차 세계대전 이후 30~40년간 미국은 이 세 국가의 향상된 경제적 조건을 미국의 전략적 목표를 달성하는 것과 동일하게 생각했을 뿐 아니라 목표를 달성하는 데 매우 중요한 것으로 다루었다. 이 국가들이 경제적으로 성공한 정도를 보았을 때, 그들의 국내 상황 및 조건은 미국과 국제적 동맹을 맺는 것에 비하면 국내 비자본주의적인 경제적 대안 혹은 그 어떠한 것도 도움이 되지 못했을 것이다. 게다가 이 국가들의 경제적 성공은 공산주의 진영이 내세우던 발전 모델에 긍정적인 대안을 제공해주었다.

대외 원조는 세 국가에 대한 미국의 경제적 원조의 초기 부분이었다. 1947년 일본 수입의 2/3 이상을 미국의 원조가 공급했다. 그 후 일본의 기업들은 한국전쟁과 베트남전쟁 동안의 군수품 조달에서 엄청난 혜택을 받았다. 한국전쟁과 베트남전쟁은 일본의 계속되는 성장의 부정할 수 없는 촉매제였다. 그와 함께 미군은 전후 초기 일본과 한국에서 반정부 시위를 진압하고 친미정부를 위한 무장 지원을 제공하는 데도 이용되었다.

이 세 정권에 제공된 미군의 전략적 지원은 그들의 지속과 경제적 지위에 대단히 중요했다. 군사적 목적은 미국이 동북아시아에서 정권의 성공을 위한 외부 후원자가 되는 것을 보장했다. 일본은 종합적으로 국제적 힘을 갖고 있었기에 일찍부터 미국으로부터 상당한 정도의 독립성을 확보했지만, 한국과 대만은 1980년대 초까지 미국의 군사와 시장에서 제공되는 국제적 지원 없이는 존재할 수 없었다.

외국의 침입 또는 국내 전복domestic subversion과 같은 즉각적인 위협들이 줄어들면서, 전후 대부분 시간 동안 미국은 대단히 너그러운 조건으로, 상호호혜적 접근reciprocal access에 대한 요구가 전혀 없는 조건으로 국내 시장을 일본, 한국, 대만의 수출품에 개방했다. 세 국가 모두는 국내에서는 대부분의 품목에서 폐쇄시장을 유지했던 반면 미국에는 수출을 아주 많이 했다. 미국과 그 밖의 선진 공업국에 상품을 수출할 수 있는 이러한 능력은 보호된 국내 제조업, 자본 시장을 키울 수 있는 능력과 합쳐져 경제적 성공에 매우 중요하게 작용했다. 세 국가에서의 국내적 변화는 무역과 투자에 대한 이러한 불균형적인 접근에 크게 의지했다. 그럼에도 대부분의 일본 경제발전 모델은 경제성장에서 미국의 전략적 기여에 거의 주의를 기울이지 않는다.

두 번째 국제적 조건도 매우 중요한데, 이는 아시아 지역 국가 경제 사이의 상호 보완적인 성격이다. 2차 세계대전 이후 처음 수십 년간 일본은 아시아 다른 지역들로부터 원재료를 비교적 싼 값에 수입하면서 큰 이득을 보았다. 한국과 대만은 산업 프로젝트들을 가속화하는 과정에서 그들보다 정교한 일본 기술과 비즈니스 모델에 의존했다. 세 국가의 경제는 그들의 상품을 아시아 다른 지역으로 수출하는 시장이 성장하는 데서 혜택을 보았다. 아시아 지역의 국가 경제는 아시아 전역 상호 간에 이익이 되는 강점과 약점의 상호 보완적인 혼합체를 보여주었다.

일본과 동북아시아 지역의 성공 초기에 중요했던 세 번째 조건은 국제금융이다. 전후 대부분 시기에 세 국가의 관료들은 국제금융 시장 및 자본시장으로부터 국내 경제를 보호했다. 그 결과 1980년대 중반까지 이 세 국가들은 통화정책과 환율에서 높은 수준의 국내 통제력을 누리면서 기업담보 차입 매수, 적대적 매수, 주요 산업 분야에 대한 국가적 통제력의 상실이라는 위협에서 비교적 자유로울 수 있었다. 무역에서 중상주의 정책은 잠재적 위협을 지닌 국제적 자본의 흐름으로부터 국내를 격리시킴으로써 강화되었다. 실제로 국내에서 저축을 하는 사람은 국제적으로 경쟁력 있는 수익률에 접근을 차단당하고 국민 저축은 낮은 시장 시세로 국내의 자본 사용자에게 재순환되면서, 이 세 국가는 국내 주도형 경제로 기능할 수 있었다. 국가가 소유한 기업이 생산하는 이익은 대개 국내 시장에 남아 있었다.

국제적 맥락이 시장 지향적 경제에 훨씬 더 우호적으로 바뀜과 더불어, 앞서 말한 세 가지 국제적인 조건들이 1980년대까지 상당히 변화하면서 동북아시아에서 지속적 발전의 가능성에 지대한 영향을 미쳤다. 2차 세계대전으로 미국이 부상하면서 미국의 국내 GNP는 세계에서 두 번째로 큰 경제 규모였던 영국보다 대략 여섯 배 커졌다. 한편, 당시의 일본, 한국, 대만은 모두 1980년대에 비해 경제적으로 훨씬 취약한 상태였다. 따라서 미국은 자국의 복지를 많이 희생하지 않고도 이 세 국가에 경제적으로 관대할 수 있는 형편이었다. 몇몇 미국의 기업과 경제 분야는 아시아 회사들의 수출 경쟁력이 향상되면서 어려움을 겪었지만, 미국의 정책입안자들은 아시아와의 밀접한 안보 관계 유지라는 더 큰 이권 때문에 그러한 외견상의 일반적 시장 변화에는 주로 관대했다.

1970년대 초까지 약 100여 년 동안 미국이 다른 국가들과의 거래에서 누렸던 무역수지 흑자는 닉슨 정부 때부터 빠른 속도로 적자로 전환되었다. 이러한 변화에 가장 큰 기여를 했던 것은 일본 제품이었고, 뒤이어 수입된 한국과 대만 제품의 미국 시장 침투가 증가했다. 그 결과 미국 정책입안자들은 미국의 산업과 일자리를 보호하기 위해, 늘어나는 무역 수지 적자를 바로잡기 위해 '무언가 해야 한다'라는 압박을 받았으며 이러한 압박은 날로 심해졌다. 이러한 상황의 산물로 나타난 것이 이른바 '자발적 수출 협약'으로, 시장 개방을 위해 분야별로 특화된 목표를 설정하고 투자에서 구조적 방해물을 제거하기 위해 노력했다. 그 후 미국은 1985년의 플라자 합의, 1987년의 루브르 합의를 포함하는 통화협정을 진행했다. 일본을 포함한 주요 세력 간의 이와 같은 통화 간 환율 조정은 수입·수출에서 각국의 인센티브를 재구성하기 위함이었다. 그리고 최근에 미국은 세 국가의 국내 시장을 미국의 투자와 수출에 개방하도록 많은 압력을 가했다.

미국의 이러한 태도 변화로 동아시아의 고립성이라는 오래된 패턴을 유지하는 것이 점점 더 문제가 되었고 국가들은 새로운 현실에 적응하는 것이 요구되었다. 아시아의 온실에는 점점 더 많은 구멍이 뚫렸고, 국내 시장에 아늑하게 격리되었던 국내 제조사들은 대외 경쟁이라는 차가운 바람에 노출되었다.

달러화에 대한 아시아 세 나라의 환율이 뛰어오르면서 이 국가들에서 수출이 갖는 가격 경쟁력이 약화되었다. 게다가 통화 강세 때문에 해외에서의 토지, 노동력, 생산 비용이 거부하기 어려울 정도로 저렴해짐에 따라 세 국가에 본부를 둔 회사들에서 외부로의 투자 흐름이 일었다. 국가의 통화정책과 자본분배정책의 적용을 받던 국내 생산자들은 생산에서 훨씬 더 광역적·국제적이 되었고 국가 자본 통제에 훨씬 덜 속박되었다.

이러한 맥락에서, 정부가 자유화의 과정을 계속 조정하는 와중에도 아시아의 지역적 성공은 특정한 파괴의 씨앗을 안고 있었다. 아시아 전역으로 산업화가 퍼짐에 따라 더욱더 많은 회사들이 수출 주도형 성장 모델을 채택했다. 그 결과 철강, 직물, 전자, 개인용 컴퓨터(PC), 반도체, 조선과 같은 분야에서 국제 경쟁이 확산되었고 세계시장에 상품의 과잉 공급이 일어났다. 일본에 의해 성공적으로 개척된 개발 모델은 한국, 대만을 비롯한 아시아의 다른 지역에서 조금씩 변형되어 적용되었다. 아시아 지역이 번창해나가면서 바로 그 성공이 아시아 지역을 영구적으로 존속시키기 더욱 어렵게 하는 지역적 조건들을 만들었다. 이는 많은 아시아 국가들(경제 주체로서의)이 값싼 노동력을 기반으로 한 생산을 통해 세계시장에서의 점유율을 늘리고자 함에 있어 서로 경쟁관계에 있던 시기인 1997~1998년 통화위기 때 명백히 드러났다. 이 경쟁은 본질적인 문제를 안고 있었는데,

중국은 거의 무한하게 값싼 노동력의 공급과 자본에 대한 국가의 엄격한 통제를 함께 갖추고 적극적으로 경쟁에 뛰어들었다. 이에 따라 한때 소수의 아시아 국가들과 세계의 나머지 국가들 간의 경쟁이었던 것이 아시아 내부의 유혈사태로 번져 수십 년 전 미국의 러스트벨트the rust belt*처럼 경쟁에 참여한 국가들이 불황을 맞았다.

두 번째 한계

일본 발전 모델들은 일본의 전반적인 성장과 성공이 각기 다른 경제 분야에서의 매우 이질적이고 불균등한 시행의 산물이었다는 점을 너무도 쉽게 흐려버린다. 1990년대 초 일본에서는 국가의 경제적 성공이 오랫동안 비교적 많은 수의 적응할 수 없고 둔화된 민간 부문의 회사들을 가려왔다는 사실이 드러났다. 수많은 내부 지향적인 경제 분야와 회사들이 누적되는 방해물로 전체 국가 경제에서 점점 중요한 비중을 차지하게 되었다.

이는 '타고난 정적인 특성'이라고 불리는 일본의 발전 모델의 두 번째 주요 문제점으로 이어진다. 일본 경제 역시 자유화의 압력을 맞닥뜨리면서 이러한 점이 더욱 분명하게 드러났다. 인구통계학적으로 발생한 많은 이점들은 임시적인 것이라기보다는 계속 진행 중인 것으로 여겨졌다. 국내 세력 균형과 사회경제적 조건들은 대개 기정사실로 받아들여졌고 경제성장에 긍정적인 기여를 한다고 생각되었다. 그 결과 일본 발전 모델들은 변화, 융통성, 제도적 경직성과 같은 이슈들을 적절히 다루는 데 실패했다. 이 결함은 다양한 측면에서 연구될 수 있겠으나 전반적인 요점은 몇 가지 명확한 예시들을 통해 볼 수 있다.

한 가지 예로, 경제가 더욱 정교해짐에 따라 발생하는 구조적 변화를 생

---

* 미국 중서부와 북동부 일부지역에 위치한 미국 중공업과 제조업 중심 지역. 미국 제조업의 쇠락으로 '녹슨rust 벨트'라고 불리게 되었으나 최근 회복세를 보이고 있다고 한다.

각해보자. 일본 발전 모델들은 상대적으로 작고 낙후된 경제가 크고 정교한 경제가 마주하는 것들과는 꽤 다른 선택들 및 제약들에 직면한다는 사실을 제대로 설명하지 못한다. '추격'을 열망하는 국가는 많은 어려움에 부딪히지만, 개발 초창기 사례로서의 이점이 있기 때문에 목표로 삼아야 하는 기술과 산업에서 확실한 이정표를 갖는다. 하지만 일단 따라잡고 나면 그 이후의 길은 훨씬 더 흐려진다. 추격하는 동안, 산업발전은 복제copying, 역설계reverse engineering, 상품 개량product refinement과 같은 기법들에 의존해서 효과적으로 진행될 수 있었다. 그러나 경제가 더욱 정교해진 후에도 성공을 지속하기 위해서는 전형적으로 연구와 개발, 더 참신한 디자인에 훨씬 더 많은 투자를 할 것이 요구되었고, 시장에 침입하기보다는 시장을 만들어내는 데 더 주목할 것이 요구되었다. 이는 일본, 한국, 대만이 근본적으로 이러한 능력이 없었음을 의미하는 것이 아니라, 세 국가의 지도자와 수많은 개별적인 회사가 현재 세계 경제의 조건하에서 급격한 충격을 통해 그러한 조정에 맞닥뜨려야 했음을 의미한다.

빠른 경제발전을 동반한 인구학적인 변화를 생각해보자. 기본적으로 1990년부터 2000년까지 세 국가의 국가 인구 프로파일은 전후 초기 수년간의 그것과는 상당히 달랐다. 향상된 보건과 산아 제한으로 가족의 규모는 예전보다 작아졌고 수명은 더욱 늘어났다. 세 국가 모두 발전 초기의 팽창하는 젊고 값싼 노동력의 혜택을 보았다. 산업화가 진행됨에 따라 농장들은 문을 닫고 젊은 인력은 도시로 옮겨가서 도시에서 신뢰할 만한 저가의 노동력을 대규모로 제공했다. 마찬가지로 청년 인구가 확보되면서 사회복지, 공중보건, 퇴직을 위한 정부의 지출은 비교적 낮게 유지될 수 있었다. 하지만 1990년대에는 세 국가 모두 상당히 고령화되면서 복지, 보건, 여가, 퇴직금에 대한 수요가 급증했고 이에 상응해서 인건비도 증가했다. 이는 일본에서 특히 두드러졌다.

마지막으로 성장의 강력한 추진체를 제공하기 위해 제도화되었던 권력이 굳어지고, 경제발전이라는 본연의 임무보다는 스스로의 영속가능성에 집중하게 되는 방식을 조사하는 것은 의미가 있다. 일본의 자유민주당, 대만의 국민당, 한국의 일련의 장군들에 의해 이루어진 장기집권은 세 국가의 잘 자리 잡은 국가 관료들과 결합되어 명백하게 특권을 가진 선거구와 확실한 보상을 통해 정치 구조를 강화했다. 그 결과 이러한 선거구로 하여금 영속가능성에만 더욱 매달리게 했고, 그들의 권력 장악을 약화시킬 수 있는 국내적·국제적 조건의 변화에 적응하는 데는 덜 신경 쓰게 만들었다. 이 문제는 역시 일본에서 특히 두드러졌는데, 자유민주당이 점점 더 건설, 농업, 유통, 은행과 금융 서비스와 같이 오랫동안 국제적으로 경쟁력이 약했던 요소들에 정책적 노력을 집중했기 때문이다. 그 결과로 국가 경제는 엄청난 손상을 입었다.

예시들은 훨씬 많아질 수 있지만 요점은 분명해야 한다. 일본의 발전을 다룬 대부분의 모델은 일단 초기의 발전목표가 달성되면 당시 성공에 중요했던 기구와 특성들이 이후의 지속적인 성장에 방해물이 되기도 하는 그 고유한 방식을 적절하게 설명하는 데 실패했다. 바로 이 적응의 어려움이 일본으로 하여금 경제 자유화가 지배적인 패러다임이 된 세계에 정치적으로, 경제적으로 새롭게 대처하는 것을 계속 방해하는 것이다. 일본은 다양한 경제 분야에서 규제를 철폐하고 국가 구조의 더 많은 부분을 대중의 의견과 선거 경합에 개방하려는 움직임을 보였다. 개별적인 회사들은 또한 국내 시장에서 이전보다 더 자유주의적인 시장 여건들에 적응하기 위해 고안된 구조조정에 참여했다. 하지만 많은 경우 이는 잠재적 피해자들에 대한 지속적인 보상을 보장하는 더 많은 규칙들만을 야기했다. 일본과 일본의 회사들은 현재까지도 발전주의적 과거와 단절하고 자유화에 기반을 둔 미래를 끌어안는 데 더디다.

나가면서

일본의 발전을 설명한 모델들을 완전히 신뢰할 수 있는지의 여부를 떠나서 네 가지 지점은 강조할 만한 가치가 있다. 첫째, 일본(그리고 동북아시아)의 발전 모델들은 추격 전략으로서 경제성장을 성공적으로 추구할 수 있던 방법에 주목한다. 일본, 한국, 대만의 비교 경제 인프라는 1997~1998년의 경제적 위기 이후에도 불과 10~20년 전에 동등한 수준으로 여겨지던 국가들보다 훨씬 우수했다. 둘째, 일본 발전 모델들은 경제적 성장이 한 가지 이상의 길을 통해 진전될 수 있음을 분명히 했다. 더욱 구체적으로 그들은 자본주의 경제를 조직하는 데 한 가지 이상의 방식이 있다는 더 일반적인 주장을 강화했다. 셋째, 일본 발전 모델들은 공공정책 결정, 정치 제도의 힘과 디자인이라는 중요성을 새롭게 부각시켰는데, 대부분의 경제 모델들에서는 이러한 측면이 갖는 인과적 우위를 확실하게 지지하지 않았다. 성공의 경험을 설명하기 위해 만들어진 모델들은 모두 정치적 선택에 내재된 경제력을 인정할 수밖에 없었다. 넷째, 정도의 차이는 다소 있을지라도 거의 모든 일본 발전 모델들은 어떠한 국가의 경제에서든지 국가 기구와 사적 시장 행위자들 사이에 상호 보강하는 관계의 중요성을 강조했다. 세계 다른 지역들에서 '국가'와 '시장'이 경쟁관계에 있었다면, 일본과 대부분의 동북아시아 지역에서는 훨씬 더 자주 협력적인 관계에 있었다.

이 특징들은 모두 인정받을 만한 가치가 있다. 일본 발전 모델은 비교분석의 측면에서 또한 국가 경제발전을 도모해야 하는 책임이 있는 정책입안자들의 생각에서 앞서 언급한 요소들을 표면에 드러내고 주목을 받게 하는 데 대단히 일조했다. 동시에 일본의 현재 경제적 문제들은 국가적으로 격리된 진공상태에서는 경제발전 전략이 더 이상 육성될 수 없음을 분명히 한다. 자유화가 지배적인 경제적 통설이 되었고, 오늘날 성공을 달성하려는 국가 지도자들은 아시아의 성공 경험을 즉시 모방할 수 있다고 가정하는 것을 경계해야만 한다. 성공은 지역의 이웃국가들 전체와 양립할 수 있고 도움이 되는 경제적 조건들에 너무 의존하고 있는지도 모른다. 국제 자본의 새로운 조건들은 자본 투자에 대한 국내 통제력을 매우 문제시되게 만들 것이다.

덧붙여 발전론자들은 일본과 동북아시아로부터 융통성의 가치와 집권층의 위험성에 대해 배워야만 하며 이 두 가지는 현대 친자유화의 맥락에서 더욱 중요해지고 있다. 경제성장에 기여하지 못했던 분야들에 대한 확고한 헌신과 보상은 변화하는 경제적 수요에 재빨리 적응하는 데 방해물이 될 수 있다. 수십 년 전 조지프 슘페터Joseph Schumpeter가 명확히 언급했던 것처럼, 발전은 새로운 것을 만들어내는 능력뿐 아니라 옛 것을 파괴하는 능력도 필요로 한다. 과거의 순조로운 발전에서 그랬던 것처럼 '창조적 파괴'는 자유화를 선호하는 현 세기에도 성장에 중요한 요소인 것이다.

5-4 중국의 성장 딜레마: 사회주의국가의 전환과 후발 자유화

켈리 차이 & 세라 쿡(Kellee S. Tsai & Sarah Cook), 2005

Kellee S. Tsai & Sarah Cook. 2005. "Developmental Dilemmas in China: Socialist transition and Late Liberalization." in Saadia M. Pekkanen and Kellee S. Tsai(eds.). *Japan and China in the World Political Economy*. London: Routledge, ch. 3.*

1970년대 후반 이후 급격한 중국의 경제성장은 학자들로 하여금 '마오쩌둥 이후의 중국체제Post-Mao Regime'가 이웃한 동아시아 신흥공업국들(NICs)Newly Industrialized Countries처럼 '발전국가'의 형태로 진화했다는 주장을 하게 한다. 표면적으로 이 '일당 국가party state'는 발전국가의 주요한 성격을 보여준다. 국가 경제 우선순위의 천명, 전문화된 국가 관료제의 도입, 전략산업분야의 선정, 수출자유지역의 설치, 그리고 정치적 반대에 대한 무력화 등을 그 예로서 들 수 있다. 그러나 이 글은 네 가지 핵심적인 측면에서 중국의 발전이 발전국가모델과는 다르다는 것을 보여주고자 한다.

첫째, 중국은 여타 동아시아 신흥공업국들과는 다르게 기존의 사회주의적 제도와 관행을 일소하면서 동시에 시장친화적인 경제성장 제도를 구성해야 하는 전환국transitional economy으로서의 독특한 과제를 안고 있다. 둘째, 중국은 또한 자유화의 후발 주자로서의 과제를 안고 있다. 이 책의 첫 번째 장, 그리고 펨펠T. J. Pempel의 글에서 이미 지적되었듯이* 중국과 같은 현 단계 개발도상국들은 이전 단계의 후발 산업국들과는 다른 세계 경제 상황에 놓여 있다. 즉, 국가주도의 발전전략보다는 더 시장주도적인 발전전략을 취할 것을 권고받는다. 셋째, 중국의 개혁 시기 정책들은 발전국가의 핵심정책과는 내용적으로 다른 특성을 갖고 있다. 넷째, 지역개발 방식들을 결정함에서 중앙정부 산하 여러 지방·지역정부가 핵심적 역할을 수행했다. 정치적 현실을 살펴보면 중국 정부는 기존의 발전국가 정부처럼 일관성 있게, 효과적으로 작동하지는 않는다. 마오쩌둥 이후 시기 개혁가들의 주요 활동이 경제성장 정책의 집행을 가능하게 하는 제도 강화에 있기는 하지만, 이 시기의 경제성장은 심각한 정치적·사회적 과제 또한 양산하고 있었기에 그 작업은 폭넓은 자유화를 향한 선형적 전진의 과정이라기보다는 정책 방향의 지속적인 타협의 과정이었다. 분석적으로 말하자면, 이러한 중국의 특징은 기존 발전국가 논의의 경제 중심적인 접근보다 폭넓은 '발전'에 대한 접근의 필요성을 제기한다고 하겠다.

발전국가에 대한 연구에는 상이한 이론들이 존재한다. 중국을 발전국가 모델로서 이해할 수 있는가는 각 이론의 핵심요소들에 따라 달라질 수 있다. 이해를 명료하게 하기 위해, 우리는 발전국가 이론을 '이념적ideological' 접근과 '제도적institutional' 접근으로 구분한다. 중국을 발전국가로 이해하는 초기의 논의들은 발전정책을 집행하는 중국정부의 작동방식보다는 그 이념적 방향성에 더 집중하고 있다. 특히, 고든 화이트는 경제성장의 목표를 달성하지 못했던 '마오주의 발전국가'와 시장의 힘을 되살림으로써 빠른 경제성장을 이룩한 마오 이후의 '자본주의 발전국가'를 구분해 중국을 바

* Saadia M. Pekkanen and Kellee S Tsai, "Late Liveralizers: Comparative Perspectives on Japan and China"; T. J. Pempel, "Revisiting the Japanese Economic Model."

라본다. 이 입장에 따르면 두 시기 정부의 시장개입은 이념에서 근본적인 변화를 보여주고 있으며, 그 예로 경제정책의 평가기준으로서 이념적 잣대의 약화를 들고 있다. 반면에, 차머스 존슨의 『통상산업성과 일본의 기적』이라는 책 등에서 NICs의 빠른 경제성장을 설명하기 위해 제안된 발전국가의 '제도적' 성격에 주목하여 중국의 발전을 이해하려는 학자들도 있다. 이들의 연구는 특정 정부 정책의 성격뿐 아니라 국가와 사회를 중재하는 관료제도 및 기타 제도들의 성격과 구성 형태에도 주목한다. NICs의 금융위기와 경제적 퇴조로 '제도주의 발전국가' 모델에 대한 재평가가 이루어지고 있음을 감안해서 이 글에서는 어느 발전국가 모델 또는 이론이 더 유용한지를 밝혀내는 것보다는 중국의 발전과정에서 나타난 개혁의 정치경제학을 드러내 보이고자 한다. 마찬가지로 우리는 지난 20여 년 동안의 급격한 중국의 경제성장을 설명하려고 하지 않는다.

대신 이 글의 목적은 네 가지이다. 첫째, 1978년뿐 아니라, 1949년 중화인민공화국의 건립 이후, 정부의 주요 발전목표와 정책개입 행위들을 살펴본다. 중국의 발전 전략을 사회주의 국가로부터의 전환과 후발국가 시장자유화의 동시 조합으로 이해하기 위해서는 마오 시대의 정책적·제도적 유산을 검토하는 것이 필수적이다. 둘째, 정부의 주요 발전목표와 정책들이 일본이나 다른 NICs의 행태와 얼마나 유사한지 검토한다. 셋째, 발전이라는 개념을 더 총체적이고 관계 중심적으로 정의하는 것의 가치를 경험적으로, 또한 이론적으로 보여주고자 한다. 넷째, 그렇게 함으로써 우리는 개혁시기 중국의 경험이 기존의 발전국가 모델들과는 다른 대안적 발전 궤적을 그리고 있음을 보여주고자 하며, 이 궤적은 근본적으로 다른 국내 및 국제 상황 속에서 역사적으로 우연일 수밖에 없는 기존 발전 모델에 필적하려는 중국의 활동 속에서 만들어진 것임을 또한 밝히고자 한다. 따라서 결과적으로 중국의 경제성장과 그에 따른 딜레마들은 역으로 다른 국가들의 경제

활동에 영향을 주는 조건으로 작동하고 있음을 보여주고자 한다.

중국 발전성과의 비교론적 이해

중국의 발전 경험이 기존의 발전국가 모델과 차이를 보이는 네 가지 차원을 살펴보기 전에, 먼저 개혁 시기 중국을 발전국가로서 이해할 수 있는 증거들에 대해 검토하려 한다. 아래 표들은 중국 경제성장의 발전국가적 주요 요소들을 비교론적 시각에서 보여주고 있다. 〈표 5.4.1〉은 국가 수준에서의 설명 변수들을 요약하고 있으며, 〈표 5.4.2〉는 발전국가와 연관된 성과들을 보여주고 있다. 중국을 제외한 다른 국가들에 사례연구는 많이 존재하므로, 여기서는 고성장 시기의 중국과 다른 동아시아 이웃 국가들을 비교해보도록 한다.

첫째, 〈표 5.4.1〉에서 볼 수 있듯이, 개혁 시기의 중국은 실제로 발전국가의 많은 핵심적인 요소들을 보여주고 있다. 1970년대부터, 중국의 정치 엘리트들 사이에서는 시장 중심의 개혁이 필요하다는 공감대가 형성되어 있었다. 수사적으로는, '네 가지의 현대화 전략(산업의 현대화, 농업의 현대화, 과학기술의 현대화, 군대의 현대화)'과 덩샤오핑의 슬로건은 실용성을 강조했으며 이는 과거 마오쩌둥 시기의 사회주의적 이념 시대와의 결별을 의미했다. 제도적으로는, '무역경제협력부(MOFTEC)Ministry of Foreign Trade and Economic Cooperation', '공업 및 상업 경영국Industrial and Commercial Management Bureau', '경제체제 개혁위원회Committee for Reform of the Economic System' 그리고 다른 여러 정부기구들을 만들어 부문별 개혁의 '수뇌부'로 작동하도록 했다. 공무원을 선발할 때는 성과주의를 도입함으로써 기술관료적인 정치 엘리트들의 성장으로 이어질 수 있었다. 나아가 정부의 실용주의는 실험적인 개혁까지도 시도하게 했다. 경제적으로 효과가 있다면 특별경제구역까지도 지정했던 것이다. 또한 정부는 그

〈표 5.4.1〉 발전국가의 주요 정치적 요소

국가	시장 지향 성장의 국가 주도 추격 전략 구현	수출 주도 성장전략에 대한 국가 지원	전략 분야에 대한 국가의 금융 신용지원	대중의 요구를 이겨낼 수 있는 정치적 역량
일본	Yes: 메이지 시대와 2차 세계대전 이후	Yes: MITI를 통해	Yes: 자이바츠를 통해	Yes
한국(남한)	Yes: 2차 세계대전 이후	Yes: MTI를 통해	Yes: 재벌을 통해	Yes: 1990년대 초까지
대만	Yes: 2차 세계대전 이후	Yes: 대만무역진흥기관을 통해	Yes: 수출기업에	Yes: 1980년대 말까지
싱가포르	Yes: 1950년 이후	Yes: 경제개발국과 개입불가정책을 통해	No: 투자 촉진부에서는 FDI(Free Direct Investment)를 선호	Yes: 그러나 특별히 요구되는 상황이 아니었음
홍콩	Yes	Yes: 개입불가정책을 통해	No: 금융 분야가 자유화됨	Yes: 그러나 특별히 요구되는 상황이 아니었음
중국	Yes: 1978년 이후	Yes: MOFTEC을 통해	국가 차원에서만 일어남	Yes

활동에 대한 심각한 정치적 도전들을 견뎌내는 능력도 보여주었다. 이러한 모든 요소들은 소위 '발전국가'의 일반적인 성격과 잘 일치되는 것이다.

〈표 5.4.2〉를 보면 중국의 경제발전 성과가 다른 동아시아 국가들과 마찬가지로 매우 출중했다는 것이 GDP와 다른 무역 지표들을 통해 드러난다. 비록 소득 불평등이 증가하긴 했지만, GDP와 다른 무역 지표들은 중국의 생산력이 극적으로 올라갔음을 증명한다. 다른 NICs와 질적으로 유사한 부분들, 예를 들어 교육받은 노동력의 등장과 높은 저축률 등도 발견할 수 있으나, 이러한 것들이 성장의 원인인지 아니면 국가 개입의 결과인지는 명확히 구분하기 힘들다. 드러나는 것을 보자면, 실제 중국의 문맹률

〈표 5.4.2〉 발전국가의 성과

국가	고속 성장 시기의 평균 GDP 성장률	GDP 대비 무역 비율의 최고점	고속성장 시기 국제시장 경쟁력을 갖추었던 분야들	계층 간 소득분배 계수 (지니계수)
일본	1965~1980년: 6.6%	1980년: 0.25	자동차, 전자	1993년: 0.247
한국(남한)	1978~1994년: 6.9%	1988년: 0.66	조선, 전자, 기계	1970~1988년: 0.333~0.336
대만	1978~1994년: 6.3%	1980년: 0.95	경공업, 전자	1985~1995년: 0.29~0.317
싱가포르	1978~1994년: 5.2%	1980년: 3.70	통상, 무역	1973~1989년: 0.41~0.39
홍콩	1978~1994년: 5.1%	1988년: 2.82	무역, 금융	1971~1991년: 0.409~0.45
중국	1978~1994년: 8.0%	1994년: 0.44	경공업, 노동집약적 산업	1998~2000년 (악화 중): 0.16~0.458

은 13% 정도로 GDP 대비 낮은 편이며, GDP의 40%를 저축하는 것으로 드러나 저축률도 세계적으로 높은 편이다.

이러한 일반적 발전국가 모델과의 유사성에 더해, 몇몇 연구들은 어떻게 지역 수준에서 발전국가적 특성이 작동하는지를 보여주고 있다. 농촌 지역의 산업화 초기 단계에 대한 연구에서, 진 오이Jean Oi는 쑤난 지방정부의 '마을 기업(TVEs)Township and Village Enterprises' 개발 지원 사례연구를 통해 정부와 기업이 하나의 거대한 기업체처럼 활동하는 지역정부 코포라티즘local state corporatism을 보여주었다. 쑤난 지역 외에도, 민간부문이 발달한 저장성 지역에 속한 원저우의 지방정부는 시장경제 중심의 성장에 적합하도록 각종 지역 단위의 정책을 주도적으로 펼쳤다. 예를 들어, 원저우의 관료들은 1970년대 중반 집단 농장의 자발적 해체를 용인했을 뿐 아니라, 개인 사업가들에게도 집단 농장의 후원을 허용하고 암묵적으로 민간의 비공식적 금융 비즈니스의 발달을 허용함으로써 지방 경제를 활성화시키고자 했다. 다른 지역들에 대한 연구 또한 비슷한 형태의 지방정부의 혁신적 개입을 다루고 있다. 이러한 연구들은 중국의 경제성장이 수백 개의 발전국가적 '지방 주(州) 정부'에 의해 이루어진 것이라는 주장을 뒷받침하기도 한다. 그러나 중국이 처했던 국내 및 국외 상황이 다른 국가와 구조적으로 달랐기 때문에, 이러한 식으로 중국을 발전국가 모델 또는 지방정부 발전국가 모델로 이해하는 것은 궁극적으로 잘못된 개념화라는 점을 다음 글에서 보여줄 것이다.

발전국가 모델과 중국의 차이

비록 중국이 발전국가의 성격을 많이 갖고 있지만, 중국의 개혁 과정은 다른 NICs과는 네 가지 측면에서 근본적으로 다르다. ① 중국은 급속한 산업화를 통해 선발 주자들을 따라잡는 것 이외에도 이미 존재하는 사회주의적 제도들을 개혁해야 하는 과제를 안고 있었으며, ② 냉전 이후의 국제정치·경제적 상황은 다른 NICs들이 처했던 2차 세계대전 직후의 정세와 달랐고, ③ 이러한 두 가지 차이점 때문에 실제로 마오쩌둥 이후 중국의 경제 정책은 다른 NICs 국가들의 그것과는 차이가 있었으며, ④ 또한 중국의 정치시스템과 방대한 규모는 중앙정부에서 추진하는 정책의 일관적·효과적 적용을 복잡하게 만들었다.

사회주의국가의 전환

여러 측면에서 보았을 때 중국의 20여 년에 걸친 개혁 시기는 동아시아의 NICs 국가들의 형태보다는 1989년 이전의 소련의 개혁과 동유럽 국가들(FSU/EE)의 경험과 유사하다. 기존에 존재하던 사회주의적 이념과 제도로 정부 주도의 자유주의적 성장 정책을 펼치는 데 어려움이 있었던 것이다. 정부가 경제 규제 및 간섭을 줄이면서 근본적인 긴장 상태가 조성되었다. 이념적으로 보면, 개혁을 주도하는 사회주의적인 정권은 정책적인 변화를 대중을 대상으로 정당화시켜야 한다. '사회주의'로 강하게 정의되어 있는 기존의 경제 조직이 어떻게 '자본주의'적인 정체성으로 개혁될 수 있었을까? 정책의 시행으로 직접적이거나 간접적으로 손해를 볼 수 있는 사람들은 개혁을 반대할 것이다. 정부 당국은 이러한 변화로 야기되는 정치적인 손실들을 어떻게 감당할 수 있었을까? 어떻게 이러한 개혁이 총체적인 난국에 빠지지 않고 자생적으로 이루어질 수 있었던 것일까?

1965년 유고슬로비아와 1968년 헝가리에서 발생한 사회주의자들의 개혁 노력이, 그 당시에는 정치적인 혼란을 일으켰고 권력을 더 강하게 했다고 볼 수도 있겠지만, 되돌아보면 불충한 세력들이 설 자리를 만들어놓기도 한 셈이다. 같은 맥락으로, 1960년대에 니키타 흐루시초프Nikita Khrushchev하에서 일어난 소련의 개혁 정책들은 미하일 고르바초프Mikhail Gorbachev의 다소 극적이라 할 수 있는 정권교체의 개혁정책을 지지하는 경향을 키웠다고 볼 수 있다. 그리고 이는 그 지역에서 공산주의 세력이 몰락하는 것을 가능하게 했다.

마오쩌둥의 죽음 이후 덩샤오핑이 권력을 규합하는 과정에서, 굉장히 극적인 결과를 초래할 수 있는 잠재력이 보이지 않는 것이 당연했지만 개혁에 대한 이념적·정치적·절차적인 어려움이 실제로 드러나기도 했다. 이때 덩샤오핑은 자신의 개혁이 인지적으로 받아들여질 수 있도록 설득하는 방식을 택했다. 즉, "실행이야말로 진리의 기준이다practice is the sole criterion of truth"라는 문구를 내세웠던 것이다. 실용주의를 전면으로 내세움으로써, 덩샤오핑은 이념적인 문제를 뛰어넘을 수 있었다. 그러나 이러한 논변적인 전략은 개혁의 구체적인 내용에 대한 정치적인 논쟁을 완전히 종식시키지는 못했다.

1980년대에 들어, 정치 엘리트들은 크게 두 분파로 나뉘었다. 개혁파와 보수파가 그것이었다. 보수파는 중공업 연합정책을 펼친 천윈陳雲, 전력부장관 리펑李鵬, 중국 공산당 선전장관 덩리췬鄧力群을 주축으로, 점진적인 개혁을 주장했다. 소련 스타일의 첫 번째 5개년 계획(FFYP)First Five-Year Plan을 고안한 장본인이었던 천윈은 시장경제 원리가 중국의 계획 경제를 완전히 대체하기보다는 보조적인 역할을 수행해야 한다고 생각했다. 그러나 덩샤오핑은 그의 심복인 후야오방胡耀邦과 자오쯔양趙紫陽과 함께 넓은 차원의 개혁을 추진하고 있었다. 이는 정치적인 개혁도 포함하는 것이어서, 지적인 논쟁의 다원화까지 허용할 방침이었다. 개혁파와 보수파의 갈등은 1980년대 전반에 걸쳐 개혁과 축소reform and retrenchment가 반복되며 요동쳤던 것에서 잘 드러나며 새로운 정책들의 내구성에 대해 지속적인 의문을 제기하기도 했다. 혹자는 짝수 연도(1980년, 1982년, 1984년)에는 개혁 정책이, 홀수 년도에는 축소 정책[예를 들어 1983년에 일어난 정신적인 오염(세뇌하거나 생각을 바꾸려고 하는 것 등)을 반대하는 캠페인이나, 1987년에 일어난 부르주아의 자유를 반대하는 캠페인]이 우세했다고 분석하기도 한다.

중앙정부에서의 파벌 싸움과는 별도로, 특정 정책에 대한 반대는 마오쩌둥 시대로부터 내려오던 물질적·정치적 특권을 지키고자 하던 세력으로부터도 일어났다. 특히, 국가 소유로 운영되던 기업들(SOEs)State-Owned Enterprises에 대한 예산을 줄인 것은 중국의 개혁 과정 중에서도 가장 어렵고, 정치적으로도 부담스러운 일이었다. 국영기업 직원들은 소위 '철밥통'을 쥐고는 종신 계약과 각종 사회보장 제도를 제공받아왔던 것이다. 이처럼 개혁의 초기 목적은 민영화가 아니라 기업의 자율성을 높이는 것이었다는 점을 짚어볼 필요가 있다. 1978년에서 1982년에 걸쳐서 각 기업이 그들의 이익을 보유하고 소득을 자율적으로 운영할 수 있도록 개혁되었다. 즉, 임금, 보너스, 사회 혜택 등 다양한 분야에 자신들의 자산을 사용할 수 있도록 하려 했던 것이다. 그러나 이는 수직적으로 운영되던 각 부처와 지방정부가 기업에 대한 자신들의 영향력을 줄이는 방식으로 협조해주어야만 가능했다. 중국의 파산법이 1986년에 처음 시행되었을 때는 국영기업이 대상이었지만, 실제로 1994년부터 집계된 결과를 보면 파산한 중국 내 기업의 3/4가량은 국영기업이 아니라 사기업들이었다. 1997년에 들어서야 이러한 국영기업 중심의 구조는 개혁되었다. 이는 국영기업에 대한 개혁을 시작한 지 20여 년이 지난 후의 일이었다. 정부는 1000개의 핵심 전략적 국영기업만 남긴 채, 30만 개에 달하는 소형 국영기업들은 모두 팔아버리거나 합병·폐업 처리했다.

궁극적으로 사회주의 경제를 개혁하는 것은 사회주의 생산 체계하에서 중앙집권적으로 운영되던 국가 소유 방식의 생산력x the mode을 저해시킬 수도 있다. 동시에, 개혁을 거치면서 새로운 제도들을 도입해야 하는 부담도 있었는데, 개인의 소유권에 대한 법, 세금 규제, 각종 분쟁 처리 기구의 설립 등이 그것이었다. 이러한 변화는 쉽게 이루어지는 법이 없다. 1989년 이후, 사회주의 기관과 제도의 해체는 구소련과 동유럽 국가들에서 더욱 빠르게 나타났는데, 이는 새로운 제도가 도입되는 속도보다 훨씬 빨랐다. 따라서 사회주의 이후의 정치와 경제 작동 원리도 여전히 사회주의 시대의 특정 유산에 의해 결정되는 결과를 낳았다. 심지어 새로 구성된 정부의 인물들조차도, 이전의 공산당 시절에 비추어봤을 때 최근의 정치적 개혁과 민주주의에 대해 회의적인 시각을 갖게 되었다.

동유럽 국가들과는 다르게, 중국의 개혁 시기는 노골적인 배제보다는 제도적인 활성화와 점진적인 변화를 수반했다. 물론 교외 지역의 경우, 탈공산화는 마오쩌둥의 시대로부터의 급격한 변화를 의미하는 것이었다. 인민공사commune는 지방정부로 바뀌었고, 생산구락부production brigade는 마을이 되었다. 그러나 탈공산화는 전 국가 수준에서 볼 때, 새로운 제도와 기관의 형성을 통한 행정적 능력 강화의 수순으로 일어났다. 예를 들어, 덩샤오핑이 주도한 첫 개혁 중 하나는 문화혁명기를 거치며 침체되었던 각종 의사결정기구, 부서, 사회 그룹 등을 활성화시키는 일이었다. 예를 들어, 1966년과 1982년 사이, 1966년에서 1974년 사이에 전국인민대표대회The National People's Congress는 제대로 이뤄지지도 않았고, 이것과 비슷하게 중국 주석 자리 역시 1966년과 1982년에는 공석으로 남아 있었다. 그 결과 마오쩌둥 사후 대학 입학시험도 다시 실시되었고, 군 조직 체계도 정비되었으며, 산업노동자에 대한 보너스 임금도 다시 지급되었다. 그뿐 아니라, 시골 지역으로 이주된 12만 명에 달하는 고학력 인력들을 다시 도시로 불러 모아 일하게 했으며, 약 10만여 명의 지식인, 정치범들이 사면되었다. 1982년의 중화인민공화국 헌법을 보면 이전 체제하의 제도에 대한 새로운 관점을 관찰할 수 있다. 대통령과 부통령 제도를 만든다거나, 대통령과 국무총리의 최대 임기를 2선으로 제한한다거나, 군부를 시민의 통제 아래로 편입시키는 등의 조치가 그것이다.

마오쩌둥의 죽음 이후, 전반적으로 중국의 공무원의 수와 기관의 밀도는 더욱 늘어났다. 수잔 셔크Susan Shirk는 1978년과 1986년 사이에 중국 정부 간부단의 수가 78.2% 증가했다고 밝혔다. 엄밀히 말해서 개혁을 시작하고 30년이 지난 즈음에는 1970년도 말에 지어지거나 다시 활성화된 기관들을 어떻게 개혁할지의 문제가 이전에 비해 고등교육을 받은 사람들을 포함해 더 보편적인 고민이 되었다. 아이러니하게도 베이징이 국가 조직의 개혁에 대한 중대한 정치적 사안에 직면한 것도, 국가 경영 시스템의 효율을 혁신적으로 늘리기 위한 조치에 들어간 것도, 정부 관료조직을 급진적으로 축소한 것도 모두 1990년대 후반에 들어서야 일어난 일이었다. 이 모든 조치들은 2001년 후반 중국이 WTO에 가입하기 위해 상호 간에 행해진 조약들과 관련이 있었다. 다음 섹션에서는 중국의 개혁 시대의 성장을 국제적인 맥락에서 살펴보도록 하자.

세계화 시대의 후발국 발전

중국이 처해 있는 국제 환경은 일본과 다른 NICs들이 처했던 환경과 지정학적·정치적·경제적으로 매우 다르다. 첫째, 일본과 NICs는 냉전시대 국제질서에서, 지정학적으로 미국에 중요한 곳이었다. 당시 "누가 중국을 잃었는가"에 관한 논란이 일고, 매카시즘의 광풍이 불어닥침에 따라 미국은 전후 일본, 대만, 한국에 정치적·경제적 지원을 아끼지 않았다. 중국의 경제개혁이 시작된 것도, 중-미 관계가 정상화되었던 1978년을 기점으로 한 것이었다. 그러나 냉전체제가 종식되면서 미국과의 우호 관계를 통해 얻을 수 있었던 정치적인 이점들이 점점 줄어들기 시작했다. 1990년대 중-미 관계는 대만 관련 이슈, 인권 문제, 각국 민족주의자들의 상호 불신 표출 등으로 점철되었다. 그리고 WTO 협정이 완성되기 전까지, 중국에 최혜국(MFN)Most Favored Nation/정상무역관계(NTR)Normal Trading Relations/영구적 정상무역관계(PNTR)Permanent Normal Trade Relations 등과 같은 신분을 주는 것과 관련해 미국 정부에서 많은 논의가 있었다.

그러나 이러한 정치적인 갈등이 존재했음에도 중국과 미국 사이의 상호 무역은 점점 증가했다. 2004년 말을 기점으로, 중국은 미국의 세 번째로 큰 무역 파트너가 되었으며, 미국은 중국의 두 번째로 큰 무역 파트너로 등극했다. 중국은 미국을 상대로 1620억 달러 이상의 수출 흑자를 냈다. 〈표 5.3.3〉은 이러한 변화가 일본, 대만, 한국, 싱가포르, 홍콩 등과 비교해 어느 정도의 수준이었는지 보여준다.

이러한 통계 자료들은 중-미 무역이 일-미 무역에 비해서도 그 규모가 크다는 것을 보여준다. 그러나 이런 자료만으로 정치적인 배경이 모두 설

〈표 5.4.3〉 2004년 동아시아 국가들과 미국의 상호 무역

국가	무역 흑자		미국의 수출		미국의 수입	
	US달러 (10억)	순위	US달러 (10억)	순위	US달러 (10억)	순위
중국	131.08	3	28.49	5	159.57	2
일본	61.06	4	45.68	3	106.74	4
대만	10.83	8	17.78	9	28.61	8
한국	16.21	7	21.88	7	38.09	6
싱가포르	-3.94	222	16.87	11	12.93	17
홍콩	-5.28	227	13.0	13	7.78	27

명되는 것은 아니다. 일본과 NICs가 미국과 무역을 시작했던 1960년대와 1970년대의 경우, 미국과의 무역은 비교적 부담 없는 행위였고, 심지어 손실이 발생한다고 하더라도 경제적인 교류 관계를 정치적으로 정당화하는 것이 각 국가에서 가능했다. 그러나 뒤늦게 중국이 국제시장에 진출했을 때에는, 미국과의 무역이 민감한 이슈로 변해 있었다. 국제무역에 참여하면 결과적으로 국내 경제가 활성화된다는 개발도상국들의 공통된 화두에도, 이 '참여'라는 행위가 냉전시대에 비해 훨씬 복잡하게 된 것이다. 또한, 마거릿 피어슨Margaret Pearson이 말하듯 중국은 동아시아의 다른 국가들에 비해 이러한 다각적인 무역 규범에 따랐던 시간이 훨씬 부족했다.

새로운 발전 경로

중국이 동아시아의 다른 국가들과는 매우 다른 경로를 통해 시장 중심 발전을 이루어오고 있다는 점을 비추어볼 때, 중국의 정책 또한 일반적인 발전 모델과는 매우 다르다는 점은 자명하다. 결과적으로 높은 성장률과 많은 수출을 이루어냈다는 지표상의 공통점은 있지만, 중국 정부가 행한

정책은 다른 국가들에 비하면 '비非발전적'이거나, 심지어, '반反발전적'이게 보이기까지 할 정도로 차별화된다. 표 〈5.4.1〉에 나타나듯이, 중국과 다른 동아시아 국가들의 발전 모델 사이의 차이점은 국가 주도의 정책적·생산적 집중 섹터가 경제 분야에서 부재했다는 점이다. 또한 표 〈5.4.2〉에서 볼 수 있듯이 중국의 경제성장은 다른 국가들에 비해서 상당한 불평등의 심화와 연관되어 있다. 이러한 두 가지 차이점은 1949년 이래로 중국 대륙을 지배하고 있는 중국 공산당(CCP)이 마주한 경쟁적인 정치적 압력을 대변한다.

전후의 다른 개발도상국들과 마찬가지로, 중화인민공화국 당국은 초기부터 경제성장과 산업화를 제1과제로 삼았다. 그러나 구체적으로 이를 어떻게 이루어낼 것인가에 대해서는 국가 수뇌부끼리도 의견이 갈렸다. 특히, 정부가 어떤 역할을 해야 하느냐는 지점에서 많은 논란이 일었다. 중국의 개혁시기 딜레마들에 대해 이해하기 위해서는 먼저 1949년부터 계속되었던 바로 이 논란들에 대해 먼저 짚고 넘어갈 필요가 있다. 중국의 발전 단계는 크게 네 시기를 통해 이루어진 것으로 분류된다. 전후 복구와 경제 기획 부서의 창립이 이루어진 1949~1957년, 공산화와 초-산업화의 대약진운동의 시기인 1958~1961년, 대약진운동의 후유증을 회복하고 문화혁명을 추진한 1962~1977년의 시기, 그리고 1977년 이후 현재까지 자유주의를 받아들이고 있는 개혁 시기가 그것이다. 이 네 시기의 주된 정책 목표와 영향에 대해 살펴보도록 하자.

중국의 발전 과정

전후 회복과 사회주의국가 건설(1949~1957)

중화인민공화국이 1949년 10월 1일에 만들어졌을 때, 처음으로 내건 발전 슬로건은 '3년의 회복과 10년의 개발'이었다. 3년의 회복 기간은, 구체적으로 농노에게 지주의 토지를 나누어주기 위한 토지 개혁의 시기였다. 정치적으로 특히 중요했던 것은 중국 인민들을 네 가지 부류로 나누었던 것이다. 인민들은 부유한 농민, 일반 농민, 가난한 농민, 토지가 없는 노동자로 분류되었으며, 약 200만 명의 지주들이 이 시기에 사형을 당했다. 이 과정에서 대기업과 은행의 재산은 몰수되거나 국유화되었으며, 개인사업자들은 오직 작은 규모의 가게와 공장만을 운영할 수 있도록 제한되었다. 당국은 3년이라는 짧은 시간 안에 전반적으로 이러한 목표들을 이루어냈다. 지주 계급은 완벽하게 축출되었고, 농업 생산량은 1950년부터 1952년까지 매년 15%씩 증가했다. 또한, 가장 도시화된 지역들은 금전적인 재개발 및 재활성화를 경험했다.

소련의 기술적 지원을 받아서 추진된 첫 번째 경제개발계획(1953~1957, FFYP)의 목표는 농촌 지역의 농업 활동을 조직화하고, 국가 주도의 산업화 역량을 건설하는 것이었다. 농업 활동의 조직화는 흩어져 있는 가구들을 생산조직으로 응집시키는 정책을 통해 이루어졌다. 각 가구들은 가축, 도구, 노동력의 조화가 이루어지도록 재구성되었고, 서로 모여 하위 노동공동체를 구성했다. 하위 공동체는 모여서 '공동체'가 되는데, 약 150여 가구가 하나의 공동체에 소속되어 있었다. 이러한 조직화는 토지의 사유화를 막고 규모의 경제를 통한 농업 생산량의 증대를 위한 것이었다. 또한 이러한 조직화를 통해 노동력에 대한 국가의 통제가 일사불란하게 이루어졌으며, 국가-개인이 공동으로 소유하던 조직들에도 국가의 영향력이 커지게 되었다. 도시 지역들에서의 산업계에서는 민영기업들이 국가소유로 바뀌는 현상이 심해졌다. 이게 얼마나 심해졌느냐 하면, 개인-국가 연동기업 private-state enterprises들이 완전히 국가에 귀속되고 국가가 그것을 운영하게 될 정도였다. 그리고 중국은 스탈린 치하에서의 소련보다도 더더욱 중공업에 역점을 두었다. 국가 예산의 88.8%가 제철, 기계 생산, 야금, 화학 분야에 사용되었을 정도였다.

농업의 조직화 이외에도, 국유 기업을 확장시키거나, 중공업 중심의 경제 운영 등을 볼 때, 이 시기의 경제개발 계획은 철저하게 소련식의 국가 건설을 목표로 한 것이었다. 비록 소련의 모델을 이식하는 데 시행착오가 없었던 것은 아니었지만, 이러한 목표는 훌륭하게 이행되었다. 산업 생산량은 국가의 기대를 넘어설 정도로 성장해 매년 14.7%의 성장률을 보이기도 했다. 공식적인 기록에 의하면 이 시기의 종합 성장률은 매년 18%에 달했으며, 중공업 분야는 세 배 가까이 성장했다. 생산력의 측면에서의 이러한 놀라운 성장은 한편으로는 새로운 정치적인 고민으로 이어졌다. 당국은 과연 이러한 중앙집권적이고 관료주의적인 소련식의 모델을 언제까지 고수해야 할지 고민하기 시작했다. 마오쩌둥이 새로운 '사회주의 산업화의 민족주의적 모델'을 제안한 것도 그 때문이었다.

대약진운동의 시도(1958~1961)

첫 번째 경제개발계획에 이은 두 번째 경제개발계획을 위한 전폭적인 행정적·정치적 지원에도, 마오쩌둥의 구상은 이전과는 확연하게 다른 독자 노선을 향해 있었다. 대약진운동Great Leap Forward은 15년 내에 영국의 산업 생산량을 따라잡을 만큼 발전을 이룩하겠다는 야망을 품고 시행되었으며, 점점 심화되었던 도시-농촌 사이의 소득 격차를 줄이기 위한 운동이기도 했다. 농촌 지역의 성장은 산업화된 도시에 비해 상대적으로 뒤처졌으며, 농업 생산량은 폭발하는 인구증가율을 따라잡지 못하던 상황이었다. 대약진운동의 구상은 도시를 농촌화하고, 농촌을 도시화하는 정책을 통해 불균형을 해결하고 자급자족적인 공동체를 전국에 확산시키는 것이었다. 대약진운동의 구호는 "두 다리로 일하라"였는데, 이는 국가 중심의 자본 집약적 중공업 이외에도 소규모 노동 집약적인 경공업을 발달시키겠다는 의

지를 표명한 것이었다. 이러한 전략은 얼핏 잘 구현되는 듯했으나, 결과적으로 각종 자원을 낭비함은 물론 정부의 공식 집계만으로도 3000만 명 이상이 기근으로 아사하는 결과를 낳았다. 그뿐 아니라 곡식을 숨기거나 개인적으로 집에서 농사를 짓거나 수확량을 적게 보고하는 등 여러 방식의 편법이 드러났다.

대약진운동 후 회복, 문화혁명, 마오의 계승(1962~1977)

중국은 1960년대 초반에 걸쳐서 급격하게 탈공산화가 이루어졌다. 그러나 농촌 지역은 여전히 이미 구축되어 있던 공동체·구락부 중심의 단위로 운영되고 있었다. 문화 혁명은 이러한 중국을 당국의 행동, 군사, 직장, 학교와 가족에 이르기까지 정치화시킴으로써 변화하게 만들었다. 홍위병운동(1966~1969)과 같이 몇몇 심각한 정치적인 위기들이 있었지만, 이 시기의 목표는 그런대로 이루어진 셈이었다.

경제적인 측면에서 볼 때, 공산주의에서 벗어나 강력한 산업화를 밀어붙이는 행보는 엄청난 성장률로 이어졌다. 그러나 문화혁명기를 보면 농업 생산량은 꾸준히 증가하되, 국가의 단위 소득 당 곡물 수매량과 산업 생산력은 심각하게 추락하고 요동쳤던 것을 지적하지 않을 수 없다. 마오쩌둥이 죽고 덩샤오핑이 부상하던 시기의 중국은 마오쩌둥의 후계자였던 화궈펑이 제시한 야심찬 계획하에 자본 집약적이며 중공업 중심의 발전을 이루어냈다. 중국은 이 시기를 거치며 산업 생산량과 농업 생산량을 점점 회복했으며, 비로소 대약진운동의 후유증에서 벗어날 수 있었다.

개혁시대(1978~현재)

이 시기의 개혁을 연대기별로 살펴보는 것보다는, 정책이 만들어지고 집행되었던 방식에 따라 분류하고 분석해보는 것이 더욱 효과적이다. 먼저, 베이징에서 주도적으로 실시했던 개혁을 꼽을 수 있다. 이러한 중앙정부의 개혁은 1980년에 만들어진 경제특구(SEZs)Special Economic Zones의 신설, 해외 투자에 대한 규제 감축, 상하이와 심천에 증권거래소 건설 등의 정책을 들 수 있다. 중국에 대한 비전문가들은 종종 중화인민공화국의 모든 개혁이 중앙집권적인 방식으로만 이루어졌다고 오해한다. 물론 최상위 집권자들과 중앙정부가 주도권을 쥐고 있었던 것은 사실이지만, 하위 당국 또한 개혁 과정에서 중요한 역할을 수행했다.

두 번째 종류의 개혁은 바로 이러한 하위 단위의 정부 조직 주도로 행해진 개혁들이다. 중앙정부가 움직이기도 전부터, 시장 중심의 개혁은 전국 각지에서 이미 실질적으로 일어나고 있었다. 탈집단화는 원래 극빈 지역과 산간 지방에서만 실시될 예정이었으나, 중국 농촌 지역 각지로 번져나갔다. 결국 1982년 말에 이르러, 국가농업청은 공식적으로 가족 단위의 농장 경영이 사회주의에 위배되지 않는다고 발표했고, 당시에는 실제로 80% 이상의 농업 활동이 가족 단위의 자영농에 의해 행해지고 있었다. 지방기업(TVEs)Township and Village Enterprises의 확장도 1980년대를 거치며 허락되었다. 8인 이상의 노동자를 고용하는 사업체는 1988년까지 금지되었으나, 남부 해안가 지역의 경우 이미 공공연하게 사기업들이 운영되고 있었다. 이러한 대기업들이 '집단기업'으로 위장 신고하는 과정에서, 지역정부는 집단기업 허가증을 매매하는 행위도 저질렀다. 이처럼 실제로 이루어지던 행위들과 국가의 허가 사이의 시간적인 간극은 자유 노동시장의 형성, 농촌 지역 집단농장의 공동 사유화 과정에서도 나타났다.

세 번째 종류의 개혁은 국가에서 허가하지 않은 방식으로 일어난 '불법적인' 개혁적 경제활동을 들 수 있다. 국가 행정조직과 교육기관이 경제활동에 참여함에 따라, 이 기관들의 활동은 자신들의 초기의 목적과는 다르게 이루어졌다. 하지만, 비영리적인 기관들이 소득을 내는 활동을 해왔다는 것은 널리 알려진 사실이다. 어떤 연구소는 꽃집을 운영했고, 다른 기관들은 부동산 회사를 운영하거나 신용협동조합을 운영하기도 했다. 1980년대 말에 이르면, 중국 인민해방군 조직조차 수백만 명의 노동자가 일하는 2만 개 이상의 사업체를 운영하기도 했다. 이러는 동안 사기업들은 국가의 규제망에서 벗어나 나름대로 창의적인 재무 구조를 고안해내기도 했다. 대표적인 사례들은 추후 서술할 것이다.

네 번째 종류의 개혁으로는, 입안이 예고되었으나 실현 과정에서 정치적인 지원을 받지 못했던 정책들이 있다. 1988년의 기업파산법이 대표적인 예다. 국가가 소유한 상업은행에서 증권 담보 융자를 없애고자 했던 1995년의 상업은행법도 마찬가지다. 그러나 아직도 중국의 은행은 부실채권에 허덕이고 있으며, 많은 산업 부문에서는 제대로 된 금융 시스템의 도움을 받는 것조차 힘들다.

이렇게 개혁 시기의 정책을 분류한 목적은 중국 정부가 정책들을 이끌어나가는 데서 보였던 한계를 명확히 드러내 보이기 위해서이다. 만약 발전국가 모델의 핵심이 국가를 운영하는 정부의 정책 실행능력에 있다면, 마오쩌둥 이후의 중국이 일반적으로 이상적인 운영 능력을 보였다고 평가하기는 어렵다. 개념적인 혼선을 막자면, 단지 중국 정부가 경제 분야에 개입했다고 해서, 그리고 산업과 개인 경제 분야의 성장이 함께 나타났다고 해서 단순히 중국을 발전국가 모델의 예시로 치부해서만은 안 된다(〈표 5.4.4〉와 〈표 5.4.5〉 참조).

논란의 여지가 있지만, 개혁 시기 중국의 경제성장이 실상 그다지 특출나지 않았다면, 중국을 발전국가의 일부로 고려하는 것조차 부질없는 일일지도 모른다. 그저 중국 또한 다른 많은 국가들이 그랬듯 승자와 패자의 출현 속에서 정치적으로 고전하며 시장경제 제도를 일구어낸 일종의 과도기적 경제시기를 지나온 것에 지나지 않을 수 있다. 그러나 그럼에도 중국

〈표 5.4.4〉 분야별 GDP 기여도

(단위: %)

분야	1952년	1978년	2002년
농업	58	39	15
산업	20	46	51
서비스업	22	15	34

〈표 5.4.5〉 소유권 유형별 산업계 기여도

(단위: %)

소유권	1950년	1978년	2002년
국가	26	78	22
공동	43	22	12
개인	31	불허	37
외국인	불허	불허	29

은 1978년 이전부터도 공산당이 집권한 이래 30년 넘게 꾸준히 높은 경제 성장을 이루었다. 〈표 5.4.4〉는 1952년에서 1978년 사이에 중국 경제에서 산업 분야가 차지하는 비율이 20%에서 46%로 증가했다는 것을 보여준다. 마오쩌둥 시기의 정치적 격변에도 중국의 경제 구조는 농업 기반에서 산업 기반으로 변했고, 이는 독일, 일본, 소련 등이 각각 1880~1914년, 1874~1929년, 1928~1958년에 이루어냈던 성과 이상으로 혁신적인 것이었다. 편의상 중국의 성장 단계를 1978년을 기점으로 나누는 것도, 이전 시기로부터의 연속성과 정책적 영향력을 감안하면 지나치게 도식화된 분리라고 할 수 있다. 〈표 5.4.6〉은 제 시기에 걸쳐서 지금까지의 논의들을 정리하고 있다.

지역주의의 제도적 기반

〈표 5.4.6〉 1949년 이후 중국의 정책 목표 및 성과 요약

시기	정책 목표	정책	정책 성과
중화인민공화국 초기 1차 경제개발 5개년 계획 (1949~1957)	중국공산당의 권력 확립 1949: "3년의 회복과 10년의 개발"	▶농어촌: 토지개혁, 가구농 및 이후 집단농 육성 ▶도시: 산업의 국유화, 집중적인 국가의 중공업 투자	▶농어촌: 농업 생산의 재조직화, 초기의 급격한 생산 증가 및 이후 인구증가에 뒤처지는 곡물 생산 ▶도시: 높은 수준의 공업 생산성, 18%의 연평균 증가
대약진운동 (1958~1961)	"슈퍼 산업화를 통한 사회주의로부터 공산주의로의 전환" 독창적인 중국형 개발 방식의 창조, 농어촌과 도시 간 격차 축소	▶농어촌: 공산화; 노동 집약적 경공업 육성, 지역의 자립화 ▶도시: 자본 집약적 중공업 투자, 분산형 생산	▶농어촌: 높은 곡물 정부 구매율, 집단 기근, 경작용지 파괴, 산림 파괴 ▶중공업: 높은 수준의 자본 투자
대약진운동 회복기 문화혁명 마오의 계승 (1962~1977)	1962~1965 구호: "농업을 중심으로 한 재조정, 견고화, 채우기, 기준 향상"	▶대약진운동 후: 계획시스템의 재중앙집중화, 곡물 정부 구매 및 보관 축소 ▶문화혁명: '투쟁' 과정 마오쩌둥 사상 학습, 도시 청년과 지식인의 농어촌 하방	▶농어촌: 안휘 지역에서의 가구책임시스템 실험; 집단농장의 축소; 농어촌 공업기업의 등장, 상대적으로 안정적 농업 생산량 증가(4%/년) ▶도시: 생산량의 폭넓은 변화; 총증가율=10.4%/년
개혁 (1978~현재)	"이념보다는 물질적 성과 중심으로"	▶농어촌: 탈집단화, 가구책임시스템, 분산형 재정 ▶도시: 기업의 자율화, 지속적 보조금 지원에 뒤따르는 심층 개혁	▶농어촌: 잉여 지방인력, 집단 및 민간분야 성장, 지방의 산업화, 재정 위기 ▶도시: 도시화, 국영기업 부분 개혁, 상업에의 국가기관 참여, 실업

1978년 이후 중화인민공화국의 발전을 완전히 새로운 시작이라기보다는 이전 시기와의 연속성을 바탕으로 이해해야 하는 가장 큰 이유 중 하나는, 마오쩌둥 시기의 각종 제도와 기관들이 1978년 이후의 발전 시기의 성격과 성공 가능성을 이미 보여주었다는 것이다. '기관'이라고 일컫는 것들은 국가가 만든 정식적인 기관들과 이와 관련된 비정식적인 규범이나 기

대/책임[expectations]도 포함한다. 학자들은 일반적으로 정식 기관 및 제도는 비정식 기관 및 제도에 비해 수정하기 더 쉬운 것으로 여긴다. 또한 후자가 전자를 제한할 수도 있다. 1949년 이후의 중국을 보면, 마오쩌둥 시대의 이러한 정치사회적인 통제와 경제 조직들은 짧은 시간 안에 정해진 목표를 충분히 달성했다. 그러나 시간이 지날수록, 국가정책이 오락가락함에 따라 이 조직들은 이들을 탄생시킨 국가 조직에 오히려 반하는 자신들만의 내부적인 논리를 키우게 되었다. 일반적으로 사회주의 체제를 논할 때 빠지지 않는 관료적 견고함은 중국의 경우 성립하지 않는다. 오히려 중국의 관료주의는 유연하게 운영되었다.

가구 등록 시스템을 예로 들면, 이 제도는 도시-농촌의 이동 현상을 비약적으로 줄였다. 이 덕분에 도시의 거주민들은 국가의 단위로 포섭되어 국가로부터 일자리, 거주, 식료품, 건강 진료까지 제공받았다. 앤드루 월더[Andrew Walder]와 다른 연구자들에 의하면, 마오쩌둥 시대를 거치면서 '조직적인 독립' 현상이 각종 기관과 제도에서 나타났는데, 도시 거주민도 마찬가지였다. 국가가 자원운영의 주도권을 쥐고 있음에 따라, 도시 거주민은 국가의 다른 구성원과 계약적인 관계를 맺기에 유리했고, 이를 통해 자신들의 정치적인 입지와 일신의 영달을 추구할 수 있었다. 당국의 각종 통제 구조는 결과적으로 수백 수천 개의 국가 구성원들 사이의 내부적인 종속 관계를 만들었다. 딩쉐량[丁學良]의 연구에 의하면, "각 구성원 집단의 리더들은 일종의 작은 세력을 형성하는 것이 가능했으며, 이는 조직을 둘러싼 사회의 거대 세력과는 다른 것"이었다. 예를 들어, 1980년대 베이징에서는 마르크스주의와 레닌주의 기관의 지도자들이 비순응주의적인 자유주의 지식인들을 양성해냈다. '청정구역', 다시 말해 국가의 허가를 받은 정식적인 기관에서 국가의 체제에 일방적으로 순응하지 않는 이러한 인력이 존재했다는 점은 아이러니하다고 할 수 있다.

농촌 지역은 도시 지역에 비해 국가 조직으로의 통제가 적었다. 그러나 주택 등록 제도가 농촌에서 도시로 일자리와 각종 혜택을 찾아 인력이 이동하는 것을 막았다. 더 나아가 비비언 수Vivienne Shue가 지적했듯이, 농업 생산의 집단화와 공산화는 농촌 사회의 '세포화'를 불러 왔는데, 이 때문에 농촌 지역은 생산 단위에 따라 마치 벌집처럼 분리된 구조를 갖게 되었다. 이렇게 세포화된 구조는 농부와 이들의 상부 조직인 구락부와 생산조직의 리더들 사이의 종속 관계를 심화시켰다. 세포화된 사회구조하에서 지역의 리더들은 지역민들과 함께 자신의 지역에 이득이 되는 행위만을 추구하는 성향을 보였다. 결과적으로 마오쩌둥 시대의 농업 생산 제도는 지역의 방어주의를 촉진시켰고, 이는 이러한 제도의 근간 자체를 위협했을 뿐 아니라, 미래의 정책 적용에도 악영향을 끼쳤다. 비록 농촌 지역의 조직이 경제개혁을 거치며 와해되었지만, 뒤이은 군·읍 단위의 조직 또한 현재 정부 조직 가운데 가장 부패한 것으로 여겨지고 있다. 마을 단위 조직의 부패 원인을 한 가지로 단정 짓는 것은 불가능하지만, 마오쩌둥 시대의 구락부 조직의 성질과, 개혁 시대를 거치며 심화된 예산 압박이 이러한 결과로 이어졌으리라는 분석은 충분히 일리가 있다.

비록 마오쩌둥 시대의 도시와 농촌 거주민들이 각종 통제와 이주 정책을 겪은 방법이 다르긴 했지만, 현재 국가 전반에 걸쳐서 나타나고 있는 것은 지역에 따른 다양성과 높은 유동성이다. 따라서 1978년 이후의 중국만을 발전국가로 구체화시키는 것은 중앙정부의 정책 면면만을 보고 내리는 결론이며, 현실을 반영하지 않는 분석에 지나지 않는다. 물론 중앙정부가 각종 경제적인 변화를 일으킬 수 있는 주된 정치경제적 환경을 조성하고 정책적 변화를 이끌어왔다는 것을 부정하고자 하는 것은 아니다. 실제로 정부가 정부 부처와 도 단위에서는 분명한 중앙집권적 지배력을 가졌다. 또한 중국 정부는 지금도 정부의 우선순위에 따라 정책을 적용하고 정치적 캠페인을 펼치고 있다. 그러나 그런 상황에서도 고려해야 하는 것은 시장경제로의 개혁을 위한 정부의 정책이 얼마나 정치적으로 안정적인 방법으로 이루어지는가이다.

중국 발전 경로의 정치적·사회적 딜레마

대부분의 발전국가에 대한 연구들은, 드러내지는 않지만 근본적으로 발전을 정의하는 데서 경제적인 바로미터들을 주로 동원한다. 성장률, 산업 및 농업 생산량, 수출량 등이 바로 그것이다. 이 장에서 우리는 중국의 발전 경로가 갖는 사회적·정치적 역동성의 함의를 살펴보았다. 그뿐 아니라 마오쩌둥 시대의 유산이 이후 시대의 국가발전 전략에 어떻게 연결되었으며, 그것이 어떤 국제적·지역적 조건 속에서 정치적·사회적 분리를 불러왔는지, 그리고 그러한 분리로 지난 20년간 중국의 발전 전략이 어떤 위기를 마주해왔는지 살펴볼 것이다.

위에서 서술했듯, 동아시아 다른 국가들의 빠른 성장은 문맹의 극복과 소득의 상대적인 분배와 같이 비경제적인 요소와 함께 이루어졌다. 이러한 요소가 성장의 원인인지 성장의 결과인지와는 상관없이, 이러한 요소는 모두 성장의 한 부분으로 취급되어야 한다. 그런데 중국에서 인간 개발 지표의 흐름을 살펴보면, 마오쩌둥 이후 발전국가 전략의 개발 목표들이 인력개발이나 사회적 발전과 같은 인간 개발에 얼마나 기여했는지 의문이 제기된다. 발전국가의 주요 전략으로써 경제 분야의 경쟁력을 키우기 위한 인력개발에 집중했던 다른 NICs와는 다르게, 중국에서는 건강과 문맹률을 개선하는 제도적인 기반은 마오쩌둥의 평등주의적인 발전 전략을 통해 만들어졌으며, 이는 경제활동 규제가 사라진 후 급격한 경제성장의 촉진제로서 역할을 했다. 기본적인 건강과 교육은 마오쩌둥 시대의 지역 공동체 구락부 내의 의사보조원들이나 교사들, 협동조합형 의료기관들, 그리고 공공 보건 및 교육 캠페인을 통해 확보되었다.

이와는 대조적으로, 마오쩌둥 이후의 시대는 농촌 지역에서의 의료와 교육의 사유화 과정을 직접 목도했다. 고급 교육기관의 확산과 의료행위의 질적 상승으로 엘리트들은 많은 혜택을 보았지만, 증가하는 비용을 감당할 수 없는 도시 빈곤층과 빈곤층 농부들은 그 수가 증가하고 있었음에도 이러한 혜택을 거의 누리지 못했다. 따라서 지방정부의 재정적인 위기는 곧바로 사회의 의료, 교육 인프라의 붕괴로 이어지곤 했다. 기본적인 인적자원에 대한 투자의 부재는 결국 국제적으로 통합된 경제 사회에서 장기적으로 경쟁력을 악화시키는 요인이 될 것이다.

소득분배 격차를 보면 각종 사회적·인적 발전에서 불평등이 심화되는 것을 쉽게 알 수 있다. 앞에서도 언급했듯이, 개발 시대 중국은 엄청난 소득 불균형을 경험했다. 결국 중국은 아시아에서 가장 빈익빈 부익부가 심각한 나라가 되고 말았다. 시대별로 살펴보면, 개혁의 첫 번째 시기에는 그나마 경제 자유화로 나타난 전체적인 소득의 증가가 농부, 개인사업자, 공무원 등에게 다양한 기회를 제공함으로써 빈부 격차가 크게 두드러지지 않았다. 그러나 1990년대 중반에 접어들면서 개혁 시대의 정책들은 지역별, 계층별 불평등을 악화시킨 것으로 드러났다. 특히 농촌과 도시 사이의 소득 격차가 어마어마하게 벌어졌으며, 시장 중심 체제로의 개편으로 소득과 고용 면에서 철저히 보호받던 국가 노동자들이 몰락함에 따라 더욱 문제가 심각해졌다. 정부는 1997년 1억 1000만여 명에 이르던 국가 노동자들의 수를 2001년에는 7500만 명으로 감축했으며, 2007년까지 3000만 명을 추가로 감축할 계획이다.

정부의 관점에서 보면, 개혁 과정에서의 손실에 불만을 품은 도시와 시골에서의 잦은 항의는 사회적·정치적 불안정을 가져올 수 있으며 정부의 정치적인 정당성과 정권의 지속가능성을 위협하는 것이기도 하다. 중국은 자유주의 정책으로 기존에 보호받던 계층으로부터의 불만을 어떻게 감당하느냐 하는 가장 어려운 과제 앞에 서 있다. 동시에, 기본적인 인적자원에 대한 투자의 부재는 장기적으로 경쟁력의 약화를 불러오게 될 것이다. 중국이 처해 있는 딜레마의 핵심은 이러한 사회적·정치적 과제들이 계속되는 작금의 성장 가능성을 과연 얼마나 위협하고 있는지에 대한 것이다. 만약 성장세가 한풀 꺾여 소득재분배의 장점들이 상대적으로 약화된다면, 과연 중국 정부는 터져 나오는 불만을 해결하고 정권의 정당성을 지키기 위해 낙오자들을 배려하고 감쌀 수 있는 충분한 능력을 갖추고 있는가? 이러한 딜레마는 정부의 역할과 정부와 시장의 관계에 대한, 그리고 1990년대 이후 계속되고 있는 중국의 발전국가 모델에 대한 논의들을 상기시킨다. 정부 공공부문에서 국가와 엘리트 노동자들이 개혁 이전 시기에 맺었던 약속들, 그리고 역시 많은 국민들에게 어느 정도의 사회적 안전성을 제공하던 소득재분배 기능 제도나 기관들의 점차적인 쇠퇴는 중국 정부에 더 포용적인 성장정책을 추진할 수 있는 새로운 체제의 개발을 요구하고 있다.

경제성장과 자유화를 지속해나가면서도 정치적 안정을 이루어내기 위해서는, 현재 사회 불안정의 원인이 되고 있는 계층의 사람들을 정책의 품 안에 끌어들이는 방향의 새로운 분배 정책을 정부가 강력하게 추진할 수 있어야 한다. 그런데 이러한 재분배의 목표들이 국가 재정/사회적 안정 시스템을 통해서 성취되든, 인력투자나 공공재화 및 서비스 제공을 통해서 이루어지든, 아니면 다른 보상 제도들을 통해서 이루어지든 관계없이, 지금까지의 개혁 정책으로부터 혜택을 보아왔던 계층의 이득과 상충될 수 있다. 이러한 계층은 권력의 시장화를 통해 자신들의 정치적인 자본과 연결고리들을 비약적으로 강화시켜온 중국 정부의 각종 기관과 개인을 포함한다. 이러한 과제는 제도적인 유연성과 변화를 통해서 성취될 수 있으며,

경제개발 의제를 손상시키지 않는 범위 내에서 각종 이익의 충돌을 경영할 수 있을 정도로 강력한 중앙정부를 필요로 한다. 그런데 앞에서 논의했듯이, 일당국가 정부가 스스로의 안위에 우선순위를 두는 경향에서 벗어나지 못한다면 이러한 딜레마를 해결할 수 있는 중앙정부의 능력은 매우 약화될 수밖에 없다.

결론

이 글은 중국의 일당정부가 여러 가지 우선순위들 사이에서 분열되어 있는 모습을 보여주었다. 계속되는 경제 현대화와 자유화의 물결, 그리고 국제 경제로의 편입은 정부 당국이 권력을 독점하려 하는 한 심각한 정치적인 갈등과 마주하지 않을 수 없을 것이다. 궁극적으로, 이러한 모순들은 국가가 선택할 수 있는 개발 옵션들을 제한하게 될 것이다. 비록 서로 다른 구조와 역사를 갖고 있지만, 다른 동아시아의 국가들처럼 중국도 초기의 개발을 주도했던 정책들이 아이러니하게도 훗날 지속적인 성장을 가로막는 요인이 된다는 것을 발견하게 될 것이다. 비록 중국이 발전국가를 정의하는 각종 기준들을 완전히 충족시키지는 않았지만, 우리는 기존의 발전 모델이 갖고 있는 역동성에 주목함으로써, 후발 자유화 주자들과 후발 발전국가들에서의 국가-시장 간 관계가 시간에 따라 어떻게 변할 수 있는지에 대한 이해를 도모하고자 했다.

국가 내부적인 분석의 관점에서 보자면, 심지어 1990년대 후반의 지역적인 금융 위기 이전에도 발전국가 모델의 성공적인 측면이 도리어 국가의 생존력을 약화시킬 수 있다는 점이 드러나고 있었다. 『아시아의 새 거인: 한국과 후발 산업화Asia's Next Giant: South Korea and Late Industrialization』(1992)에서, 앨리스 앰스던Alice Amsden은 발전국가란 본질적으로 불안정한 것이라고 지적했다.

1980년대에 들어서, 거대 재벌 중심의 한국 경제는 이러한 구조로 말미암아 국가 경쟁력의 상대적인 약화 일로를 걷고 있었다. 피터 에번스Peter Evans는『이식된 자율성: 국가와 산업적 전환Embedded Autonomy: State and Industrial Transformation』(1995)을 통해 발전국가가 마치 마르크스주의하에서의 부르주아와 같이 어떻게 스스로 무덤을 파는지 분석했다. 한국의 사례를 보면, 산업 자본이 부강해짐에 따라, 국가로부터 덜 영향을 받게 되었을 뿐 아니라, 경제기획원으로 대표되는 한국의 발전국가 조직 자체 또한 시장에 대한 국가의 간섭을 줄이도록 압력을 가하는 기관으로 변모했다. 이러는 와중에 수반된 경제성장은 구조적인 사회 변화를 가져왔으며, 노동운동이 등장했고 국가기관에 비해 사기업들이 더 매력적인 고용 능력을 갖추게 되었다. 에번스는 "만약 국가와 사회가 상호 구성적이면, 발전국가 그 자체도 변화해야 한다"라고 주장했다. 발전국가에서 나타나는 이러한 자생적인 역동성으로부터 기인한 변화들은 일본, 대만, 그리고 우리가 밝히고자 하듯이 중국에서도 관찰될 수 있다. 산업화와 시장화를 통해 경제에 구조적인 변화가 일어나는 동안, 국가기관은 이러한 변화에 맞추기 위한 도전에 직면하게 된다. 따라서 분석적인 관점에서 보면, 발전국가 모델은 자생적인 기관과 제도의 변천에 대해서도 설명할 수 있는 잠재력을 갖추고 있다.

오늘날의 후발 발전국가들은 국내 개발 전략과 제도적인 조직화를 국내 방식으로 추진하기에는 어려운 국제적인 환경에 놓여 있다. 키렌 초드리Kiren Chaudry의 말처럼, "자본의 국제적인 이동성은 후발 산업화 국가들을 독재정치, 아니면 무방비 상태에서 국제시장에 포함되는 것 중 하나를 선택해야 하는 냉혹한 상황으로 내몰고 있다". 이는 조금 극단적일 수 있으나, 확실한 것은 펨펠이 말했듯이 "이제 더 이상 경제개발 전략은 한 나라가 독립적으로 수행할 수 있는 것이 아니"라는 점이다. 바로 이 지점에서 중국의 지식인과 정치 지도자들 사이의 논의가 열기를 띄고 있다. 중국의

WTO 가입은 중국의 현대화를 상징하며 국격의 상승으로 여겨지고 있으나, 한편에서는 그 정치적 결과에 대한 우려 또한 존재한다. 남미 사례의 교훈을 떠올려보라. 일본이나 다른 NICs와 다르게, 남미의 아르헨티나, 브라질, 칠레, 우루과이 등의 독재 관료주의 정권은 민중들을 배재한 국가 건설에 치중하다가 정권의 정당성 문제로 어려움을 겪었다. 중국의 농민과 노동자 또한 WTO 체제에서의 중국이 충분한 노력을 기하지 않는다면 남미의 민중들처럼 변할 수 있다. 페르난도 파즌질베르Fernando Fajnzylber는 남미의 국가들이 지향한 '현대성의 전시관'은 스스로 지속가능한 사회를 보여주기보다는 선진국에나 적합한 엘리트 계층의 소비 행태를 보여주는 것이었다고 지적한다. 중국의 WTO 가입, 2008년 베이징 올림픽의 유치, 상하이에 세계 최고층 빌딩 건설, 빈부 격차의 증가 등은 이미 남미에서 벌어졌던 일들의 재현이 아닌지 우려하게 한다.

| 제6부 |

환경주의와 환경정책

1 환경주의의 과거 그리고 현재: 두려움에서 벗어나 기회를 엿보다
2 성장의 한계: 30주년 개정판
3 개발과 환경에 관한 푸네 보고서
4 우리 공동의 미래
5 환경에 대한 진실
6 지속가능한 생활방식의 실천화

기획·해설 | 마이클 박
번역 | 김지현, 박준성, 전준

요즘은 친환경정책이 과학기술정책의 시작이자 종점으로 여겨지는 시대에 온 것 같은 느낌이 간혹 든다. 과학과 기술은 원래부터 자연을 더 잘 이해하고 이용하고자 하는 의도에서 시작된 것으로 인류와 자연의 관계를 원활하게 해주는 것이 하나의 주목적이라 할 수 있다. 하지만 근래에 와서 이 관계를 재검토해야 한다는 의견이 늘어나는 추세다. 지배적이고 파괴적인 관계를 떠나 공존과 상생에 초점을 둔 관계가 되어야 한다는 것이다. 이처럼 기본 전제가 바뀌면 과학기술의 발전방향 또한 바뀌어야 하는 것은 너무도 당연한 이치인 듯하다.

한국 정부가 친환경정책에 본격적으로 관심을 보이기 시작한 것은 1990년대 초다. OECD 가입과 더불어 정부는 국가위상을 높여 더욱 빨리 선진국의 대열에 들어서는 방법을 고민했고, 친환경정책을 그 하나의 방법으로 채택했다. 선진국에 비하면 시작은 늦었지만, 한국은 결국 친환경 '녹색성장'을 새로운 국가발전의 지표로 삼게 되고, 2012년에는 더반 세계 기후정상회담에서 독일을 물리치고 개발도상국가의 친환경발전을 돕기 위한 녹색기후기금Green Climate Fund의 주최국으로까지 선정된다.

이렇게 어떤 면에서는 환경정책의 모범국가라는 평가까지 듣는 반면, 아직도 미흡한 점이 눈에 띄게 많다는 의견 또한 없지 않다. 예컨대, 통계청의 2012년 보고서를 보면 한국의 온실가스 배출량은 여전히 늘고 있다(통계청, 2012, 「OECD 녹색성장 지표를 적용한 한국의 녹색성장 평가」). 또 친환경에너지 정책이 일개 유행어로 남용되고 있는 상황에서, 정작 대체적으로 친환경에너지와는 거리가 멀다고 여겨지는 석탄의 사용량은 사실상 해마다 늘어가는 추세다. 더 치명적인 예를 들자면 국내외 환경단체들이 입을 모아 비판하고 안타까워하는 '4대강 사업' 또한 꾸준히 추진되었다.

이런 모순과 미흡함은 무엇을 의미하는가? 여러 해석이 있을 수 있지만 미국과 유럽의 환경정책사를 연구해온 필자의 입장에서는, 이는 환경정책이 선진국에서 최근에 수입된 개념으로 아직 국내에서는 그 역사가 짧아서 뿌리를 제대로 내리지 못했기 때문인 것으로 보인다.

필자는 재미교포 학자로 2008년에 귀국해 KAIST 교수로 재직하면서 환경주의와 환경정책에 대해 강의해왔다. 학부를 비롯해 과학기술정책대학원, 국내 최고의 기자들을 대상으로 한 과학 저널리즘 대학원 과정에서 강의하면서 거듭 느낀 점이 한 가지 있다면, 환경정책에 대한 심도 있는 이해가 대체로 부족하다는 것이다. 미국이나 유럽의 선진국의 경우, 환경정책의 역사가 상상 이상으로 길고, 이와 관련한 내막 또한 상당히 복잡하다. 이 과정에서 부각된 이슈들에 대한 지식이나 이해가 부족하면 환경정책에서 자칫 지나치게 일방적이고 단순한 결정들이 이루어질 수 있다. 큰 그림을 파악하지 못한 상태에서 새로운 경제발전 방향이나 과학기술정책의 방향을 선택한다는 것은 무리한 도박일 수 있겠다.

이 장은 몇 가지 기본 목표를 염두에 두고 집필되었다. 첫째, 환경주의와 환경정책의 역사적 흐름과 추세를 한눈에 보이게 하는 것이다. 둘째, 지금까지 진행된 환경정책에 대한 논쟁과 토론에서 부각된 대표적인 주장이나 관점 또는 개념을 소개하는 것이다. 이를 위해 특히 유용한 논문, 책자, 보고서 등의 전체나 일부를 수록했다. 그중 몇몇은 널리 인정받는 고전으로 환경정책 입문 과정에서 한 번쯤 꼭 읽어보라고 권유하고 싶은 자료들이다. 더욱 깊이 있고, 짜임새 있으며, 효과적인 환경정책 토론을 위해 반드시 고려해야 할 이슈들을 이 교재를 통해 어렴풋이나마 보여주는 것이 필자의 마지막 바람이다.

포함된 자료를 좀 더 구체적으로 보자면, 다음과 같다.

(1) 환경주의의 과거 그리고 현재: 두려움에서 벗어나 기회를 엿보다, 1970~2010

2010년 미국 환경보호청(EPA)Environmental Protection Agency의 창립과 지구의 날 40주년을 동시에 기념하기 위해 「환경과학과 기술(ES&T)Environmental Science and Technology」은 EPA의 협조를 얻어 2011년 1월부로 환경정책 특집호를 출간했는데, 여기서 선두 논문으로 선정되어 게재된 필자의 논문을 번역한 것이다. 앞에서 말한 것과 같이 환경주의와 환경정책의 역사적 흐름과 추세를 분석해 한눈에 보여 주는 것을 목표로 쓴 글이고, 많은 내용을 최대한 간략하게 추려놓은 논문이기에 고민하다 포함하기로 결정했다.

이 글의 핵심 내용 중 두 가지는 미리 설명하는 것이 도움이 될 듯하다.

a. 이 논문에서 설명하듯 미국과 유럽의 경우 환경주의와 환경정책의 역사는 사실상 19세기부터 본격적으로 시작된다. 조금 더 정확하게 분석하자면 19세기 후반부터 1910년대까지 제1차 친환경 붐boom이라 말할 수 있는 사례가 있었고 그 이후 1차 세계대전의 시작과 더불어 그러한 분위기가 침체되기 시작해서 약 반세기 동안 잠잠하다가, 1960년대에 제2차 친환경 붐이 시작되어 지금까지 진행되고 있는 것이다. 어떻게 보면 친환경 붐은 주기적인 현상일 수도 있다. 예컨대, 미국을 포함한 몇몇 주요 선진국에서는 환경정책에 대한 지지도가 최근 들어 떨어지고 있는 추세다. 한국이 환경정책에 본격적으로 관심을 보이기 시작한 1990년대는 제2차 붐의 절정기였다고 볼 수 있다. 1992년에 개최된 리우데자네이루 세계 환경개발 정상회의 20주년을 기념하기 위해 2012년에 개최된 리우+20 정상회의는 관심을 받지 못했고, 20년 전에 비해 너무도 조용해서 그야말로 초라하고 비관적인 분위기에서 진행되었다는 평가도 받았다.

b. 환경주의나 환경정책의 기본 방향과 취지를 크게 두 가지로 나눌 수

있는데 인류 문명과 발전에 대한 회의와 자연숭배를 중점으로 한 아케이디언Arcadian(목가주의)이 있는 반면, 자연을 이용하되 지배나 파괴적인 이용이 아니라 효율적이고 지속가능한 이용을 주장하는 유틸리테리언Utilitarian(공리주의)도 있다. 제1차 친환경 붐 때 이미 보여주었듯이 이 두 파의 환경주의자들은 때로는 협력하지만 근본적인 철학이 다른 이유로 대립하고 부딪치는 경향이 없지 않아 있었다. 논문에서 설명하듯 제2차 친환경 붐은 아케이디언들이 시작한 것으로 그 영향력은 아직까지도 유효하다. 예컨대, 아직도 환경주의자라고 하면 일방적으로 극단적인 환경보호를 주장하는 이들로 여겨지는 경우가 많다. 하지만 이 논문이 지적하듯 1980년대부터 유틸리테리언 또한 활기를 보이기 시작했고 지속가능한 발전sustainable development이라는 개념의 정의와 보편화는 이들의 대표적인 업적으로 볼 수 있다.

(2) 성장의 한계, 30주년 업데이트

1960년에 시작된 제2차 친환경 붐은 1970년대 초에 접어들면서 세계적으로 급격히 확산되었다. 미국에서는 EPA가 이때 설립되었고, 그 당시 아직 개발도상국이었던 한국에도 환경청이 세워졌다. 또한 환경문제에 대한 해결책을 제시하는 보고서·책자 등이 많이 나오기 시작했는데, 그중 대표적인 고전 가운데 하나가 1972년 출간된 MIT 과학자 팀의 보고서『성장의 한계The Limits to Growth』다. 그 후 두 차례의 개정판이 나왔는데, 본 교재에 포함된 것은 2004년에 미국에서 출판되고 2012년에 한국에서 번역본으로 소개된 최종판 머리말의 일부이다. 저자 중 한 명인 데니스 메도스Dennis Meadows가 쓴 글로 책 제작의 배경, 초판이 출간되었던 1970년대 이후의 변화, 그리고 책의 기본 메시지 등등을 설명한다. 그 당시에 나온 많은 출판물이 그랬듯이『성장의 한계』는 아케이디언 환경주의의 압도적인 영향하에 쓰인 책자로 인간사회의 성장과 발전은 환경이 지탱할 수 있는 한계에 도달했으므로, 성장을 멈추어야 한다고 주장한다.

(3) 개발과 환경에 관한 푸네 보고서

『성장의 한계』와 유사한 의견이 쏟아져 나오고, 여기에 발맞춰 조치를 취하기 시작한 국가들과 더불어 유엔 또한 환경문제의 해결을 위한 세계 정상회담을 개최하기 시작하는데, 1972년 스톡홀름 정상회담이 대표적이다. 하지만 같은 시기, 앞으로의 환경문제 토론에서 계속 문제가 될 걸림돌 또한 등장했고 스톡홀름도 그 영향을 받는다. 바로 성장을 멈추자는 선진국 환경주의자들의 의견에 동의할 수 없다는 개발도상국들의 입장이다. 대표적인 책자는 1971년 스위스 푸네에서 개최된 컨퍼런스에서 제기된 의견들을 담은 푸네 보고서Founex Report이고, 이 장에서 일부가 번역되어 실렸다. 개도국의 가장 시급한 환경문제는 자연환경이 아니라 생활환경이고 그 개선책은 경제성장을 멈추는 것이 아니라 확장하는 것이라는 내용이 이 보고서의 핵심주장이다. 환경문제에 대한 선진국과 개도국 간의 이견과 갈등은 현재까지 지속되고 있고, 2012년에 한국이 주최 국가로 결정된 녹색기후기금은 이에 대한 하나의 해결책으로 이해될 수 있으며, 이 기구의 설립은 1992년 리우데자네이루 정상회담에서부터 제안되었던 사항이다. 하지만 설립되기까지 20년이 걸렸고, 또 이런 해결책을 지지해온 주요 유럽 국가들은 현재 심각한 재정난을 겪고 있어 목표대로 경제적 지원을 할 수 있을지 여부는 아직 의문이다. 지원금을 구체적으로 어떻게 사용해야 하는지에 대해서도 선진국과 개도국 간의 의견이 계속 갈리고 있는 상태다.

(4) 우리 공동의 미래

1972년 스톡홀름 정상회담 이후 유엔은 선진국과 개도국의 엇갈리는 관점을 타협시키는 방안을 고민하던 가운데 1983년에 세계 환경발전위원회를 설립해서 연구주제를 위탁한다. 1987년에 발행된 위원회의 보고서가 『우리 공동의 미래』다. 노르웨이의 첫 여성 수상이자 위원회의 위원장을 맡았던 그로 할렘 브룬틀란Gro Harlem Brundtland의 이름을 따라 흔히 브룬틀란 보고서로도 불리는데 'sustainable development'이라는 용어와 개념을 정의하고 보편화시키기 시작한 고전적인 책자이다. 이 용어는 한국에서 '지속가능한 발전'으로 번역되어 쓰이고 있는데 '지탱가능한 발전'이 사실 더 정확한 번역이고, '지속가능한 발전'으로 국내에 보편화되면서 그 기본 취지나 뉘앙스를 잃게 되었다는 지적도 간혹 나온다. 성장과 발전을 멈추지 않고 지속하되 환경이 계속 지탱할 수 있는 범위 내에서 시행해서 이후 세대에 누가 되지 않도록 하자는 것이 이 개념의 기본 취지이다. 선진국과 개도국의 관점을 타협시키자는 의도는 분명하나 어떻게 이 개념을 구체화시킬 수 있는지는 아직 풀리지 않은 화두이다.

(5) 환경에 대한 진실

환경에 대한 진실의 출간은 유틸리테리언들에게 힘을 실어준 제2차 친환경 붐의 전환점이라 할 수 있다. 그 이후 아케이디언의 극단적인 관점을 비판하고, 자연과 인간의 합리적인 공존을 위해서는 현대문명을 거부할 것이 아니라 그 문명의 엔진이라 할 수 있는 과학과 기술 발전에 더 투자하고 힘을 기울이자는 유틸리테리언들의 의견이 대두한다. 이 중 대표적이라 할 수 있는 이는 덴마크 출신의 정치학자 비외른 롬보르Bjørn Lomborg이다. 1998년 덴마크에서 처음 출판되고 2001년에 영어로 번역되어 세계에 알려지기 시작한 그의 대표작은 『회의적 환경주의자The Skeptical Environmentalist』라는 제목으로 한국에 번역되어 소개되었는데, 이 때문에 롬보르는 국내에서는 회의론자와 혼동되어 오해받기도 한다. 하지만 그는 환경주의자이며 채식

주의자이기도 하다. 다만, 아케이디언이 아닐 뿐이다. 이 교재에 포함된 자료는 2001년 ≪이코노미스트The Economist≫에 실린 그의 글을 번역한 것으로 그의 관점을 소개한다.

(6) 지속가능한 생활방식의 실천화

마지막으로 지속가능한 발전연구의 세계적인 대가라고 여겨지는 영국 서리 대학교의 경제학자 팀 잭슨Tim Jackson 교수의 글을 번역하여 포함시켰다. 현재까지 제시된 환경문제의 해결책은 크게 세 가지이다. 첫째 인구감소, 둘째 소비적인 생활방식의 변화, 셋째 과학기술의 새로운 돌파다. 잭슨 교수는 이 세 가지 방책을 모두 언급하지만, 두 번째 소비적인 생활방식의 변화에 집중한다. 지속가능한 생활방식을 실천하자면 과연 어떤 제도와 희생이 필요할까? 덜 입고, 덜 먹고, 덜 낭비하는 생활방식을 보편화하기 위해 그는 무엇보다도 정부의 적극적인 통제가 필요하다고 주장한다. 문제점이 없는 의견은 아니다. 그가 주장하는 통제는 인권침해에 가깝다고 볼 수도 있고, 유럽 밖의 세상, 특히 처음으로 소비력을 즐기기 시작한 중국이나 인도의 중류층에게 얼마나 설득력이 있을지 의문이다.

결론적으로 인류는 환경문제나 지속가능한 발전을 위한 뚜렷한 돌파구를 아직 찾지 못했다. 하지만 너무 비관적일 필요는 없다는 것이 개인적 의견이다. 친환경적이고 지속가능한 성장의 한계는 자연적 요소뿐 아니라 인간의 창의력과 의지에도 달려 있다. 그렇다면 그 한계에 도달했다고 결론 내리기에는 너무 이르다.

집필 과정에서 세 명으로 구성된 학생 팀이 큰 역할을 했다. KAIST 과학기술정책대학원 박사과정을 수료 중인 김지현, 석사 전준, 그리고 학사 부전공프로그램을 수료 중인 박준성이 그들이다. 모두 뛰어난 수재들이다.

아케이디언과 유틸리테리언 환경주의가 이루어놓은 지금까지의 가장 중요한 업적 가운데 하나를 손꼽자면 이처럼 재능이 있는 젊은이들이 관심을 갖고 몰두하도록 환경문제에 대한 인지도를 높여준 것이다. 이런 추세가 지속된다면 새로운 돌파구에 대한 기대를 걸어볼 만도 하다는 것이 개인적 결론이다.

이 장의 내용과 관련해서 참고할 만한 문헌

Carson, R. 1962. *Silent Spring*. Houghton Mifflin(『침묵의 봄』. 김은령 옮김. 에코리브르. 2011.).

Commoner, B. 1972. *The Closing Circle: Nature, Man, and Technology*. Random House Inc.

Ehrlich, P. 1968. *The Population Bomb*. Sierra Club.

Hardin, G. 1968. "The Tragedy of the Commons." *Science*, vol. 162, pp.1243~1248.

Leopold, A. 1949. *A Sand County Almanac*. Oxford University Press.

Naess, A. 1973. "The Shallow and the Deep, Long-Range Ecology Movement. A Sum Mary." *Inquiry*, vol. 1, no. 1, pp. 95~100.

United Nations. 1992. *Agenda 21*. United Nations.

〈그림 6.1.1〉 유틸리테리언 환경론자 시어도어 루스벨트 대통령(왼쪽)과 아케이디언 환경론자 존 뮤어. 캘리포니아 요세미티 국립공원의 글래이셔 포인트에서(1903년).

자료: Library of Congress.

6-1 환경주의의 과거 그리고 현재: 두려움에서 벗어나 기회를 엿보다.

마이클 박(Michael S. Pak), 2011

Michael S. Pak. 2011. "Environmentalism Then and Now: From Fears to Opportunities, 1970~2010." *Environmental Science and Technology*, vol. 45, no. 1, pp. 5~9.

1970년 1월 1일, 미국의 리처드 닉슨Richard Nixon 대통령은 국가환경정책법안National Environmental Policy Act을 승인했다. 그는 미국인들이 "앞으로의 1년뿐 아니라 10년간" 지속적으로 관심을 기울여야 하는 그런 새해 계획을 세우도록 촉구했다.

> 10년 앞을 내다보십시오. 인구증가, 자동차 증가, 그에 따른 스모그 증가, 수질 오염, 그 외 다른 것들까지…… 지금 당장 행동을 취하지 않으면 나중에는 기회조차 주어지지 않습니다. 사람들이 수백만 대가 넘는 차를 소유하는 때가 되면 되돌리기 어렵습니다.

40년이 흐른 지금, 우리는 여전히 비슷한 난제들에 직면해 있다. 비록 몇몇 환경문제 해결에서는 장족의 발전을 이루었지만, 전보다 더 다루기 난해한 문제들도 생겨나고 또 발견되었다. 1980년대에 일어난 지구온난화 현상의 '발견'이 한 예이다. 이처럼 우리가 대처해야 할 환경문제의 범위와 규모는 40년이 지나는 동안 더 방대해진 반면, 오늘날 정책입안자들은 앞으로 나아가야 할 방법에 대해 확신하기 어려워하는 듯하다. 특히 미국의 경우 더 이상 환경 관련 쟁점들은 닉슨 대통령 시절과 같이 초당파적인 지지를 받고 있지 못하다.

그러나 우리의 시선을 미 국회의사당이나 코펜하겐이 아닌 다른 곳으로 돌리면, 좀 더 고무적인 흔적들을 찾아볼 수 있다. 국가환경정책법안이 통과되던 바로 그해는 미국 환경보호청(EPA)이 설립되고 지구의 날이 처음으로 지정된 해이기도 하다. 1970년 2000만 명이 조금 넘는 미국인들이 기념했던 지구의 날은 이제 190개국에서 10억 명이 넘는 사람들이 참여하는, '비종교적 행사로는 세계에서 가장 큰 시민 행사'가 되었다.

이렇듯 전 세계적으로 환경에 대한 인식이 높아지고 적극적인 자세가 확립되어가는 가운데, 1960~1970년대의 국가 환경정책법안을 비롯해 그 외 비슷한 법안들의 형성에 영향을 미쳤던 환경사상과는 사뭇 다른 환경사상 또한 대두되어왔다. 이런 사상적 변화가 어떤 의미에서 고무적인 것인지, 또 정책적 함의는 무엇인지 이해하기 위해서는 1970년보다 더 이전을 되돌아볼 필요가 있다.

두 갈래의 환경사상과 그들의 역사

'아케이디언Arcadian'과 '유틸리테리언Utilitarian'으로 대비되는 두 환경주의 간의 긴장 관계는 오랜 역사를 지니고 있다. 아케이디언들은 자연을 있는 그대로의 상태로 보존하는 것이 최선이라 여겼으며, 현대 문명에 대해 이중적인, 실은 자주 적대적인 태도를 보였다. 반면, 유틸리테리언들은 천연자원을 좀 더 안정적이고 효율적인 방법으로 사용하는 것을 지향해왔으며 이를 위해 과학기술의 발전을 대체로 환영하는 입장이었다. 19세기에 시작되어 1차 세계대전의 발발로 사그라진 환경주의의 제1의 물결 안에서도 이와 같은 두 사상 간의 갈등이 명백하게 나타난다. 지난 40년간은 그 후속, 즉 환경주의의 제2의 물결에 속하는데, 여기에도 이러한 예전의 쟁점들이 현대적인 모습으로 재등장하고 있다.

옥스퍼드 영어사전에 따르면, 'Arcadian'은 '시골(전원)의, 소박한 이상향'을 의미하며 그리스신화에서 그 기원을 찾을 수 있다. '풍족함, 순수함, 그리고 행복과 평화가 가득 찬 황금시대'의 상실은 서구 사상에서 자주 등장하는 모티브이다. 실낙원失樂園의 관념은 고대 그리스 로마시대에 그 뿌리를 두지만, 그 관념을 바탕으로 한 현대 환경주의 사상(아케이디언 환경론)의 등장은 제1차 산업혁명에서 유래한다. 아케이디언 환경론은 특히 산업혁명과 그것에서 생겨난 자연과 사회의 악영향을 비판한 영국 낭만주의 시인이자 비평가인 윌리엄 워즈워스William Wordsworth나 존 러스킨John Ruskin으로부터 유래되었다. 또한, '야생으로의 회귀운동'과 '소박한 생활의 예찬'을 설교하고 직접 실행했던 데이비드 소로Henry David Thoreau 등의 초월주의 사상가들도 아케이디언의 시초로 꼽힌다. 존 뮤어John Muir는 전위파(아방가르드)의 예술적·철학적 접근을 강력한 사회적·정치적 운동으로 탈바꿈시켰다고 간주된다. 뮤어는 파급력 있는 글들을 남겼고 국립공원 법안(1899년)을 통해 요세미티 계곡 일대와 소살리토 근방의 세쿼이아 숲을 국립공원으로 지정하는 데 결정적인 역할을 했다. 또한, 그는 아케이디언 환경론의 조직적 근간이자 세계적으로 가장 강력한 민간 환경운동 단체로 성장한 시에라 클럽Sierra club(1892년 설립)의 창설자이기도 하다.

유틸리테리언 환경론은 19세기의 '과학적 보존' 운동에서 유래한다. '유틸리테리언'으로 불릴 수 있는 이유는 이 사상이 자연의 적절한 사용을 강조하기 때문이며, '최대 다수의 최대 행복'의 실현을 강조하는 같은 이름의 철학사조와 그 맥을 같이하는 측면도 있다. 이 운동의 초기 주창자 가운데 하나인 조지 퍼킨스 마시George Parkins Marsh는 그의 저서 『인간과 자연Man and Nature』(1864)에서 산림 파괴가 미치는 영향을 경고했다. 19세기 후반 미국인들은 서부 개척의 종결과 함께 미개척지로 상징되던 풍족한 자원이 한계에 다다랐다고 인식하게 되는데 이 또한 좁게는 산림 관리, 넓게는 천연자원의 보존이 당시 미국의 주요 관심사가 되는 데 중요하게 작용했다. 더불어 루스벨트 대통령이 유틸리테리언의 주요 옹호자로 등장하면서 '보존'운동은 20세기 전후 진보 시대progressive era 미국의 핵심적인 정치 문제로 자리 잡았다.

이런 초기 환경주의 단계에서도 아케이디언 환경론자들과 유틸리테리언 환경론자들의 관계는 우호적인 듯하면서도 한편으로는 적대적이었다. 사실 인간과 자연의 적절한 관계에 대한 양측의 의견이 근본적으로 다르므로 서로 간의 갈등은 불가피해 보였다. 아케이디언 환경론자들은 자연은 신성한 존재이므로 가능한 한 인간의 침범으로부터 자연을 보호해야 한다고 생각했다. 뮤어는 "우리가 지금까지, 그리고 여전히 싸우고 있는 (시에라의) 숲을 위한 이 전쟁은 옳은 것과 그른 것 사이의 영원한 싸움의 시작입니다…… 최초의 보호림은 에덴동산에 있었습니다. 거기에는 하느님께서 만들어놓은, 단 하나의 나무*를 감싸도록 만들어놓은 경계가 있었지만 그런 보호림조차 지켜지지 못했습니다"라고 말했다. 반면, 초기 유틸리테리언 환경론자들에게는 자연이란 인간이 자신의 이익을 위해 잘 이용할 줄 알아야 하는 대상에 불과했다.

뮤어와 국가 삼림 감독관 기퍼드 핀초트Gifford Pinchot 사이의 논쟁을 기점으로 두 학파 간의 갈등은 최고조에 다다른다. 그들은 친구였지만 국립공원의 일부를 양 방목에 사용할 것인지를 두고 수많은 설전을 벌였고, 1906년 샌프란시스코에 일어난 끔찍한 지진 이후, 비상용수 공급을 위해 헤츠헤

* 선악과가 열린 나무.

치 계곡에 식수 댐 건설을 결정할지를 두고 논쟁을 하던 끝에 결국 철천지 원수가 되어버렸다.

뮤어는 댐 건설 반대를 위해 7년간 분투했지만 결국 지고 말았고 그것이 그의 마지막 투쟁이 되었다. 그는 이듬해 1차 세계대전이 발발한 1914년에 세상을 떠났다. 이후, 경제대공황과 두 번의 세계대전을 거치면서 환경주의는 다시 자취를 감추게 된다. 비록 몇몇 환경보존 프로젝트는 계속 진행되었지만, 환경 관련 쟁점들은 더 이상 이전처럼 범국가적으로 뜨거운 관심을 얻지는 못했다.

새로운 아케이디언 환경론의 등장과 그 결과

1960년대 이후로 지금까지 진행 중에 있는 환경주의의 제2의 물결은 아케이디언 환경론자들에 의해 시작되었다. 1960년대의 환경주의 운동은 어떤 의미에서는 인류가 자연에 자행한 가장 충격적인 일 중 하나인 '원자폭탄을 발명하고 폭발시킨 일'에 대한 반동에서 비롯되었다. 히로시마 이후 세대는 정신적으로 깊은 죄책감과 공포를 느꼈고 이는 냉전시대에 나날이 자행되던 핵 실험과 함께 커져만 갔다. 1960년대 환경운동의 시작을 알리는 레이철 카슨Rachael Carson의 저서 『침묵의 봄Silent Spring』(1962)이 사람들의 이런 마음을 건드렸다. 그녀의 책은 '기적의 살충제' DDT의 남용이 불러온 생태계 파괴에 대한 이야기지만, 그 이야기에서 DDT는 방사성 동위원소 스트론튬-90(^{90}Sr)과 비교 대상이 되었다. 카슨은 스트론튬-90이 우유를 통해 흡수된 후 아이들의 뼈에 남을 수 있는 것처럼, 지용성 살충제인 DDT 또한 생물의 근육 조직에 남아 먹이사슬을 통해 퍼져서 전 생태계에 엄청난 피해를 불러올 것이라고 주장했다.

카슨은 영민하게도 당시의 시급한 보건 이슈를 환경문제로 재구성해 그들을 연결시켰다. 즉, 자연을 통제하려는 인간의 오만과 어리석음이 이러한 문제들을 야기한다는 것이었다. '급진적인 60년대'라는 당시의 상황에서 그녀의 메시지는 많은 사람의 공감을 얻었다. 그 결과 만들어진 1960, 1970년대의 법안들은 야생보호법안Wilderness Preservation Act(1964)이나 미국 환경보호청 등에서 나타나는 것처럼 '보호(preservation 혹은 protection)'를 강조한다는 점에서 아케이디언 환경론의 성향을 닮았다.

환경주의의 제2의 물결이 아케이디언 환경론에 의해 시작되면서 다행스러운 결과도 있었지만 그렇지 못한 일도 나타났다. 아케이디언 환경론의 최대 업적 중 하나는 환경주의 운동의 위상을 높였다는 점으로 혹자는 이를 급속히 성장하고 있는 '세속적인 종교'로까지 묘사한다. 이에 반해 다행스럽지 못한 결과로는 아케이디언 관점에 의해 다른 환경론의 관점들이 상대적으로 가려졌다는 점을 꼽을 수 있다. 심지어는 아케이디언 이외의 관점을 가진 사람들은 환경론자로 간주되지도 않았다. 이들 다른 환경론자들이 특히 우려하는 것은 대중이 죄책감과 공포를 환경주의의 전부인 것처럼, 마치 환경론자란 곧 들이닥칠 대재앙과 종말을 예고하는 자인 것처럼 인식하게 되었다는 점이었다. 물론 죄책감과 공포가 아케이디언 환경론자들만의 전유물은 아니지만, 그들이 1960년대 환경주의 논쟁에서 가장 영향력 있는 목소리를 낼 수 있었던 것은 인류 문명의 파괴적 잠재력 — 뮤어의 은유에 의하면 에덴동산에서 일어난 선악과에 대한 인류의 침범 — 을 끊임없이 강조했기 때문이었다.

아케이디언이 과도하다는 인식과 함께 환경론자들 가운데 '환경주의 관점 간 균형'을 주장하는 목소리가 커졌다. 예를 들어, 롬보로는 그의 저서 『회의적 환경주의자』에서 종말과 암흑만을 탄원하는 데서 벗어나, 그가 모아온 '수치적인' 자료들을 제시함으로써 아직 우리에게 낙관의 여지가 남아 있음을 주장했다. 롬보로 이전에도 이미 마틴 루이스Martin W. Lewis는 아케이디언 사상이 '프로메테우스주의'로 대체되어야 한다고 주장했다. 심지어 환경사학자들은 아케이디언 전통에 대한 철저한 분석을 통해 그것이 자연에 대한 객관적인 이해에 근거한 '환경 친화적'이거나 혹은 '생명 중심적'인 전통이기보다는 '에덴동산의 재발명'이라고 부를 수 있을 만큼 인위적인 이상향 속의 자연에 기반을 두고 있다고 신랄하게 비판했다.

다행히 '환경주의 관점 간 균형'이 요구되면서 유틸리테리언 환경론도 다시금 각광을 받기 시작했다. 아케이디언 환경론이 그랬던 것처럼 유틸리테리언 환경론도 1차 세계대전 이후 꾸준히 명맥을 유지했다. 하지만 1970년대에 이르기까지 침체되었던 것이 사실이었으며, 이따금 댐 건설 사업 등에만 목소리를 내는 등 근본적으로는 '헤츠헤치 댐 건설 논쟁' 때와 같은 수준의 담론에 머물러 있었다. 이러한 침체기는 1980년대 후반 새로이 만들어진 '지속가능성'의 개념이 대두됨에 따라 전환점을 맞이했다. 이 개념은 전통적인 유틸리테리언 환경론의 의제를 바꾸었고 그 규모와 범위를 엄청나게 확대시켰다. 유틸리테리언이 아케이디언에 맞서는 모습은 평범한 대학 교재에서도 관찰할 수 있게 되었다.

> 환경 파괴에 대해 서구 문명이 특별히 죄책감을 느껴야 한다는 것은 근거 없는 믿음일 뿐입니다. 자연과 조화를 이루며 살았던 고귀한 야만인이란 존재하지 않았듯이, 태고의 순결함이란 이제껏 단 한 번도 존재하지 않았습니다. 우리들은 이에 지속가능성이라는 새로운 패러다임을 채택하게 되었습니다.

그 관점이 아케이디언 환경론뿐 아니라 자연 정복을 강조하는 서양 과학의 제국주의 전통과도 적절한 대비를 이룬다는 점에서 '유틸리테리언'이라는 호칭의 선택은 탁월해 보인다. 히로시마 원자폭탄 투하 사건 이후,

유틸리테리언 환경론은 인간의 자연 정복이 가능하다고 여기지 않는다. 유틸리테리언 환경론의 목표는 온 지구를 시멘트로 덮어버리는 데 있는 것이 아니라 과학기술의 도움 아래 인류 문명을 재정비·재구성해 자연과 더 잘 조화되도록 하는 데 있다. 유틸리테리언 환경론의 입장은 '지속가능성'이라는 용어를 창안하고 대중화시킨 것으로 잘 알려진 1987년 세계 환경발전위원회(WCED)World Commission on Environment and Development의 보고서에 잘 요약되어 있다. "지속가능한 발전은 현 세대의 필요를 충족시키면서도 미래 세대가 그들의 필요를 충족시킬 수 있는 능력을 저해하지 않는 개발이다."

본질적으로 그 기본 개념은 자연자원의 보존이며 다만 '지속가능성'이라는 최신 용어는 추가적인 함축성을 지니고 있다.

물론 유틸리테리언 관점이 아케이디언 관점을 완전히 대체해야 한다는 말은 아니다. 역사적으로 두 환경론은 서로의 활동을 고무하는 한편 상대방의 과도한 측면을 상쇄시켜왔다는 점에서 서로에게 필요한 존재였다. 이 글을 쓰는 주된 이유 중 하나가 바로 두 운동 간의 역사적 역동성 ─ 불화뿐 아니라 상호의존성 ─ 을 좀 더 명확히 드러내고 이런 회고를 바탕으로 앞을 내다보는 데 있다.

지속가능한 발전, 새로운 프론티어

월드워치연구소World Watch Institute의 2008년도 「지구환경보고서State of the World」에서 팀 잭슨Tim Jackson은 환경문제를 해결하는 데 본질적으로 세 가지 접근방법이 있다고 주장했다: ① 인구감소, ② 생활양식의 변화, ③ 과학기술의 획기적인 발전이 그것이다. 이 명확한 설명만큼 함축적이고 간결하긴 어려울 것이다. 혹자는, 일부 최고의 기후경제학자들이 동의하는 것처럼, 새로운 과학기술적 돌파구만이 가장 가능성 있는 해결책이라고 생각할지도 모른다. 그렇다면 그가 제시한 다른 대안들은 어떠할까?

(1) 인구 억제

우리는 예전부터 이 방법을 시도해왔고, 인구억제 정책의 지지자들은 결국 아케이디언 환경론의 대들보 역할을 했다. 스탠퍼드 대학교의 생물학자 폴 에를리히Paul Ehrlich가 1968년에 출간한 베스트셀러 『인구폭탄Population Explosion』은 종말의 임박을 예보하는데, 이는 1970년대의 분위기를 잘 드러낸다. 그는 인구의 증가가 식량 생산의 증가보다 빠르므로 이대로 가다가는 결국 1980년대에 이르러서 수억 명의 인구가 굶주리게 될 것이라고 예측했다. 하지만 토머스 맬서스Thomas Malthus가 이미 200년 전에 한 예측*이 빗나간 것처럼 그의 주장도 현실화되지는 못했다.

문제점은 이뿐이 아니다. 무엇보다도 인구를 억제하려는 시도들은 인권적 측면에서 잘못된 정책이나 사회적 관행을 낳았다. 게다가 전 세계적으로 인구증가가 안정기에 접어들 것이라는 예측도 나오고 있다. 영국의 경제주간지 ≪이코노미스트≫의 요청에 따라 시행된 유엔 통계학자들의 조사에 따르면, 2050년에 세계 인구는 85억~92억 명에 이른 뒤 더 이상 증가하지 않을 것으로 예측되었다. 저출산 현상은 이제 선진국만의 문제가 아니다. 에를리히는 세계 인구가 갑절이 되는 시간이 점점 짧아질 것이라고 우려했지만 실상은 개발도상국들이 선진국과 같은 저출산율에 도달하는 시간이 점점 짧아지고 있다.

물론, 금세기 중반 경에 들어서면 세계 인구가 더 이상 늘어나지 않는다 치더라도 그땐 이미 지구가 포화 상태에 이르러 너무 늦다는 주장도 일리가 있다. 하지만 우리가 인구를 조절하기 위해 아무리 노력해도 그렇게 빨

---

* 『인구론An Essay on the Principle of Population』(1798)에서 한 예측이다.

리 인구를 감소시킬 수 없다는 점을 감안하면 인구억제가 아닌 다른 대안을 찾는 편이 낫다.

(2) 생활양식의 변화

우리가 소비를 줄이고 검소한 삶을 추구하면 환경에 주는 부담을 줄일 수 있다는 생각도 예전부터 있었다. 검소한 생활방식으로 월든 호수Walden Pond에 머물렀던 데이비드 소로의 뒤를 이어, 그의 실제 생활방식 그대로는 아니더라도 철학적 측면을 따르려는 추종자들이 꾸준히 있었다. 하지만 소비적인 삶을 기꺼이 포기한 이들은 전 인류 가운데 아주 극소수에 지나지 않았고 우리가 오늘날 처한 환경문제들이 이를 보여준다. 선진국에 만연한 소비지상주의는 이제 세계 다른 곳으로도 빠르게 퍼져나가고 있다.

덜 낭비하고 환경에 피해를 덜 주는 생활방식으로 전환해야 한다고 말하는 것은 다만 우리가 풀어야 할 문제를 다시 확인하는 것일 뿐이다. 가장 어려운 부분은 일부 헌신적인 환경 운동가들뿐 아니라 대중들의 참여를 이끌어내는 일이다. 팀 잭슨은 정부가 국민들의 행동 변화를 도와야 한다고 주장한다. 이는 이미 어느 정도 정부의 환경 규제를 통해 일어나고 있다. 하지만 정부의 힘만으로 소비중심주의적 행동을 억제하는 데 무리가 있다. 국내총생산(GDP)과 1인당 소득으로 국가 순위를 결정하는 사회적 관행하에 모든 국가들이 경제성장을 위해 달려가는 상황에서 정부가 그런 권한을 제대로 발휘하기는 어렵다. 그뿐 아니라, 선진국의 환경 기준을 아무런 준비가 되어 있지 않은 개도국에 바로 적용하는 것이 공정한가라는 물음은 말할 것도 없고, 정부가 어느 정도까지 국민의 가치와 생활방식 결정에 관여해야 정당한가라는 더 근본적인 물음이 남아 있다.

따라서 이상적인 것은 전 세계적으로 환경 친화적인 생활양식으로의 자발적인 변화가 일어나는 것이다. 이를 위해서 아케이디언 환경론과 유틸리테리언 환경론은 각기 다른 역할을 해야 할 것이다. 사람들이 완전히 다른 생활양식으로 자발적인 전환을 이루는 데에는 두 가지 형태의 진전이 효과적임을 역사가 말해주고 있다. 하나는 새로운 종교의 전파이고, 다른 하나는 과학기술의 획기적인 발전이다(인터넷 이전의 시대를 기억하는 사람이라면 그 짧은 시간에 우리의 생활양식에 일어난 변화, 진실로 전 지구적 규모의 변화를 인정할 것이다). 아케이디언 환경론이 '세속적인 종교'라는 칭송에 걸맞게 대중들을 변화시키고 그들이 환경을 개선하도록 할 수 있을지는 차차 두고 봐야 알겠지만, 그동안 유틸리테리언 접근에, 특히 과학기술의 새롭고 획기적인 발전을 통해 좀 더 환경 친화적인 생활양식으로 변화될 가능성에 대한 희망을 걸어볼 수도 있다. 또 한 번, 역사는 우리가 그런 희망을 품어도 되는 이유를 말해주고 있다.

(3) 과학기술의 획기적인 발전

DNA 구조의 발견에 대해 아주 명확한 설명을 제시하는 도널드 플레밍Donald Fleming의 연구는 다음과 같은 물음으로 시작된다. 왜 1953년 왓슨James Watson과 크릭Francis Crick이 발견하기 전에는 그것이 불가능했던 것일까? 결국 가장 큰 걸림돌로 밝혀진 것은 왓슨과 크릭 이전 생물학자들이 불필요할 정도로 수수한 목표를 가지고 있었다는 점이다. 그들은 "유전자가 무엇으로 구성되었는지를 이해하거나 그런 데 관심을 갖지 않아도" 유전자 개념을 이용해 유전형질을 설명하는 것에 능숙했고 "교만에 가까운 만족감"에 젖어 있었기 때문에 유전자의 물리학적·화학적 이해에는 관심이 없었던 것이다. 결국 생물학자들은 생물학에 대한 새로운 개념을 제안하는 다른 분야 과학자들 — 즉, 물리학자 에르빈 슈뢰딩거Erwin Schrodinger, 레오 실라르드Leó Szilárd, 그리고 막스 델브뤼크Max Delbruck — 의 영향을 받고 나서야 스스로 정한 한계를 벗어날 수 있었다. 바로 그러한 제안에 귀를 기울인 사람들이 왓슨과 크릭(그리고 다른 생물학자들)이었고, 그들은 DNA 구조를 밝힐 수 있었다.

"성공을 위해서는 야심 찬 포부를 가지고 새로운 생각들을 받아들일 준비가 되어 있어야 한다"라는 격언은 과학자들이나 공학자들에게도 적용될 수 있다. 그런 의미에서, 과학자들과 공학자들 사이에서 '지속가능성'이 새로운 미개척 연구 분야로 각광받는 것은 특히나 고무적인 현상이라 볼 수 있겠다. 이는 매우 야심 찬 목표이며 이를 위해서는 다양한 학문 분야 간 협력과 교류가 요구된다.

'지속가능성'이 과학기술을 선도하고 고무하는 효과를 거둘 수 있다는 것은 특히 화학계의 변화에서 잘 드러난다. 카슨이 처음 그녀의 책을 출판했을 때만 해도 화학자들은 가장 심한 반대파였다. 화학 산업은 카슨의 과학자로서의 평판을 실추시키고 살충제의 사용을 옹호하기 위한 캠페인을 계속해나갔다. 그러나 이후 화학자들은 환경주의의 가르침 또한 받아들였다. 현재는 화학적으로 지속가능성을 실현하겠다는 명백한 목표를 내세우는 '녹색화학green chemistry' 분야가 번성하고 있다.

환경에 대한 기회 지향적 사고와 그것의 정책적 함의들

이처럼 위기보다는 기회에 더 초점을 맞춘다는 것이 유틸리테리언 환경론의 또 다른 특색이다. 그렇게 유틸리테리언 환경론은 아케이디언 환경론이 못미더운 사람들의 전향을 이끌어낼 수 있을지도 모른다. 최근 연구결과에 따르면 특정 환경주의 메시지들이 일부에 수용되고 다른 일부에는 수용되지 않는 것은 주로 메시지에 각인되어 있는 언어나 관점의 형식 때문이라고 한다.

유틸리테리언 관점이 신흥국에 더 설득력 있을지 모른다는 징후들도 있다. 경제발전의 억제를 강조하는 아케이디언 환경론의 관점은 개발도상국들에 별 매력이 없을 수밖에 없고 1971년에 나온 유명한 푸네 보고서에 이러한 개발도상국의 견해가 요약되어 있다. 이 보고서는 개발도상국이 선진국과는 본질적으로 다른 종류의 '환경문제'를 지니고 있다는 취지에서 작성되었다. 전자의 환경문제는 적절한 위생 시설 및 사회 기반 시설의 부재에서 비롯되므로 그 문제 해결을 위해서는 개발을 덜 하는 것이 아니라 오히려 더 해야 한다는 것이다.

지속가능한 성장과 기술 이전을 강조하는 유틸리테리언 관점은 이런 점에서 신흥국들의 견해와 분명히 잘 통하는 것 같다. 그 좋은 예로, 급속한 산업화가 이루어지고 있는 중국은 아케이디언 환경론자들에게 환경적 측면에서 악몽과 같은 존재였다. 하지만 이제 중국은 환경기술 개발 경주에서 선두주자로 앞서나가고 있다. 중국의 이러한 유틸리테리언적인 접근 방법은 그들의 선조가 수천 년 동안 자연을 대해온 전통과 일맥상통한다.

실로 지속가능성을 향한 경주는 진행 중인 것 같다. 이미 혹자는 환경 관련 과학기술이 가까운 미래에 주된 성장 산업이 되고 국가경쟁력을 결정지을 핵심 요소가 될 것이라 예측하기도 한다. 만약 이것이 사실이라면 그 정책적 함의는 명백하다. 우리가 앞서 보았듯이 1960~1970년대의 역사적인 환경 법안들은 기본적으로 아케이디언적 특성을 가지고 있었다. 반면 미래의 성공적 환경 법안들은 아마 유틸리테리언 학파의 기회 지향적 견해에 기반을 두고 있을 것이다.

구체적으로, 유틸리테리언적인 의제를 받아들인다는 것은 다른 무엇보다도 산업이 주도권을 행사하지 않을 그런 연구개발 분야에 정부가 더 투자해야 함을 의미한다. 예를 들어 맨해튼 프로젝트에 상응하는 기후변화에 대한 연구 프로젝트가 만들어질 수도 있겠다. 기후변화에 관한 정부 간 패널(IPCC)의 경우, 결함도 많았지만 결국 이전까지 흩어져 진행되어온 전 세계 과학자들의 다양한 연구를 조직화했고 이를 통해 최근의 지구온난화가 일정 부분 인간의 활동에서 비롯되었을 가능성이 크다는 주장을 관철시키는 데 성공했다. 최근 ≪네이처Nature≫에 실린 사설이 지적하듯이 우리는 이제 최소한 여러 세대의 슈퍼컴퓨터 — '여러 세대'라는 복수형에 주목하라 — 가 개발되기를 기다려야 한다. 이는 '현재 컴퓨터의 기술 수준'으로는 기후모델 제작자들의 주장을 '실질적인 정책 수단'으로 삼기에는 많은 어려움이 따른다는 의미이다. 게다가 최근 IPCC의 연구 보고서들에 의하면 태양 및 화산활동이 기후에 미치는 장기적 영향과 탄소 배출의 영향을 구분 짓는 일이 여전히 엄청난 '불확실성'을 지니고 있다. 누군가는 이런 불확실성을 근거로 탄소 배출에 크게 개의치 않아도 된다고 여기지만 좀 더 이성적인 결론은 연구를 좀 더 조직화하고 지원하는 것이다. 부정확한 과학지식에 근거해 행동을 취하거나 탄소 배출 문제를 무시하는 것보다는 지금 기초연구에 투자함으로써 불확실성을 줄이는 편이 장기적으로 봤을 때 더 경제적일지 모른다.

닉슨 대통령 이후 그 어느 대통령도 환경 관련해서 전임자와 같은 중대한 법률 제정 기록을 세우지 못했다는 것에는 아이러니한 부분이 있다. 이미 잘 알려져 있듯이 닉슨 대통령은 환경주의 이상을 신봉하는 사람이 아니었다. 단지 그에게는 당시 떠오르는 아케이디언 환경론의 흐름에 편승하는 것이 정치적으로 현명한 판단이었던 것이다. 효과적인 정책의 수립을 위해서는 정치의 흐름을 무시할 수 없으며, 어쩌면 대담하게 새로운 현실과 흐름을 직시하는 것이 이롭다. 따라서 유틸리테리언 의제와 그 기회지향적 사고를 수용하는 것이야말로 정치적 난국을 돌파하고 더 효과적인 국제 협력을 통해 인류의 미래를 결정하는 데 도움을 주는 방법일 수 있다. 시간이 그 결과를 말해줄 것이다.

6-2 성장의 한계: 30주년 개정판

도넬라 메도스, 요르겐 랜더스, 데니스 메도스(Donella H. Meadows, Jorgen Randers and Dennis L. Meadows)

도넬라 메도스, 요르겐 랜더스, 데니스 메도스. 『성장의 한계』. 2012. 김병순 옮김. 서울: 갈라파고스, 11~23쪽.

배경

『성장의 한계: 30주년 개정판』은 초판이 나온 지 30년을 기념해서 세 번째로 출간된 책이다. 초판은 1972년에 처음 출간되었고 첫 번째 개정판은 1992년, 『성장의 한계, 그 이후Beyond the Limits』라는 제목으로 나왔다. 두 번째 개정판에서 우리는 『성장의 한계Limits to Growth』 초판에서 예측했던 지구 전체의 개발 시나리오들이 이후 20년 동안 과연 어떤 모습으로 나타났는지에 대해 논의했다. 이번에 또다시 발간되는 30주년 개정판은 우리가 처음에 분석한 내용들 가운데 핵심 부분을 다시 한 번 조명하고 지난 30년 동안 축적된 관련 데이터들과 지식들을 두루 훑어볼 것 이다. 『성장의 한계』를 발간하는 프로젝트는 1970년에서 1972년까지 슬로안 경영대학 산하 시스템 역학 그룹에서 진행되었다. 우리 프로젝트 모임은 세계 인구와 실물 경제의 성장을 낳은 장기적인 원인과 그 결과를 분석하기 위해 시스템 역학 이론과 컴퓨터 모델링 기법을 사용했다. 우리가 알고 싶은 것은 다음과 같은 문제들이었다. 현재 전 세계에서 시행되고 있는 정책들은 우리를 지속가능한 미래로 이끌 것인가, 아니면 붕괴시킬 것인가? 모두가 충분히 만족할 수 있는 인간 경제를 창조하기 위해 우리는 과연 무엇을 해야 하나? 우리는 전 세계의 뛰어난 사업가, 정부 인사, 과학자들로 구성된 비공식 국제단체인 로마클럽Club of Rome의 위임을 받아 이런 문제들을 검토하기 시작했다. 연구 기금은 독일의 폭스바겐 재단이 제공했다. 당시 MIT 교수였던 메도스는 2년 동안 이 연구를 수행하기 위해 작업팀을 꾸리고 그들을 지휘했다. 당시 연구에 함께 참여한 사람들은 다음과 같다.

앨리슨 앤더슨Alison A. Anderson 박사(미국), 에리히 잔Erich K. O. Zahn 박사(독일), 일야스 바야르Ilyas Bayar(터키), 제이 앤더슨Jay M. Anderson 박사(미국), 파르하드 하킴자데Farhad Hakimzadeh(이란), 윌리엄 베렌스 3세William W. Behrens III 박사(미국), 주디스 메이첸Judith A. Machen(미국), 슈테펜 하볼트Steffen Harbordt 박사(독일), 도넬라 메도스Donella H. Meadows 박사(미국), 페터 밀링Peter Milling 박사(독일), 니르말라 무르티Nirmala S. Murthy(인도), 로저 네일Roger F. Naill 박사(미국), 요르겐 랜더스Jørgen Randers 박사(노르웨이), 스티븐 샨치스Stephen Shantzis(미국), 존 시거John A. Seeger 박사(미국), 메릴린 윌리엄스Marilyn Williams(미국)

우리 연구에서 가장 중요한 구실을 한 것은 성장과 관련된 모든 데이터와 이론들을 통합하기 위해 구축한 '월드 3World 3'라는 컴퓨터 모형이었다. 우리는 이 모형을 이용해서 내적 통일성을 유지하는 세계가 성장하는 여러 가지 가상 시나리오들을 개발할 수 있었다.

『성장의 한계』 초판에서는 월드 3를 이용해서 1900년에서 2100년까지 두 세기 동안 세계가 성장하는 열두 가지 서로 다른 시나리오들을 보여주고 분석했다. 개정판 『성장의 한계, 그 이후』에서는 월드 3 모형을 약간 새롭게 보완해서 열네 가지 성장 시나리오를 제시했다.

『성장의 한계』는 여러 나라에서 베스트셀러가 되었는데 모두 30개 언어로 번역되었다.

『성장의 한계, 그 이후』도 여러 나라 말로 번역 출간되었고 대학 교재로도 널리 쓰이고 있다.

1972년: 성장의 한계

우리는 『성장의 한계』에서 지구 생태계를 제약하는 요소들(자원 이용과 배기가스 방출과 관련해서)이 21세기 지구의 성장에 매우 중요한 영향을 미칠 것이라고 내다보았다. 『성장의 한계』는 인류가 이러한 제약 요소들과 싸우느라 많은 자본과 인력을 쓸 수밖에 없을 것이며 따라서 21세기 어느 시점에 가서는 인류의 평균적 삶의 질이 저하될 가능성이 매우 크다고 경고했다. 우리는 그 책에서 어떤 자원이 모자라거나 어떤 형태의 배기가스 방출 때문에 지구의 성장이 멈출 것이라고 정확하게 지적해서 말하지 않았다. 세상을 구성하는 거대하고 복잡한 인구·경제·환경 체계를 대상으로 과학적으로 그렇게까지 세밀한 예측을 할 수는 없기 때문이다. 우리는 『성장의 한계』에서 인간의 생태발자국ecological footprint(자연에 미치는 인간의 영향력을 수치화한 것. 〈그림 6.2.1〉 마티스 베커나겔Mathis Wackernagel의 생태발자국 참조 — 옮긴이)이 지구의 수용력을 초과할 정도로 커지는 것을 막기 위해 모든 기술과 문화, 제도의 변화를 통해 지구의 미래를 생각하는 매우 근본적인 사회 변혁을 추구해야 한다고 주장했다. 그러면서 『성장의 한계』는 지구가 비록 현재 매우 심각한 도전에 직면했지만 우리가 일찌감치 예방조치를 취한다면, 지구 전체 생태계가 한계에 다다르거나 그것을 초과함으로써 발생할 수 있는 재앙을 얼마든지 줄여나갈 수 있다고 거듭 강조하며 앞날에 대해서 낙관했다. 『성장의 한계』에서 월드 3가 제시한 열두 가지 가상 시나리오를 보면 인구증가와 천연자원의 사용이 다양한 한계들과 어떻게 상호작용하는지 잘 드러난다. 실제로 성장의 한계는 매우 여러 가지 형태로 모습을 드러낸다. 우리는 기본적으로 고갈 가능한 천연자원이나 산업과 농업에서 방출되는 배기가스를 흡수할 수 있는 지구의 한정된 수용력과 같은 지구의 물질적 한계에 초점을 맞춰 분석했다. 현실에서 일어날 수 있는 이 열두 가지 가상 시나리오들을 월드 3 컴퓨터 모형을 통해 모두 분석한 결과, 21세기 어느 시점에 이르면 지구의 물질적 성장이 종말을 맞이할 수밖에 없다는 사실을 발견했다. 우리는 무언가가 어느 날 갑자기 사라져버려 그다음 날부터 바로 그 영향을 실감하게 되는 상황과 같은 뜻밖에 닥친 한계들에 대해서는 내다보지 않았다. 우리가 분석한 가상 시나리오들에 따르면 인구가 증가하고 물질 자본이 확대되면서 여러 가지 제약 요소들의 상호작용으로 일어나는 문제들에 대처하기 위해서 인류는 점점 더 많은 자본을 쓸 수밖에 없다. 따라서 이러한 문제들을 해결하기 위해 전용되는 자본이 점점 늘어나고 마침내 세계는 더 이상 산업 성장을 지속할 수 없게 된다. 하지만 산업이 쇠퇴하면 사회는 식량이나 서비스, 여러 소비 분야와 같은 경제 영역에서도 더 이상 성장을 유지할 수 없다. 이러한 영역들이 성장을 멈춘다면 인구 성장 또한 멈추고 만다. 성장의 종말은 여러 형태로 나타날 수 있다. 그것은 인구가 감소하고 인류의 행복이 퇴보하는 전 세계의 통제 불가능한 와해 현상을 초래할 수 있다. 월드 3 모형이 보여주는 시나리오들은 다양한 원인들 때문에 발생하는 그러한 붕괴 현상들을 그린다. 성장의 종말은 또한 지구의 수용력에 인간의 생태발자국을 서서히 순응시켜나가는 것으로 나타날 수도 있다. 현재의 정책들에 중요한 변화를 준다면 월드 3 모형은 장기간에 걸쳐 상대적으로 높은 인류의 복지 수준을 구가하면서 성장의 종말을 향해 질서정연하게 나아가는 시나리오로 만들어질 수도 있다.

성장의 종말

성장의 종말이 어떤 형태를 띠건 1972년에 그것은 매우 먼 미래의 일인 것 같았다. 『성장의 한계』에 나온 월드 3의 모든 가상 시나리오들은 인구 증가와 경제성장이 2000년까지 지속될 것이라고 했다. 그중 가장 비관적인 전망을 보여주는 시나리오에서는 물질적 생활수준이 2015년까지 꾸준히 증가할 것으로 나타났다. 따라서 『성장의 한계』는 성장이 멈추는 시점을 책이 나오고 거의 50년이 지난 뒤로 설정했다. 그 기간은 전 세계 차원에서 기존의 정책들을 숙고하고 선택해서 수정할 수 있는 충분한 시간인 것처럼 보였다. 우리는 『성장의 한계』를 쓰면서 인류가 찬찬히 숙고하고 행동한다면 사회가 붕괴의 가능성을 줄이는 올바른 조치들을 취할 수 있을 것이라고 생각했다. 붕괴는 우리가 바라는 미래가 아니다. 지구의 자연계가 지탱할 수 있는 마지막 단계까지 인구와 경제가 급격하게 쇠퇴한다면 그 뒤를 이어 곧바로 인류 보건 정책의 파탄과 사회 갈등, 생태계 파괴, 총체적인 불평등이 수반될 것은 자명한 사실이다. 인간의 생태발자국이 급속도로 줄어들기 위해서는 사망률이 급격하게 늘고 소비가 급격하게 감소해야 한다. 우리가 적절한 정책을 선택하고 조치를 취한다면 그런 급격한 쇠퇴는 피할 수 있다. 지구에 대한 인간의 요구를 줄이려는 세심한 노력이 있다면 자원의 지나친 약탈 행위도 해결할 수 있을 것이다. 또한 출생률과 소비율을 지속가능한 수준으로 낮추며 더욱 공평하게 물질을 분배한다면 생태발자국도 점점 줄여나갈 수 있다. 성장이 반드시 지구를 붕괴로 이끄는 것은 아니다. 붕괴는 오직 지구의 한정된 자원들에 대한 요구가 점점 커져서 지나친 성장이 일어난 탓에 지구가 더 이상 지탱할 수 없는 상태에 빠졌을 때만 발생한다. 1972년에 인구증가와 경제성장은 여전히 지구가 수용할 수 있는 수준 이하인 것 같았다. 따라서 장기적으로 여러 가지 선택 방안들을 검토하는 동안 안전하게 성장할 수 있는 여지가 충분히 남아 있다고 생각했다. 1972년에 그것은 사실이었다. 그러나 1992년에는 더 이상 사실이 아니었다.

1992년: 성장의 한계, 그 이후

1992년 , 우리는 『성장의 한계』 초판을 내고 20년이 지난 뒤 최초의 연구결과를 새롭게 따져보는 작업을 했고 그 결과 『성장의 한계, 그 이후』라는 개정판이 나왔다. 그 책에서는 1970년과 1990년 사이에 전 세계가 얼마나 성장했는지를 연구하고 그 결과로 『성장의 한계』 초판과 월드 3 컴퓨터 모형을 새롭게 수정·보완했다.

『성장의 한계, 그 이후』도 『성장의 한계』가 전하는 말을 그대로 되풀이했다. 1992년, 우리는 20년 전에 이미 내렸던 결론이 20년이 지난 뒤에도 여전히 유효하다고 인정했다. 하지만 1992년에 낸 개정판은 한 가지 매우 중요한 사실을 밝혀냈다. 인류가 이미 지구의 수용 능력 한계를 넘어섰다는 사실이다. 그 사실은 너무도 중요해서 우리는 그것을 책 제목에 반영하기로 했다. 1990년 대 초반에 벌써 인류가 지속불가능한 영역으로 한 발짝 더 깊숙이 이동하고 있다는 사실이 점점 더 분명해지기 시작했다. 이를테면, 열대 우림이 더 이상 유지될 수 없을 정도로 심각하게 남벌되고 있었다. 곡물 생산은 이제 더 이상 인구증가를 따라잡을 수 없는 지경에 이르렀다는 연구결과도 있었다. 어떤 사람들은 지구온난화를 걱정하기도 하고 최근에는 성층권의 오존층에 구멍이 뚫리는 것을 우려하기도 했다. 그러나 대다수 사람들은 이것이 바로 인류가 지구 환경이 수용할 수 있는 한계를 초과한 증거라고는 생각하지 못했다. 하지만 그것은 잘못된 생각이었다. 우리는 1990년대 초에 이미 어떤 현명한 조치로도 인류가 지구의 한계를 벗어나는 현상을 더 이상 피할 수 없다고 판단했다. 그것은 이미 현실이었다. 세계를 지속가능한 영역으로 다시 '되돌리는' 것이 이제 중요한 당면 과제가 된 것이다. 하지만 『성장의 한계, 그 이후』도 여전히 우리의 앞날을 낙관적으로 생각했다. 이 책은 수많은 가상 시나리오들을 통해서 지구 전체를 생각하는 현명한 정책과 기술과 제도의 변화, 정치적 목표, 그리고 개개인의 꿈만 있다면 지금이라도 인간사회가 한계를 넘어선 지나친 성장의 피해를 얼마든지 줄일 수 있다는 사실을 보여주었다. 『성장의 한계, 그 이후』는 리우데자네이루에서 유엔환경개발회의가 열리던 해인 1992년에 발간되었다. 정상회의의 개최는 지구촌이 마침내 환경문제의 심각성을 인식하고 그것에 대해서 적절하게 대처하기로 결정한 데 따른 것으로 보였다. 그러나 우리는 리우에서 정한 목표들을 달성하지 못했다는 것을 이미 알고 있다. 2002년 요하네스버그에서 열린 리우+10 회의는 1992년 리우 때보다 훨씬 못한 결론을 도출했다. 회의에 참석한 나라마다 자신들의 편협한 국가, 기업, 개인의 이익만을 추구하느라 다양한 이데올로기와 경제 분쟁 속에 빠져들면서 거의 절름발이 회의가 되고 말았다.

1970~2000년: 생태발자국의 증가

지난 30년 동안 매우 긍정적인 발전이 많이 있었다. 세계는 끊임없이 증가하는 인간의 생태발자국에 대응해서 새로운 기술을 개발하고 적용했다. 소비자들은 구매 습관을 바꾸었고 새로운 제도들이 만들어지고 다국적 합의가 이루어졌다. 어떤 지역에서는 식량, 에너지, 산업 생산력 증가가 인구증가를 훨씬 초과했다. 그런 지역에서는 대다수 사람들이 전보다 훨씬 부유해졌다. 인구증가율은 늘어나는 소득 수준과 반대로 줄어들었다. 이제 사람들은 1970년보다 환경문제들을 훨씬 더 중요하게 생각하고 있다. 대부분의 나라에 환경문제를 총괄하는 정부 부처가 생겼으며, 국민들을 대상으로 하는 환경 교육은 흔한 일이 되었다. 선진국의 공장 굴뚝이나 배관 시설을 통해 방출되는 대부분의 공해 물질도 줄어들었다. 선두 기업들은 앞다퉈 환경 효율성을 점점 더 높이는 생산방식을 도입하는 데 적극성을 보이고 있다. 이런 긍정적인 변화 덕분에 1990년대 들어 지구의 한계 초과에 대한 문제 제기가 어려워졌다. 게다가 지구의 한계 초과와 관련된 기본 데이터와 개념마저 부족한 탓에 그 문제를 논의하기가 더욱 어려웠다. 한계초과에 대한 기본적인 개념의 틀을 만들어 — 이를테면, 생태발자국의 증가와 국내총생산(GDP)의 증가를 비교하는 것과 같은 — 성장의 한계라는 문제에 대해서 지적인 토론을 할 수 있게 되기까지 20년이 넘는 세월이 걸렸다. 세계 사회는 브룬트란 위원회가 지속가능성이라는 용어를 새로 만들어낸 지 꽤 오랜 시간이 지난 지금까지도 그 개념을 이해하기 위해 애쓰고 있다. 지난 10년 동안 우리가 『성장의 한계, 그 이후』에서 지구가 수용 한계를 초과했다고 주장했던 내용을 입증하는 데이터들이 많이 나왔다. 전 세계 1인당 곡물 생산량이 최고점에 이른 때가 1980년대 중반이다. 바닷물고기 수확이 크게 증가할 것이라는 전망은 이제 어디서도 찾아보기 힘들다.

자연재해와 관련한 비용은 날이 갈수록 점점 늘어나고 담수와 화석 연료에 대한 수요가 급증하면서 자원의 배분과 그에 따른 갈등 해소 문제가 긴급한 현안으로 떠오르고 있는 실정이다. 전 세계 과학자들과 기상 데이터가 모두 지구의 기온이 다양한 인간 활동 때문에 바뀌고 있다는 것을 확인해주고 있지만, 미국을 비롯한 주요 국가들은 여전히 온실가스 배출을 늘리고 있다. 많은 곳에서 벌써 꾸준히 경제 지표가 하락하는 양상이 보인다. 전체 세계 인구의 12%를 차지하는 54개 나라가 1990년부터 2001년까지 10년이 넘는 기간 동안 1인당 국내총생산이 계속해서 하락했다. 또 지난 10년 동안 지구의 수용 한계를 넘어선 문제들을 논의하기 위한 새로운 어휘들과 수치 데이터들이 많이 양산되었다. 예를 들면, 마티스 베커나겔과 그의 동료들은 인간의 생태발자국을 측정해서 그것을 지구의 '수용 능

〈그림 6.2.1〉 인간의 생태발자국과 지구의 수용 능력

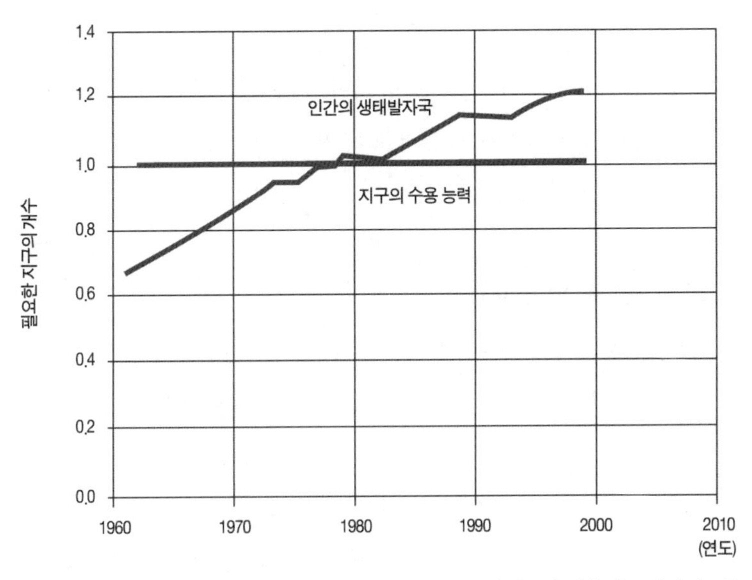

주: 이 도표는 1960년부터 해마다 인간이 자원을 제공받고 자신들이 방출하는 배기가스를 흡수해줄 토지 면적을 보여준다. 인간이 필요로 하는 이러한 수요는 하나밖에 없는 지구가 공급할 수 있는 수용 능력과 비교된다. 인간의 수요는 1980년대 이후로 자연의 공급량을 초과해서 1999년에는 약 20%를 초과했다.

자료: Mathis Wackernagel et al., "Tracking the ecological overshoot of the human economy," PNAS, Vol. 99, No. 14(2002), pp. 9269

력'과 비교했다. 그들은 생태발자국을 인간에게 자원(곡물, 사료, 목재, 물고기, 도시로 수용된 토지)을 제공하고 지구촌이 배출하는 배기가스(이산화탄소)를 흡수하기 위해 필요한 토지 면적이라고 정의했다. 베커나겔은 현재 지구의 사용 가능한 면적을 비교했을 때 인간의 자원 사용량은 지구의 수용 능력보다 20% 초과된 상태라고 결론지었다(〈그림 6.2.1〉). 이렇게 볼 때 지구는 1980년대에 마지막으로 지속가능한 수준에 있었다. 유감스럽게도 인간의 생태발자국은 기술과 제도가 발전했음에도 지금도 끊임없이 증가하고 있다. 인간이 이미 지속불가능한 영역에 진입한 지금까지 상황이 이

렇다는 것은 더욱 심각한 일이라고 할 수 있다. 그러나 이러한 문제에 대한 총체적인 인식은 매우 부족하다. 현재의 추세를 역전시켜 장기적으로 인간의 생태발자국을 지구의 수용 능력이 허용하는 범위 내로 끌어내릴 수 있도록, 개인의 가치관과 공공정책의 변화를 이끌어내는 정치적 지지를 마련하기까지는 아직도 많은 시간이 걸릴 것이다.

앞으로 무슨 일이 일어날까?

지구가 당면한 도전은 이제 막 시작일 수 있다. 지속가능한 세상에 도달하기 위해서는 전 세계 가난한 사람들의 소비 수준은 증가시키면서 동시에 인간 전체의 생태발자국을 줄여야 한다. 기술의 진보도 이루어야 하고 인간 개개인의 생각도 바뀌어야 하며 더 장기적인 계획도 짜야 한다. 또 정치적 경계를 넘어서 서로가 더 존중하고 보살피고 나누는 자세를 가져야 한다. 이러한 상황이 만들어지려면 아무리 좋은 환경이 마련된다고 해도 앞으로 적어도 수십 년은 걸릴 것이다. 오늘날 정치 집단 가운데 자신들의 생태발자국은 줄이면서 가난한 사람들이 성장할 수 있는 공간을 마련해줄 수 있는 프로그램에 광범위한 지지를 보내는 집단은 없다. 부유한 강대국일수록 더욱 그렇다. 그 사이에 전 세계의 생태발자국은 날이 갈수록 점점 커지고 있다. 따라서 우리는 1972년보다 지구의 앞날에 대해서 훨씬 더 비관적이다. 사람들이 지난 30년 동안 지구 생태계의 위기에 대해서 무익한 논쟁만 일삼으며, 선의를 표하는 척하면서 실제로는 냉담한 반응을 보이고 시간을 허비했다는 것은 유감스럽지만 사실이다. 우리는 또다시 30년을 그처럼 허둥지둥 허비할 수 없다. 지구의 수용 성장의 한계를 초과해 끊임없이 지구를 훼손함으로써 21세기 동안 지구가 붕괴하는 것을 경험하지 않으려면 바꿔야 할 것이 많다. 우리는 다나(도넬라) 메도스가 2001년 초 세상을 뜨기 전에 그렇게 원했던 『성장의 한계』의 '30주년 개정판'을 완성시키겠노라고 약속했다. 하지만 그 과정에서 우리 세 사람의 저자들이 저마다 바라는 희망과 기대가 서로 매우 다르다는 것을 다시 한 번 깨달았다. 다나는 줄곧 낙관주의자였다. 그녀는 인간에 대해서 깊은 애정을 갖고 신뢰를 보냈다. 인간의 손에 올바른 정보만 쥐어준다면 그들은 결국 현명하고 통찰력 있는 인도주의적 해결 방법, 즉 지구 전체 생태계의 위기를 구해낼 수 있는 정책들을 도출해낼 것이라는 가정 아래서 (그렇지 않으면 세상은 종말의 위기로 치달을 것이므로) 평생을 바쳐 연구에 몰두했다. 다나는 이러한 이상을 실현하기 위해 평생을 다 바쳤다. 요르겐은 좀 냉소적이다. 그는 인간이 죽을 때까지 소비, 고용, 재산 증식과 같은 단기적인 이익만을 추구한다고 믿는다. 따라서 인간은 파국의 신호가 점점 늘어나는 것이 눈에 뻔히 보이더라도 그것을 무시하다가 결국에는 시간을 놓치고 만다. 요르겐은 유감스럽게도 지구촌이 만들어낼 수 있는 멋진 세상을 인간 스스로 포기할 것이라고 생각한다. 데니스는 그 중간에 있다. 그는 적절한 조치들만 취해진다면 지구 붕괴라는 최악의 가능성은 피할 수 있을 것이라고 믿는다. 그는 세계가 결국 어느 정도 지속가능한 미래를 택할 것이라고 기대하지만 이미 도래한 지구의 심각한 위기들을 겪어야 하므로 뒤늦게 조치를 취할 수밖에 없을 것이라고 생각한다. 아무래도 뒤늦은 조치로 얻어진 결과들은 좀 더 일찍 조치를 취했더라면 얻을 수 있었던 것보다 훨씬 성에 차지 않을 것이다. 그 과정에서 지구의 아름다운 생태계가 이곳저곳 파괴될 것은 뻔한 일이다. 소중한 정치적·경제적 기회들을 수없이 많이 잃고 말 것이며, 사회는 점점 군국주의화되고 엄청난 불평등이 지속되면서 갈등도 널리 확산될 것이다. 이 세 사람의 생각을 지구의 미래에 대한 하나의 공통된 전망으로 엮는 것은 불가능하다. 하지만 우리는 앞으로 어떻게 되었으면 하고 바라는 것에 대해서는 서로 뜻을 같이한다. 우리가 보고 싶어 하는 변화는 『성장의 한계, 그 이후』의 마지막 장에 나온 다나의 글을 약간 손질하여 이 책에 '무엇을 할 것인가'라는 제목으로 실었다. 우리는 그 글에서, 우리가 앞장서 그러한 방법을 알리는 노력을 지속한다면 언젠가는 세상 사람들이, 인간을 비롯한 지구상의 모든 것들을 하나뿐인 이 지구에서 함께 살아갈 동반자로 사랑하고 존중하며 올바른 길을 찾아갈 것이라는 점을 전하고자 했다. 너무 늦기 전에 인류가 그렇게 하기를 우리는 간절히 바란다.

6-3 개발과 환경에 관한 푸네 보고서

미구엘 오조리오 알메이다(Miguel Ozorio de Almeida), 1972

Miguel Ozorio de Almeida. 1972. "Environment and Development: The Founex Report on Development and Environment." Carnegie Endowment for International Peace.*

제1장: 총론

1.1

인간 환경에 대한 우려가 수면 위로 떠오르는 이때에, 개발도상국들은 자국의 개발을 위해 전력을 쏟고 있다. 실제로 지난 20년간 국제 사회는 개발이라는 목표의 시급성을 널리 인정해왔고, 더 최근에는 유엔의 '제2차 개발의 십년Second Development Decade'의 제안서들이 이를 시인해왔다.

1.2

환경 이슈에 대한 작금의 우려는 대체로 산업 선진국들이 겪는 문제와 관련된 것이다. 이러한 문제는 그 자체가 대부분 높은 수준의 경제개발 때문에 발생한 것이다. 산업과 농업에서 높은 생산력의 창출, 운송수단 및

* 이 보고서는 1971년 스위스 푸네에서 개최된 컨퍼런스에서 모아진 의견을 담았으며, 1972년 스톡홀름 정상회담에서 개발도상국 입장의 기초가 되었다.

통신수단 복합체의 성장, 거대 도시 집합체의 진화는 모두 어떤 식으로든 인간 환경의 파괴 및 혼란을 동반해왔다. 이러한 혼란은 심각한 규모에 이르러 이미 많은 국가에서 인간의 건강과 행복에 심각한 위협을 가하고 있다. 사실 어떤 면에서 그 위험은 이미 국가 간 장벽을 넘어 전 세계를 위협하고 있다.

1.3

물론 개발도상국들이 이러한 환경문제에 무관심한 것은 아니다. 지구 환경 그리고 선진국과의 경제적 관계에 영향을 미친다는 점에서 개도국들은 이런 문제에 명백히 연루되어 있다. 또한 이런 문제가 개발 과정에 동반되기 쉽고, 사실상 이미 개도국 사회에서 점차 심각하게 발생하기 시작했다는 점에서도 환경문제는 더 이상 선진국만의 문제가 아닌 것이다. 개발도상국들은 산업 사회로의 발달 과정에서 동반된다고 여겨지는 이러한 환경문제를 가능한 한 피하고 싶을 것이다.

1.4

그러나 개발도상국들이 처한 주요 환경문제는 근본적으로 다른 종류의 문제이다. 이는 주로 개발도상국들이 가난하고, 개발되지 않은 사회이기 때문에 발생하는 환경문제이다. 달리 표현하자면, 그것은 농촌과 대도시 모두의 빈곤과 관련된 문제이다. 도시나 시골 모두에서 단지 '삶의 질'뿐 아니라, 물 부족, 주거 시설의 부족, 열악한 위생시설, 영양실조, 질병, 질환 및 자연 재해로 사람들의 생명 자체가 위험에 빠졌다. 개발도상국이 겪는 이런 문제는 산업오염과 마찬가지로 인간 환경에 대한 우려 차원에서 주의를 요한다. 그것들은 이제 더 많은 인류에게 영향을 끼치는 심각한 문제인 셈이다.

1.5

개발도상국이 처한 종류의 환경문제 가운데 상당수는 개발 과정 그 자체를 통해 해소될 수 있음이 명백하다. 선진국의 경우 개발을 환경문제의 원인으로 보는 것이 타당하다. 물론 개발도상국에서도 무분별한 개발이 이루어진다면 선진국과 비슷한 환경문제를 초래할 수도 있을 것이다. 하지만 더욱 중요한 것은 개도국의 경우 개발과 환경 사이의 관계를 다른 관점에서 바라봐야 한다는 점이다. 개도국의 입장에서 본다면, 개발이야말로 오히려 그들이 겪는 주요 환경문제의 해결책이다. 따라서 환경에 대한 우려로 개발도상국의 개발에 대한 국제적인 헌신을 중단해서는 안 된다. 환경에 대한 우려는 '제2차 개발의 십년'의 목적과 목표를 위한 국제적인 노력으로 이어져야 한다. 또한, 대다수의 인류가 처한 가장 중요한 환경문제인 지독한 빈곤문제를 해결하기 위해 개발의 목적과 목표를 재정의할 필요가 있다.

1.6

개발도상국의 인간 환경을 고려했을 때, 개발에 전념해야 한다는 것은 분명하지만 개발 개념 자체에 대한 새로운 차원의 이해가 수반되어야 한다. 과거에는 개발 목표를 국민총생산(GNP)으로 대변되는 경제성장이라는 좁은 목표와 동일시하는 경향이 있었다. 그러나 비록 높은 경제성장률이 필수적인 요소이긴 하지만, 그 자체만으로 사회와 인류가 처한 긴박한 문제들을 해결할 수는 없다. 실제로 다수의 국가에서 높은 성장률은 실업률을 증가시키고, 집단 간, 지역 간 수입의 불균형을 초래하며, 사회문화적 환경의 악화를 동반했다. 따라서 사회적·문화적 목표를 달성하는 것이 개발 과정의 한 부분으로 새로이 강조되고 있다. 즉, 개발도상국이 처한 환경 이슈를 인식하기 위해서는 개발 개념을 확장시키는 것이 필요하다. 환경문제에 대한 논의는 이처럼 개발 목표에 대한 더욱 통합적인 접근 방법의 일부라 할 수 있다.

1.7

개발이라는 개념에 여기서 논의되고 있는 환경 이슈와 목표들을 결합시키는 일은 다른 사회적 목표들을 개발이라는 개념 아래 결합시키는 것과 마찬가지로 정책의 계획 및 수립에 대한 중요한 이슈들을 제기한다. 만약 개발을 통해 환경과 그 밖의 사회적인 목표도 경제성장과 더불어 이루어낼 수 있다면 정책의 우선순위를 정하는 것은 쉬운 일이다. 하지만 단기적이거나 중기적인 범위 내에서 충돌이 생길 경우, 환경 및 각종 사회적 목표와 경제성장이라는 더 좁은 목표 사이에서 어느 하나를 선택하는 것은 어려운 일이 될 것이다. 이런 선택은 정해져 있는 선험적 규칙에 따라 이루어질 수 있는 것이 아니라, 개별 국가가 각자의 상황과 개발 전략에 비추어 행할 수밖에 없다. 이 보고서의 다음 섹션들은 개도국이 처한 특정 환경문제와 이 문제들이 어떻게 정책 목표가 될 수 있는지 다루고자 한다. 그러나 성장에 도움이 되는, 혹은 적어도 상충되지 않는 수단이나 프로그램을 성장 목표의 희생을 수반하는 프로그램과 구별하는 것은 분명히 중요하다. 마찬가지로 재원을 상대적으로 적게 요구할 것 같은 수단이나 프로그램을 더 많은 비용이 들 것 같은 것들과 구별하는 것도 중요하다. 환경 프로그램이 가져올 고용 확대는 정책계획 과정의 또 다른 주요 관련 사항이라 할 수 있다.

1.8

앞서 언급했듯이, 개발도상국에서 나타나는 환경문제의 상당수가 개발이 부족한 데서 기인했다고 볼 수 있기는 하나, 개발도상국의 개발 과정에서 생기는 환경문제들 또한 없지 않은 것이 사실이다. 물론 이러한 환경문제의 정도는 각 국가의 상대적인 발전 수준에 따라 다르다. 실제로 개발과정이 진행되면서, 개발도상국의 개발 때문에 나타나는 환경문제가 점차 중요하게 여겨질 것으로 보인다. 예를 들어, 농업 성장과 농업 방식의 변화 과정들은 저수지 및 관개시설의 건조, 숲 개간, 비료와 제초제의 이용 및 새로운 지역사회의 건설을 수반한다. 이러한 과정들은 분명 환경에 영향을 미칠 것이다. 마찬가지로 산업화는 오염물질을 배출하고 다양한 방법으로 환경을 변화시킬 것이다. 또한, 운송수단과 통신수단을 위한 경제기반 시설의 성장은 생태계에 영향을 줄 것이다. 많은 개발국가에서 도시화는 이미 절박한 문제이고 일부 도시는 선진국 도시와 똑같은 문제를 겪고 있다. 게다가 증가하는 인구를 부양하기 위해 농촌 지역이 필요해지면서 농촌 환경문제가 새롭게 부각되고 있다.

1.9

이런 문제들은 개발도상국에서 이미 심각한 문제로 다루어지고 있다. 그러나 확고한 대응 없이 이대로 방치해둔다면, 앞으로 수십 년 내에 가공할 규모에 이를 것으로 보인다. 인구 성장만 하더라도 적절한 경제발전이 뒷받침되지 않는다면, 실업률을 상승시키고, 촌락을 더 빈곤케 하며, 도시로의 인구 이동을 증대시킬 뿐 아니라 더 극심한 인재를 낳을 것이다. 즉, 이미 사회에 만연해 있는 심각한 사회정치적 긴장들을 더욱 악화시키는 꼴이 되는 것이다. 따라서 이에 대한 시정 조치가 시급하다는 데는 의심의 여지가 없다.

1.10

이 보고서의 다음 장들에서 이러한 문제를 더 자세히 다루고 있다.

더 나은 계획과 규제를 통해 개발 과정에서 발생하는 환경문제를 미연에 방지할 수 있는 한, 개발도상국들은 선진국의 앞선 경험에서 혜안을 얻을 수 있을 것이다. 그러므로 프로젝트의 계획과 준비 과정에서의 적절한 안전장치 및 기준 설립이 매우 중요하다. 또한 이러한 기준은 반드시 각국이 처한 상황에 맞게 정해지고, 그들이 이용할 수 있는 자원의 범위에서 준수할 수 있는 것이어야 한다. 이 모든 것이 정보와 연구가 매우 중요함을 말해준다. 이는 또한 환경 정책이, 특히 국내든 국외든 시장 원리에 따라 민간 투자자들에 의해 결정이 이루어지는 상황에서, 어떤 수단을 통해 수행될 것인가의 문제를 제기한다.

1.11

환경 관련 쟁점들은 국제적 경제 관계에 갈수록 더 큰 영향력을 행사하게 될 것으로 보인다. 환경문제는 선진국의 성장 동력이던 여러 자원을 제치고 그것들의 경쟁 상대로 떠오르게 될 것이며, 그뿐 아니라 세계 무역의 패턴, 산업의 국제적인 분포, 서로 다른 집단의 나라들 간의 경쟁력, 생산에 소요되는 그들 국가의 상대적인 비용에 점점 더 영향력을 행사할 수 있는 요인이 될 것이다. 선진국이 행하는 환경 관련 조치들은 개발도상국의 성장과 그들의 외부 경제 관계에 심각하고 복합적인 영향을 미칠 수 있다.

1.12

선진국에서 행해지는 환경 관련 조치는 여러 가지가 있다. 특정 상품의 수입과 사용에 대한 제약, 환경 규제의 시행, 생산비용 증가에 의한 수출가격 인상, 수입품에 대한 각종 기준들과 여러 비관세 장벽 정책 등이 그 예이다. 이러한 조치는 개도국의 수출 가능성과 그들의 교역 조건에 부정적인 영향을 미치기 쉽다. 선진국의 원자재 재활용 정책 또한 선진국이 소비하고 수입하는 1차 상품의 양을 감소시킴으로써 자원 수출에 의존하는 개발도상국에 악영향을 미칠 수 있다.

1.13

그러나 환경 관련 쟁점들은 몇몇 분야에서는 개도국에 새로운 가능성을 열어주기도 한다. 생산과 무역 관계가 구조적으로 변화하고, 이따금 환경 요인으로 생산 공장들이 지리적으로 재배치되고 있는 이때에, 이러한 변화는 반드시 개발도상국에 새로운 기회를 제공해 그들의 개발 요구를 충족시킬 수 있도록 해야 한다. 이는 우선 천연자원과 가공 제품 사이의 무역 관계 그리고 천연자원들을 수출할 수 있는 특정 시장의 재개와 관련이 있다. 경우에 따라서, 이는 개도국에 외국 자본의 유입을 증대시키고 새로운 산업을 창출하는 기회를 가져다줄 수도 있을 것이다. 이러한 기회가 충분히 실현되기 위해서는 개인 소유의 외국 기업에 대한 통제와 더불어, 선진국과 개도국의 국제무역 및 투자 부문에 대한 새롭고도 협조적인 조치가 수반되어야 할 것이다.

1.14

이전에 환경에 입혔던 피해를 복구하고 앞으로 개발하면서 생기는 환경 손실을 최소화하고자 하는 바람 때문에 추가적인 생산비용 요소가 발생하게 될 것이다. 이러한 부담 중 일부는 앞으로 과학기술 자체가 환경 관리의 요구에 대응하면서 해소될 수도 있다. 하지만 앞으로 필요할 이 많은 비용을 개도국과 선진국이 어떻게 나누어 부담할지의 문제는 여전히 환경 보전에 대한 우려와 함께 생겨난 숙제들 가운데 하나이다. 개도국의 경우 선진국에 비해 경제력과 협상력이 떨어질 뿐 아니라, 국제무역에서 상대적으로 소외되어 있고, 1인당 국민소득의 차이가 선진국과 벌어지고 있기 때문에 국제 경제에서 그 역할이 지엽적이다. 따라서 개도국은 자신들이 환경 규제에 따른 추가적인 부담은 지면서도 그것을 통한 새로운 기회는 충분히 이용할 수 없을지 모른다는 비관적인 의혹을 가지고 있다. 환경문제에 대한 크나큰 관심으로 비용이 증가된다면 이 비용을 어떻게 부담할 것인가? 선진국과 후진국이 자국의 농업과 산업을 무차별적으로 보호하려고 함에 따라 발생되는 자원의 비생산적 분배가 해결될 수 있도록 후속 조치가 이어져야 한다.

1.15

환경문제에 주의를 집중하는 것은, 따라서 개발도상국의 국가정책을 넘어서는 함의를 가진다. 현재 마주하고 있는 환경문제의 국제적 측면들에 대해서는 다음 장에서 논의할 예정이다. 그러나 우리가 여기서 강조하고 싶은 것은 개도국이 그들의 개발 방식에 사회적이고 환경적인 목표를 어느 정도 반영하느냐의 문제는 그들이 자원을 어느 정도 이용할 수 있느냐에 따라 결정된다는 점이다. 분명히 현재 이용가능한 자원을 더 잘 분배할 여지가 있지만, 현재의 한정된 자원을 가지고 얻을 수 있는 결과는 제한적일 수밖에 없다. 인간 환경에 대한 우려 때문에 개발과정에 개입할 필요가 커졌다면 이는 국제원조에 참여할 필요 또한 커졌다는 것을 의미한다. 환경이 진정 우려된다면, 국제 사회는 선진국에서 개도국으로 자원을 이동시켜야 한다. 적절한 경제적 조치가 취해지지 않은 채로 환경에 중점을 둔다면, 이는 오히려 개도국 입장에서는 득보다 해가 될 가능성이 크다. 개도국의 피해는 국제원조, 무역, 혹은 기술 이전의 분야에서도 발생할 수 있다. 개도국은 환경문제가 부상함에 따라 그들에게 피해가 아닌 긍정적이고 유익한 이득이 돌아와야 한다고 인식하고 있다.

6-4 우리 공동의 미래

세계환경발전위원회(World Commission on Environment and Development), 1987

세계환경발전위원회. 『우리 공동의 미래: 지구의 지속가능한 발전을 향하여』, 2005. 조형준, 홍성태 옮김. 서울: 새물결출판사, 29~43쪽.

하나의 지구에서 하나의 세계로

세계환경발전위원회의 개관

20세기 중반에 우리는 처음으로 우주에서 우리의 행성을 바라보았다. 역사가들은 언젠가 이러한 지구의 모습이 16세기의 코페르니쿠스 혁명, 즉 지구가 우주의 중심이 아니라는 사실을 밝힘으로써 인간의 자아상을 전복시켰던 그 혁명보다도 인간의 사상에 훨씬 커다란 영향을 미쳤다고 이야기할 것이다. 우주에서 우리는 인간의 활동과 건축물이 아니라, 구름, 바다, 삼림, 토양이 서로 어우러져 있는 자그마하고 연약한 공을 바라보았다. 지금 이러한 흐름에 맞추어 행동할 수 없는 인류의 무능력이 이 행성의 체계를 근본적으로 변화시키고 있다. 그러한 변화에는 생명을 위협하는 위험이 따른다. 이제 탈출구라고는 전혀 없는 이 새로운 현실을 직시하고 관리해야 한다.

다행히 금세기에는 이처럼 새로운 현실과 함께 새롭고 긍정적인 발전도 나타나고 있다. 우리는 그 어느 때보다도 더 빠르게 지구의 곳곳으로 정보와 재화를 옮길 수 있다. 우리는 이전에 비해 훨씬 적은 자원을 투입하고도 더 많은 식량과 재화를 생산할 수 있다. 우리의 기술과 과학은 자연계를 더 깊이 연구하고 이해할 수 있는 잠재력을 마련해주고 있다. 우주에서 우리는 지구를 각 부분의 건강이 전체의 건강을 규정하는 하나의 유기체로 보고 연구할 수 있다. 우리는 인간사와 자연법칙을 화해시킬 수 있으며, 그 과정에서 번영을 누릴 수 있는 힘을 갖고 있다. 이 과정에서 우리의 문화적·정신적 유산들은 우리의 경제적 이익과 생존의 절박한 요구를 충족시키는 데 큰 도움이 될 수 있을 것이다.

본 위원회는 더 번영을 누리고 더 정의롭고, 더 안전한 미래를 건설할 수 있다고 믿는다. 우리가 작성한 보고서인 『우리 공동의 미래Our Common Future』는 세계가 그 어느 때보다 심하게 오염되고 자원도 계속해서 감소하며 환경의 쇠퇴와 빈곤 그리고 인간의 고난도 계속 증가하리라고는 예측하지 않는다. 그 대신에 우리는 새로운 경제성장의 시대적 가능성, 즉 환경자원의 토대를 유지하고 확장하는 정책에 기반을 둔 경제성장의 시대를 전망하고 있다. 그리고 대부분의 개발도상국에서 점점 심화되고 있는 엄청난 기근을 제거하기 위해서도 그러한 성장이 절대적으로 요청되고 있다.

그러나 미래에 대한 본 위원회의 이러한 희망의 실현 여부는 인류의 지속가능한 진보와 생존을 동시에 보장할 수 있도록 우리 세계가 이제부터 단호하게 환경자원을 관리하기 위한 정치적 행동을 취하느냐에 달려 있다. 우리는 미래를 예언할 생각은 전혀 없다. 우리는 다만 현 세대와 미래 세대의 삶을 지속시켜줄 수 있는 자원을 확보하기 위해 이제 최근의 가장 완벽한 과학적 증거를 토대로 필요한 결정을 내려야 할 때가 도래했다고 통지하려는 것이다. 우리는 행동을 위한 상세한 청사진을 제시하기보다 세계인들이 협조의 영역을 확대할 수 있는 경로를 보여주려고 한다.

지구적 과제

성공과 실패

성공과 희망의 징후를 찾는 사람은 많은 것을 발견할 수 있다. 영아 사망률은 감소하고, 기대 수명은 증가하며, 전 세계에서 읽고 쓸 수 있는 성인의 비율은 높아지고 있다. 취학아동의 비율도 늘어나고 있으며, 지구 전체에서 식량은 인구의 증가 속도보다 빠르게 증산되고 있다.

그러나 바로 이러한 성과를 낳은 과정 때문에 이 지구와 여기서 살고 있는 사람들이 더 이상 견딜 수 없는 경향이 발생하고 있다. 전통적으로 '발전'의 실패와 환경에 대한 관리의 실패 때문에 이러한 경향이 대두되었다. 먼저 발전의 쪽에서 보면, 전 세계에서 기아에 시달리고 있는 사람들의 절대적인 수치는 이전의 어느 때보다도 많으며, 지금도 계속 증가하고 있다. 읽고 쓸 수 없는 사람들의 수, 안전한 식수나 안전하고 위생적인 집이 없는 사람들의 수, 음식을 장만하거나 난방을 위한 땔감이 모자라는 사람들의 수도 마찬가지다. 부국과 빈국 간의 격차는 줄어들기는커녕 오히려 커지고 있으며, 현재의 경향과 제도적 조정 정책들이 그대로 유지된다면 이러한 과정이 역전될 전망은 거의 없다.

게다가 환경의 변화는 이 지구를 근본적으로 바꾸어놓고, 인류를 포함해 지구 위에 살고 있는 수많은 생물 종(種)의 생존을 위협하고 있다. 매년 600만 헥타르의 생산적인 건조지대가 쓸모없는 사막으로 변하고 있다. 30년마다 거의 사우디아라비아만큼의 지역이 사막으로 변하고 있다. 매년 1100만 헥타르의 삼림이 파괴되며, 30년마다 인도만 한 크기의 삼림이 파괴되고 있다. 이러한 삼림의 대부분이 그곳에 거주하는 농민들을 부양할 수 없을 정도의 저등급 농지로 변한다. 유럽에서는 산성비가 삼림과 호수를 죽이며, 각국의 문화유산과 건축물에 피해를 주고 있다. 산성비는 회복을 기대할 수 없을 정도로 심각하게 광대한 면적의 토양을 산성화시키고 있다. 화석 연료는 연소되면 대기 중으로 이산화탄소를 방출하는데, 이것이 지구의 점진적인 온난화를 야기하고 있다. 이 '온실효과'는 다음 세기 초에 지구의 평균온도를 상승시켜 농업생산 지역을 이동시키고, 해안 도시가 물에 잠기도록 해수면을 높여 국가 경제를 혼란에 빠뜨릴 수 있다. 공업에서 사용되는 다른 가스들도 오존의 방어막을 심하게 파괴해 암에 걸리는 인간과 동물의 수가 급격히 늘어나고, 해양의 먹이사슬이 교란될지도 모른다. 공업과 농업은 독성 물질을 인간의 먹이사슬 속으로 그리고 정화할 수 없는 깊은 곳의 지하수 속까지 투입하고 있다.

각국 정부뿐 아니라 다자간 기구 사이에서도 경제발전 문제를 환경문제와 분리시킬 수 없다는 인식이 꾸준히 늘어나고 있다. 많은 형태의 발전이 막상 그 토대를 이루는 환경을 침식하고, 환경악화는 경제발전을 잠식하고 있다. 빈곤은 지구 환경문제의 주요한 원인이자 결과라고 할 수 있다. 따라서 세계에 만연해 있는 가난과 국제적 불평등의 뿌리에 놓인 여러 요소까지 들여다볼 수 없는 폭넓은 전망 없이는 환경문제를 제대로 다룰 수 없다.

유엔 총회가 1983년에 '세계환경발전위원회'를 설립한 이유는 바로 이러한 우려 때문이었다. 이 위원회는 각국 정부 그리고 유엔 체계와 연결되어 있으나 직접 통제받지는 않는 독립 조직이다. 이 위원회는 다음과 같은 세 가지 목표를 달성하도록 명령받았다. 중요한 환경문제와 발전문제를 재검토하고, 그 문제들을 처리할 수 있는 현실적인 제안을 정식화할 것. 필요한 방향으로 정책과 여러 사태에 영향을 미칠 수 있도록 이 문제들을 다룰 수 있는 국제 협력의 새로운 형식을 제안할 것. 개인, NGO, 기업, 제도, 정부의 행동에 대한 이해와 참여의 수준을 높일 것.

우리 나름의 면밀한 검토와 다섯 개 대륙에서 개최한 공청회에서 사람들이 증언한 내용을 통해 위원들 전원은 한 가지 중심주제에 초점을 맞추게 되었다. 즉, 현재의 주된 발전 경향은 가난과 질병에 시달리는 사람들의 수를 증가시키는 동시에 환경을 악화시키고 있다. 어떻게 하면 그러한 발전이 똑같은 환경에 의존해 지금보다 두 배나 많은 사람들이 살아가게 될 21세기의 여러 요구를 충족시킬 수 있을까? 이러한 자각은 발전에 관한 우리의 견해를 확장시켰다. 우리는 발전을 개발도상국의 경제적 성장이라는 제한된 맥락에서 보지 않게 되었다. 우리는 새로운 발전 경로, 즉 소수의 장소에서 소수의 사람들만의 진보를 지속시킬 수 있는 경로가 아니라, 머나먼 미래까지도 이 지구의 모든 곳에서 진보를 지속시킬 수 있는 경로가 요구된다는 사실을 깨닫게 되었다. 이리하여 '지속가능한 발전'은 '개발도상국'만이 아니라 선진공업국가들의 목표도 되었다.

'세계환경발전위원회'는 1984년 10월에 첫모임을 가졌으며, 그로부터 900일이 지난 1987년 4월에 보고서를 발간했다. 그 사이에 다음과 같은 일이 일어났다.

- 가뭄 때문에 아프리카의 환경-발전의 위기가 절정에 달했다. 3500만 명의 사람들이 위험에 처했으며, 100만 명에 가까운 사람들이 목숨을 잃었다.
- 인도 보팔 시의 농약공장에서 가스가 유출되어 2000명이 넘는 사람이 숨졌으며, 20만 명이 넘는 사람이 시력을 잃거나 그 밖의 상해를 입었다.
- 멕시코시티에서 액화가스 저장고가 폭파되어 1000여 명이 죽고, 수천 명이 넘는 사람들이 집을 잃었다.
- 체르노빌 핵발전소 폭발로 발생한 핵 낙진이 전 유럽에 떨어졌으며, 이 때문에 사람들이 암에 걸릴 위험도 크게 늘어났다.
- 스위스의 한 창고에서 화재가 발생해 농약, 솔벤트, 수은이 라인 강으로 흘러들어 갔다. 이 때문에 수백만 마리의 물고기가 떼죽음을 당했으며,

독일과 네덜란드의 식수 공급이 위기에 빠졌다.

• 약 6000만 명에 달하는 사람들이 불결한 식수와 영양실조로 인한 설사병 때문에 죽은 것으로 추산된다. 희생자의 대부분은 어린이들이다.

서로 맞물린 위기들

최근까지 이 지구는 거대한 세계로, 인간의 활동과 그 영향이 일국의 경계선과 부문(에너지, 농업, 무역) 안에서 그리고 넓은 관심영역(환경적·경제적·사회적) 내에서 말끔하게 구획되어왔다. 그러나 이러한 구획들이 무너지기 시작했다. 특히 지난 10년간 대중의 관심을 집중시켜온 여러 가지 지구적 '위기'가 그렇다. 이 위기들은 서로 분리되어 있지 않다. 환경위기, 발전위기, 에너지위기, 이들은 모두 한 문제이다.

이 행성은 지금 극적인 성장과 근본적인 변화의 시기를 지나가는 중이다. 50억의 인구가 살아가는 우리 세계는 유한한 환경 속에 또 다른 인류가 살아갈 수 있는 여지를 남겨두어야만 한다. 유엔의 추정에 따르면, 다음 세기의 어느 시점에선가 인구는 80억과 140억 사이에서 안정될 수 있을 것이다. 그러한 증가분의 90% 이상이 최빈국에서 나타날 것이고, 또 이러한 증가분의 90%는 이미 폭발할 지경에 달한 도시에서 나타날 것이다.

경제활동은 엄청난 규모로 폭발해 세계경제의 규모는 13조 달러에 이르렀다. 이러한 수치는 앞으로 50년 안에 다섯 배 내지 열 배로 커질 것이다. 공업생산은 과거 100년간 50배 이상 늘어났으며, 이러한 성장의 4/5는 1950년 이후에 이루어졌다. 이러한 수치는 전 세계가 계속 주택, 운송, 농경지 그리고 공업에 투자하면 생물권에 얼마나 심오한 영향을 미칠지를 예견하고 있다. 경제성장은 주로 삼림, 토양, 바다 그리고 수로에서 원료를 끌어내서 이루어진다.

경제성장의 원천은 신기술이다. 신기술은 지금 위험할 정도로 급속하게 진행되고 있는 유한한 자원의 소비 속도를 늦출 수 있는 잠재력을 갖는 동시에 새로운 형태의 오염이나 진화의 경로를 바꾸어놓을 수 있는 새로운 생물변종의 도입 등 커다란 위험도 수반하고 있다. 다른 한편 환경자원에 가장 크게 의존하면서도 환경을 가장 심하게 오염시키는 공업이 개발도상국에서 급속도로 성장하고 있다. 이 나라들에서 성장의 필요성은 매우 절박하지만, 유해한 부작용을 최소화할 능력은 부족한 실정이다.

이처럼 서로 밀접하게 연관된 변화들로 말미암아 지구경제와 지구생태는 새로운 방식으로 서로 단단하게 맞물리게 되었다. 과거에 우리는 경제성장이 환경에 미치는 영향에 관심을 두었다. 이제 우리는 환경적 압박, 즉 토양, 수계, 대기 그리고 삼림의 악화가 경제에 미치는 영향에 관심을 기울이지 않으면 안 된다. 최근에 우리는 국가 간 경제적 상호의존이 급격히 증가하는 현실에 직면하게 되었다. 이제 우리는 국가 간의 환경적 상호의존이 가속화하는 현실에 익숙해지지 않으면 안 된다. 환경과 경제는 점점 더 밀접하게 엮여 지방적 차원에서, 지역적 차원에서, 일국적 차원에서 그리고 지구적 차원에서 이음매조차 찾을 수 없을 정도로 완벽한 하나의 인과망이 형성되고 있다.

지방의 자원 토대가 피폐해지면 더 넓은 지역이 피폐해질 수 있다. 즉, 고지대의 농부들에 의한 삼림파괴 때문에 저지대의 농경지가 범람하여 물에 잠길 수 있다. 또한 공장에 의한 환경오염은 지방 어민들에게서 어획물을 탈취해 가는 결과를 빚게 된다. 이처럼 무자비한 순환과정이 지금 일국적으로, 지역적으로 작용하고 있다. 건조지대의 환경악화 때문에 수백만에 달하는 이재민들이 국경을 넘어 피난하고 있다. 남미와 아시아에서는 삼림파괴로 말미암아 저지대와 하류지역 국가들에서 홍수가 빈발하고 있으며, 파괴 정도도 커지고 있다. 지구온난화와 오존층의 파괴처럼 이와 비슷한 현상들이 지구적 규모로 발생하고 있다. 국제적으로 거래되는 유독 화학물질들은 식품에 첨가되어 버젓이 국제적으로 거래되고 있다. 다음 세기에는 환경을 압박하여 대중의 이동을 촉발시킬 요인들이 급격히 증가할 것이다. 반면에 이러한 이동을 막으려는 장벽도 지금보다 훨씬 더 공고해질 것이다. 지난 수십 년간 개발도상국에서는 삶을 위협하는 환경문제에 대한 우려가 전면에 부각되었다. 농촌은 농부와 토지 없는 사람들의 수적 증가로 압력에 시달리고 있다. 도시는 사람, 차 그리고 공장들로 만원 상태이다. 동시에 이러한 개발도상국은 선진공업국과의 자원격차가 계속 확대되고 선진공업국이 지구의 생태학적 자원의 대부분을 이미 사용해버린 세계 속에서 살아가야만 한다. 이러한 불평등이 이 지구의 주요한 '환경'문제이다. 이것은 또한 주요한 '발전'문제이기도 하다.

국제경제 관계는 많은 개발도상국의 환경관리에 대해 심각한 문제를 제기하고 있다. 농업, 임업, 에너지자원의 생산 그리고 광업은 많은 개발도상국에서 국민총생산의 적어도 반을 생산하며, 생계와 고용의 면에서는 훨씬 더 큰 부분을 차지한다. 자연자원의 수출은 이 나라들의 경제에서, 특히 저발전된 나라들에서 커다란 부분을 차지한다. 이 나라들의 대부분은 국제적으로뿐 아니라 국내적으로도 심각한 경제적 압력에 직면하고 있기 때문에 보유하고 있는 환경자원의 토대를 과도하게 개발할 수밖에 없는 실정이다.

아프리카에서 발생한 최근의 위기는 경제와 환경이 상호 파괴적으로 작용하여 대재앙으로 빠져들 수 있는 방식을 가장 비극적이고 생생하게 보여주고 있다. 가뭄으로 시작되었지만 그러한 비극의 진정한 원인은 더 깊은 곳에 있다. 그중 일부는 각국의 정책이 소농경작자들의 요구 그리고 급속한 인구증가가 야기한 위협에 대해 거의 관심을 기울이지 않고 또는 너무 뒤늦게 관심을 기울인 데서 찾을 수 있다. 그리고 이러한 위기의 뿌리는 이 가난한 대륙에 준 것보다 훨씬 더 많은 것을 뽑아가는 세계 경제 체제까지 확장된다. 외채를 갚을 능력이 없기 때문에 상품판매에 의존하고 있는 아프리카 국가들은 쉽게 척박해질 수 있는 토양을 과도하게 사용하기 때문에 기름진 대지가 사막으로 변하고 있다. 부국들과 여러 개발도상국이 설정한 갖가지 무역장벽으로 아프리카인들이 합당한 가격에 상품을 판매하기가 점점 어렵게 되어, 이 때문에 생태계에 커다란 압력이 가해지게 된다. 원조국들의 원조는 규모 면에서 부적절할 뿐 아니라, 수혜국의 필요보다는 원조국의 필요를 우선시하는 경우가 너무도 흔하다. 다른 개발도상 지역의 생산 토대도 지방의 재난과 국제경제 체제의 운용방식 때문에 비슷한 고통을 당하고 있다. '외채위기'에 처한 결과 지금 남미의 자연자원은 발전을 위해서가 아니라 해외의 채권자에게 채무를 변제하기 위해 사용되고 있다. 외채문제를 이러한 방식으로 처리하는 것은 경제적·정치적·환경적인 점에서 근시안적이다. 이러한 접근법은 상대적으로 빈곤한 나라들로 하여금 부족한 자원의 수출량을 늘려가면서 동시에 빈곤의 증대를 받아들이도록 강요하고 있다.

대부분의 개발도상국에서 1인당 수입은 10년 전보다 줄어들었다. 빈곤과 실업이 증가하면서 환경적 자원에 직접 의존할 수밖에 없는 사람들도 늘어났기 때문에 환경적 자원에 가해지는 압력도 커졌다. 많은 정부들이 환경을 보호하고, 발전계획을 입안할 때 생태학적 측면을 고려하려는 노력을 줄이게 되었다.

지금 널리 심화되고 확대되고 있는 환경위기는 국가안보 그리고 심지어는 생존까지 위협하고 있다. 이러한 위협이 잘 무장되고, 악의에 찬 적대적인 이웃 국가보다 훨씬 더 위험할 수 있다. 이미 남미, 아시아, 중동 그리고 아프리카의 여러 지역에서 환경 악화는 정치 불안과 국제적 긴장을 야기하고 있다. 최근에 아프리카의 건조지대에서 일어난 농작물 생산의 대규모 파괴는 침략군의 초토화 전략보다 참혹한 결과를 가져왔다. 하지만 피해를 입은 나라들의 정부는 대부분 자국의 영내로 침공해오는 사막보다는 여전히 외국의 침략군으로부터 자국의 국민들을 보호하기 위해 훨씬 더 많은 자원을 소모하고 있다.

전 지구적으로 1년에 약 1조 달러에 달하는 비용이 군사비로 지출되고 있으며, 이 액수는 계속 늘어나고 있다. 많은 나라에서 군사비가 국민총생산 중에서 너무나 큰 몫을 차지하기 때문에 군사비 자체가 발전을 위한 해당 사회의 노력에 커다란 손상을 입히고 있다. 각국 정부는 전통적인 방식으로 '안보'를 정의하는 경향이 있다. 이 점은 지구를 파멸시킬 잠재력을 가진 핵무기체계를 발전시켜 국가안보를 달성하려는 시도에서 가장 분명하게 드러난다. 몇몇 연구에 따르면 제한된 핵전쟁조차 춥고 어두운 핵겨울을 야기해 식물과 동물생태계를 궤멸시킬 수 있으며, 그렇게 되면 생존자들은 자신이 물려받은 행성과는 아주 다른 황폐화된 행성에서 살아가게 될 것이라고 한다.

세계 전역에서 전개되고 있는 군비경쟁은 환경문제를 둘러싼 갈등으로 빚어지는 안보위협이나 널리 만연한 빈곤 때문에 사방에서 터져 나오고 있는 분노를 누그러뜨리는 데 아주 생산적으로 사용될 수 있을 자원을 선점해버린다.

인간의 진보를 보호하고 유지하며, 인간의 욕구를 충족시키고, 인간의 야망을 실현하기 위한 현재의 여러 노력들은 전혀 지속가능하지 않다. 부국에서나 빈국에서나 이 점은 마찬가지다. 지금 파산에 이르지 않고 먼 미래에도 계좌를 유지할 수 있기에는 이미 과도하게 인출된 환경자원 계좌에서 너무나 과중하고 급속하게 자원이 인출되고 있다. 아마 우리 세대는 대차대조표상으로 이익을 볼지도 모른다. 그러나 우리의 자손들은 손실을 물려받게 될 것이다. 우리는 상환하겠다는 어떤 의도나 전망도 없이 미래 세대에게서 환경 자본을 빌려쓰고 있다. 미래 세대는 우리의 낭비적인 생활방식을 비난할는지 모른다. 그러나 그들은 우리가 그들에게 진 부채를 결코 돌려받을 수 없을 것이다. 우리는 우리가 하고 싶은 대로 행동한다. 왜냐하면 그렇게 하고는 떠나버리면 그만이기 때문이다. 미래 세대는 우리의 행동에 찬반 투표를 할 수 없다. 그들은 정치적이거나 재정적인 권력을 조금도 갖고 있지 않으며, 우리의 결정에 이의를 제기할 수도 없다.

현재의 방탕함은 미래 세대의 선택기회를 급속히 막아버리는 결과를 빚을 것이다. 오늘날의 대부분의 의사결정권자는 이 행성이 산성비, 지구온난화, 오존층 파괴, 만연한 사막화와 생물 종 상실로 빚어진 혹심한 결과를 감지하기 전에 죽을 것이다. 그러나 오늘날 대부분의 젊은 유권자들은 그때까지도 살아 있을 것이다. 본 위원회의 공청회에서 이 행성의 현재의 관리 상태에 대해 가장 거세게 비판한 사람들이, 앞으로 가장 많은 걸을 잃게 될 사람, 즉 젊은이들이었던 것은 바로 이 때문이다.

지속가능한 발전

인류는 지속가능한 방식으로 발전을 추구할 수 있는 능력을 갖고 있다. 미래 세대의 요구를 충족시킬 수 있는 능력을 손상하지 않고, 현재의 필요를 충족시킬 수 있다. 지속가능한 발전이라는 개념은 분명히 한계라는 의미를 함축하고 있다. 물론 이 한계는 절대적인 한계가 아니라, 환경자원을 다루는 기술과 사회조직의 현재 상태 그리고 인간의 활동이 끼치는 영향을 흡수할 수 있는 생물권의 능력이 부과하는 한계와 관련되어 있다. 기술과 사회조직은 모두 새로운 경제성장을 위해 관리되고 개선될 수 있다. 본 위원회는 현재 만연하고 있는 빈곤이 더 이상 불가항력적인 것은 아니라고 믿는다. 빈곤 자체는 악이 아니다. 따라서 지속가능한 발전을 통해 모든 사람들의 기본 욕구를 충족시켜야 하며, 더 나은 삶에 대한 열망을 달성할 수 있는 기회를 모든 사람들에게로 확장해야 한다. 빈곤이 풍토병처럼 번져 있는 지역은 언제나 환경재해와 그 밖의 다른 여러 재앙에 시달릴 것이다.

기본 욕구를 충족시키려면 국민의 대다수가 가난한 나라의 경제가 새롭게 성장해야 할 뿐 아니라, 가난한 사람들이 경제성장을 지속하는 데 필요한 자원을 공정하게 분배받을 수 있어야만 한다. 시민들이 의사결정 과정에 효율적으로 참여할 수 있도록 하고, 국제적인 의사결정에서 민주주의를 더욱 신장할 수 있는 정치체제를 통해 이처럼 평등한 체제를 만들어나가는 과정을 지원해야 한다.

지구 전체의 지속가능한 발전을 위해 풍요로운 삶을 사는 사람들은 이 지구의 생태적 한계를 벗어나지 않는 삶의 양식을 선택해야 한다. 예를 들어 에너지의 사용 방법이 바뀌어야 한다. 나아가 급격한 인구증가는 자원에 대한 압력을 증가시키고, 생활수준의 상승을 더디게 할 수 있다. 따라서 지속가능한 발전은 인구의 크기와 성장이 생태계의 생산 잠재력의 변화와 조화를 이룰 때에만 추구될 수 있다.

하지만 결국 지속가능한 발전은 고정된 조화상태가 아니라, 자원이용과 투자방향, 기술발전의 방향설정 그리고 제도변화가 현재의 욕구뿐 아니라 미래의 욕구와 조화를 이루어나가는 변화의 과정이다. 우리는 이 과정이 손쉽게 진행되거나 일사천리로 전개될 수 있다고는 생각하지 않는다. 고통스러운 선택을 해야만 한다. 따라서 궁극적으로 보자면, 지속가능한 발전은 정치적 의지에 좌우될 것임에 틀림없다.

본 위원회는 전 지구의 발전이 지속가능한 길로 나아가 21세기로 넘어갈 수 있는 여러 방법을 모색해보았다. 우리의 보고서가 출간된 날로부터 21세기의 첫날이 시작되기까지는 약 5000일의 시간이 남아 있다.

이 5000일이 흐르는 동안 어떤 환경위기들이 발생할 것인가?

1970년대에 매년 '자연'재해로 고통을 당하는 사람들의 수는 1960년대에 비해 두 배로 늘었다. 이 재해들은 가뭄이나 홍수와 같은 환경/발전의 관리부실과 매우 직접적으로 결합되어 발생했으며, 많은 사람들에게 피해를 입혔고, 피해자의 수도 급격히 증가했다. 1960년대에는 매년 약 1850만 명의 사람들이 가뭄으로 피해를 입었으나, 1970년대에는 2440만 명의 사람들이 피해를 입었다. 1960년대에는 매년 520만 명의 홍수 피해자가 발생했으나, 1970년대에는 1540만 명의 피해자가 발생했다. 가난한 사람들이 위험한 지역에 짓는 불안전한 가옥의 수가 늘어가면서 태풍과 지진 피해자의 수도 급증하고 있다.

물론 이러한 결과들이 1980년대에도 반드시 발생하리라고는 말할 수 없다. 그러나 우리는 아프리카에서만 3500만 명의 가뭄 피해자가 발생한 사실과, 잘 통제된 까닭에 제대로 알려지지 않은 인도의 가뭄 때문에 수천만 명의 피해자가 발생한 사실을 알고 있다. 삼림이 파괴된 안데스 산맥과 히말라야 산맥의 산록지방을 강타하는 홍수의 힘도 점점 강해지고 있다. 1980년대는 위기로 가득 찬 1990년대로 이 위험천만한 경향을 그대로 연장할 운명인 것 같다.

제도적 격차

지속가능한 발전의 목표와 지구의 환경/발전 과제들의 통합적 성격 때문에 협소한 선입관에 사로잡혀 부분적으로 할당된 일에만 몰두하고 있는 국내기구와 국제기구들은 커다란 문제에 부딪히게 되었다. 지구적 변화의 엄청난 속도와 규모에 대해 각국 정부는 일반적으로 스스로를 변화시킬 필요를 인정하지 않으려는 태도를 보여왔다. 이 과제들은 상호의존적인 동시에 하나로 통합되어 있기 때문에 포괄적인 접근과 대중의 참여가 필요하다.

하지만 이러한 과제에 맞서고 있는 대부분의 기구는 독립적이고 단편적이고, 의사결정 과정도 폐쇄적이며, 권한도 상대적으로 제한적이다. 자연자원을 관리하고 환경을 보호해야 할 책임을 지고 있는 사람들은 경제를 관리할 책임이 있는 사람들과 제도적으로 분리되어 있다. 하지만 현실 세계에서는 경제체계와 환경체계가 긴밀하게 결합되어 있다. 따라서 관련 정책과 기구들이 변해야만 한다.

환경과 경제의 상호의존을 관리하기 위한 국제적인 차원의 효율적인 협력이 점점 절실하게 요구되고 있다. 하지만 이와 동시에 국제적인 조직에 대한 신뢰뿐 아니라 이에 대한 지원도 줄어들고 있다.

환경/발전과 관련된 여러 과제에 대처하는 데서 발생하는 커다란 제도적 결점으로는 각국 정부가 정책 활동의 결과 환경을 악화시키게 되는 기구들로 하여금 사전에 환경악화를 예방할 수 있도록 규제하지 못하는 점을 꼽을 수 있다. 환경에 대한 우려는 2차 세계대전 이후의 급속한 경제성장에 의해 야기된 피해 때문에 생겨났다. 국민의 압력을 받은 여러 나라의 정부들은 혼란 상태를 정돈해야 할 필요를 느끼고 이를 위해 환경관련 부서를 설립했다. 권한에는 일정한 한계가 있었으나 많은 부서들이 대기, 수질 그리고 그 밖의 다른 자원들을 크게 개선하는 등 일정한 성공을 거두었다. 그러나 당연히 이들의 작업은 대부분 가령 재삼림화, 사막지대의 재개간, 도시환경의 재구축, 자연서식지의 회복, 야생지대의 재건처럼 대개 피해에 대한 사후보장에 집중되었다.

이러한 부서들의 존재는 여러 나라의 정부와 국민들에게 그러한 조직만으로도 환경자원의 토대를 보호하고 개선할 수 있는 듯한 그릇된 인상을 심어주었다. 하지만 많은 선진공업국과 대부분의 개발도상국은 대기와 수질 오염, 지하수 고갈 그리고 유독 화학물질과 폐기물의 누적 등 과거로부터 물려받은 수많은 문제들 때문에 막대한 경제적 부담을 짊어지고 있다. 이러한 문제에다 최근에는 토양 침식, 사막화, 산성화, 새로운 화학물질 그리고 새로운 형태의 폐기물처럼 농업, 공업, 에너지, 삼림, 운송 정책이나 활동과 직접적으로 관련되어 있는 다른 문제들이 발생하고 있다.

또한 중앙의 경제부서와 그 하위 부서들의 권한은 너무 제한되어 있고, 너무 생산이나 성장의 양적인 측면에만 관심을 기울이고 있다. 생산목표에 관한 모든 권한은 공업관련 부서들이 차지하고 이에 수반되는 환경오염 문제는 환경관련 부서에 떠넘겨진다. 전력을 담당하는 부서는 전력 생산만 관리하고, 그 과정에서 발생하는 산성오염은 다른 기구가 청소해야 한다. 따라서 현재의 여러 과제를 제대로 처리하려면 중앙의 경제부서와 하위 부서들은 자신들의 결정으로 말미암아 오염된 환경의 질을 개선해야 할 책임을 떠맡도록 하고, 환경관련 부서들에는 지속불가능한 발전의 영향에 제대로 대처할 수 있도록 더 커다란 권한을 부여해야 한다.

개발자금의 대부, 무역규제, 농업개발 관련 국제기구들도 마찬가지로 변화의 필요성에 직면하고 있다. 비록 몇몇 기구들은 열심히 애쓰고 있으나 대부분의 기구들은 자신들의 활동이 환경에 미치는 영향을 제대로 고려하지 않고 있다.

환경에 대한 손상을 예측하고 예방하려면 정책의 생태적 차원을 경제, 무역, 에너지, 농업 그리고 그 밖의 다른 차원과 동시에 고려해야만 한다. 이 모든 차원을 동일한 일정 위에서 그리고 국내기구와 국제기구에서 동시에 고려해야 한다.

이러한 새로운 방향 설정은 1990년대와 그 이후에 처리해야 할 주요한 제도적 과제 중의 하나이다. 이 과제를 해결하려면 커다란 제도 발전과 개혁이 필요하다. 너무 가난하거나 너무 소국이거나 아니면 제한된 관리 능력만을 갖고 있는 많은 나라의 경우, 원조를 받지 않고서는 이 과제를 해결하기가 곤란할 것이다. 이러한 나라들은 재정적·기술적 지원과 훈련을 필요로 한다. 그러나 당연히 크건 작건, 부유하건 가난하건 모든 나라에서 변화가 일어나야 한다.

6-5 환경에 대한 진실

비외른 롬보르(Bjørn Lomborg, 2001)

Bjørn Lomborg. 2001.8.2. "The Truth about the Environment." *The Economist.**

환경주의자들은 생태학적으로 볼 때 사태가 점점 더 악화되어간다고 믿는 경향이 있다. 한때 자신도 열성적인 환경주의자였던 비외른 롬보르**는 그들이 거의 모든 부분에서 잘못되었다고 주장한다.

생태학ecology과 경제학economy은 같은 곳을 바라봐야 한다. 결국 두 단어의 공통된 접두어인 'eco' 는 그리스어로 '집'을 의미하지 않는가. 또, 두 분야의 주창자들은 모두 인류의 복지를 그들의 궁극적인 목표로 삼고 있지 않는가. 그러나 환경론자와 경제학자는 흔히 심한 의견 차이를 보인다. 경제학자들이 보기에 세상은 점점 더 좋아지고 있다. 반면 많은 환경론자들이

** 저자 소개: 비외른 롬보르는 덴마크 오르후스 대학의 통계학자이며 한때 스스로가 '좌익 그린피스 견해'를 가졌다. 1997년 그는 환경론자들의 주장을 의심하는 경제학자 줄리언 사이먼(Julian Simon)의 사견에 도전하기 시작했지만, 대부분의 자료가 사이먼을 뒷받침하는 것을 발견했다. 그의 저서 『회의적인 환경주의자(The Skeptical Environmentalist)』(2001)는 케임브리지 대학교 출판사에서 출간되었다.

보기에는 세상이 점점 나빠지고 있다.

스탠퍼드 대학교의 에를리히와 월드워치연구소의 레스터 브라운Lester Brown과 같은 베테랑을 필두로 하는 환경주의자들은 환경에 대한 커다란 걱정들 네 가지를 일종의 '기도문'으로 만들었다.

① 천연자원들은 고갈되고 있다.
② 인구의 증가로 남는 식량은 계속해서 줄어들고 있다.
③ 수많은 생물종들이 멸종 위기에 처해 있다. 숲은 사라지고 어종 다양성은 급격히 감소하고 있다.
④ 지구의 대기오염과 수질오염은 그 어느 때보다도 심각하다.

이들 환경주의자들은 인간의 활동이 이렇게 지구를 더럽히고 있으며, 인류는 결국 그 과정에서 스스로를 죽이는 파국을 맞게 될 것이라고 주장한다.

환경에 대한 걱정이라는 '기도문'은 근거가 없다

문제는 이 '기도문'이 근거가 없다는 것이다. 첫째로, 에너지 및 기타 천연자원들은 더 풍부해져서 1972년 MIT 과학자 팀이 『성장의 한계』 보고서를 발표한 이후로 더 줄지 않았다. 둘째로, 인류의 역사 그 어느 때보다 전 세계 인구를 부양할 수 있는 식량은 더 많이 생산되고 있다. 배고픔에 굶주리는 사람도 적어졌다. 셋째로, 비록 생물종들이 실제 멸종되고는 있지만, 다음 50년 동안 사라질 것으로 예상되는 것은 그중 단지 0.7%만이지 흔히 예측되는 25~50%가 아니다. 그리고 마지막으로, 대부분의 형태의 환경오염들은 과장된 측면이 없지 않거나 일시적인 것 – 초기 단계의 산업화와 연관된 것이므로 경제성장을 억제하는 것이 아니라 오히려 가속화시켜야 가장 잘 해결될 수 있는 것 — 이다. 환경오염의 한 가지 형태인 지구온난화 현상을 유발하는 온실가스 방출의 경우 장기적 현상으로 보이지만, 그 총체적인 영향력이 인류의 미래를 황폐화시킬 정도로 심각할 것 같지는 않다. 오히려 부적절한 대응이 더 큰 문제를 일으킬 수 있다.

상황이 나아지고 있는가?

이 네 가지 '기도문'을 하나씩 검토해보도록 하자. 첫째, 천연자원의 고갈에 대해 살펴보자. 초기 환경운동은 현대 산업이 의존하는 광물자원들의 고갈을 염려했다. 분명히 지구에서 캐낼 수 있는 화석 연료나 광물자원의 양에는 한계가 있을 것이다. 지구도 결국에는 유한의 질량을 가졌을 뿐이다. 그러나 실제로 많은 환경론자들의 주장을 통해 사람들이 막연히 믿고 있는 것보다는 훨씬 더 큰 한계 용량을 갖고 있다.

매장된 천연자원을 탐사하는 과정에는 비용이 든다. 자원 자체의 부족보다는 이러한 탐사 비용이 자원의 가용성에 주된 한계로 작용한다. 그러나 모든 화석 연료와 상업적으로 중요한 대부분의 금속 매장량과 관련해 현재 알려진 수치는 『성장의 한계』가 출간되었을 당시보다 더 크다. 예를 들어, 합리적인 가격으로 경쟁력을 갖추고 추출한다고 가정했을 때, 지구의 석유 매장량은 앞으로 150년가량 사용될 수 있을 양을 상회한다. 이와 더불어 지난 30년간 태양에너지의 가격은 10년마다 절반으로 떨어졌고 앞으로도 계속 그럴 것으로 보인다는 점을 생각하면, 에너지 고갈이 경제나 환경에 심각한 위협이 되지는 않을 것으로 보인다.

비연료자원의 개발 과정도 비슷한 길을 걸어왔다. 시멘트, 알루미늄, 철, 구리, 금, 질소 그리고 아연은 전체 원자재 소비량의 75%를 차지한다. 지난 50년 동안, 이러한 원자재의 소비가 두 배에서 열 배로 늘어났지만 이용가능한 매장량도 동시에 증가했다. 무엇보다, 가격의 꾸준한 하락이 이런 자원의 풍족함을 반영한다. ≪이코노미스트≫의 산업용 원자재 가격 지수는 물가상승을 고려했을 때 1845년 이후 실질적으로 80% 정도 하락했다.

다음으로, 인구폭발은 괜한 걱정거리였음이 드러나고 있다. 1968년 폴 에를리히 박사는 그의 베스트셀러, 『인구폭탄The Population Bomb』에서 다음과 같이 예측했다. "인류를 더 이상 먹여 살릴 방법은 없다. 1970년대에 이르면 세계는 끔찍한 규모의 굶주림을 겪게 될 것이다. 수억 명의 사람들이 굶어 죽을 것이다."

하지만 그런 일은 벌어지지 않았다. 대신, 유엔에 따르면 1961년 이후로 개발도상국들의 1인당 농업 생산량은 52%가량 증가했다. 1961년 빈곤 국가들의 일일 에너지 섭취량은 겨우 생명을 유지할 정도인 1932Kcal에 지나지 않았지만 1998년에는 2650Kcal가 되었고, 2030년에는 3020Kcal로 늘어날 것으로 예상된다. 마찬가지로, 개발도상국에서 굶어 죽는 사람들의 비율도 1949년에는 45%였지만 오늘날에는 18%로 떨어졌으며, 나아가 2010년에는 12%, 2030년에는 겨우 6%가 될 것으로 예상된다. 달리 말해서, 식량은 감소하는 것이 아니라 그 어느 때보다도 풍족해지고 있다. 식량 가격이 이를 반영한다. 1800년 이후로 식량 가격은 90% 이상 떨어졌으며, 세계은행에 따르면 2000년에는 그 어느 때보다도 더 낮았다고 한다.

현대판 맬서스: 인구 성장은 기하급수적이지 않았다

에를리히 박사의 예측은 170년 전 맬서스의 예측을 반영한 것이었다. 맬서스는 식량 생산은 새로운 경작지를 일굼으로써 선형적으로 증가할 수밖에 없는 반면 인구는 내버려두면 기하급수적으로 증가할 것이라고 주장했다.

하지만 그는 틀렸다. 인구 성장은 내부적으로 조절 기제가 있는 것으로

밝혀졌다: 사람들은 부유하고 건강해질수록 가족 구성원의 수를 줄인다. 실제로, 인구 성장률은 1960년대 초에 매년 2%라는 증가율로 정점을 찍었다. 그 이후로는 증가속도가 계속 감소하고 있다. 현재 인구 성장률은 1.26%이며, 2050년에는 0.46%로 하락할 것으로 예측된다. 유엔은 대부분의 인구 성장은 2100년에 이르러 멈추고 110억 명에 약간 못 미치는 수준으로 안정화될 것이라고 추정했다(〈그림 6.5.1〉).

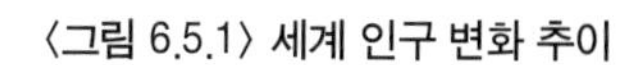
〈그림 6.5.1〉 세계 인구 변화 추이

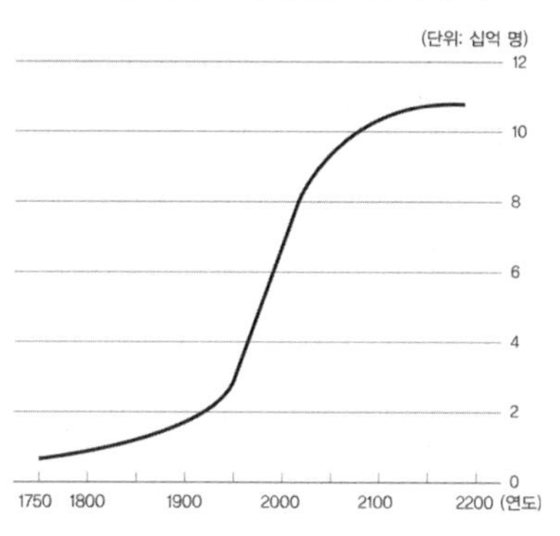

자료: UNPD. UN Medium Variant Forecast from 2000.

맬서스는 또한 농업 기술의 발전을 간과하는 실수를 범했다. 농업 기술의 발전은 헥타르당 더 많은 음식을 쥐어짜냈다. 인간의 이런 영특함이 식량 생산을 인구 성장과 비슷한 수준을 넘어서 심지어는 앞지를 정도까지 증가시켰다. 부수적으로, 이는 새로운 경작지를 확보하는 수고 또한 덜어줌으로써 생물다양성에 가하는 압력 또한 줄였다.

셋째로, 생물다양성 감소의 위협은 사실이긴 하지만 과장된 것이다. 대부분의 초기 추정치들은 서식지의 감소가 생물다양성의 감소로 연결된다는 학설에 기반을 둔 단순한 섬 모델Island Model을 이용했다. 어림 계산에 의하면 숲이 90% 줄어들면 종의 수는 50% 줄어든다. 열대우림이 급속도로 파괴되는 것처럼 보이므로, 일반적으로 매년 2만~10만에 달하는 종이 멸종되는 것으로 추정한다. 많은 사람들은 한두 세대 안에 전 세계적으로 생물종의 수가 절반으로 감소할 것으로 예상한다.

그러나 현재 알려진 자료는 이러한 예측을 뒷받침해주지 않는다. 지난 두 세기 동안 미국 동부의 삼림은 원래의 1~2% 수준으로 감소되었으나 오직 한 종의 산새만이 멸종했다. 푸에르토리코에서는 지난 400년 동안 초기 삼림 지역의 99%가 파괴되었으나 60종의 조류 중 '단지' 일곱 종이 사라졌다. 19세기에 브라질의 대서양 열대우림은 여기저기 산재한 12%만을 남기고 사라졌다. 어림 계산을 따르자면, 모든 생물 종 중 절반은 멸종했어야 한다. 그러나 국제자연보호연맹World Conservation Union과 브라질 동물학회Brazilian Society of Zoology가 291개의 알려진 대서양 삼림 서식 동물 모두를 분석해 본 결과 어떤 종도 멸종되었다고 선언하기 어려웠다. 결론적으로 생물 종은 생각보다 더 큰 복원력을 가지고 있는 것으로 보인다. 그리고 많은 환경론자들이 주장한 바와 같이 열대 숲은 매년 2~4%의 속도로 소실되지는 않는다. 유엔의 최근 수치에 따르면 소실 비율은 0.5%에도 못 미친다.

런던에서는 1890년 전후로 대기오염이 최고조에 달했다

넷째로, 환경오염 또한 과장된 면이 있다. 많은 연구결과들이 사회가 환경을 걱정할 수 있을 만큼 경제적 여유가 생기면 대기오염이 감소한다는 것을 밝혔다. 최고의 자료를 구할 수 있는 런던을 보자면, 대기오염은

〈그림 6.5.2〉런던의 대기오염 농도

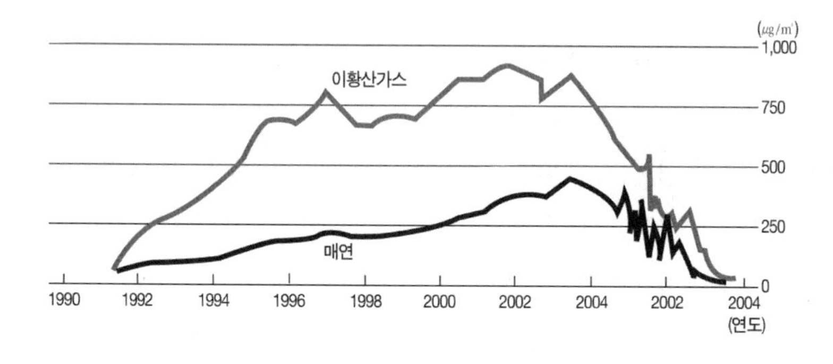

자료: B. Lomborg

1890년 전후로 최고조에 달했다(〈그림 6.5.2〉).

오늘날, 그곳의 대기는 1585년 이후로 그 어느 때보다 깨끗하다. 이러한 양상이 모든 선진국에 적용될 수 있을 것이다. 그리고 많은 개발도상국에서 대기오염이 증가하고 있지만, 이는 단지 이미 산업화된 국가들이 겪었던 발전 과정을 되풀이하는 것일 뿐이다. 만약 개발도상국이 충분히 부유해지면 그들 또한 대기오염을 줄이기 시작할 것이다.

이 모든 것들이 위의 기도문과 상충된다. 하지만 여론 조사에 의하면 많은 사람들은, 최소한 부유한 세계의 많은 사람들은, 환경 기준들이 악화되고 있다는 믿음을 키우고 있다. 사람들의 인식과 현실 사이의 이와 같은 괴리는 다음의 네 가지 요인들에 의해 야기된다.

언제나 세상의 나쁜 면만을 보라

왜 이러한 일이 벌어지고 있는 것일까? 하나는 과학연구가 편파성을 지니기 때문이다. 과학연구 지원금은 주로 해결해야 할 문제가 많은 분야가 받는다. 이는 현명한 정책일지 몰라도 실제보다도 더 많은 문제들이 잠재되어 있다는 인상 또한 만든다.

둘째로, 환경단체들은 스스로 각종 매체에 노출되어 이를 통해 계속 돈이 굴러들어 오기를 원한다. 따라서 환경단체들이 때때로 과장을 하곤 할 것이라는 점은 충분히 이해할 만한 일이다. 예를 들어, 1997년 세계자연보호기금World Wide Fund for Nature은 "영원히 사라져버린 전 세계 숲의 2/3"라는 제목의 보도 자료를 배포했다. 하지만 실제로는 20% 정도만이 사라진 것으로 밝혀졌다.

환경단체들의 운영에는 이타적인 사람들의 참여가 압도적이지만 다른 로비 집단의 일반적인 특성 또한 많이 가지고 있다. 만약 사람들이 환경로비에 대해 다른 분야의 로비 단체들에 대해서와 마찬가지의 회의적 태도를 보인다면 문제는 훨씬 덜할 것이다. 예를 들어, 한 무역 단체가 환경오염 규제 완화를 요구한다면 이는 이기주의로 비춰진다. 하지만 환경단체들이 그런 규제 완화에 반대한다면 이는 이타주의로 비춰진다. 규제에 대해 냉정한 시각으로 봤을 때 규제가 더 해롭다 할지라도 말이다.

혼란을 주는 세 번째 요인은 매체의 태도이다. 사람들은 분명히 좋은 소식보다 나쁜 소식에 더 귀를 기울인다. 신문과 방송국들은 대중이 원하는 것을 제공하기 위해 존재한다. 그러나 이는 심각한 인식의 왜곡을 초래할 수 있다. 그 예가 1997년과 1998년 미국을 강타한 엘니뇨 현상이다. 이 현상은 관광업을 망가뜨리고, 알레르기를 유발하며, 스키장의 슬로프를 녹이고, 오하이오에서는 폭설로 22명의 사망자를 낸 것으로 비난받았다.

최근 미국 기상학회보고서Bulletin of the American Meteorological Society에 발간된 기사는 좀 더 균형 잡힌 시각을 보여준다. 이 기사는 1997~1998년에 발생한 엘니뇨가 가져온 피해와 이익 모두를 다루고자 했다. 엘니뇨가 미국에 입힌 손해는 40억 달러로 추정된다. 그러나 추정된 이익은 190억 달러에 이른다. 이러한 이익은 겨울 기온이 높아진 데서 비롯했다(약 850명을 살렸고, 난방비를 절감시키고 융해수에 의한 봄 홍수를 감소시켰다). 또한 과거 엘니뇨 현상은 대서양 허리케인의 발생 빈도를 낮추는 것으로 분석되기도 했다. 1998년 대서양에서는 대규모 허리케인이 발생하지 않았으며, 미국은 그 덕분에 막대한 피해를 면했다. 엘니뇨에 따른 이러한 이익은 그 피해보다 널리 보도되지 않았다.

네 번째 요인은 개인의 인식 결여이다. 사람들은 그칠 줄 모르고 늘어나는 쓰레기 더미가 언젠가는 쓰레기를 버릴 공간마저도 고갈시킬 것이라고 걱정한다. 그러나 미국의 쓰레기양이 예전처럼 꾸준히 증가하고, 2100년에 이르러 미국의 인구가 지금의 두 배에 이른다고 하더라도 미국이 21세기 전반에 걸쳐 배출한 쓰레기가 차지하는 공간은 28km^2(18miles^2)에 지나

〈표 6.5.1〉 생명의 가격: 1년에 한 생명을 살리기 위해 드는 비용

항목	가격(달러)
안전벨트 의무화를 위한 법안 통과	69
흑인 신생아를 대상으로 한 겸형적혈구 빈혈증 검사	240
50세 여성을 위한 유방 X선 조영술	810
65세 이상의 사람들을 위한 폐렴 백신 접종	2,000
하루에 담배를 한 갑 이상 피는 흡연자들에 대한 금연 권고	9,800
30세 남성들 대상으로 한 저콜레스테롤 식이요법	19,000
규칙적인 여가시간 신체활동(예를 들어 35세 남성들에게 조깅 권유)	38,000
보행자들과 자전거 사용자들의 가시화	73,000
자동차에 (수동 무릎용 벨트가 아닌) 에어백 설치	120,000
유리 제조 공장 비소 배출 규제 설치	51,000,000
원자력발전소의 방사능 배출 기준 확립	180,000,000
고무타이어 제조 공장의 벤젠 배출 규제 설치	20,000,000,000

지 않을 것이다. 이는 미국 전체 면적에 1/12000밖에 되지 않는다.

무지함은 잘못된 판단으로 이어질 때에만 문제가 된다. 하지만 많은 부분 가공의 환경문제들은 그에 대한 공포가 현실의 문제를 다루는 데 써야 할 정치적 에너지를 흩뜨린다는 데 문제가 있다. 〈표 6.5.1〉은 그런 문제점을 보여준다. 이는 1년에 한 사람의 생명을 살리기 위해 미국에서 실행할 수 있는 다양한 대책에 들어가는 비용이다. 예를 들어, 휘발유에서 납을 제거하거나 연료유에서 이산화황 배출을 억제하는 등의 몇몇 환경정책들은 이미 많이 시행되고 있는 중이다. 그러나 이러한 환경 대책들은 자동차에 에어백을 설치하는 것과 같이 직접적인 안정성을 높이는 방법이나, 의료 검진과 백신 투여를 이용한 방법과 비교해보았을 때 비용 대비 효율이 현저히 낮다. 개중 몇몇 대책은 터무니없이 비싸기도 하다.

이산화탄소 배출을 급격하게 줄이는 것이 높은 기온에 적응하는 것보다

훨씬 더 비용이 많이 든다.

그러나 위험에 대한 잘못된 인식은 타이어 공장의 벤젠 배출을 규제하는 일보다 더 큰 대가의 오류를 범할 수 있다. 이산화탄소의 배출은 지구온난화를 야기한다. 가장 정확한 추정에 따르면 이 세기 안에 기온은 섭씨 2~3도 정도 상승해서 5조 달러에 상당하는 심각한 문제를, 거의 전적으로 개발도상국에 야기할 것이다. 따라서 지구온난화를 멈추는 것은 현명한 것처럼 보인다. 다만 의문은 병을 앓는 것보다 그 병을 치료하는 것의 대가가 실제로 더 크지는 않은가 하는 점이다.

직관적으로 비용이 많이 드는 그런 문제의 해결을 위해 강하게 대응해야 할 것 같지만, 경제 분석들은 이산화탄소 배출을 급격하게 줄이는 것이 높아진 기온에 적응하는 것보다 훨씬 비용이 많이 든다는 것을 분명하게 보여준다. 기후에 관한 교토의정서Kyoto protocol가 완벽히 실행되더라도 그 효과는 미약할 것이다. 유엔 기후변화패널이 발표한 보고서들의 주요 저자 중 한 명인 톰 위글리Tom Wigley의 모델은 교토의정서를 통해서 어떻게 2100년 섭씨 2.1도로 예상되는 기온상승이 섭씨 1.9도로 낮아질 것인지 보여준다. 이를 달리 표현하자면, 2094년에 지구가 겪을 기온의 상승 정도가 2100년으로 미뤄지는 것이다.

따라서 교토 협정은 어마어마한 비용이 들어가지만 지구온난화를 막는 것이 아니라 고작 6년을 더 벌어줄 뿐이다. 그러나 교토 협정의 내용을 그대로 이행하기 위해 미국에서 드는 비용만 해도 세계에서 가장 긴급한 보건 문제 – 식수와 위생시설의 보편적 접근성 확보 – 를 해결하는 데 드는 비용보다 더 높다. 후자를 통해 매년 200만 명이 죽음을 피할 수 있고, 5억 명의 사람들이 심각한 질병으로부터 해방될 수 있다.

하지만 이는 좋게 봤을 때의 이야기다. 만약 조약이 비효율적으로 실행될 경우에는 이에 드는 비용은 1조 달러에 이를 것이며, 이는 전 세계 식수 및 위생시설 비용의 다섯 배가 넘는다. 비교를 위해 첨언하자면, 오늘날 전 세계 구호기금은 매년 약 500억 달러뿐이다.

만약 사람들이 미래를 위해 가장 현명한 결정을 내리기를 원한다면 '기도문'의 내용을 사실로 대체하는 것이 필수적이다. 물론 합리적인 환경의 관리 및 투자는 좋은 생각이나 그러한 투자에 드는 비용이나 그로부터 파생되는 이익을 인간이 노력해야 하는 다른 모든 부문에 대한 투자와 비교해보아야 한다. 지나치게 낙관적이어도 손실이 크지만, 또 지나치게 비관적이어도 더 큰 손실이 따른다.

6-6 지속가능한 생활방식의 실천화

팀 잭슨(Tim Jackson), 2008

Tim Jackson. 2008. "The Challenge of Sustainable Lifestyles." in Linda Starke(ed.). *State of the World: Innovations for a Sustainable Economy*. New York: W. W. Norton & Company, pp.45~60.

인도의 경제 수도이자 제멋대로 뻗어 나가고 있는 뭄바이의 한 작은 아파트에 살고 있는 조지 바키George Varky(35세). 그는 갓난아기가 내뿜는 거친 숨소리에 일찍 잠에서 깨어났다. 아파트는 덥고 습했으며, 작은 선풍기의 바람은 온도를 낮추기보다 공기를 휘저을 뿐이었다. 그의 부인 비니Binnie 씨는 아침을 준비하고 있다. 그의 노부모와 4살 난 아들 그리고 동생은 아직 자고 있다. 조지는 아침을 일찍 시작하는 것에 익숙하다. 오늘은 런던의 BBC 방송국의 뉴스 팀이 방문할 예정이다.

조지의 아파트는 세 개의 방과 작은 주방 하나로 이루어져 있다. 이 현대식 아파트 건물에는 수돗물과 전기가 공급된다. 주방에는 작은 냉장고가 하나 있으며 모든 방에는 TV가 한 대씩 놓여 있다. 그의 가족은 최근에 DVD 플레이어를 장만했다. 집 밖에는 그의 소규모 광고 사업에 필수적인 스즈키 세단이 주차되어 있다. 그는 매달 5만 5000루피(약 1200달러)를 집에 가져온다. 가계 수입은 기계공인 동생과 파트타임 간호사로 일하는 부인의 수입까지 합치면 매년 100만 루피(약 2만 4000달러)가 넘으며, 인도의 1년 평균 가족 수입이 3000달러 정도인 것을 감안하면 그의 가족은 상당히 잘사는 편이다.

조지와 그의 가족은 인도의 '황금 새Bird of Gold'라고 불리는 급속히 성장하고 있는 소비 계층에 속한다. 지난 20년 동안 가계 소득은 대략 두 배로 늘어났으며, 다음 20년 동안에는 평균 수입이 세 배가 될 것으로 예측되고 있다. 2025년에 이르면 인도는 총지출 면에서 독일을 제치고 세계에서 다섯 번째로 큰 시장이 될 것이다. 하지만 1인당 소득을 따져보면 여전히 인도는 가난에 허덕이고 있다. 각 개인은 매해 평균 5만 루피(약 1000달러)보다 적게 소비한다. 그럼에도 54%에 달하는 소위 '불우한' 인구는 20년 후에는 22%로 반감될 것이다. 이러한 변화는 인도가 중국을 제치고 지구에서 가장 사람이 많이 살고 있는 나라가 되어 있을 것이라는 예측에도 여전히 유효하다.

BBC 프로그램의 또 다른 참여자인 비드야 셰지Vidya Shedge(26세)는 이런 경제 '기적'으로부터 혜택을 받게 될 사람들 중 하나이다. 비드야는 극도로 빈곤한 뭄바이 교외 지역에서 열 명의 가족과 함께 단칸방에서 살고 있다. 그녀가 살고 있는 곳에는 DVD 플레이어는 물론이거니와 냉장고는커녕 수돗물도 없다. 그러나 다행히 세 개의 백열전구와 하루 중 가장 더운 시간의 열기를 식혀 줄 몇 대의 선풍기를 가지고 있으며 그것들을 돌릴 만큼의 전기도 공급되고 있다. 비드야의 목표는 그녀의 월급인 7500루피(약 160달러) 중 일부를 은행에 저축해 자동차를 마련하는 것이다. 그녀도 BBC 방송국의 방문을 학수고대하고 있다. 그들은 그녀에게 '탄소발자국carbon footprints'에 대해 이야기하고 싶어 한다.

놀랍게도, 조지와 비드야는 이미 기후변화에 대해 어느 정도 알고 있다. 그들은 인간의 행위가 지구온난화에 책임이 있다는 것을 인식하고 있다. 심지어 조지는 그의 가족과 탄소 배출을 줄일 수 있는 방법에 대해 의논해왔다. 그의 아파트의 모든 방에서는 에너지 절약형 전구를 사용하고 있다.

놀라운 점은 산업화가 지구온난화를 가속화시킨다는 사실을 알지만, 조지와 비드야 모두 분명 기후변화를 막기 위한 어떤 해결책이 있을 것이라고 긍정적으로 보고 있다는 점이다.

최근 연구는 이러한 반직관적인 관념이 널리 퍼져 있다는 사실을 보여주었다. 2007년 6월, HSBC는 '기후변화 지수'를 발표했다. 인도 사람들은 기후변화에 대한 가장 큰 우려를 보였으며 — 응답자의 60%는 기후변화를 가장 큰 걱정거리로 꼽았다 — 또한 브라질과 함께 '기후변화에 대한 헌신도'와 '사회가 문제를 해결할 수 있다는 낙관성'에서 가장 높은 수준을 보였다. 반면, 산업화 국가들은 이에 대해 회의적이고 비타협적인 태도가 주를 이루고 있다. 미국과 영국은 헌신도에서 가장 낮은 점수를 기록했고, 프랑스와 영국은 낙관성에서 가장 낮은 수치를 보였다. 인도에서 보이는 (기후변화) 문제의 해결책에 대한 낙관론은 특히 젊은 세대에게서 두드러지게 나타난다.

하지만 그 희망을 실현시키기에는 많은 어려움이 따를 것이다. 조지의 가족은 확실히 그의 부모 세대에 비해 삶의 질이 향상되었다. 그러나 일반적인 삶의 기준에서 봤을 때 그의 생활수준은 기껏해야 평균 정도에 지나지 않는다. 비드야의 가족들 앞에는 넘어야 할 더욱 거대한 산이 놓여 있다. 고작 16달러로 단칸방에서 하루하루 살아가는 이들은 시대를 불문하고 극빈층에 속할 만한 삶의 질을 영위하고 있다. 그렇다면 조지와 비드야, 10억 명의 다른 인도인들, 아프리카, 라틴 아메리카, 그리고 수많은 중국인들과 동아시아 국가들이 미국인의 평균적인 삶의 수준을 영위하는 동시에 '기후변화 문제를 해결'할 수 있을까? 세계의 한정된 자원과 취약한 환경 제약 조건 아래, 2050년이면 90억 명에 달하는 전 세계 사람들이 전형적인 부유한 서구 국가들이 오랫동안 보여준 생활방식을 지향하는 것이 가능할까?

지속가능성의 수학

일반적으로 인간사회가 환경에 미치는 영향은 지구에 사는 사람들의 수와 그들의 삶의 방식에 의해 결정된다. 인간의 삶의 방식과 환경의 관계에 대한 수학은 꽤 간단하다. 이는 스탠퍼드 대학의 폴 에를리히에 의해 수십 년 전에 처음 주장된 이래 많은 곳에서 자세히 연구되기 시작했다. 이로부터의 본질적인 교훈은 상당히 단순하다. 사람이 환경에 미치는 전체적인 영향을 줄이기 위해서는 제한된 방법들이 존재하는데, ① 그들의 삶의 방식을 바꾸든지, ② 기술의 효율성을 높이든지, ③ 지구상의 인구를 줄이는 것이다. 여기서 중요한 것은 인구에 대한 문제이다. 인구는 인간이 지구에 미치는 영향의 '규모'를 결정한다.

주목할 만한 것은 증가하는 인구가 누리는 삶의 방식이다. 조지 가족의 탄소발자국은 배출 이산화탄소량을 기준으로 대략 1인당 2.7톤에 달한다. 비드야 가족은 그 1/5 수준인 0.5톤을 배출한다. 인도의 일인당 평균 탄소발자국은 1톤이다. 두 가구가 누리고 있는 기술이 주는 효율성은 거의 동일하므로, 두 가족의 차이는 주로 소비 수준 및 행태의 차이에서 기인한다. 통상적으로 조지의 가족은 대부분의 인도인들보다 더 높은 수준의 삶을 누리고 있다. 2004년의 통계 결과에 따르면, 10억 명의 인도 사람들이 모두 현재의 조지 가족처럼 산다면 인도는 미국과 중국에 이어 세 번째로 높은 탄소 배출 국가가 될 것이다(〈표 6.6.1〉). 그러나 서구 국가의 기준에서 볼 때, 인도의 개인당 탄소발자국은 여전히 낮은 편이다.

유럽연합(EU)과 미국은 인도보다 재화 및 용역의 공급에서 높은 기술적 효율성을 보인다. 다른 모든 기준을 동일선상에 놓는다면, 높은 기술적 효율성이 선진국의 탄소발자국을 낮춰야 마땅하다. 그러나 실상은 그렇지 않다. 국가별로 나타나는 1인당 탄소 배출량의 커다란 차이는 거의 전적으로 국민의 소비 수준 및 행태, 그리고 삶의 방식의 차이에서 비롯된다.

〈표 6.6.1〉 2004년도 각 국가의 인구와 이산화탄소 배출량

국가(혹은 지역)	인구 (100만 명)	이산화탄소 배출 (100만 톤)	1인당 배출량 (1 이산화탄소 톤)
미국	294	5,815	19.8
중국	1,303	4,762	3.7
러시아	144	1,553	10.8
일본	128	1,271	10.0
인도	1,080	1,103	1.0
독일	83	839	10.2
영국	60	542	9.1
프랑스	62	386	6.2
방글라데시	139	35	0.3
유럽연합(15개 국)	386	3,317	8.6
세계	6,352	26,930	4.2

자료: International Energy Agency(IEA). *CO2 Emissions from Fuel Combustion 1971~2004*(Paris: OECD, 2006).

분명히 지금까지는 서방국가들이 기후변화의 핵심 동인이었다. 1950년과 2000년 사이 미국은 2120억 톤의 이산화탄소를 배출한 반면, 인도의 배출량은 미국의 10%에 지나지 않았다. 따라서 여태까지 지구에서 가장 부유한 사람들이 인류에게 동등하게 나누어진 '환경적 공간environmental space'을 부당하게 독차지한 셈이다. 그러나 아이러니하게도 세계의 나머지 사람들은 이러한 서구의 삶의 방식을 점점 더 갈망하고 있다.

지금까지 기술적 효율성을 높이기 위해 많은 노력이 이루어졌다. 이는 몇몇 국가에서 GDP 대비 탄소 배출량이 개선되고 있다는 데서 증명된다(〈그림. 6.6.1〉). 그러나 이러한 노력에도 탄소 배출량의 변화 속도는 너무 느릴 뿐 아니라 근래 중국에서는 역전 현상까지 일어났으며(〈그림. 6.6.1〉에서 중국의 변화 추이를 참고할 것), 이는 최근 중국의 이산화탄소 배출이 미

〈그림 6.6.1〉 단위 GDP 대비 이산화탄소 배출량

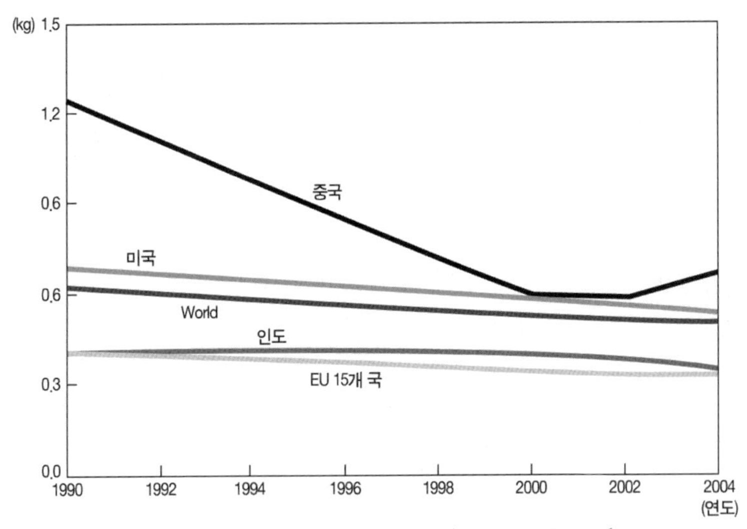

자료: IEA. *CO2 Emissions from Fuel Combustion 1971~2004*(Paris: OECD, 2006).

국을 넘어선 이유이기도 하다. 전 세계를 놓고 볼 때, 1970년과 2004년 사이 온실가스 배출은 80%가량 증가했으며, 2030년에는 다시 그 두 배가 될 수도 있을 것으로 보인다.

요약하자면, 무시무시한 속도로 늘어가는 서구적 삶에 대한 갈망과 폭발적인 인구의 증가가 이러한 기술적 효율의 향상을 헛수고로 돌리고 있다. 만약 전 세계 사람들 모두가 현재의 미국인들처럼 살고자 한다면, 21세기 중반에 이르러 연간 전 세계 이산화탄소 배출량은 현재 수준의 5배에 이르는 1250억 톤에 달할 것이다. 기후변화에 관한 정부 간 패널(IPCC)은 전 세계가 '심각한 인류학적 기후변화'를 피하기 위해서는 2050년까지 탄소 배출을 1990년 배출량의 80% 수준으로 낮춰야 한다고 주장했다. 이는 다시 말해, 전 세계 탄소 배출량이 50억 톤 이하로 떨어져야 하며 1인당 탄소 배출량 또한 현재 인도의 평균 배출량인 1톤 이하로 감소해야 한다는

것을 의미한다.

따라서 분명 이러한 도전은 인간이 살아가는 방식에 대한 재성찰을 요구한다. '양질의 삶'에 대한 인간의 열망을 이토록 부추기는 것은 무엇인가? 무슨 이유로 서구적 삶이 급속하게 다른 모든 나라의 욕망의 대상이 되었고, 그로부터 벗어나는 것이 이토록 불가능해 보이는 것일까?

욕망의 과학

전통적인 경제학자들은 소비가 인간의 행복을 위한 수단이라고 말한다. 더 많이 소유할수록 더 행복해진다는 것이다. 이러한 관점은 왜 거의 모든 나라가 오랫동안 국내총생산(GDP)의 증가를 그들의 주요 정책 목표로 삼았는지에 대한 실마리를 준다. GDP의 증가는 왕성하고 안정적인 경제, 더 높은 소비력, 부유하고 충만한 삶, 가족 안보의 증대, 더 많은 기회, 그리고 공공 지출의 증대를 의미한다. 실제로 인도의 소비 계층인 '황금 새'의 등장은 금융 시장에 긍정적인 영향을 가져올 것이라 예견되었으며, 중국의 활발한 경제발전은 눈에 띄게 시장에 낙관적인 영향을 주었다.

그러나 경제학은 '왜' 사람들이 그토록 특정 상품과 서비스를 추구하는지에 대한 의문에 대해서는 답변을 내놓지 못한다. '공리주의' 모델은 현대 경제학 서적에서 너무나 당연하게 받아들여져 그 기원이나 정확성의 여부는 거의 다루어지지 않고 있다. 경제학자들은 그저 소비 행태를 통해 사람들의 욕망을 유추할 뿐이다. 일반적으로 특정 자동차나 가전제품 혹은 전자 기기에 대한 수요가 높다면, 이는 소비자들이 특정 브랜드를 다른 브랜드보다 더 선호한다는 것을 의미한다. 여전히 경제학 내에서 그 이유는 불명확하다.

다행히도 소비자 심리학, 마케팅 등 다른 연구 분야에서 많은 연구가 이루어졌다. 이 '욕망의 과학'은 주로 소비자들이 기꺼이 사고자 하는 제품을 디자인하고 팔기 위해 노력하는 공급자, 소매업자, 마케팅 담당자, 그리고 광고인들의 수요로 발전되었다. 그러나 이러한 연구마저도 소비의 환경 및 사회적 영향에 대해서는 명쾌한 답을 주지 못한다. 오히려 개중에는 지속가능성과 완전히 상반되는 것들도 있다. 그러나 우리가 이로부터 얻은 통찰이 소비자의 동기에 대한 이해를 돕는다는 점에서 중요한 것은 분명하다.

먼저, 소비는 단순히 음식과 주거지 등에 대한 물리적 욕구 이상의 것이라는 점을 알 수 있다. 물질적인 상품들은 개개인의 심리적·사회적 삶과 깊게 연루되어 있다. 사람들은 그들의 정체성을 형성하고 유지하기 위해 물질적인 것을 이용한다. 소비자 연구자인 이아니스 가브리엘Yiannis Gabriel과 팀 랑Tim Lang은 바로 그 '정체성'이 "소비에 관계한 모든 이론들의 핵심"이라 말한다. 사람들이 소유한 물건이 그 소유자의 삶을 대변한다. 그들은 자신이 소유한 인공물을 통해 다른 사람들과의 유대 관계를 강화한다. 그리고 소비 행위를 통해 그들이 소속된 특정 사회 조직에 대한 소속감을 높이고 다른 사람들로부터 자신을 구분 짓는다.

단순한 물건이 인간의 정서와 사회생활에 뿌리 깊게 영향을 준다는 사실이 처음엔 약간 낯설지도 모르겠다. 그러나 물건 그 자체에 상징적인 의미를 가득 부여하는 인간의 습성은 인류학자들에 의해 꾸준히 확인되었다. 사람들은 물질을 중요하게 여기지만, 이는 단순히 '물질적인' 이유에서만은 아닌 것이다.

물건이 지닌 상징성은 우리 주변의 수많은 예시를 통해 증명 가능하다. 한 벌의 웨딩드레스, 아이의 첫 곰 인형, 장미꽃으로 덮인 해변 오두막 등을 생각해보라. 물질적인 것들이 가진 '환기력evocative power'은 그 물질을 통해 우리 사회에 복잡하게 얽혀 있다. 이는 물질 속에 뿌리 깊이 각인되어 있는 지위, 정체성, 사회적 응집, 그리고 개인적 혹은 문화적 의미 추구 등에 대한 '사회적 의사소통'을 용이하게 한다.

물질적 소유는 위기가 닥쳤을 때는 희망을 가져다주고, 미래에 곧 더 좋은 세상이 올 것이라는 가능성을 열어주기도 한다. 세속적인 사회에서는 때론 소비지상주의가 종교적 위안을 대신하기도 한다. 최근의 심리학 연구에 따르면, 사람들은 자신의 죽음이 머지않았음을 느낄 때, 자존감을 높이고 문화적 세계관을 보호하기 위해 고군분투한다. 소비 사회에서 이러한 현상은 쉽게 물질만능주의로 이어진다. 이는 마치 사람들이 자신의 존재를 확인하고 지켜나가기 위해 쇼핑을 하는 것과 같다.

최근 영국에서 열린 '지속가능한 소비를 위한 원탁회의Sustainable Consumption Roundtable'의 소비자 토론회에서 사람들은 앞으로 10년 혹은 그 이후에 그들의 희망과 두려움에 대한 질문을 받았다. 그들은 그들의 자녀와 손주들이 잘살게 되기를 원했으며, 안전하고 사교적인 공동체 속에서 살기를 강력히 원했다. 그뿐 아니라, 사람들은 개발도상국의 빈곤문제나 기후변화, 자원 고갈, 재활용 등의 환경문제에 대한 자발적인 우려도 내비쳤다. 이러한 우려 속에서도 여전히 계속해서 등장하는 물질만능주의는 우리를 집요하게 괴롭힌다. 커다란 집, 빠른 자동차, 뜨거운 태양 아래서 보내는 휴일, 어디론가 떠나버리는 휴가를 상상해보라. 이렇듯 물질만능주의는 성공적인 삶의 방식이 무엇인지 우리에게 속삭인다.

사회적 기능을 위해 물질적 소유에 깊게 의존하는 현상은 비단 서구에서만 그런 것이 아니다. 인도의 조지와 비드야도 그들의 자녀들이 밝은 미래를 갖게 하고 싶다고 말한다. 그들은 잘살고 싶고, 그들의 동료로부터 부러움을 사고 싶어 한다. 대체로 이러한 열망의 이면을 보면, 서구적인 물질만능주의와 크게 다르지 않다. 비드야의 최우선 목표는 차를 마련하는 것이다. 조지와 비니는 난생 처음으로 인도 밖에서 휴일을 보내려고 계획 중이다. 이러한 양상은 런던, 파리, 뉴욕, 시드니 사람들에게도 마찬가지로 나타난다.

중국, 라틴 아메리카, 그리고 아프리카의 몇몇 지역에서도 비슷한 가치관을 쉽게 찾아볼 수 있다. 인도 생태학자 마다브 가드질Madhav Gadjil이 말한 "번영의 섬, 가난의 바다"가 여전히 존재할지라도, 이제 세계는 소비자 사회가 되었다는 점을 부정할 수 없다. 물질적 소유가 지닌 호소력은 갈수록 더 이런 사회를 만들어내고, 그 속에서 개인적·사회적 진보의 기준을 제시하는 지배적인 역할을 담당한다.

웰빙의 패러독스

위에서도 언급했듯이, 전통적인 관점에서 볼 때 진보를 위한 방법은 단순하다. 즉, 사람들이 더 많이 소비할수록 그들은 더 행복해진다는 것이다. 그러나 무엇이 그들을 소비로 이끄는지 자세히 들여다보면 가족, 우정, 건강, 동료의 인정, 공동체, 목적과 같은 다양한 종류의 요인들이 행복과 밀접한 상관관계를 지님을 알 수 있다. 달리 표현하자면 사람들은 친구를 사귀고, 공동체에 속하고, 목적을 충족시키기 위해 소비를 한다. 그러나 이러한 과정 속에는 패러독스가 존재하며 어떤 면에서는 비극적이기까지 하다. 사람들은 무엇이 그들을 행복하게 하는지 잘 알고 있으면서도 그것을 어떻게 얻어야 하는지는 잘 모른다. 따라서 더 많이 쓸수록 행복해진다는 가정은 옳지 않은 것으로 귀결된다.

로널드 잉그라트Ronald Inglehart와 한스 디터 클링거만Hans-Dieter Klingermann은 '세계 가치관 조사World Values Survey'의 자료를 토대로 행복이 소득 증가와 연관이 있다는 가설을 검증했다. 조지와 비드야의 경우를 보면 이 가설은 항상 옳은 것처럼 보인다. 소득 수준이 낮을수록 소득 증가에 따른 삶의 만족도도 확연히 상승하기 때문이다(〈그림 6.6.2〉). 그러나 골치 아픈 문제는 소득이 증가하면 증가할수록 그 연관성이 떨어진다는 것이다. 대부분의 산업 국가에서 보고된 행복과 수입의 증가 사이의 연관성은 기껏해야 아주 미미

〈그림 6.6.2〉 1인당 GNP와 삶의 만족도 사이의 상관관계(2000년)

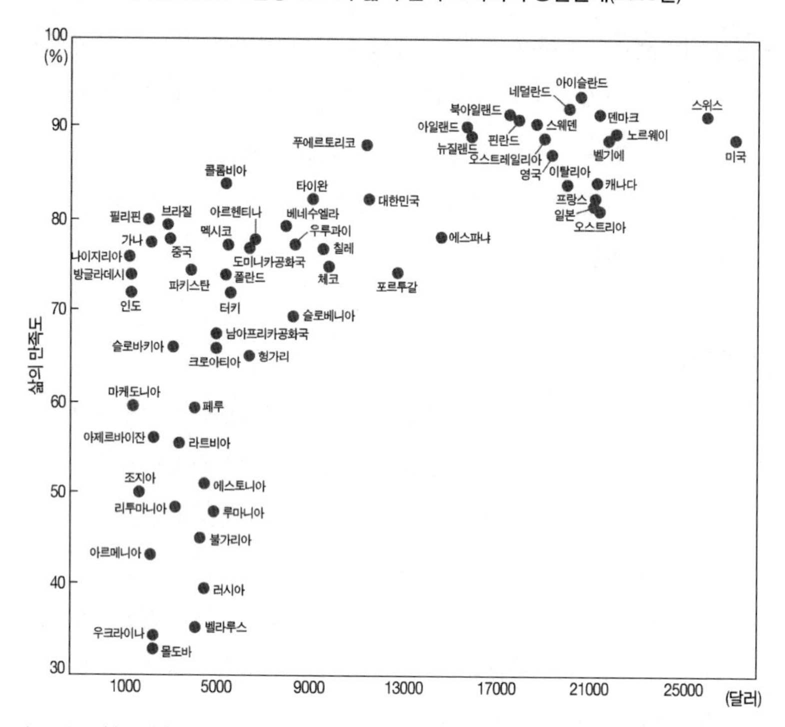

자료: Ronald Inglehart and Hans-Dieter Klingemann, "Genes, Culture, Democracy, and Happiness" in Ed Diener and EunkookSuh, Culture and Subjective Well-being(Cambridge, MA: The MIT Press, 2000).

한 정도에 불과했다. 더욱이 평균 수입이 1만 5000달러가 넘는 국가들에서는 수입의 증가와 삶의 만족도 사이에는 사실상 아무런 연관성이 없는 것처럼 보일 지경이다.

시간이 흐름에 따라 개별 국가 내에서도 동일한 모순이 발견된다. 미국의 경우 1950년 이후로 개인당 실질 소득은 세 배나 증가했지만, 그들 자신이 매우 행복하다고 대답한 사람의 수는 거의 증가하지 않았고, 오히려 1970년대 중반 이후로 감소하고 있다. 일본인의 삶의 만족도는 수십 년 동안 거의 변하지 않았다. 영국에서는 스스로가 매우 행복하다고 대답한 사람들이 1957년 52%에서 오늘날 3%로 감소했다.

서방국가에서는 사람들의 '웰빙'을 위한 몇몇 핵심 요소들이 증가하기는커녕 오히려 감소하는 것처럼 보인다. 미국에서는 우울증 환자의 비율이 10년마다 두 배씩 증가해오고 있다. 35세 미국인의 15%는 이미 우울증 증세를 겪었다. 40년 전에는 그 수치가 고작 2%에 불과했다. 현재 미국인의 3/1은 살면서 한번쯤은 심각한 정신 질환을 앓게 되고, 그들 중 절반 정도는 극심하고 참을 수 없는 우울증을 겪는다. 매년 6%의 인구가 임상적 우울증으로 고통받는다. 또한 미국의 젊은 연령층에게 자살은 세 번째로 흔한 사망 원인이기도 하다.

이 불행의 원인을 알아내는 것이 쉽지만은 않다. 그러나 꽤 설득력 있는 두 가지 자료에 의하면 소비지상주의에 부분적으로 책임이 있다는 것을 알 수 있다. 첫째로 물질만능주의적인 태도와 주관적인 행복 사이에는 부정적인 연관성이 있다. 철학자 알랭 드 보통Alain de Boton은 불평등한 사회 내에서 어떻게 시민들의 '불안Status Anxiety'이 커지는지 보여주었다. 심리학자 팀 카사르Tim Kassar와 그의 동료들은 심각한 물질만능주의적인 태도를 가진 사람들일수록 덜 행복하다는 연구결과를 내놓았다. 물질적인 부를 통해 자존감을 찾으려는 노력은 일종의 '제로섬 게임zero-sum game'이며, 사람들은 자신의 처우 개선과 주변에서의 인정을 갈망하면 할수록 병적인 소비의 소용돌이 안에 갇히게 된다.

두 번째로 설득력 있는 증거는 특정 핵심 제도들이 약화됨에 따라 불행이 증가한다는 것이다. 개인의 주관적인 행복은 가정의 안정, 우정, 그리고 공동체의 힘에 결정적으로 의존한다. 그러나 소비자 사회에서는 삶의 이러한 요소들이 위협받아왔다. 예를 들어, 영국에서는 1950년 이후로 가족붕괴가 거의 400%나 증가했다. 지난 세기 후반 이후 20년 동안, 미국인들 가운데 자신의 결혼이 '매우 행복하다'고 대답한 사람들은 현저히 감소했다. 20세기 중반만 하더라도 미국인들의 절반 이상이 '사람들은 도덕적이고 정직하다'라고 믿었다. 하지만 2000년에는 그 비율이 1/4을 약간 웃도는 수준으로 감소했다. 같은 시기 동안 사람들의 사회 및 공동체 활동의 참여는 두드러지게 쇠퇴했다.

달리 말하자면, 소비의 증가와 사람들을 행복하게 만들었던 요소의 붕괴 사이에는 연관성이 있다. 물론 이 연관성이 하나가 반드시 다른 것의 원인이 되어야 한다는 것을 의미하는 것은 아니다. 그러나 실제로 경제성장을 유지하기 위해 필요했던 구조나 제도들이 동시에 대인관계까지 파괴시킨다는 생각은 꽤나 진지하게 고민해볼 필요가 있다. 경제학자 리처드 레이어드Richard Layard가 말했듯이, 소비의 성장은 "부유한 국가에서조차 어느 정도 행복을 증가시켰다. 그러나 조화롭지 못한 사회적 관계로부터 발생한 더 큰 고통에 의해 추가적인 행복은 상쇄되어버렸다". 비극적인 것은 소비 지향적 사회 속에서 사람들은 선택의 여지도 없이 이렇게 헛된 행복을 좇는다는 것이다.

적게 소비하면 더 나은 삶을 살 수 있다?

웰빙의 역설적인 면모들은 그럼에도 왜 사람들은 계속 소비하느냐는 질문을 하게 만든다. 왜 사람들은 더 적게 벌고 적게 쓰며, 가족들이나 친구들과 더 많은 시간은 보내지 않는 것일까? 이렇게 살면 인류가 환경에 미치는 영향을 줄일 수 있는 동시에 더 잘살 수 있지 않을까?

이러한 생각은 소박하게 살고자 하는 많은 운동들을 불러일으켰다. 어떤 면에서 '자발적 단순함voluntary simplicity'은 하나의 인생철학이다. "남들이 단순하게 살 수 있도록 검소하게 살라"라는 마하트마 간디Mahatma Gandhi의 가르침은 수많은 사람들을 고무시켰다. 1936년, 간디의 제자는 자발적 단순함을 "외부의 어수선함을 덜고", "목적이 이끄는 삶을 사는 것"이라고 말했다. 스탠퍼드 대학교의 과학자였던 두에인 엘긴Duane Elgin은 인류의 발달을 위해서는 가장 우선적으로 "겉으로는 소박하지만, 내면은 풍요로운" 생활양식을 받아들여야 한다고 주장했다. 근래에 들어서는 심리학자 미하이 칙센트미하이Mihaly Csikzentmihalyi가 사람들이 소박한 삶을 목표로 할 때, 더 만족감을 느낀다는 연구결과를 내놓기도 했다.

사회학자 아미타이 에치오니Amitai Etzioni는 단순함을 추구하는 사람들을 세 가지로 분류했다. '다운시프터downshifter'는 어느 정도의 부를 축적하고 나서 의식적으로 수입을 줄이기로 결정한 사람들이다. 그들은 가족 혹은 지역사회에 더 시간을 쏟거나 개인의 취미 생활을 위해 절제된 생활방식을 추구한다. '강력한 단순주의자strong simplifier'는 고수익, 높은 지위를 모두 마다하고 철저히 검소한 생활방식을 추구하는 사람들을 일컫는다. 그리고 가장 급진적 형태의 '헌신적이며, 전면적인 단순화 의지를 지닌 사람들'은 근본적인 변화를 받아들이고 때로는 영적이고 종교적인 이상향을 따르며, 그들의 모든 삶을 윤리적으로도 검소하게 꾸려나가려고 노력한다.

북부 스코틀랜드의 핀드혼 마을Findhorn Community과 같이 이러한 목표를 가진 집단들은 종교적 공동체들이 추구하고자 했던 사색적인 삶을 되찾기 위한 영적 공동체로 시작했다. 핀드혼의 환경 친화적 마을로서의 특성은 정의의 원리를 따르고 자연을 존중하는 건축 방식으로 최근 더 발전했다. 최근의 사례로는 플럼 마을Plum Village의 '정념회'가 있으며, 유배된 베트남 승려인 틱낫한Thich Nhat Hahn에 의해 프랑스의 도르도뉴 지역에 세워진 이래, 현재 2000명이 넘는 사람들에게 피난처를 제공하고 있다. 어떤 면에서는 이러한 운동들은 전통적인 종교적 공동체인 북미의 아미시Amish나 모든 젊은 남자들이 자신의 직업에 종사하기 전에 어느 정도의 시간을 보내야 하는 태국의 불교 수도원의 현대판이라고 볼 수도 있다.

그러나 모든 공동체들이 이렇게 분명한 영적인 성격을 지닌 것은 아니다. 예를 들어 2001년 미국에서 시작한 '검소한 모임The Simplicity Forum'은 느슨한 세속 공동체로, 단순함을 추구하고 이를 명예롭게 여기며 공정하고 지속가능한 삶을 추구한다. '지구 반대편의 다운시프딩 모임Downshifting Downunder'은 2005년 시드니에서 열린 다운시프팅에 관한 국제회의 이후로 시작된 근래의 운동으로 "호주의 다운시프팅 운동을 촉진하고 조직화해서 지속가능성과 사회 자본에 주요한 영향을 미치는 것"을 목표로 하고 있다.

이제 다수의 선진 산업 경제 국가들은 다운시프팅 운동에 놀라울 정도로 전념하고 있다. 호주에서의 최근 조사 결과에 따르면 23%의 응답자들이 지난 5년 동안 어떤 형태로든 다운시프팅 운동에 참여해왔다고 밝혔다. 또한 83%에 이르는 어마어마하게 많은 호주 사람들은 그들이 너무 물질만능주의적이라고 느꼈다. 미국에서 이루어진 연구에 따르면 응답자들의 28%가 검소함을 실천하기 위한 발걸음을 뗐고, 62%는 앞으로 그렇게 하고자 하는 의지를 내비쳤다. 유럽에서도 매우 비슷한 결과가 발견되었다.

이러한 운동들의 성공 여부에 대한 몇몇 연구에 따르면, 검소하게 살아가는 사람들은 실제로 물질적인 것보다 환경과 인간관계에 더 큰 가치를 두었다. 괄목할 만한 점은 검소한 삶이 그들의 행복에 소소하지만 주요한 변화를 가져다주었다는 것이다. 따라서 이는 자발적으로 적게 소비하는 것이 참된 행복을 가져올 수 있음을 시사한다.

소비지상주의에 대한 반발은 소비 사회의 한계점을 깨닫고, 그 너머에 있는 무엇인가를 찾고자 하는 현상이 일어나고 있음을 시사한다. 이제 11월의 '아무것도 사지 않는 날' — 사람들에게 소비지상주의를 멀리하라고 설득하고자 제정되었다 — 은 국제적인 운동이 되었다. 2006년에는 거의 30여 개 나라들과 수많은 도시들이 동참했으며, 심지어는 뭄바이의 거리들에서도 실현되었다.

고유가와 기후변화에 대처하기 위한 도시와 마을의 공동체인 '변화의 마을Transition Towns'의 등장도 놀라운 일이다. 2006년 9월, 영국 남서부의 작은 도시 토트네스에서 시작한 이 운동은 1년 만에 20여 개의 마을과 도시로 확장되었다. 미국에서는 400개 도시들이 기후보호시장협정Mayors' Climate Protection Agreement을 맺어 미 연방정부가 교토의정서 승인에 반대했음에도 이산화탄소 배출을 줄이기 위한 의정서의 내용을 준수하겠다고 밝혔다.

하지만 이러한 사례로 너무 들떠서는 안 된다. 검소한 삶을 추구하는 공동체들의 수는 극히 일부일 뿐이다. 종교적인 신념이 누구에게나 호소력을 갖는 것도 아닐뿐더러, 세속적인 형태의 운동은 언제든지 소비지상주의에 의해 와해될 수 있다. 예를 들어 '지구 반대편의 다운시프팅 모임Downshifting Downunder'은 반년 남짓 호주를 들끓게 했지만, 2년도 채 되지 않아서 그 열기는 사그라졌다. 게다가 몇몇 운동은 경제적으로 안정적인 사람들에게만 지나치게 의존하는 경향이 있다. 비자발적 혹은 강요에 의한 실천은 말할 것도 없이 무의미한 것이다.

세계적으로 소비지상주의 현상이 뚜렷해지고 있지만 여전히 주류 소비자들의 물질적·환경적 낭비는 좀처럼 줄어들지 않고 있다. 소비를 줄이고자 하는 노력은 기껏해야 소수의 사람들에 의해 행해지는 정도에 지나지 않는다. 따라서 여전히 의문점은 풀리지 않고 남아 있다. 왜 사람들은 사회적·환경적 결과가 뻔히 보임에도 필요 이상의 소비 행위를 계속하는가?

지위와 생존을 위한 경쟁

소비를 위한 충동이 진화 과정을 통해 '자연스러운' 현상이 되어버린 것은 아닐까? 안락한 생활, 버젓한 집, 친구 혹은 가족들과의 원만한 관계, 지역 사회 내에서의 좋은 평판, 그리고 경험을 통해 지평을 넓히고자 함은 아마도 이미 보편화된 인간의 욕구임이 분명하다. 진화심리학에 따르면 인간의 욕망은 실제로 그들의 조상으로부터 기원을 찾을 수 있다고 한다.

유전자 보존의 성공 여부는 두 가지 중요한 요인에 달려 있다. 생식 가능한 시기까지 충분히 오래 살아남는 것과, 짝을 찾는 것이 바로 그것이다. 그러므로 인간의 본성은 이 두 가지 임무를 달성하기 위한 물질적·사회적 그리고 성적 자원을 찾기 위해 최적화되어 있다. 진화심리학자들은 사람들이 이성과 관계를 맺고 동성의 경쟁자와 경쟁하는 방식으로 자신의 위치를 결정한다고 생각한다. "동물들과 식물들은 기생충 감염을 피하기 위해 성을 만들었다. 그것이 지금의 우리를 어떻게 변화시켰는지 보라. 남자들은 금발의, 어리고 잘록한 허리를 가진 여자들을 차지하기 위해 권력과 돈, BMW 자동차에 환장한다"라는 진화심리학 책의 구절을 상기해보라.

설상가상으로 성적 경쟁을 유발하는 근본적인 요소들은 절대 완전하게 충족되는 법이 없다. 이러한 반응은 아마도 다른 모든 사람들도 똑같이 끝없는 경쟁에 참여할 것이란 사실에서 기인한 것으로 보인다. 물론, 절대로 만족할 줄 모르는 태도에도 진화적 이점이 존재한다. 그러나 이는 루이스 캐럴Lewis Carrol의 소설, 『거울 나라의 엘리스Alice Through The Looking Glass』(1871)에서 붉은 여왕에게 잡혀 경주에서 목적도 없이 있는 힘을 다해 뛰어야 하는 동물들처럼 사람들에게 더 빨리 달릴 수밖에 없는 저주를 내렸다.

소비지상주의가 아마도 성과 관련이 있을 것이라는 생각은 상식적으로 커다란 반향을 일으켜왔다. 광고주와 미디어 경영진들은 자신들의 제품을 팔기 위해 성과 성 이미지를 사용하는 데서 탁월한 창조성을 보여주었다. 세 개의 서로 다른 문화권의 사람들에 대한 최근 연구에 따르면, 소비자들의 동기는 성적 욕구를 자극하는 언어나 이미지와 불가분하게 얽혀 있다. 여기서 가장 중요한 사실은 물질적인 것들이 욕망을 만들어내고, 또 그것을 유지시킨다는 점이다. 이 연구의 한 응답자가 밝혔듯이, "사람들이 가득 들어찬 방에서, '우와! 참 좋은 성격을 지니셨네요' 하며 반대편에 위치한 당신을 알아보는 일"은 일어나지 않기 때문이다. 물질적인 자극 없이는 이성과의 관계에서 승리를 거두기 어렵다는 것이다.

생존 그 자체는 사회적 지위에 영향을 받는다. 이는 1억 7000만 명의 불가촉천민Dalit들이 처한 곤경을 통해 가장 생생하게 알 수 있다. 불가촉천민은 말 그대로 '망가진 사람들the broken people'이라고 해석되며, 인도의 전통 카스트제도에서도 최하 계급에 속하는 그들의 삶은 매우 열악하다. 문맹률, 신생아 사망률과 영양실조율이 매우 높고, 의료 서비스의 접근성과 기대수명은 국가 평균에 훨씬 못 미친다. 암석 교역stone trade에서 일하는 노동자들의 거의 대부분이 불가촉천민이며, 국가 평균 수명이 62세인데 비해 그들의 평균 수명은 30세도 채 안 된다.

이러한 현상이 결코 가난한 국가들에서만 한정된 것은 아니다. 최근의 자료는 산업화 국가에서 건강과 웰빙이 사회적 지위와 얼마나 밀접하게 연관되어 있는지 보여주었다. 그 흥미진진한 증거 중의 하나가 영국 정부가 실시한 서로 다른 '생활 영역' 별 삶의 만족도에 관한 연구이다(〈그림 6.6.3〉). 가난한 사람들은 거의 모든 영역에서 삶의 만족도가 낮았다. 단, 한 가지 주목할 만한 예외 사항은 그들이 자신들의 공동체에 대해서는 높은 만족도를 보였다는 점이다. 가난한 사람들이 사회적 지위가 높은 사람들에 비해 조금이나마 이점을 갖는 부분은 바로 이 사회적 관계 부문뿐이었다. 그러나 전체적으로 볼 때, 부자들은 가난한 사람보다 행복해했다. 부자들은 사회적 관계를 등한시하고, 병적으로 비도덕적인 가치를 추구함에도 자기 자신들만큼은 더 행복감을 느끼며 살아간다. 그만큼 경제력은 행복에 큰 공헌을 한다.

따라서 사회는 삼중고를 겪는다고 볼 수 있다. 첫째로, 종합적으로 볼 때 심각한 경쟁적 관계는 더 불행한 사회를 만든다. 불평등한 사회에서 사는 사람들은 조직적으로 평등한 사회에서보다 더 큰 '고통'을 겪는다. 둘째로, 행복을 얻기 위한 이러한 경쟁은 끝없는 악순환으로 이어진다. 소득

〈그림 6.6.3〉 사회적 집단에 따른 영역별 만족도

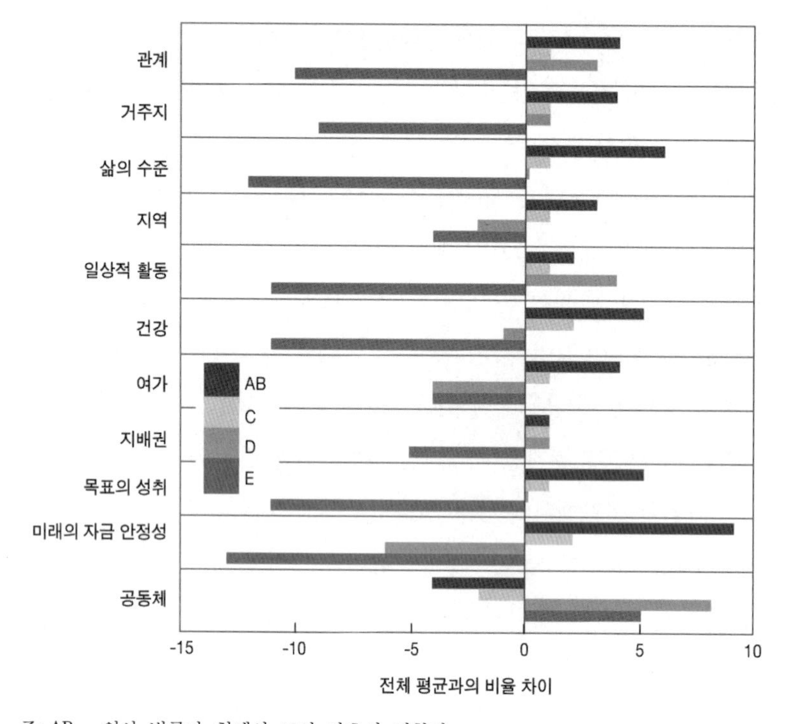

주: AB — 의사, 법률가, 회계사, 교사, 간호사, 경찰관
C — 직장인, 학생, 사무직 종사자, 관리자, 배관공
D — 육체노동자, 판매원, 견습생
E — 임시직 노동자, 실업자

자료: Office for National Statistics, *Sustainable Development Indicators in Your Pocket 2007*(London: Department for Environment, Food and Rural Affairs, 2007)

증가와 소비 증대가 맞물리는 '쾌락의 쳇바퀴'에서 벗어날 방법은 없다. 셋째로, 이러한 비생산적인 경쟁이 환경 및 자원에 미치는 영향은, 아주 간단히 말해서 지속불가능하다. 이러한 세 가지 문제점은 세계에 여전히 산재한 어마어마한 불평등 속에서 우리가 거대한 소비지상주의에 맞서야 하는 도전과도 같다. 즉, 사회 구조가 지속가능한 사회의 실현 여부에 얼마나 큰 영향을 미치는지 여실히 보여주고 있는 것이다.

소비지상주의의, '강철로 만든 새장'

사람들 스스로가 자발적으로 나서서 지속가능하게 행동할 수 있으리라는 희망은 그리 많지 않다. 진화학자 리처드 도킨스Richard Dawkins가 결론 내렸듯이, 인류가 반드시 지속가능한 방식으로 살아가야 할 생물학적인 이유는 없다. 하지만 진화를 위한 노력이 모두 이기적일 것이라고 단정 지을 수도 없다. 진화가 우리로 하여금 도덕적·사회적 그리고 이타적 행동들을 불가능하게 만들지는 않았다. 사회적 행동들은 다른 종들에 대해서 분명히 선택적 이점이 있기 때문에 인간사회 내에서 유지되고 진화되어왔다. 진화심리학이 주는 가장 중요한 교훈은 바로 이기적 행동들과 협조적 행동들 사이의 균형은 인간이 몸담고 있는 사회의 유형에 강하게 의존한다는 것이다.

모든 사회에서 사회적 행동은 존재할 수 있다. 매우 경쟁적인 사회에서는 자기 잇속만 차리는 행동이 다른 사람과 협력하는 것보다 더 성공적인 경향이 강하다. 그러나 협력성이 강한 사회에서는 이타적인 행동이 이기적인 행동보다 선호된다. 달리 표현하자면, 사람들의 DNA에 이기주의와 이타주의 사이의 균형을 맞추는 유전자가 새겨져 있는 것은 아니다. 대신에 이는 규범, 규제, 문화 규범 및 기대, 정부, 그리고 사회를 구성하고 제한하는 각종 제도 등의 사회적 조건에 큰 영향을 받는다.

현대사회를 구분 짓는 제도들 사이의 균형에 대해 다음과 같은 예리한 질문이 가능할 것이다. 이러한 제도들이 경쟁을 부추기는가? 아니면 협력을 요구하는가? 제도들이 자기 잇속만 차리는 사람들에게 보상하는가, 자기를 희생하는 사람을 치하하는가? 정부, 학교, 매체, 그리고 종교 및 공동체가 사람들에게 보내는 메시지는 무엇을 의미하는가? 공공 투자나 사회간접자본에 의해 지지되거나 제지되는 행동은 무엇인가?

소비 사회의 제도들은 갈수록 개인주의와 경쟁을 부추기고 사회적 행동을 억제하는 것처럼 보인다. 이에는 수많은 예시가 있다. 개인용 운송수단은 대중교통보다 더 혜택을 받는다. 운전자는 보행자보다 우선권을 가진다. 에너지 공급은 보조금 혜택을 받고 보호되는 반면, 수요 관리는 무질서하고 비싸다. 쓰레기 처리는 싸고, 경제적이며, 어렵지 않은 데 비해 재활용은 많은 시간과 노력을 요구한다. 이러한 종류의 비대칭성은 '소비의 인프라'를 통해 환경을 보호하는 행동을 불리하게 만들며, 개인의 희생 없이는 자신의 의지만으로 지속가능한 생활을 영위할 수 없게 만들어 의욕적인 사람들의 실천마저도 저지시키고 있다.

소비 사회, 개인주의, 그리고 사회적 행동

이와 마찬가지로 중요한 것은 정부, 규제적인 체제 , 금융 기관들, 매체, 교육 시스템으로부터 오는 해로운 징조들이다. 높은 위치에 있을수록 사업에 종사하는 사람의 수입이 공공부분에서 일하는 사람보다 높다. 간호사 혹은 사람을 돌보는 직업의 보수는 한결같이 형편없다. 성공은 물질적인 지위에 의해 결정되고, 아이들은 이른바 '쇼핑 세대'가 되어 브랜드, 연예인, 그리고 지위에 탐닉하고 있다.

어떤 면에서 지속가능성은 매우 오래된 숙제이다. 사회적 공익과 그에 반하는 개인의 자유 사이에 균형을 유지하는 것은 오래전부터 인류 사회의 화두였다. 현재와 미래 사이, 개인과 사회적 수준에서 신중하게 결정을 내릴 수 있는지의 여부가 결정적인 과제다. 단기간의 희열을 추구하는 개인주의적 행동이 만연하면, 개인뿐 아니라 온 사회의 행복을 해치고 만다. 따라서 어떤 사회든 간에 지속가능성의 숙제는 '행복을 해하는' 것들을 막고, 현재의 욕구와 미래의 요구 사이의 균형을 유지하는 것이다.

옥스퍼드 대학의 경제 사회학자 에브너 오퍼Avner Offer는 『풍족함에 대한 도전The Challenge of Affluence』(2007)이라는 책에서 우리가 풀어야 할 이 숙제에 대해 정확히 기술했다. 오퍼는 아무런 제약 없이 이루어진 개인의 선택은 너무나 근시안적일 수밖에 없다고 지적했다. 경제학자가 볼 때 사람들은 지나치게 오늘 일을 앞으로의 일보다 중요하게 여기며, 아무런 합리적인 이유도 없이 미래를 안일하게 생각하는 경향이 있다. 오퍼는 이러한 오류에도 사회적 해결책이 존재한다는 독특한 의견을 제시했다. 그리고 그 해결책은 왜 풍요로움이 쇠퇴의 길을 걸을 수밖에 없는지 설명해준다.

순간적인 쾌락 때문에 장기간의 행복을 팔아버리는 것을 막기 위해 사회는 일종의 '장치'를 발전시켜왔다. 이는 사회적·제도적 '메커니즘'을 통해 인위적으로라도 사람들이 현재보다 미래를 위한 선택을 하게끔 유도하는 장치들이다. 어떤 의미에서 저축 예금, 결혼, 사회적 행동의 표본, 혹은 정부의 존재는 사람들로 하여금 즉각적인 쾌락을 추구하고자 하는 진화적 욕망을 뒤로한 채, 그들과 주변 사람들의 장래에 투자할 수 있도록 해준다.

오퍼는 물질적 풍요로움이 이러한 장치들을 파괴하고 있다고 주장한다. 가족이 붕괴되고, 상호 신뢰가 무뎌지고 있는 것이 한 예이다. 산업화 국가에서 부모들은 늘어나는 금전적·사회적 압박에 시달린다. 지난 세기 후반 전 세계의 저축률은 하락했으며, 미국과 유럽에서만 해도 5~10%나 떨어졌다. 그러는 동안, 1995년과 2007년 사이 소비자 부채는 미국에서만 1조 달러에서 2조 5000억 달러로 불어났다. 좌·우익 정치인들은 오로지 경제 생산을 개선시키고 시장의 '보이지 않는 손'을 해방시키는 데에만 몰두했다. 정부의 역할 자체는 점차적으로 무의미하게 되어버렸다.

오퍼는 이러한 추세의 동인들은 매우 복잡하게 얽혀 있지만 지칠 줄 모르는 기술 혁신 또한 소비 성장을 이끌어내는 핵심 요소 중 하나라고 말한다. 실제로, 미국의 산업연구소는 "기술 책임자에게 있어 혁신의 속도를 높이는 것은 가장 큰 우선순위이다"라고 밝혔다. 혁신은 사람들로 하여금 물건을 더 많이 사게 만든다. 사람들이 더 많이 소비할수록 경제는 원활하게 돌아갈 것이다. 따라서 꾸준히 새로운 분야의 시장을 개척하고, 상업주의에 물든 소비자에게 충성하는 것이 기업에 득이 된다. 사회적 장치들이 힘을 잃는 것은 이 시점에서다.

결국 사회는 개개인이 조절할 수 있는 범위를 벗어난 힘에 의해 소비의 울타리 안에 갇힌 꼴이 되었다. 소비자들은 마치 사탕 가게에 있는 어린아이들과 같다. 설탕이 몸에 나쁘다는 것을 알면서도 그 달콤한 유혹에서 벗어날 수 없다. 이 시스템 내에서는 아무도 자유롭지 못하다. 사람들은 자신들의 욕구에 따라서 행동한다. 회사는 그들의 이익을 최대화해서 주주들을 위한 가치를 창출하고자 한다. 이처럼 인간의 본성과 사회적 구조가 사람들을 단단히 소비지상주의의 '강철로 만든 새장'에 가두었다.

적절한 정도를 지키는 웰빙

한마디로 지속가능한 삶이란 적절한 범위 내에서 잘사는 것을 뜻한다. 전 세계 인구가 70억 명에 이르고 2050년에는 90억 명에 달하게 되는 이때, 이것이 현실화되려면 사람들의 소비 패턴은 반드시 바뀌어야 한다.

이는 엄청난 과업이다. 그러나 불가능한 일도 아니다. 개인의 욕망과 사회적 공익 사이의 관계를 적절히 이해하는 것이 핵심이다. 앞서 말했듯이 인류에게 소비란 매우 자연스러운 과정이다. 반면 규제는 그렇지 않다. 변화를 위해서는 협조적인 사회 환경이 필요하다. 자신의 본성을 바꿀 수 있는 사람은 흔치 않다. 그러나 자신의 잇속을 차리는 행위와 사회적 행동 사이의 균형은 사회적 환경에 따라 이루어질 가능성이 생기기도 한다. 한 사회적 관점에서 보면 이기주의는 우리를 가두고, 사람들의 삶을 빈곤하게 만들며, 궁극적으로 생활환경을 파괴할지도 모른다. 이와 정반대의 경우 공공의 이익이 우선시되고 사람들은 더 부유하고, 만족하며, 더 큰 성취감을 느낄 수 있을 것이다.

사람들이 변화를 바라고 있다는 점은 명백하다. 18개월간의 프로젝트 기간에, 영국에서 열린 지속가능한 소비를 위한 원탁회의는 집단적으로 행동하고자 하는 사람들의 강한 열망을 보여줬다. "당신이 하면 나도 하겠다I Will If You Will"라는 원탁회의 보고서의 제목은 프로젝트 당시 다양한 사회 연구에서 공통적으로 나타난 주제였다. 그 영향은 비단 영국에만 국한된 것이 아니다. HSBC의 조사에서 나타나는 다운시프팅, 검소함, 소비지상주의에 대한 거부감, 심지어 개발도상국에서도 나타나는 헌신은 소비지상주의의 대안을 모색하고자 하는 노력의 증거이다. 그러나 좋은 '의도'만으로는 충분하지 않으며, 물리적 사회간접자본, 제도, 그리고 사회적 구조의 변화가 수반되지 않으면 이런 노력은 물거품이 되어버릴 것이다.

누가 이러한 광범위한 구조에 영향을 줄 수 있는가? 물론 궁극적으로는 사회의 모든 영역들에 어느 정도의 책임이 있다. 정부, 사업, 그리고 소비자들 모두 각자가 해야 할 역할이 따로 있다. 미디어, 지역 공동체, 종교 단체, 그리고 전통적인 지혜 모두가 사회 환경에 본질적인 영향을 미칠 것이다. 그러나 정부의 강력한 통솔력이 뒷받침되지 않는다면 변화는 불가능하다. 개인은 사회적 자극과 지위 경쟁에 너무 노출되어 있다. 이기적 행동에서 사회적 행동으로의 전이를 위해서는 헌신을 강조하고, 사회적 행동을 고무시키는 변화가 필요하다. 정부는 사회적 행동을 권장하고 보호하기 위한 주체이다. 따라서 정부가 이러한 역할을 수용할 수 있는 새로운 거버넌스를 갖추는 것이 그 무엇보다 중요하다.

여기에는 두 가지 혹은 세 가지 핵심 과제들이 필수적이다. 첫째로, 정책들은 지속가능성을 위한 사회간접자본을 지지해야 한다. 신뢰할 수 있는 대중교통 수단의 접근성, 재활용 설비, 에너지 효율 서비스, 수리와 보수, 재활용 등을 적극 지원해야 한다는 것이다. 이러한 것들을 방해하는 것이 있다면 바로잡아야 하는 것은 물론이다.

두 번째 핵심 과제는 사업체와 소비자들에게 지속가능한 소비를 권장하는 재정적·제도적 장치를 마련하는 것이다. 이에 대한 핵심적인 예시는 저탄소 기술 및 행위에 인센티브를 제공하는 '탄소의 사회적 비용'의 역할이다. 기후변화의 경제학에 관한 스턴 보고서Stern Report에 따르면 사회적 비용은 이산화탄소 1톤당 85달러에 이른다고 한다. 시장 가격과 투자 결정에 이 사회적 비용을 포함시킨다면 탄소 배출 감소에 주요한 역할을 할 것임은 분명하다.

얼핏 보기에, 정부가 사회적 규범과 기대에 미치는 영향은 미미한 것처럼 보인다. 입법자들은 자신들의 결정이 사람들의 가치관에 영향을 줄 수 있다는 사실을 내심 불편해한다. 그러나 사회적 맥락에서 정부가 끊임없이 사람들에게 영향을 미치는 것은 엄연한 현실이다. 이러한 예는 수도 없다. 예를 들어 교육과정이 어떻게 구조화되는지의 문제, 경제적 지표 속에 반영되어 있는 우선순위의 문제, 공공부문의 업무 능력에 대한 지침, 공공조달 정책, 공적·사회적 공간의 마련에 대한 지침, 일과 생활의 조화를 위한 임금 정책, 고용 정책이 경제 유동성에 미치는 영향, 무역 기준이 소비자 행동에 미치는 영향, 광고와 매체의 규제 수위에 대해서까지 정부는 무수히 많은 영향력을 사회에 행사한다. 이 모든 영역에서 정부가 수립한 정책은 그 자체로 사회를 구성하고 뒷받침한다.

이 장이 제안하듯이, 이러한 영향들이 제대로 발휘되지 않았기에, 정부는 지난 수십 년 동안 사회에 대한 개인의 헌신을 고무시키기는커녕 오히려 소비주의를 부추겼다. 그러나 그 와중에도 놀라운 예외들이 존재한다. 바로 소비지상주의를 강력하게 거부하고, 국민들의 행복을 위해 주력한 나라들이다. 영국, 캐나다, 그리고 중국을 포함한 몇몇 나라들은 '웰빙 계좌well-being accounts'라고 불리는 새로운 국가 발전의 척도를 마련했다. 2007년 말, 경제협력개발기구(OECD)의 유럽연합 집행 기관과 몇몇 비정부기관들은 'GDP를 넘어서Beyond GDP'라는 국제회의를 통해 사회 발전의 정도를 측정하기 위한 새로운 척도를 마련하기 위해 노력하기도 했다.

그 가운데 주목할 만한 것은 광고업계의 변화다. 특히 어린이를 대상으로 하는 광고가 달라지고 있다. 전 세계적으로 광고에 쓰이는 돈은 6050억 달러에 이른다. 미국은 이 중 2920억 달러를 차지할 정도로 거대한 광고시장을 갖고 있다. 이 수치는 매년 5~6%씩 증가하고 있으며, 그중 온라인 광고는 매년 30~40%씩 어느 분야보다도 무섭게 성장하고 있다. 이러한 현상이 특히 아이들에게 미치는 영향은 치명적이다. 어린이에 대한 상업적인 광고는 분명 소아비만 증가에 연관이 있는 것으로 보고된다. 세계보건기구(WHO)는 2006년의 국제회의에서는 아이들을 대상으로 한 광고를 금지하는 데 미치지 못했지만, 스칸디나비아 반도 국가들은 이에 한발 앞서는 입장을 보였다. 스웨덴에서는 12살 이하의 어린이를 대상으로 하는 광고는 금지되어 있다. 노르웨이에서도 아이들에게 광고를 하는 것은 금지되어 있으며, 소비자 고발센터는 학교에서 교육적인 역할을 담당하고 있다. 노르웨이의 최근 자동차 관련 광고 지침은 '녹색', '깨끗함', 혹은 '환경친화적'이라는 문구를 집어넣는 것을 금지하고 있다. 아마도 가장 인상적인 예시는 세계에서 네 번째로 큰 도시인 브라질의 상파울루가 사회주의 경제체제를 제외하고는 처음으로 옥외광고를 금지한 사건일 것이다.

21세기의 과제, 빈곤하지 않은 지속가능한 삶

산업화 국가에서 종교적 지도력은 급속하게 쇠락하고 있다. 그러나 전통적인 지혜는 여전히 삶의 질을 높이기 위한 토론에서 중요한 역할을 담당한다. 덜 세속적인 사회에서 종교는 많은 역할을 담당한다. 종교는 과도한 물질적 소유를 지탄하고, 자기 초월, 이타주의, 그리고 다른 관련 행동들을 갖추기 위한 사회적·영적 동기를 부여한다. 또한 소비지상주의가 주는 순간의 쾌락을 멀리하고, 삶의 더 뜻깊은 의미를 찾기 위한 사색의 공간을 제공한다.

한 가지 사실은 분명하다. 앞서 드러난 것처럼 소비지상주의의 기능 중 하나가 인간을 원초적으로 기쁘게 하는 것이라면, 반소비지상주의의 기능은 물질적인 것에 의존하지 않는 새로운 희망을 찾아나서는 것이다.

종교 기관의 힘이 여전한 국가에서는 이러한 일을 하기에 훨씬 수월하다. 동남아시아를 예로 들면, 1990년대 중반 태국의 왕은 경제 위기에 대응하기 위해 불교의 가르침 아래 전통적인 충족적 경제 정책을 시행했다. 절실한 도움이 필요한 수많은 농촌 자영 최소기업들이 불경기에 살아남을 수 있도록 돕고, 경제 위기의 여파 이후에도 지속가능한 미래를 세울 수 있도록 했다. 산악지대의 작은 왕국인 부탄에서는 진보를 일종의 영적 수양 과정을 통해 달성할 수 있다고 믿는다. 많은 이슬람 국가들에서 체제를 위한 도덕적 제약은 이미 오래전부터 행해져 왔다. 서구의 관점에서는 이러한 체제가 개인의 자유, 특히 여성의 자유를 침해하는 것처럼 느껴질 것이다. 그러나 이슬람 및 다른 종교적 전통들은 공공의 이익을 위해 인간의 본성에 기대는 것의 한계를 일깨워준다.

결론적으로 소비 사회는 사람들의 삶에 영속적인 의미를 부여해주지 않고, 상실에 대한 위로를 제공해주지도 않는다. 서구 사회에서의 종교의 쇠락은 왜 각종 사회적 장치들이 무너져 내릴 수밖에 없는지 말해주는 또 다른 증거이다. 이 챕터에서 제시된 예시들은 변화를 위한 욕망과 개인, 공동체 그리고 몇몇 정치 지도자들이 변화를 위한 훌륭한 선견지명을 지니고 있다는 증거를 내포하고 있다.

수백만의 사람들은 이미 가볍게 사는 것이 오히려 자신들의 숨통을 더 트이게 해준다는 것을 깨달았다. 그리고 이는 새롭고 창조적인 사회적 변화를 불러온다. 지속가능한 세계는 빈곤하다고 볼 수 없으며 어떤 면들에서는 부유하다고 볼 수 있다. 우리가 해야 할 21세기 도전은 바로 그 세계를 만들어나가는 것이다.

찾아보기

인명

ㄱ

거스턴, 데이비드 13
그로브스, 레슬리 121
기번스, 마이클 191
길핀, 로버트 230

ㄴ

나이, 조지프 205

ㄷ

다윈, 찰스 113
덩샤오핑 346, 349, 350, 352, 358
드 솔라 프라이스, 데릭 262
딕슨, 데이비드 229

ㄹ

라베츠, 제롬 187, 190
라투르, 브루노 114, 187
로소브스키, 헨리 329
로트블랫, 조지프 89
롱, 프랭클린 299
루스벨트, 프랭클린 6, 44, 54
룹하우젠, 오스카 27, 44

ㅁ

마르크스, 리오 88
마르크스, 카를 113
마오쩌둥 346, 357
마틴, 토머스 298
맬서스, 토머스 389, 434
멈퍼드, 루이스 114

ㅂ

바이커, 위비 127
박정희 285, 288, 290, 298, 301, 313
베버, 막스 124
베테, 한스 108
벤-데이비드, 조지프 253
보먼, 아이자이어 46
보쉬, 카를 120
부시, 바네바 6, 12, 27, 33, 39~40, 45, 50~55, 57, 189
부시, 조지 71
브룩스, 하비 4, 68, 92
브리질, 신시아 185

ㅅ

쉬멜, 허버트 32
스콜니코프, 유진 259
스톡스, 도널드 87

ㅇ

아널드, 서먼 29
아이젠하워, 드와이트 71, 93, 205
아티야, 마이클 102
앰스던, 앨리스 369
에번스, 피터 369
엘륄, 자끄 113
오거, 피에르 237
오바마, 버락 183
와그너, 캐럴라인 207
와이젠바움, 요제프 127
와인버그, 앨빈 186
이승만 281, 285
잉스터, 이언 283, 322

ㅈ
재서노프, 실라 186
정근모 296~297, 299, 301, 311, 316, 318~319, 321
존슨, 린든 289
존슨, 차머드 327, 344

ㅊ
최형섭 291

ㅋ
카슨, 레이철 385, 392
칼롱, 미셸 114
케블스, 대니얼 13
켐퍼트, 발데머 30
코넌트, 제임스 38, 45
코헤인, 로버트 205
콕스, 오스카 27, 44
크레인, 다이애나 256
킬고어, 할리 31~32, 49, 53, 55~56, 58

ㅌ
터먼, 프레더릭 296, 316
터클, 셰리 91
트루먼, 해리 13, 23, 32, 54

ㅍ
패트릭, 휴 329
포드, 헨리 121
폴라니, 마이클 186
피너모어, 마사 206
핀치, 트레버 113

ㅎ
하스, 피터 207
한나, 존 396
호닉, 도널드 289
화이트, 린 113
휴스, 토머스 90

용어

ㄱ
개발도상국 282
개인-국가 연동 기업 356
거대과학 263
거대 기업 29, 32
걱정하는 과학자들의 연합 107
결핍모델 154
경제기획원 288, 290, 296
경제 원조 281
경제적 유용성 273
경제특구 359
고등 교육 285
고등과학원 320
공공재 5
공학 교육기관 285
공학기술인증원 317
과학, 그 끝없는 프런티어 6, 15, 54, 189
과학공원 294
과학공화국 186
과학과 대중의 관계 154
과학과 사회 155
과학과 사회의 관계 172
과학과 외교정책 207
과학교육 42, 157, 180
과학기술 6~7, 156, 204
과학기술 연구개발사업비 277
과학기술 행정기구 275
과학기술동원사무소 34
과학기술진흥 기구 206
과학기술처 292
과학기술학 187

과학대중화 154, 168
과학도시 313
과학동원법 34
과학박물관 173~174
과학산업연구부 228
과학산업연구회 395
과학에 대한 대중의 태도 158, 180
과학연구 17
과학연구개발국 15, 20, 27, 30, 43~44, 51
과학을 위한 정책 67
과학의 실천 187
과학의 연관성 75, 189
과학의 우수성 198
과학 인력 47
과학자 28, 36, 59~60
과학 저널리즘 181
과학 정보를 위한 과학자 협회 166
과학정보연구소 265
과학정책 59~60, 62, 227, 318
과학정책 관료조직 227
과학지표 158
과학학회 165~166
관계 인공물 125, 128, 132, 138
광우병 155, 170
교육 17, 58
교토의정서 439~440
국가 5, 340
국가안보 229
국가적 261
국가적 필요를 위한 응용연구 77
국가환경정책법안 381~382
국립과학기술위원회 71
국립과학원 37
국립과학재단 12, 23, 26~27, 42, 48, 56, 58, 318
국립보건원 71, 76
국립연구재단 18, 48
국영기업 350~351
국제 금융 334
국제 열핵융합실험로 263
국제 우주정거장 259
국제개발처 285, 289, 296, 298, 301
국제과학 261, 265
국제과학기술센터 264
국제과학기술협정 267
국제기구 231, 241~242, 256
국제원자력기구 205, 213~214
국제원조 414
국제적 261
군산복합체 89, 95
군수산업 95
기관 내 연구 73
기관 외 연구 73
기술 112
기술결정론 90, 111, 123
기술결정론자 116
기술관료 346
기술동원법 33
기술동원사무소 33
기술 모멘텀 90, 111, 117~118, 121, 123, 124
기술 시스템 90, 112, 114, 118, 123
기술영향평가 194
기술 이전 73~74, 393, 414
기술자 304
기술 제휴 287
기초과학 47
기초과학연구 58
기초연구 12, 17, 39
기후모델 394
기후변화 185, 190, 224, 259, 267, 393, 443~444, 447, 450, 456, 466
기후변화패널 439

ㄴ

냉전 273
노벨상 285, 291, 303, 310, 318, 322
녹색기후기금 372, 376
녹색성장 372
녹색화학 392
놀스 원자력연구소 122

ㄷ

다국적 262
다운시프팅 456~457, 465
다자주의 241
대기오염 432, 436
대덕 특구 273
대덕과학단지 313~315
대만 332~336, 338~340, 353, 369
대약진운동 274, 357
대외 원조 333
대전 313
대중 154~155, 177
대중 강연 163
대중과학이해위원회 172
대중매체 161, 163, 182
대중의 과학 이해 154, 173, 194
대통령 24
도덕적 해이 66~67, 69, 80
동아시아 신흥공업국들 342, 344, 347~348, 353
동아시아의 기적 329
동업자 평가 79, 81
두뇌 유출 289, 296~297
듀폰 293

ㄹ

로르샤흐 테스트 127~128
로봇 129
로봇공학 129
루브르 합의 335

ㅁ

마오주의 발전국가 343
마오쩌둥 이후의 중국체제 342
마이리얼베이비 126, 137, 144~145, 147
맨스필드 개정 77
맨해튼 프로젝트 73, 101, 122, 205, 259
머슬 숄스 댐 120
매사추세츠 공과대학(MIT) 127, 136, 150
몬트리올 의정서 207
무료 정보 219
문화혁명 274, 352, 358
미국 284, 286, 332~334, 353
미국과학자연합 107
미 국무부 267
미국물리학회의 물리학 및 사회 포럼 107
민간연구개발재단 259
민주적 정당성 13
민주주의 185, 225
민주화 199

ㅂ

바디셰아닐린 소다파브릭 119
바텔연구소 289~290
발명가 29, 36, 74
발전국가 342~343, 345~347, 364
발전국가 모델 272~273, 327, 329, 368
발전주의 모델 325
방사선 연구소 47
배기가스 397~398, 403
베트남전 288
벤처 308, 316
벨 연구소 289
보먼 위원회 46~48, 51
복합적 상호의존성 205, 218
불확실성 159, 175, 194~195, 244~245, 247~

248
브룬틀란 보고서 425, 436

ㅅ

사교적 기계 125
사이언스 센터 173
사회결정론 114
사회계약 6, 64
사회과학 55
사회구성주의 90, 111, 123
사회구성주의자 116
사회적 계약 184, 189
사회적 로봇 91
사회적 맥락에서의 과학 프로젝트 160
사회적 문제에 대한 다학제 간 연구 77
사회적 유용성 273
사회적 행동 461, 463~465
사회주의 342, 348
산업경제부 290
상호확증파괴 205
생물다양성 435
생태발자국 397~399, 401~404
생활방식 378, 390, 442
생활양식 388, 390~391, 455
선형 모델 6, 12
성장의 한계 375~376, 395~399, 401, 404, 432~433
성찰적 과학 194
세계 과학회의 103
세계 기후정상회담 372
세계은행 329
세계 환경개발 정상회의 374, 401
세계 환경발전위원회 377, 388, 415, 418~419
소득재분배 367
소련 357
소비지상주의 390, 450, 453, 456~458, 460, 464~466
소프트파워 221
수평적 기술혁신 모델 193
순수과학 42, 53, 100~102
순수응용연구 14
스탠퍼드 대학교 296, 322
스턴 보고서 466
스톡홀름 정상회담 376, 407
시나리오 128, 177, 395~399, 401
시뮬레이션 129
시민 59, 60
시민 인식론 198
시바 재단 167
시장 340
신일본제철 293
신흥공업국 272, 323
실리콘밸리 316

ㅇ

아시아 325
아시아의 새 거인 329
아시아 지역에서 고성장을 이룬 국가들 330
아이보 126, 133, 135, 139~140
아케이디언 375, 377~380, 382, 383~386, 388~389, 391~394
암과의 전쟁 77
애쉬비 보고서 158
언캐니 132
에너지 401, 420, 426, 429, 432~433, 443, 462, 465
엔지니어 28, 118, 143, 304
엘리자 127
역선택 66, 69, 72
역설계 305, 313, 318, 338
연구개발 29, 288
연구 배당 방식 79
연구 비리 사례 81

오존층 파괴 207
오하이오 연구소 291
온실가스 372, 402, 433
왕립학회 99, 154, 167~168, 172
외교정책 259, 269
워녹 보고서 158
원자력 210
원자력 에너지 213, 214, 291
원자력 연구소 278
위임자-대리인 13
위임자-대리인 이론 59, 61~63, 83
위험 157, 175, 194
유네스코 206, 231~241
유틸리테리언 375, 377, 379, 382~384, 387, 390, 392~394
윤리위원회 106
응용과학 42, 101~102
이산화탄소 배출 439, 446, 457
이산화탄소 배출량 447
이용목적 기초연구 14
이행대상 128
인간-기계 관계 151
인간게놈프로젝트 263
인공지능 149
인구 247, 357, 378, 388~389, 395, 397~399, 401, 411, 420, 432, 434~435, 438, 445~447, 464
인구감소 388
인구억제 389~390
인구증가 381, 389~399, 401, 422, 426
인구폭발 434
인구폭탄 389, 434
인식공동체 207, 239, 241~245, 248~252, 255, 257
일당 국가 342
일본 272, 274, 282, 286, 314, 321, 324, 330~332, 344, 353, 369

ㅈ

자본주의 349
자본주의 발전국가 343
자율성 12
재맥락화 189
전기채권투자회사 114
전략 방위 114
전략방위계획 122
전략적 과학 189
전략적 연구 191
전략적 정보 220
전문성 250
전 세계적인 책임을 위한 과학자들 107
전환국 342
정보의 비대칭성 63
정보혁명 217
정부 16~17, 61, 85, 227, 258
정부 연구소 306
정책에서의 과학 67
정치 엘리트 346, 350
제2의 유형 187, 190, 263
존스홉킨스 대학교 46
중국 272, 342~347, 352~356, 363
중국 공산당 355
중소기업 48
중소기업가 35
지구온난화 224, 381, 393, 400, 421, 433, 439, 443~444
지구의 날 374, 382
지구화 206
지능형 제조시스템 계획 263
지속가능 190, 370, 375, 377~378, 395, 399~400, 403~405, 425~426, 450, 460, 462, 464~468
지속가능성 387, 392~393, 402, 445, 449, 462, 465
지속가능한 발전 190, 196, 375, 377~378,

388, 419, 425~427
지속가능한 성장 493
지속불가능 400, 403, 429, 460
지식의 공동생산 198
지역정부 코포라티즘 347
지탱가능 377, 399
지탱가능한 발전 377
진본성 130

ㅊ

책임성 12
천연자원 286, 301, 382, 384, 397~398, 413, 432~433
초전도 입자가속기 259
추격 전략 272, 340
츠쿠바 과학도시 314
친환경에너지 372

ㅋ

칸트적 초국적주의 234
코그 126, 149
콜럼버스 연구소 291
키스멧 126, 149

ㅌ

탄소발자국 443, 445
탄소 배출 394, 443, 445, 466
탄소 배출량 445~447
태양에너지 433
터먼 보고서 297, 299, 301, 304
턴-키 283, 293
테크노사이언스 187, 190
통상산업성과 일본의 기적 344
통제주의 329
특허 29, 36, 40~42, 53, 82, 308

ㅍ

파로 126, 131
퍼그워시 회의 102, 107
퍼비 126
평화를 위한 원자력 205
포스코 293
포항공과대학교 293
표준산업연구소 295
푸네 보고서 376, 393, 407
플라자 합의 335

ㅎ

학문적 수월성 273
한국 272~273, 281, 333, 334~336, 338, 340, 353, 369
한국 고등과학원(KIAS) 320
한국 과학기술정보 센터 288
한국 과학기술연구원(KIST) 289
한국과학기술원(KAIST) 285, 305, 313, 317, 320
한국과학기술원(KIST) 320
한국과학원(KAIS) 299
한국전쟁 281
해군연구국 74
해석적 유연성 113
해외 원조 389
핵무기 210
행위자-연결망 114
홉스식 국가주의 234
환경 112
환경 규제 390, 412, 414
환경단체 224, 372, 437
환경론 383, 385~388, 390, 392, 394
환경론자 380, 384~386, 393, 431, 433, 436
환경문제 207, 248, 375~376, 378~379, 381, 385, 388, 390, 393, 401, 408~412, 414, 418, 422, 424, 439, 450

환경발전위원회 415
환경보호 124, 375
환경보호청 374, 382, 386
환경사상 382
환경오염 100, 421, 432, 436, 438
환경운동 385, 433
환경정책 372~374, 439
환경주의 373~377, 379, 382~387, 392, 394
환경주의자 124, 375~378, 386, 431~432
환기적 사물 효과 133
후기-정상과학 187
후발 발전국가 368
후발 산업국 272
후발 산업화 382
후발 산업화 모델 285
휴먼프런티어 프로젝트 263
히로시마 원자폭탄 투하 387
히포크라테스 선서 90

기타

2차 세계대전 37, 77, 332
4대강 373
KAIST 정신 310
OECD 231
RaDiUS 데이터베이스 265
RAND 연구소 265

엮은이

박범순

서울대학교 화학과를 나와 존스홉킨스 대학교에서 과학사 전공으로 박사학위를 받았으며 미국 국립보건원(NIH)에서 생명과학 및 의학정책의 변화에 대해 연구했다. 현재 KAIST 과학기술정책대학원의 대학원장으로 재직 중이며, 과학 관료제, 새로운 과학기술의 거버넌스, 법정에서의 과학, 과학과 민주주의 등의 주제에 대해 연구하고 있다.

김소영

국제정치경제학자이자 연구개발정책 전문가로서 과학기술부문 정부 지출과 연구개발 예산 및 평가에 관한 국제 비교 연구를 수행해왔다. 현재에는 KAIST 과학기술정책대학원에서 부교수를 맡고 있으며, 국가연구개발사업 성과평가, 기초과학 전략분야 선정, 과학기술인재 육성-지원, 여성과학기술인 중장기정책과 관련해 다양한 위원회 활동에 참여하고 있다.

참여교수

전치형

매사추세츠 공과대학교(MIT)의 '과학기술과 사회(Science, Technology & Society)' 과정에서 박사학위를 받은 후, 베를린에 있는 막스 플랑크 과학사 연구소에서 1년 동안 박사 후 연구원으로 머물렀다. 현재 KAIST 과학기술정책대학원 조교수로 일하면서 테크놀로지와 인간의 관계, 엔지니어링과 정치의 상호작용, 시뮬레이션과 로봇의 문화에 대해서 연구하고 있다.

박민아

서울대학교에서 물리교육학을 전공하고 과학사 및 과학철학 협동과정에서 물리학의 역사를 공부해 석사와 박사학위를 받았다. MIT에서 박사 후 연구원으로 활동했고 KAIST 과학기술정책대학원 연구교수를 지냈다. 『뉴턴과 아인슈타인: 우리가 몰랐던 천재들의 창의성』(2004, 창비, 공저), 『뉴턴 & 데카르트: 거인의 어깨에 올라선 거인』(2006, 김영사), 『퀴리 & 마이트너: 마녀들의 연금술 이야기』(2008, 김영사) 등의 책을 썼고, 『논쟁 없는 시대의 논쟁』(2009, 이음, 공역), 『프리즘: 역사로 과학읽기』(2013, 서울대학교출판문화원, 편역), 『방사성 물질』

(2014, 지만지) 등의 번역서를 출간했다.

마이클 박

KAIST 인문사회과학부에 부교수로 재임 중인 재미교포 학자이다. 미국 버클리 대학교를 졸업했고 하버드 대학교에서 박사학위를 받았다. 매사추세츠 주립대학교 조교수직을 거쳐, 2008년에 귀국해 국내에서 활동 중이다. 2011년 미국 환경보호청(EPA)과 세계적 권위의 학술지인 ≪환경과학기술(Environmental Science and Technology)≫이 공동주최한 지구의 날 40주년 기념 환경정책 특집호에 선두 논문을 게재해 화제가 되기도 했다. 정부, 민간단체에서 주최하는 다수의 환경정책위원회와 포럼에서 자문과 강의를 맡아왔다. 국내에서 출간된 책으로는 『사회과 창의 인성수업: 설계와 실제』(2013, 사회평론, 공저)가 있다.

한울아카데미 1763

과학기술정책

이론과 쟁점

엮은이 | 박범순 · 김소영
펴낸이 | 김종수
펴낸곳 | 도서출판 한울
편집책임 | 최규선
편　집 | 하명성

초판 1쇄 인쇄 | 2015년 4월 10일
초판 1쇄 발행 | 2015년 4월 24일

주소 | 413-120 경기도 파주시 광인사길 153 한울시소빌딩 3층
전화 | 031-955-0655
팩스 | 031-955-0656
홈페이지 | www.hanulbooks.co.kr
등록번호 | 제406-2003-000051호

Printed in Korea.
ISBN 978-89-460-5763-0 93400 (양장)
978-89-460-4948-2 93400 (학생판)

* 책값은 겉표지에 표시되어 있습니다.
* 이 책은 강의를 위한 학생판 교재를 따로 준비했습니다.
강의 교재로 사용하실 때에는 본사로 연락해주십시오.